U0186437

工程结构可靠度理论与应用学术丛书

混凝土结构疲劳及其磁效应

Fatigue of Concrete Structure
and its Magnetic Effect

金伟良　张　军◎著

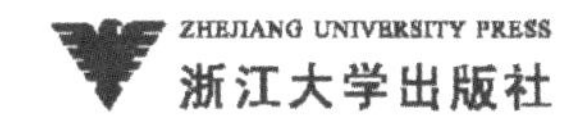

图书在版编目(CIP)数据

混凝土结构疲劳及其磁效应 / 金伟良,张军著. — 杭州:浙江大学出版社,2022.5

ISBN 978-7-308-22478-9

Ⅰ. ①混… Ⅱ. ①金… ②张… Ⅲ. ①钢筋混凝土结构-疲劳试验-疲劳力学性质②钢筋-建筑材料-磁场效应-研究 Ⅳ. ①TU375②TU511.3

中国版本图书馆CIP数据核字(2022)第057483号

混凝土结构疲劳及其磁效应

金伟良 张 军 著

责任编辑 金 蕾(jinlei1215@zju.edu.cn)
责任校对 蔡晓欢
封面设计 雷建军
出版发行 浙江大学出版社
(杭州市天目山路148号 邮政编码310007)
(网址:http://www.zjupress.com)
排 版 杭州朝曦图文设计有限公司
印 刷 浙江省邮电印刷股份有限公司
开 本 787mm×1092mm 1/16
印 张 18
字 数 400千
版 印 次 2022年5月第1版 2022年5月第1次印刷
书 号 ISBN 978-7-308-22478-9
定 价 128.00元

浙江大学出版社市场运营中心联系方式:0571-88925591;http://zjdxcbs.tmall.com

前　言

钢筋混凝土结构除承受一定的静力荷载外，还要承受车辆、风载、地震、波浪等外部动态荷载作用，在低于其极限承载能力的重复荷载作用下易发生脆性疲劳破坏。由于混凝土结构的疲劳破坏属于脆性破坏，破坏前没有任何征兆，往往会造成重大的生命财产损失。因此，疲劳已成为工程结构设计中不可忽视的重要问题。

混凝土结构的疲劳性能取决于钢筋、混凝土以及钢筋混凝土界面的疲劳性能。疲劳分析和设计方法目前主要包括总寿命法（$S-N$ 法）、断裂力学法和损伤力学法。目前，混凝土结构的疲劳损伤机理尚无法用科学解释，也无法准确衡量结构的疲劳损伤程度并预测剩余疲劳寿命。新型的疲劳损伤的检测技术以及疲劳磁检测研究方法是解决以上问题的突破口。

通过磁场信号可以表征铁磁性材料的疲劳损伤，有巴克豪森噪声、磁声发射、金属磁记忆和压磁方法。研究结果表明，磁信号对铁磁材料的疲劳损伤演化和疲劳裂纹扩展较为敏感，对金属磁记忆而言，关注的是面信号，即损伤区域的弱磁信号分布；而对压磁效应，关注的是点信号，即靠近损伤区域固定点弱磁信号随外力的变化。弱磁理论及方法就是利用铁磁构件在地磁场和外应力作用下产生的弱磁信号对结构的疲劳损伤进行评估。

基于上述研究思路，在国家自然科学基金（项目号：51278459，51820105012，51908496）的支持下，作者及其研究团队以钢筋的弱磁理论作为研究切入口，运用材料科学、结构工程和力学学科等的交叉领域理论，重新探索混凝土结构的疲劳特性，建立材料疲劳试验新方法。本书从材料层次研究钢材疲劳弱磁效应和钢筋疲劳损伤弱磁效应的特性，建立钢筋疲劳损伤失效模式和失效准则；从构件层次研究钢筋混凝土界面动粘结特性、钢筋混凝土构件疲劳失效模式和疲劳失效极限状态；采用钢筋混凝土疲劳力学不确定分析方法，建立合理有效的钢筋混凝土结构疲劳失效预测和力学分析设计方法，这对钢筋混凝土结构疲劳力学分析方法的研究有重要意义。

本书共分 8 章：第 1 章绪论，介绍了混凝土结构疲劳研究的现状、疲劳损伤分析方法和研究动态；第 2 章介绍了钢筋混凝土材料疲劳过程中的磁效应、铁磁材料力－磁效应的基本理论和影响因素；第 3 章着重研究了带肋钢筋的疲劳与磁效应演化机理，构建带肋钢筋疲劳损伤致磁效应的物理模型与数值分析；第 4 章研究了钢筋混凝土梁的弯曲和剪切的疲劳与磁效应演化；第 5 章介绍了锈蚀钢筋的疲劳与磁效应演化，以及坑蚀钢筋标准试件的高周疲劳损伤数值模拟与磁效应；第 6 章给出了锈蚀钢筋混凝土梁的疲劳与磁效应演化；第 7 章介绍了混凝土结构疲劳损伤分析新方法；第 8 章给出了混凝土结构疲劳设计新方法。

全书由金伟良负责第 1、2、5、8 章，张军负责第 3、4、6、7 章的编写，最后由金伟良负责统稿。在此，我要特别感谢我的学生张军博士、毛江鸿博士、张大伟博士、张凯博士生，以及诸多博/硕士研究生们，他(她)们围绕着混凝土结构疲劳方法及其应用不断开拓、进取和发展，历时十年，终于形成了本书。本书的工作得到了国家自然科学基金委员会、浙江省自然科学基金委员会等的大力支持。感谢浙江大学和浙大宁波理工学院混凝土结构长期性能研究团队的教师和研究生，特别是张凯、陈才生、周峥栋、王珏、项凯潇、肖卫强、张昉、黄文强、叶霄翔等研究生对本书出版工作的大力支持。同时，还要感谢社会各界朋友对本书出版给予的帮助。

本书对从事混凝土结构疲劳研究的教学、科研和工程应用的教师、科研工作者、研究生和工程技术人员具有指导意义和参考价值。书中若有不妥之处，敬请读者不吝赐教。

金伟良

2021 年中秋于求是园

目　录

Contents

图目录

表目录

第1章　绪　论

1.1　引　言

钢筋混凝土结构如公路/铁路桥梁、吊车梁、高层建筑、输电塔等,除承受静力荷载外,还要承受车辆、风载、地震、波浪等外部动态荷载作用,这些作用会导致钢筋混凝土结构在低于其极限承载能力的重复荷载作用下发生脆性疲劳破坏[1-1,1-2]。在20世纪70年代之前,按照容许应力法设计的钢筋混凝土结构很少有疲劳问题。而随着结构向高强、轻质、大跨方向发展,使用的极限状态设计理论充分利用了材料的强度,导致结构中的许多构件处于高应力工作状态,工作应力变幅越来越接近疲劳应力幅。此外,随着社会经济发展,混凝土结构所受的荷载频次和荷载水平也逐渐增加,特别是混凝土结构的疲劳常常与环境作用耦合,导致实际工程中诸多疲劳破坏的案例。如1967年,位于美国俄亥俄河上的银桥链条连接处发生疲劳断裂,继而引发桥梁倒塌,造成46人丧生;1995年,中国广东省的海印大桥上一根斜拉索突然断裂,经查明,该钢索是由于腐蚀环境与疲劳荷载的耦合作用引发失效[1-3];2011年,中国福建省武夷山公馆大桥因长期超载引起吊杆疲劳断裂,导致桥面坍塌。由于疲劳破坏属于脆性破坏,破坏前没有任何征兆,因此一旦发生疲劳破坏,往往会造成重大的生命财产损失,疲劳已成为工程结构设计中不可忽视的重要问题。

钢筋混凝土结构的疲劳研究一般可以分为三个层面:材料层面、界面层面和构件层面。从以上三个层面出发,大量学者对疲劳荷载统计方法、疲劳本构模型、疲劳损伤理论和损伤机理、疲劳特性分析、疲劳寿命预测以及疲劳概率理论与可靠度等开展了广泛的研究。疲劳分析和设计方法目前主要包括总寿命法($S-N$法)、断裂力学法和损伤力学法。其中,$S-N$法关注材料和构件的疲劳寿命与应力幅之间的定量关系;断裂力学法关注材料的宏观疲劳裂纹的发展过程;损伤力学法则通过定义损伤变量,如残余疲劳应变、弹性模量、剩余强度和耗散能量等表征材料内部结构组织出现的裂纹扩展、空洞萌生和晶格位错等微观不可逆变化造成的材料力学性能劣化。疲劳可靠性分析考虑了疲劳影响因素和疲劳寿命的离散性,运用概率理论对疲劳寿命与可靠性进行宏观分析。许多国家的公路和铁路桥梁设计规范逐渐采用疲劳极限状态和疲劳可靠度进行混凝土结构的疲劳设计验算。

疲劳试验和对相应物理量的深入分析是疲劳研究的基础。已有诸多研究主要集中在应变、挠度、裂缝等物理量上,但由于疲劳损伤发展的固有特性,这些宏观指标无法反映局部的物理变化,难以揭示如局部锈蚀与疲劳裂纹等不同尺度的疲劳损伤信息。近年来有学者通过磁信号表征铁磁性材料的疲劳损伤,包括巴克豪森噪声、磁声发射、金属磁记忆和压磁方法等,研究结果表明,磁信号对铁磁材料的疲劳损伤演化和疲劳裂纹扩展较为敏感。其中,弱磁理论及方法是利用铁磁构件在地磁场和外应力作用下产生的弱磁信号评估损伤,由于不需要外加磁化装置而被广泛应用,包括 1997 年俄罗斯学者 Dubov 提出的金属磁记忆[1-4]和 2008 年在 *Nature* 上报道的压磁效应[1-5]。其中,对金属磁记忆,关注的是面信号,即损伤区域的弱磁信号分布;对压磁效应,关注的是点信号,即靠近损伤区域固定点弱磁信号随外力的变化。近年来,金属磁记忆和压磁效应在航空航天、输油管道、海洋平台等领域已得到广泛关注与应用,不仅用以精确表征金属疲劳损伤的发展,而且已逐步应用于钢筋混凝土结构疲劳、钢筋锈蚀等关键指标的表征。

笔者从钢筋混凝土材料、界面及构件层面的疲劳损伤以及其导致的磁效应出发,对当前基于金属磁记忆理论和压磁效应的混凝土结构疲劳损伤研究进行汇总和阐述,提出了基于磁效应的混凝土结构疲劳损伤分析和设计新方法,为结构疲劳损伤评估和剩余寿命预测提供了新的方向。

1.2 混凝土结构疲劳研究概况

1.2.1 材料层面

1. 混凝土的疲劳

在疲劳荷载作用下,结构受拉区的混凝土极易开裂。现有的研究一般不考虑混凝土的受拉疲劳,而主要集中于截面中性轴以上部分混凝土的受压疲劳[1-6,1-7,1-8,1-9,1-10,1-11,1-12]。混凝土材料的疲劳强度远低于静力强度,相应于 200 万次的疲劳极限一般为静力抗压强度的 50% ~60% 。对于承受弯曲压应力的钢筋混凝土梁,混凝土的疲劳极限同样约为相应静力强度的 55% 。在高周疲劳荷载作用下,混凝土的疲劳性能表现优异,其疲劳寿命一般能够达到 10^7次[1-13],可以满足工程上疲劳寿命大于 10^6次的要求。王瑞敏[1-14]等通过混凝土等幅和变幅轴心受压重复应力试验发现,混凝土的纵向总应变和残余应变随重复应力作用次数的增多而增大,其变化规律分为三个阶段,如图 1 -1 所示。在第一阶段,混凝土的纵向变形发展较快,损伤发展迅速,但其增长速率逐渐降低,这一阶段大约占总疲劳寿命的 10% 。在第二阶段,混凝土的纵向变形增长速率基本为一个定值,纵向总变形和残余变形随荷载重复次数的增加基本呈线性变化规律,损伤稳定发展,这一阶段大约占疲劳寿命的 75% 。进入第三阶段后,混凝土的纵向变形发展逐渐加快,导致试件易发生脆性破坏。混凝土的疲劳破坏具有明显的非线性特质[1-15],只有采用非线性累积损伤准则才能较好地预测混凝土的后续疲劳寿命。

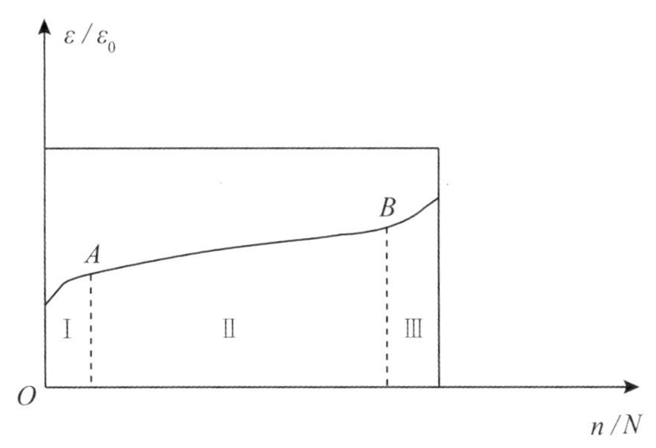

图1-1　混凝土疲劳变形三阶段规律

此外,国内外对高-低变幅疲劳荷载作用下混凝土疲劳损伤发展及寿命变化的研究也较多,并且建立了诸多疲劳累积损伤准则[1-16,1-17,1-18]。其中,最常用的Miner线性累积准则[1-16]描述如下:设构件在等幅应力S的作用下,疲劳至破坏的寿命为N,可定义其在经历n次循环时的损伤为$D=n/N$。则在m个等幅应力水平S_i作用下,各经历n_i次循环,可定义总的疲劳累积损伤和如式(1-1)所示,发生疲劳破坏时,D达到1。

$$D=\sum_{i=1}^{m}D_i=\sum_{i=1}^{m}\frac{n_i}{N_i}=\frac{n_1}{N_1}+\frac{n_2}{N_2}+\cdots \tag{1-1}$$

随着研究的深入,越来越多的学者发现用Miner线性准则预测混凝土疲劳寿命时误差较大。Holmen[1-19]发现圆柱体混凝土在变幅疲劳荷载作用下累积损伤较Miner线性准则预测的更严重。

2. 钢筋的疲劳

变形钢筋广泛用于工程建设,其疲劳试验方法一般是在空气中进行轴向拉伸疲劳试验或在混凝土中进行弯曲疲劳试验。空气中变形钢筋的断裂源于钢筋的最大缺陷处,混凝土中变形钢筋的断裂一般在弯裂区横纵肋相交的根部。各种文献对两者疲劳强度差异的看法不一。影响钢筋疲劳强度的因素有很多,主要是表面几何尺寸、直径、钢筋弯曲、应力幅等,其他因素如最小应力、屈服强度和极限抗拉强度等也都有一定的影响,但影响不大[1-20,1-21,1-22,1-23]。

1)表面几何尺寸。变形钢筋的横肋主要是为了提高钢筋与混凝土之间的粘结性能,欧洲各国主要采用肋沿有交叉点的变形钢筋,我国通常采用等高肋钢筋和月牙肋钢筋。横肋根部由于应力集中,一般是疲劳裂纹源区。r_r/h(肋脚曲率半径/肋高)越小,应力集中系数越大,疲劳强度越低[1-24]。Helgason等[1-25]在1976年提出考虑r_r/h的变形钢筋疲劳强度:

$$\Delta f_f=145-0.33f_{\min}+55\frac{r_r}{h} \tag{1-2}$$

式中，Δf_f 对应钢筋 200 万次疲劳强度，$f_{\min}$是循环最小应力。

美国桥梁设计规程(1993)建议[1-26]：

$$\Delta\sigma_s \leqslant 21 - 0.38\sigma_{\min} + 8\,\frac{r_r}{h} \tag{1-3}$$

式中，$\Delta\sigma_s$ 为在静载、活载和冲击荷载作用下直钢筋的应力幅，$\sigma_{\min}$为最小应力。

2)钢筋直径。由于在较大的表面存在缺陷的可能性也大，所以随着钢筋直径的增加，疲劳性能降低，直径 40mm 钢筋的疲劳强度一般比 16mm 的低 25%。有些规范对直径大于 16mm 的钢筋降低特征强度；如日本铁道构造物等设计标准规定异形钢筋的设计抗拉疲劳强度 f_{srd}为[1-27]：

$$f_{\mathrm{srd}} = \frac{10^{\alpha_r}}{N^k}\cdot\left(1-\frac{\sigma_{\min}}{f_{\mathrm{suk}}}\right)/r_s \tag{1-4}$$

式中，$\alpha_r = 4.10 - 0.033\Phi$，$\Phi$ 为钢筋直径；$k = 0.12$；f_{suk}为钢筋抗拉强度特征值；r_s 为材料系数，一般取 1.05。

3)弯曲钢筋。由于冷加工、残余应力和弯曲应力的影响，在进行弯曲疲劳试验时，直线部分的拉应力在弯曲内边引起反向应力和混凝土变形，因此埋在混凝土中的弯曲钢筋的疲劳强度比直钢筋低。表 1-1 是 Nüernberger[1-28]给出的 100 万次到 200 万次循环后钢筋疲劳强度的降低值，D 为弯曲半径，d 为钢筋直径。

表 1-1　随 D/d 的减小，弯曲钢筋疲劳强度的降低

D/d	降低/%	D/d	降低/%	D/d	降低/%	D/d	降低/%
25	0	15	16～22	10	22～41	5	52～68

4)应力幅和应变幅。应力幅($\Delta\sigma$)是对钢筋疲劳强度影响最大的因素，比最大应力影响更明显[1-29]。19 世纪 60 年代，Wöhler 首次用应力-寿命法描述疲劳破坏，由此发展出“耐久极限”概念，也就是疲劳极限应力幅 σ_0。我国混凝土结构设计规范(GB 50010—2010)[1-30]以应力幅代替疲劳强度，进行混凝土和钢筋的疲劳验算和容许疲劳应力的设计。

当循环加载期间产生大量塑性变形时，疲劳寿命将显著缩短，Coffin[1-31]和 Manson[1-32]分别提出了基于塑性应变的低周疲劳寿命描述方法，利用塑性应变幅 $\Delta\varepsilon_p/2$ 的对数与 2 倍的疲劳循环次数 N_f的对数作图，两者呈线性关系：

$$\Delta\varepsilon_p/2 = \varepsilon_f'(2N_f)^c \tag{1-5}$$

式中，ε_f'是疲劳延性系数；c 为疲劳延性指数。一般来说，ε_f'近似为单向拉伸的真实断裂延性；大多数金属的 c 在 $-0.7 \sim -0.5$。

近年来，Open Sees 软件考虑钢筋疲劳特性及强度退化效应的 Reinforcing Steel 模型[1-33]正是基于 Coffin-Manson 公式，其已在钢筋混凝土结构的抗震分析中得到推广与应用。张耀庭等[1-34]选用该模型的模拟结果对比 HRB400 钢筋疲劳试验，验证了试验数据处理结果的准确性和实用性;Mander 等[1-35]在低周疲劳试验中使用滞回耗能 ΔW_p 代替 $\Delta\varepsilon_p/2$,建立新的疲劳模型并提供了一种用于识别早期故障的方法。

1.2.2 界面层面

通过拉拔试验、轴向对拉试验、梁式(或半梁式)试验等,静力作用下钢筋混凝土界面粘结(锚固段粘结和缝间粘结)的研究已经取得丰富的成果,包括粘结性能影响因素、粘结机理、粘结滑移基本关系、粘结应力分布等[1-36,1-37,1-38,1-39,1-40],但重复荷载作用下钢筋混凝土结构的界面研究仍有很多问题需要解决。

1. 界面疲劳的粘结-滑移性能

Muhlenbruch[1-41,1-42]进行了单调加载和重复加载的粘结试验后发现,钢筋混凝土受弯构件裂缝间的粘结力会逐渐退化,界面相对滑移不断增长,导致构件裂缝的不断开展和刚度的逐渐降低,发生破坏时的粘结强度明显降低。

Morita 和 Kaku[1-43,1-44]系统研究了重复荷载下局部粘结滑移关系,指出界面粘结应力的退化与滑移量、循环次数等有关,并认为粘结滑移曲线斜率下降是由于混凝土微裂纹的发展而导致钢筋混凝土粘结刚度下降。

Edwards 和 Yallnopoulos[1-45,1-46]对变形钢筋拉拔试件进行了 9 次等幅荷载循环下局部的粘结滑移测试。结果表明,循环加载使粘结性能逐步劣化,粘结性能对前一个循环的峰值应力非常敏感;在循环加卸载过程中,粘结应力-滑移曲线斜率变化不大,说明粘结刚度变化不大。

Rehm 和 Eligehausen[1-47]测试了 308 个带肋钢筋拉拔试件在重复荷载作用下的粘结性能,发现重复荷载对粘结性能的影响和对素混凝土的影响相似,由于重复荷载导致钢筋肋前混凝土强化,再进行静载加载的粘结-滑移曲线斜率很大;相比于持续荷载作用下的滑移曲线,重复荷载起到加速作用,如图 1-2 所示。

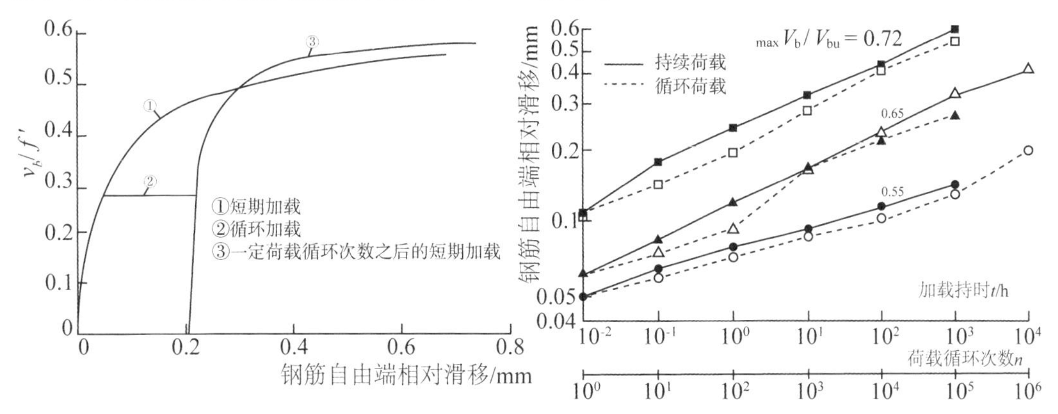

(a)静载与重复荷载作用后的粘结-滑移曲线 (b)重复荷载与持续加载的粘结-滑移曲线

图 1-2 Rehm 和 Eligehausen 试验的粘结滑移曲线[1-47]

付恒菁等[1-48]的重复加载拉拔试验发现，不同应力水平导致试件的破坏模式不同，应力水平分别为0.6、0.725 和1 时，滑移随加载次数的发展分别为收敛型、半发散型和发散型。

Balazs[1-49]首先研究了重复荷载或地震作用下的粘结性能，发现粘结损伤累积的增加不是线性的，滑移量随循环次数的变化为增大（增长率越来越低）–稳定–发散的过程，并提出了重复荷载作用下的疲劳失效准则——累积滑移量达到极限粘结应力对应的滑移量 $s(\tau_u)$。随后进行了模拟实际荷载谱的拉拔疲劳试验[1-50]，指出重复荷载作用下粘结性能的裂化是混凝土微破碎和微裂纹扩展引起的，实际测得的滑移量和试件的加载历史有关，如重复荷载水平、加载类型和频率等。

ACI 408 报告[1-51]总结了循环荷载作用下的粘结性能研究，并指出高周疲劳下的滑移量变化分为四个阶段：滑移迅速增加、滑移下降、滑移稳定、滑移增加至不稳定，重复荷载使粘结退化加速并且使破坏时的粘结强度降低。

Rteil 等[1-52]通过在混凝土梁底部开槽测量滑移的疲劳试验发现，未加固梁的粘结滑移呈疲劳三阶段特征：第一阶段（约 10% 的疲劳寿命），滑移迅速增加；第二阶段（约 80% 的疲劳寿命），滑移稳定增长；第三阶段的滑移呈指数型迅速增长，如图 1–3 所示。

Byung Hwan 等[1-53]对过短埋长拉拔试件进行了三个应力水平（0.45、0.6 和 0.75）的粘结疲劳试验发现：如果试件未发生粘结破坏，循环次数对粘结强度及峰值粘结应力的滑移量影响不大；残余滑移量及加载滑移随疲劳进程基本呈线性增加，粘结应力接近单调加载下的极限粘结应力；随着循环次数的增加，粘结应力–滑移曲线越来越陡；最后建立了重复荷载作用下的粘结应力–滑移模型，并指出极限粘结应力对应的最大滑移量可以作为粘结疲劳失效的条件：

$$\tau_N = 0, s < s_{r(N-1)}$$

$$\tau_N(s) = \tau_{\max}\left(\frac{s - s_{r(N-1)}}{s_{p1}}\right)^{\alpha_N}, s \geq s_{r(N-1)} \tag{1-6}$$

$$\alpha_N = \frac{\alpha_1}{N^{0.092}(\tau_{\mathrm{rep}}/\tau_{\max})} \tag{1-7}$$

式中，τ_N 为第 N 个循环的粘结应力，$\tau_{\max}$ 为最大粘结应力，$s_{r(N-1)}$ 为第 $N-1$ 个循环的残余滑移量，s_{p1} 为 $\tau_{\max}$ 对应的滑移量，α 为粘结滑移曲线指数，τ_{rep} 为最大重复应力。

蒋德稳等[1-54]的重复荷载作用下拔出试验的结果同 Rteil 类似，在不同循环应力水平下的自由端和加载端峰值滑移与残余滑移都基本符合疲劳三阶段规律，如图 1–4 所示。

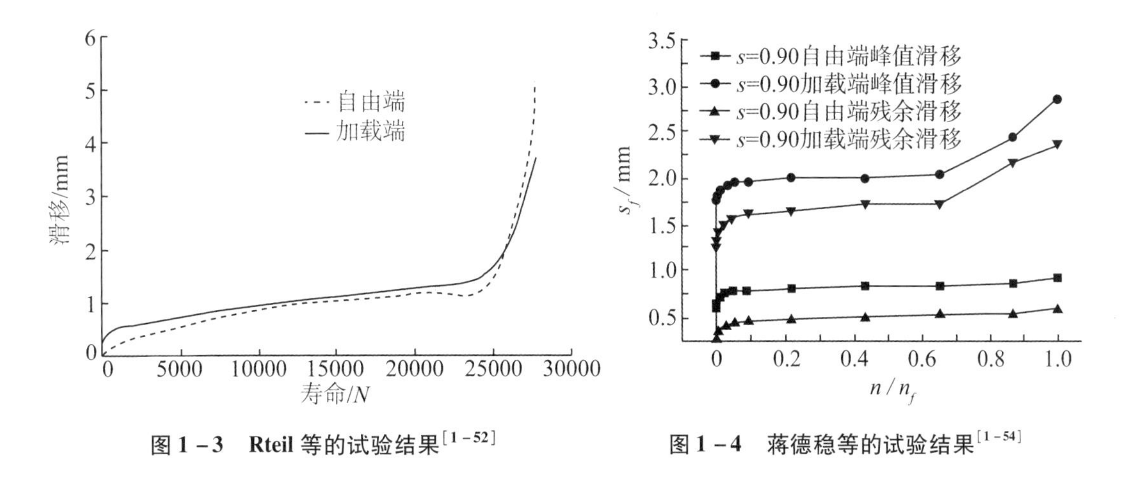

图1-3　Rteil等的试验结果[1-52]

图1-4　蒋德稳等的试验结果[1-54]

2.界面疲劳的粘结应力分布

国内外关于钢筋混凝土界面疲劳粘结应力分布的研究都很少。Perry等[1-55,1-56]通过拔出试验研究重复荷载作用下粘结应力的分布发现：峰值粘结应力主要集中在加载端和自由端；随着重复次数增加，滑移量增长迅速，自由端粘结应力逐渐增大，加载端反而减小；当最大应力达到静载强度的80%时，仅需要500～1000个荷载循环就会发生粘结破坏。

吴胜兴等[1-57]通过对配有32mm抗震钢筋的13个柱式拉伸试件的粘结滑移特性进行试验研究，并通过非线性有限元分析建立了粘结滑移本构关系。郑晓燕[1-58]进行钢筋与混凝土动态粘结性能研究，控制循环应力水平随循环次数逐步增加，发现由于卸载后加载端附近存在反向粘结应力，因此粘结应力沿锚固深度的分布呈双峰现象，并通过数据拟合得到位置函数的分段多项式方程。

蒋德稳等[1-54,1-59]通过对23个钢筋混凝土试件的静载和重复荷载作用下拔出试验，计算了静载和重复荷载作用下锚固端粘结应力分布曲线，发现随着重复次数的增加，粘结应力沿锚固长度的分布出现明显的双峰现象，最大粘结应力位于距离加载端和自由端约1/4锚固长度位置处，并给出了粘结疲劳寿命方程：

$$N_f = \left(\frac{\tau}{\tau_{\max}}\right)^{-\frac{1}{\alpha \cdot b}} = S^{-\frac{1}{\alpha \cdot b}} \tag{1-8}$$

式中，S为循环应力水平，b为经验系数。

3.界面疲劳损伤

疲劳荷载作用时，钢筋肋部混凝土因为挤压作用会产生局部的破碎和开裂损伤，这些损伤随着循环进程不断累积，使钢筋－混凝土界面的应力传递能力逐渐被削弱[1-60]。

基于纤维增强复合材料界面疲劳的研究理论[1-61,1-62]，陈艳华等[1-63,1-64]根据钢筋混凝土拉拔试验建立了剪切桶模型，给出了考虑钢筋与混凝土界面疲劳损伤的不均匀性及法向压力的界面脱粘应力，参考 Gao[1-65] 提出的描述界面脱粘的能量释放率准则给出界面疲劳裂纹扩展速率的表达式，最后指出摩擦系数的衰减是影响界面脱粘应力大小及裂纹扩展快慢的主要因素，但该模型未能考虑钢筋肋对界面疲劳性能的影响。

商峰[1-66] 认为带肋钢筋混凝土界面的疲劳损伤过程和裂缝面的受剪疲劳过程都可以看作是局部混凝土受到挤压逐渐破碎，因此采用相似的数学模型加以描述：

$$\begin{bmatrix} \tau_b \\ p \end{bmatrix}_f = D \cdot \begin{bmatrix} \tau_b \\ p \end{bmatrix}_{st} = D \cdot \frac{1}{L} \boldsymbol{R}^T(\theta) \begin{bmatrix} \sigma_n \\ \tau_n \end{bmatrix} \tag{1-9}$$

$$D = \begin{cases} 1 - \beta \lg\left[1 + \int_{path} \left| d\left(\frac{\delta}{\omega}\right) \right| \right] \geqslant 0.1, & \omega \geqslant 10^{-4}\ \text{mm} \\ 0, & \omega < 10^{-4}\ \text{mm} \end{cases} \tag{1-10}$$

式中，τ_b 和 p 为粘结应力和正截面压力；D 为界面损伤系数；下标 f 表示该矩阵为考虑疲劳损伤的应力矩阵，下标 st 表示该矩阵为静力作用下的应力矩阵；L 为肋间距；σ_n 和 τ_n 为在局部坐标系下肋前混凝土受到的正挤压力和切向摩擦力；δ 和 ω 为界面的滑移和张开度；$\boldsymbol{R}$ 为坐标转换矩阵。该模型针对的是无腹筋混凝土梁，并且对不同保护层厚度、埋置长度、混凝土强度等情况的适用性还需进一步验证，数值计算得到的结果也与试验相差很大。

蒋德稳[1-67] 基于拉拔试件的自由端峰值滑移量和残余滑移量定义了界面粘结的损伤变量，并综合考虑两者后提出平均损伤 D：

$$D_m = \frac{s_f^n - s_{f\max}^0}{s_f^f - s_{f\max}^0} \tag{1-11}$$

$$D_r = \frac{s_{fr}^n - s_{fr}^0}{s_{fr}^f - s_{fr}^0} \tag{1-12}$$

$$D = \frac{\sqrt{D_m^2 + D_r^2}}{2} \tag{1-13}$$

式中，s_f^n 和 s_{fr}^n 分别为第 n 个循环的峰值滑移和残余滑移；$s_{f\max}^0$ 和 s_{fr}^0 分别为初始峰值滑移和残余滑移，s_f^f 和 s_{fr}^f 分别为极限峰值滑移和残余滑移。基于 Chaboche[1-68] 的疲劳损伤演化方程，简化后得到仅需考虑应力水平 S 的界面疲劳粘结损伤全过程演化方程：

$$D = \begin{cases} (13S^2 - 19.4S + 7.6)\left(\frac{N}{N_r}\right), & 0 \leqslant N \leqslant N_r \\ 1 - (0.33S^{-1.73})\left(1 - \frac{\frac{N}{N_f} - \frac{N_r}{N_f}}{1 - \frac{N_r}{N_f}}\right)^{0.65S^{3.3}}, & N_r \leqslant N < N_f \end{cases} \tag{1-14}$$

式中，$N_r = 0.1N_f$。该模型假设粘结滑移疲劳过程为两个阶段，第一阶段占疲劳寿命的10%。通过以上分析可知，界面疲劳问题非常复杂，而且由于试件自身的设计参数、制作工艺、材料等原因,在疲劳过程中已有研究的界面粘结滑移曲线变化规律并不一致。因此,这个方程的普遍适用性有待考证。

1.2.3 构件层面

实际工程结构受疲劳荷载影响较大的是受弯构件,比如混凝土梁和板[1-69]。影响钢筋混凝土受弯构件疲劳性能的因素包括循环荷载水平和类型(常幅荷载和变幅荷载),配筋率,材料(高性能混凝土、高性能钢筋),构件类型(截面形式、预应力、加固方式),尺寸效应等,表1-2列出了国内外部分钢筋混凝土受弯构件的疲劳试验,试验对象一般是钢筋混凝土梁。

Schläfli 等[1-70]对27块钢筋混凝土桥面板进行了疲劳试验,研究了循环次数与跨中挠度、钢筋和混凝土应变的关系。李秀芬等[1-71]对11片混凝土梁进行静载和等幅疲劳荷载试验,发现按静载设计的适筋梁,正截面抗弯疲劳破坏均为纵向受拉钢筋的疲劳断裂,并得到了作为控制梁的疲劳承载能力极限状态的 $S-N$ 曲线;证明了疲劳荷载作用下平截面假定仍然适用,并提出高强混凝土受弯构件在等幅疲劳荷载作用下的正截面疲劳设计方法。宋玉普[1-8]总结了钢筋混凝土和预应力混凝土受弯构件疲劳受弯承载力(正截面和斜截面)验算方法以及疲劳变形和裂缝验算方法。

陈浩军等[1-72]对配有冷轧钢筋的钢筋混凝土梁进行了等幅疲劳试验,研究发现:疲劳破坏包括钢筋疲劳断裂和混凝土疲劳破坏(斜截面破坏和受压区破坏),影响破坏形式的因素有配筋率、剪跨比、试件截面特性和材料特性等,并提出极限配筋率 μ_c:配筋率小于 μ_c,则发生疲劳弯拉破坏;大于 μ_c,则发生疲劳减压破坏。

钟铭等[1-73]分析研究了高强混凝土梁的变形性能和疲劳特性,认为高强混凝土受弯构件在疲劳荷载作用下会降低刚度,会增大裂缝宽度,其变化规律和受压区混凝土应变的增加规律基本一致;根据初始裂缝宽度和受压区混凝土应变增长系数可以计算疲劳荷载作用 N 次后构件的裂缝宽度,并得到了高强混凝土梁在疲劳荷载作用下的截面应力、裂缝宽度及高强钢筋 $S-N$ 曲线。

Naaman 等[1-74]通过预应力混凝土T形梁的随机变幅疲劳试验研究发现三种疲劳破坏模式:正截面钢筋断裂、剪切破坏和粘结破坏,后两种破坏模式主要是由尺寸效应引起,构件在随机变幅疲劳加载时的损伤比等幅加载严重。朱红兵[1-75]则进行了空心矩形梁及T形梁的两级变幅疲劳试验,疲劳过程中混凝土梁刚度退化规律可以用荷载-挠度关系表示,并建立了疲劳承载力-刚度退化关联模型。

Eshwarappa 等[1-76]指出弯曲裂缝使钢筋产生局部的应力集中,而钢筋初始缺陷与应力集中部位不同可能导致钢筋疲劳破坏过程的差异,通过SEM扫描分析混凝土中钢筋的疲劳破坏过程也呈三阶段特征;尺寸效应会导致试件疲劳破坏模式的不同。

表 1－2 国内外部分钢筋混凝土受弯构件的疲劳试验

资料来源	梁尺寸/mm × mm × mm	加载方式
李秀芬等[1－71]	矩形梁:120 × 200 × 2000	等幅加载 S_{max} =0.3,0.4,0.5,0.6;S_{min} =0.1
Teng S 等[1－77]	矩形梁:175 × 800 × 3800	等幅加载 S_{max} =0.8;ρ =0.375
Heffernan 等[1－78]	矩形梁:150 × 300 × 3000	等幅加载 S_{max} =0.6,0.7,0.8;S_{min} =0.2
钟铭等[1－73]	矩形梁:梁长 3000*	等幅加载 S_{max} =0.3,0.4;ρ =0.3,0.4,0.5
Naaman 等[1－78]	T 形梁:114.3 × 304.8 × 3048	随机变幅
朱红兵[1－75]	空心矩形梁:600 × 500 × 4000 T 形梁:225 × 350 × 6700	两级变幅疲劳 $S_{1,max}$ =0.60,$S_{2,max}$ =0.55,S_{min} =0.20
雷俊卿等[1－79]	矩形梁:200 × 350 × 3000	两级变幅疲劳 $S_{1,max}$ =0.853,$S_{1,min}$ =0.388(开裂荷载) $S_{2,max}$ =1.008,$S_{2,min}$ =0.543(开裂荷载)
Liu 等[1－80]	矩形梁:200 × 400 × 3300	S_{max} =0.6,0.7,0.8;S_{min} =0.1
Eshwarappa 等[1－76]	矩形梁:150 × Depth × 6Depth	两级变幅 $S_{1,max}$ =1.0,$S_{2,max}$ =0.65,S_{min} =0.10

注:除特别说明外,疲劳上限应力水平 $S_{max}=M_{max}/M_u$,疲劳上限应力水平 $S_{min}=M_{min}/M_u$,$\rho=S_{min}/S_{max}$。

* 梁长单位为 mm。

1.3 混凝土结构疲劳损伤分析方法

1.3.1 总寿命法

疲劳抗力曲线(即 $S-N$ 曲线)一般用于评估混凝土材料或结构在特定应力幅或应变幅下的总的疲劳寿命。现有研究一般是通过混凝土、钢筋以及构件的试验得到 $S-N$ 曲线,评估在特定应力幅下的疲劳寿命;利用 Miner 线性损伤累积准则评估疲劳损伤累积过程,预测实际结构在变幅疲劳荷载作用下的疲劳寿命。实际构件的疲劳破坏主要是由钢筋的疲劳断裂引起的,因此,钢筋疲劳是混凝土结构疲劳研究的重点。

工程应用中大多采用 $S-N$ 曲线描述钢筋的疲劳性能,其在双对数坐标中表达为[1－81]:

$$\log N = C + m\log\Delta\sigma \pm R \tag{1-15}$$

式中,C 为截距;m 为斜率;R 为循环次数 N 的统计偏差。

曾志斌[1-81]提出了普通钢筋混凝土梁用光圆钢筋、变形钢筋和对接焊钢筋的95%保证概率下的 $S-N$ 曲线。表1-3、表1-4和表1-5列出了国内外试验研究得到的变形钢筋的 $S-N$ 曲线方程。一般来说，在等幅重复应力幅作用下，当应力幅低于疲劳极限应力幅 σ_0 时，构件能承受无限次循环（一般认为是 2×10^6 次），然而试验研究表明，在低应力条件下试验次数达到 10^8 或更多时钢筋仍会发生疲劳破坏[1-82]。可参考英国标准BS 5400的方法，对疲劳 $S-N$ 曲线不设截止线，而是在 N 大于 10^7 区段内将斜率由 m 改为 $m+2$，如图1-5所示。

表1-3 光圆钢筋 $S-N$ 曲线方程的比较

资料来源	$S-N$ 曲线方程	2×10^6 的 $\Delta\sigma$/MPa	10^7 的 $\Delta\sigma$/MPa
铁科院	$\log N=44.4580-16.3614\log\Delta\sigma$	214.85	194.72
长科院	$\log N=20.1138-6.3359\log\Delta\sigma$	151.38	117.42
日本国分正胤[1-83]	$\log N=31.0909-10.8443\log\Delta\sigma$	193.19	166.54
铁科院+长科院	$\log N=24.1978-8.0162\log\Delta\sigma$	170.83	139.76

表1-4 变形钢筋 $S-N$ 曲线方程的比较

资料来源	$S-N$ 曲线方程	2×10^6 的 $\Delta\sigma$/MPa	10^7 的 $\Delta\sigma$/MPa
铁科院	$\log N=15.1348-4.3827\log\Delta\sigma\ (N<10^7)$ $\log N=18.8471-6.3827\log\Delta\sigma\ (N\geqslant10^7)$	103.7	71.8
ECCS[1-84]	$\log N=12.3010-3\log\Delta\sigma\ (N<5\times10^6)$ $\log N=16.0451-5\log\Delta\sigma\ (5\times10^6\leqslant N<10^8)$	100.4	64.4
JSCE[1-85]	$\log N=16.83-5\log\Delta\sigma\ (N<10^6)$ $\log N=27.66-10\log\Delta\sigma\ (N\geqslant10^6)$	136.7	116.4
JREA[1-86]	$\log N=24.9639-8.3333\log\Delta\sigma$	173.6	143.1

表1-5 国内外对接焊钢筋 $S-N$ 曲线方程的比较

资料来源	$S-N$ 曲线方程	2×10^6 的 $\Delta\sigma$/MPa	10^7 的 $\Delta\sigma$/MPa
铁科院	$\log N=12.2769-3.0324\log\Delta\sigma\ (N<10^7)$ $\log N=15.7574-5.0324\log\Delta\sigma\ (N\geqslant10^7)$	93.5	55.0
BS5400[1-87]	$\log N=12.1816-3\log\Delta\sigma\ (N<10^7)$ $\log N=15.6360-5\log\Delta\sigma\ (N\geqslant10^7)$	91.2	53.4
ECCS[1-84]	$\log N=12.0115-3\log\Delta\sigma\ (N<5\times10^6)$ $\log N=15.5532-5\log\Delta\sigma\ (5\times10^6\leqslant N\leqslant10^8)$	80.1	51.4
AREA[1-88]	$\log N=12.595-3.0\log\Delta\sigma$	125.3	73.3
JREA[1-86]	$\log N=23.6727-8.3333\log\Delta\sigma$	121.5	100.2

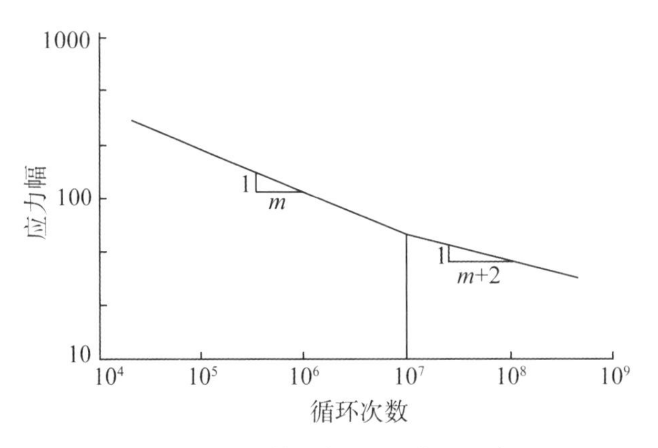

图 1-5　钢筋疲劳 $S-N$ 曲线示意

由于总寿命法只关注试件的最终疲劳寿命，对疲劳损伤的非线性发展过程缺乏认识，因而无法用于分析混凝土结构的疲劳破坏全过程，也难以考虑局部损伤，如点蚀处的应力集中影响和疲劳损伤演化。

1.3.2　断裂力学法

混凝土结构的疲劳破坏过程实际上是混凝土和钢筋中的微裂纹不断萌生、扩展和形成宏观非稳定裂纹的过程。基于该物理现象，断裂力学模型被引入混凝土结构的疲劳破坏分析，并与有限元方法相结合，模拟试件的疲劳断裂过程。

断裂力学法预测疲劳寿命是建立在线弹性断裂方程和弹塑性断裂方程的基础上。线弹性断裂力学适用于裂纹尖端的塑性区远小于裂纹长度的情况，仅考虑长裂纹的稳定扩展，不考虑裂纹萌生阶段的寿命和裂纹失稳扩展的寿命。1921 年，Griffith[1-89] 用弹性体能量平衡的观点研究了玻璃、陶瓷等脆性材料中的裂纹扩展问题，提出了脆性材料裂纹扩展的能量准则；1955 年，Irwin[1-90] 通过对裂纹尖端附近应力场的分析提出了应力强度因子的概念，并建立了以应力强度因子为参数量，断裂力学为理论依据的裂纹扩展原则，这为能够准确分析含有裂纹的结构及材料的力学性能给出了一定的理论依据；Paris[1-91] 在 1963 年提出了以裂纹尖端应力强度因子幅 $\Delta K(\Delta K_{max}-\Delta K_{min})$ 为参数的疲劳裂纹扩展方程，假定了初始裂纹出现后即稳定扩展，适合长裂纹扩展的寿命预测：

$$\frac{\mathrm{d}a}{\mathrm{d}N}=C(\Delta K)^{m} \tag{1-16}$$

$$\Delta K=Y\Delta\sigma\sqrt{\pi a} \tag{1-17}$$

式中，$\mathrm{d}a$ 为裂纹长度扩展量；$\mathrm{d}N$ 为疲劳循环荷载次数增量；C 和 m 为材料常数；Y 为形状因子，与试件形状、裂纹体类型和尺寸有关；a 为疲劳裂纹长度。

Forman 公式[1-92] 在考虑应力比这一疲劳影响因素的基础上对裂纹扩展公式进行了修正。在弹塑性断裂方程方面，Elber[1-93] 和 McEvily[1-94] 提出了修正 Paris 公式。该公式考虑了塑性裂纹闭合的影响，并将有效应力强度因子幅作为公式中的参数；Miller[1-95]、

Brown[1-96]和Hobson[1-97]进一步考虑了短裂纹扩展速率的影响,提出了扩展方程。

当裂纹尖端的应力强度因子 K_{max} 大于该材料的断裂韧度 K_{1C} 时,裂纹发生失稳扩展,而且这一阶段的疲劳寿命极短,一般在设计中为安全起见不予考虑。断裂韧度为材料的固有属性,一般通过查询规范或者进行材料的断裂试验得到[1-98]。

在已知初始疲劳裂纹长度 a_0 和临界疲劳裂纹长度 a_c 的情况下,可通过对式(1-1)进行积分得到裂纹扩展寿命 N_p,如下式:

$$N_p = \int_{a_0}^{a_c} \mathrm{d}N = \int_{a_0}^{a_c} \frac{\mathrm{d}a}{c(Y\Delta\sigma\sqrt{a})^n} \tag{1-18}$$

式中,当 $n \neq 2$ 时,$N_p = \frac{2}{c(Y\Delta\sigma)^n(n-2)}(a_0^{\frac{2-n}{2}} - a_c^{\frac{2-n}{2}})$;当 $n=2$ 时,$N_p = \frac{1}{c(Y\Delta\sigma)^n}(\ln a_c - \ln a_0)$。

断裂力学法通常只关注单个预留宏观裂缝的疲劳扩展,忽略了加载前期混凝土和钢筋中大量微裂纹的发展过程。需要注意的是,由于混凝土结构的疲劳机制非常复杂,现有断裂力学分析较少考虑结构本身各层面疲劳损伤的相互影响。

1.3.3 损伤力学法

基于钢筋混凝土材料疲劳抗力性能的强度理论,在工程应用中尚无法解决如累积损伤等问题[1-99]。断裂力学应用在钢筋混凝土结构中有其局限性,这是因为尺寸效应、骨料性质及材料的随机无序性等因素影响[1-100],混凝土的断裂韧度值不稳定,不考虑无序性效应的断裂力学也难以反映损伤和破坏过程中的一些最重要的特征[1-101];在同样的原因下,疲劳本构关系也无法通过理论计算精确确定。损伤力学作为固体力学的重要分支,通过引入恰当的标量或张量型的损伤内变量,以反映局部缺陷对材料物理性能的影响。1958年,Kachanov[1-102]在研究金属蠕变时,提出了连续性因子与有效应力的概念,1963年,Rabotnov[1-103]定义了"损伤因子"的概念,损伤定义为:

$$D = 1 - \frac{A^{\%}}{A} \tag{1-19}$$

式中:$A^{\%}$ 为有效承载面积;A 为无损状态时的承载面积。

其后,国内外的一大批学者针对损伤力学的基本概念进行了大量开创性的工作[1-104,1-105,1-106,1-107,1-108,1-109,1-110,1-111,1-112,1-113]。Dougill[1-114]首次提出可以将损伤力学用于描述混凝土材料的非线性特性;Ladevèze 和 Mazars[1-115,1-116]所建立的弹性损伤模型在单轴受力状态下能够很好地反映混凝土的响应行为,为体现塑性残余变形的影响;Simo 和 Ju 进一步提出了弹塑性损伤模型[1-117];李杰和吴建营将损伤与塑性进行耦合,从热力学基础理论出发,提出了双标量弹塑性损伤模型[1-118];李永强等[1-119]进行的混凝土弯曲疲劳试验初步证实了非线性疲劳累积损伤理论能较好地描述变幅疲劳载荷下加载顺序与加载水平对混凝土疲劳损伤的影响。在交变载荷作用下,钢筋混凝土构件的初始损伤逐渐发展演化从而使构件的损伤程度增加，强度及刚度退化，并最终导致整个试件破坏。因而用损伤力学方法描述钢筋混凝土构件的疲劳性能尤为合适。损伤随着荷载循环次数的变化是疲劳损伤分析的基础，建立疲劳损伤分析模型是疲劳损伤分析的重点。目前在工程应用中 Miner 线性损伤累积准则是较为常用的，指的是损伤 D 和荷载重复作用次数呈线性关系，不考虑加载次序的影响，其损伤演化方程为：

$$D = \frac{n}{N} \tag{1-20}$$

式中，N 为疲劳寿命；n 为荷载循环作用次数。

在多级加载情况下，假设材料依次承受应力幅为 $\Delta\sigma_1, \Delta\sigma_2, \Delta\sigma_3, \cdots, \Delta\sigma_m$ 的循环荷载作用，经历的循环荷载作用次数分别为 $n_1, n_2, n_3, \cdots, n_m$ 那么累积损伤值为：

$$D = \sum_{i=1}^{m} \frac{n_i}{N_i} \tag{1-21}$$

式中，N_i 为 $\Delta\sigma_i$ 单独作用时的疲劳寿命。

目前工程中常用的损伤变量有弹性模量、应力（幅）、应变（幅）、挠度、强度、刚度[1-8,1-73,1-75,1-119]、裂缝宽度、耗散能等。朱慈勉等[1-120]引入剩余刚度和累积损伤的概念研究钢筋混凝土梁在疲劳过程中的刚度衰减规律，发现混凝土梁的刚度变化符合疲劳三阶段规律，疲劳破坏时的剩余刚度降为初始刚度的 70%；基于钢筋混凝土梁疲劳的第二阶段约占疲劳寿命的 85%，且在此阶段剩余刚度与循环次数之间基本呈线性关系，建立了累积损伤值 D 与循环寿命比 N/N_f 之间关系的数学模型。如果以累积损伤值 $D=1$ 作为失效判据，通过确定混凝土梁刚度衰减速率 k，就可以预测梁的疲劳寿命：

$$D = \alpha\left(1 - \frac{B_N}{B_0}\right) \tag{1-22}$$

$$D = 3.317k\frac{N}{B_0} \tag{1-23}$$

式中，B_N 为循环 N 次后的抗弯刚度；B_0 为初始抗弯刚度；α 为修正系数。

Heffernan 等[1-121]参考用于金属疲劳的应变－寿命方法并基于循环荷载作用下钢筋混凝土梁的应力重分配的概念提出了一个寿命预测模型。Liu 等[1-80]指出了现有的疲劳应变演化方程的缺点和局限性并进行了钢筋混凝土梁的常幅弯曲疲劳试验，建立了考虑应力水平的非线性疲劳应变损伤方程，发现疲劳应变与其他疲劳损伤具有相似的变化规律。

朱红兵等[1-122]利用 Miner 线性准则和 Corten－Dolan 准则，按照多级变幅荷载或随机荷载损伤相等的原则，推导出了等效的等幅疲劳应力幅值 $\Delta\sigma_e$ 的计算公式：

$$\Delta\sigma_e = \left[\frac{\sum (n_i\sigma_i^d) \times 10^p}{\sum n_i N_1 \sigma_1^d}\right]^{\frac{1}{m_f}} \tag{1-24}$$

式中，m_f 为疲劳强度指数。利用钢筋混凝土梁疲劳试验得到的 $S-N$ 曲线对该公式进行检验，发现该公式的计算结果与试验结果较接近且偏安全，但 d、m_f 等参数对计算结果影响较大，因此必须有足够数量的疲劳试验才能保证结果的精确性。王青等[1-123]基于混凝土材料在静态荷载与疲劳荷载作用下破坏的相似性，建立混凝土和钢筋的疲劳本构模型，提出一种钢筋混凝土构件疲劳累积损伤过程的等效静力分析方法。

梁俊松等[1-124]结合混凝土疲劳损伤本构模型与非线性有限元方法发展了一种循环跳跃式疲劳加速算法，模拟了混凝土材料与钢筋混凝土梁的疲劳破坏过程，与疲劳试验结果的对比，结果表明该分析方法可准确预测混凝土结构在疲劳荷载作用下的非线性行为，特别是疲劳加载过程中裂缝的产生和扩展过程，结合疲劳损伤本构模型和疲劳加速算法，能够高效且准确地模拟混凝土结构的疲劳破坏全过程。

1.3.4　综合分析方法

针对混凝土材料的疲劳问题，线弹性断裂力学[1-90]、非线性断裂力学（粘聚裂缝模型[1-125]）以及损伤力学[1-126]的发展使得混凝土的理论分析沿着断裂力学和损伤力学两大方向发展。相应地，在数值模拟领域，基于断裂力学的离散裂缝模型[1-127]和基于损伤力学的弥散裂缝模型[1-128]的相继提出，标志着混凝土计算破坏力学的诞生。之后，又在此基础上分别发展出了扩展有限元法和非局部损伤模型等一系列改进的数值模型。然而，无论是断裂力学还是损伤力学，均存在一系列难以解决的问题，比如断裂力学理论缺乏裂缝起裂和分叉准则，对开裂及扩展准则的认识不统一，在数值上也存在裂缝几何描述复杂、裂缝路径难以跟踪等问题；损伤力学中的损伤变量缺乏明确的物理意义，与裂缝之间不存在一一对应关系，难以准确预测裂缝位置和裂缝宽度。相场理论的发展和多个相场模型[1-129,1-130,1-131,1-132,1-133]的提出为将损伤力学和断裂力学统一在同一理论框架下提供了思路，但是仍存在无法完全解决裂缝起裂、无法考虑任意裂缝扩展路径以及存在裂缝尺度敏感性的问题。

2017 年以来，吴建营[1-134]将断裂力学和损伤力学有机结合，引入了两个参数化的特征函数，即裂缝几何函数 $\alpha(d)$ 和能量退化函数 $\omega(d)$，分别表征固体破坏时的裂缝相场分布特征以及开裂固体应变能的退化规律，基于热力学基本原理建立了同时适用于脆性断裂和准脆性破坏的统一相场理论。统一相场理论从裂缝的几何正则化和热力学基本原理出发，给出了裂缝相场演化的不可逆性、能量准则和能量守恒条件，由此建立了固体损伤破坏分析的裂缝相场－位移场耦合控制方程。该理论同时考虑了基于强度的裂缝起裂准则、基于能量的裂缝扩展准则以及基于变分原理的裂缝扩展方向判据，为固体材料和结构的损伤破坏分析提供了新的理论框架。应变局部化分析表明：裂缝尺度趋近于零时，该理论收敛为一类混合型的内聚裂缝模型。同时，统一相场理论的裂缝相场－位移场耦合控制方程非常方便通过有限元等数值方法加以实现，包括整体牛顿迭代、子问题交错迭代以及整体 BFGS 拟牛顿迭代等算法，其中整体 BFGS 拟牛顿迭代算法同时具有收敛性好、收敛速度快的优点，是目前求解裂缝相场－位移场耦合控制方程最合适的算法[1-135,1-136]。

统一相场理论仅需少量材料力学参数(弹性模量、泊松比、抗拉强度、断裂能、软化曲线类型等),即可直接反映静力、动力和多物理场耦合等条件下裂缝萌生、扩展、分叉等过程;克服了以往方法和模型存在的网格敏感性、错误预测裂缝起裂、网格重划分复杂烦琐、裂缝几何表征、裂缝路径跟踪、裂缝分叉准则等难题。得益于上述优点,统一相场理论提出后迅速被国内外学者应用于混凝土[1-137]、岩石[1-138]、冰[1-139]、玻璃[1-140]、PmmA[1-141]、复合材料[1-142,1-143]、橡胶[1-144,1-145]等多种固体材料和结构的损伤破坏分析。然而,对于工程中存在的混合型破坏问题、复杂多物理场耦合效应下的结构损伤破坏和全生命周期性能分析、基体裂缝-界面裂缝耦合破坏等问题仍需要研究,细观非均质材料的相场分析和材料-结构优化设计与能调控以及高效数值模拟方法的建立仍是今后研究的重点。

此外,Keerthana[1-146]等通过能量等效统一了损伤力学和断裂力学的概念,考虑应力比和超载对裂纹扩展速度的影响,结合量纲分析和自相似原理,在 Fathima 和 Kishen[1-147]提出的常幅模型基础上建立了适用于素混凝土变幅疲劳载荷的分析模型,通过对三种不同尺寸的几何相似的普通混凝土梁在变幅疲劳载荷作用下的试验,验证了模型的有效性,为计算混凝土结构的疲劳寿命提供了一种更为合理的方法。

1.4 疲劳损伤分析新方法

除了传统的物理量,如混凝土裂缝和弹性模量、钢筋裂纹、应力应变、挠度、刚度、强度等可以描述材料和构件层面的疲劳损伤,近年来一些学者也在研究通过新的无损检测技术定义新型损伤变量来表征疲劳损伤,如针对混凝土材料的超声波、声发射技术以及针对钢筋等铁磁性材料的磁巴克豪森噪声法、磁声发射法、漏磁场检测法、金属磁记忆法、压磁信号等。

Chung[1-148]证明超声技术可以精确测定已硬化混凝土中的深层孔隙或蜂窝结构等损伤,但应用超声技术检测疲劳裂缝非常困难,因为混凝土是由不同刚度的材料组成的,会导致超声波的不均匀反映;朱劲松[1-149]发现穿透混凝土试件自由面的横向波速随着荷载循环次数的增加而发生明显的三阶段衰减,基于超声波速定义了损伤变量,建立了混凝土疲劳累积损伤的演化方程;李广文[1-150]进行钢筋混凝土柱的疲劳试验,获取了与疲劳损伤有关的超声波的波形、声时、速度等数据信息,通过对速度变化幅度的分析得到柱截面的疲劳损伤规律。Labuz 等[1-151]通过声发射源定位技术跟踪监测混凝土裂纹的开裂和发展;Yuyama 等[1-152]利用声发射技术研究了混凝土材料在变幅循环加载条件下的动态力学性能,发现高荷载时的声发射信号与裂纹扩展有着密切的关系,但钢筋混凝土结构的疲劳损伤还与钢筋和钢筋混凝土粘结等有关,而且疲劳裂纹的张开和闭合会压碎裂缝中松散的沙粒,通过这种噪声来判断结构的损伤状态是不合理的。王立燕等[1-153]发现声发射信号的撞击总数的时变规律能够反映不同应力水平下的水泥混凝土和橡胶混凝土的疲劳损伤过程。此外,为了准确描述混凝土材料的非线性疲劳损伤累积过程,朱劲松基于神经网络方法提出了一个考虑变幅疲劳的级数和加载顺序影响的混凝土疲劳损伤累积模型，准确反映了混凝土疲劳损伤演变的真实过程[1-154]。肖赟[1-155]等基于神经网络建立了预应力混凝土梁疲劳挠度计算的仿真模型，与疲劳实验结果的误差范围在5% ~15%，可用于预应力混凝土桥梁结构抗疲劳设计。

磁巴克豪森噪声法(Magnetic Barkhausen Noise method，MBN)是通过记录MBN信号由于显微组织结构不均匀或局部应力集中产生的钉扎阻碍磁壁的运动产生的变化来反映材料内部的晶粒度、硬度、显微结构变化及残余应力分布等[1-156,1-157]。Yasumitsu等[1-158]进行了钢材的疲劳试验，发现MBN电压峰值随循环次数变化明显，提出MBN信号可以用于评价铁磁材料的剩余寿命。Lindgren等[1-159]使用一种新型的MBN传感器连续监测低碳钢和高强度钢的疲劳行为，发现疲劳裂纹开始扩展时的MBN均方根分别出现急剧增加和下降现象，可以用于早期预警。Sagar等[1-160]研究了高周疲劳中低碳钢MBN信号最大振幅的变化规律，发现开始时增加，随之降低，疲劳失效前急剧增加，可以实时监测疲劳损伤。

磁声发射(Magnetic Acoustic Emission，MAE)是指铁磁材料在磁化过程中产生巴克豪森跳跃的同时，因为相邻畴壁磁致伸缩应变不一致激发的弹性应力波。Kusanagi等[1-161]很早之前就证实了应力对MAE信号的影响。候炳麟等[1-162]通过疲劳加载使U74新轨试样产生不同程度的疲劳损伤，然后对钢轨残余应力和剩余寿命进行了MAE无损测量，结果发现有效值电压VRMS $-N/N_f$ 曲线在达到一定的相对疲劳度后呈单调对应关系，表明用MAE方法进行钢轨残余应力、温度应力测量和剩余寿命的估测是可行的。吴明涛[1-163]设计并研制了可靠的MAE检测装置，研究Q235钢低周和高周疲劳过程中MAE特征参数随循环次数的变化。

漏磁场检测法需要先对检测对象进行磁化使其达到近饱和状态，之后采用磁敏元件和电子仪器对构件缺陷形成的漏磁场进行检测和分析。Phillips[1-164]等证实了漏磁场的连续监测能够预警初始疲劳裂纹的出现以及最终的坑蚀失效。蔡桂喜[1-165]等研究了利用漏磁场检测疲劳裂纹的可行性。Liu[1-166]等将漏磁检测应用于管道内部机械缺陷的定量检测和疲劳寿命的定量评估。

金属磁记忆法的原理[1-167]是，处于地磁场环境下的铁磁构件在周期性负载的反复作用下，其应力集中会出现残余磁感应强度和自发磁化增强的现象。国外的Bozorth[1-168]、Liboutry[1-169]、Craik[1-170]、Birss[1-171]、Jiles 和 Atherton[1-172,1-173,1-174]、C. C. H. Lo[1-175,1-176]、Dobov[1-177]、Sablika[1-178,1-179,1-180,1-181,1-182]、Schneider[1-183,1-184,1-185]、Wilson[1-186]，国内的黎连修[1-187]、仲维畅[1-188]、刘美全[1-189]、李路明[1-190,1-191]、周俊华和雷银照[1-192]、任吉林[1-193]、董世运[1-194]，研究了应力、疲劳过程中的塑性应变和位错等对磁记忆信号影响的理论机理和模型，促进了磁记忆技术的发展。在疲劳过程中的磁信号分布研究上，尹大伟[1-195]、董世运[1-196]、董丽虹[1-197]、王坤[1-198]等开展的对中碳钢拉伸疲劳试验结果表明直到断裂前，磁信号分布随着循环次数增加而趋于稳定；李路明[1-199]、徐敏强[1-200]、王翔[1-201]的疲劳试验结果表明磁信号及其变化率随循环次数的变化对应疲劳损伤的三个阶段;邢海燕[1-202]、董丽虹[1-203,1-204]、Ahmad[1-205,1-206,1-207]、张军[1-208]的试验结果表明疲劳裂纹扩展速率和裂纹扩展长度与磁记忆信号特征参数有相关性。

压磁效应关注应力作用下材料中机械微观结构和磁场微观结构的相互作用[1-209],在交变载荷的作用下,微观塑性化过程导致材料内部结构的滑移错位并改变材料的纹理、空隙、内含物及其他瑕疵。这种机械变化反过来又会改变与其共存的铁磁域结构的排列,从而影响材料所表现出来的磁场强度[1-170,1-171,1-174,1-210,1-211]。Jiles[1-212,1-213]提出有效场理论和接近定律来描述弹性状态下磁机械效应的滞后和不可逆现象,针对应力较大时产生的塑性变形,考虑导致的位错堆积产生的钉扎作用对磁化的阻碍作用[1-214,1-215],Wang等[1-216]建立了考虑塑性变形的磁机械效应模型,通过测量并记录铁磁性试件周围磁场强度的演变过程,能记录这种材料在交变载荷作用下的渐进破坏进程[1-217,1-218]。Erber和Guralnick[1-219,1-220]、包胜[1-221,1-222,1-223,1-224,1-225,1-226]、金伟良[1-227,1-228,1-229,1-230,1-231]、张大伟[1-232,1-233]等基于试验和数值分析明确了压磁效应表征无损、含缺陷以及带肋钢材疲劳损伤过程的有效性,张军[1-208]通过试验建立了压磁信号表征裂纹扩展速率的定量方法,肖卫强[1-234]和张军[1-235]的试验证实压磁信号对钢筋混凝土梁的疲劳也较为敏感,压磁方法作为简单有效的方法可广泛应用于在役结构循环荷载下的疲劳裂纹萌生和扩展检测和评估[1-236]。

参考文献

[1-1] 程育仁,缪龙秀,侯炳麟. 疲劳强度. 北京:中国铁道出版社,1990.

[1-2] 牛荻涛,苗元耀. 基于车辆荷载的锈损公路桥梁疲劳性能试验研究. 土木工程学报,2018,51(3):1-10.

[1-3] 赵国藩. 广东某斜拉桥断索事故的分析及思考. //混凝土结构耐久性及耐久性设计会议论文集. 北京:清华大学.

[1-4] DUBOV A A. A study of metal properties using the method of magnetic memory. Met Sci Heat Treat,1997,39(9):401-405.

[1-5] GURALNICK S A, BAO S, ERBER T. Piezomagnetism and fatigue: Ⅱ. Journal of Physics D:Applied Physics,2008,41(11):115006.

[1-6] 铁道部专业设计院. 铁路桥涵钢筋混凝土和预应力混凝土结构设计规范(TB 10002.3-1999). 北京:中国铁道出版社,2000.

[1-7] 宋玉普. 多种混凝土材料的本构关系和破坏准则. 北京:中国水利水电出版社,2002.

[1-8] 宋玉普. 混凝土结构的疲劳性能及设计原理. 北京:机械工业出版社,2006.

[1-9] SHAH S P, CHANDRA S. Fracture of concrete subjected to cyclic and sustained loading.

ACI Mater J,1970:816 - 825.

[1 - 10] BYUNG H O. Cumulative damage theory of concrete under variable amplitude fatigue loading. ACI Material Journal,1991,88(1):41 - 48.

[1 - 11] 朱劲松,宋玉普. 混凝土疲劳损伤累积神经网络模型. 大连理工大学学报,2003,43(3):332 - 337.

[1 - 12] ALLICHE A. Damage model for fatigue loading of concrete. International Journal of Fatigue,2004,26:915 - 921.

[1 - 13] 曹伟. 定测压下混凝土三轴疲劳性能试验与理论研究. 大连:大连理工大学,2005.

[1 - 14] 王瑞敏,赵国藩. 混凝土的受压疲劳性能研究. 土木工程学报,1991(4):38 - 47.

[1 - 15] 李朝阳,宋玉普. 混凝土海洋平台疲劳损伤累积 Miner 准则适应性研究. 中国海洋平台,2001,16(3):1 - 4.

[1 - 16] MINER M A. Cumulative damage in fatigue. Journal of Applied Mechanics,1945,12(3):159 - 164.

[1 - 17] CORTEN H T,DOLAN T J. Cumulative fatigue damage. //Proceedings of the International conference on fatigue of metals. Institution of Mechanical Engineers and American Society of Mechanical Engineers London,1956,1:235.

[1 - 18] MANSON S S,FRECHE J C,ENSIGN C R. Application of a double linear damage rule to cumulative fatigue. Fatigue Crack Propagation,ASTM STP 415,Philadelphia,1967:384 - 412.

[1 - 19] HOLMEN J O. Fatigue of concrete by constant and variable amplitude loading. ACI Special Publication,1982,75(4):71 - 110.

[1 - 20] ACI Committee 215. Considerations for design of concrete structure subjected to fatigue loading. Journal of American Concrete Institute,1974,1(3):97 - 121.

[1 - 21] HERZOG M. Die Biegebruchlast von durchlaufträgern aus stahlbeton und spannbeton nach versuchen. Beton - und Stahlbetonbau,1976,71(1):23 - 26.

[1 - 22] HANSON J M. Design for fatigue. //Handbook of Structure Concrete. London:Piterman Publishing INC(incorporate),1983.

[1 - 23] KOPAS P,JAKUBOVIČOVÁL,VAŠKO M,et al. Fatigue resistance of reinforcing steel bars. Procedia Engineering,2016,136:193 - 197.

[1 - 24] JHAMB I C,MACGREGOR J G. Effect of surface characteristics on fatigue strength of reinforcing steel. Special Publication,1974,41:139 - 168.

[1 - 25] HELGASON T,HANSON J M,SOMES N F,et al. Fatigue strength of high-yield reinforcing bars. Nchrp Report,1976.

[1 - 26] 美国各州公路和运输工作者协会(AASHTO)制订. 美国公路桥梁设计规范. 北

京:人民交通出版社,1998.

[1 -27] 龚德齐.日本高速铁路铁道结构物设计标准混凝土结构物.铁道部科学研究院机车车辆研究所,1995.

[1 -28] NÜERNBERGER U. Fatigue resistance of reinforcing steel. //IABSE Colloquium, Fatigue of steel and concrete structures. IABSE Report, Lausanne, 1982, 37:213 -220.

[1 - 29] FREY R P. Fatigue design concept considering the indefinite state of stress in the reinforcing ement of reinforcing-beams. IABSE, Fatigue of Steel and Concrete Strustures, 1982.

[1 -30] 中国建筑科学研究院.混凝土结构设计规范 GB50010 -2010.北京:建筑工业出版社,2010.

[1 -31] COFFIN L F. A study of the effects of cyclic thermal stresses on a ductile metal. Ryūmachi [Rheumatism], 1954, 22(6):419 -606.

[1 - 32] MANSON S S. Behavior of materials under conditions of thermal stress. Technical Report Archive and Image Library, 1954, 7(s 3 -4):661 -665.

[1 -33] 巴恩比.疲劳.北京:科学出版社,1984:60 -65.

[1 -34] 张耀庭,赵璧归,李瑞鸽,等. HRB400 钢筋单调拉伸及低周疲劳性能试验研究.工程力学,2016,33(4):121 -129.

[1 -35] MANDER J B, PANTHAKI F D, KASALANATI A. Low - cycle fatigue behavior of reinforcing steel. Journal of Materials in Civil Engineering, 1994, 6(4):453 -468.

[1 -36] 邵卓民,徐有邻.钢筋砼粘结锚固的研究及设计建议.建筑结构,1986(4):4 -14.

[1 -37] 徐有邻.变形钢筋 -混凝土粘结锚固性能的试验研究.北京:清华大学博士学位论文,1990.

[1 -38] LARRARD F D, I SHALLER I, FUCHS A J. Effect of the bar diameter on the bond strength of passive reinforcement in high - performance concrete. ACI Materials Journal, 1993, 90(4):333 -339.

[1 -39] 赵羽习,金伟良.钢筋与混凝土粘结本构关系的试验研究.建筑结构学报,2002,23(1):32 -37.

[1 -40] 高向玲.高性能混凝土与钢筋粘结性能的试验研究及数值模拟.上海:同济大学,2003.

[1 - 41] MUHLENBRUCH C W. The effect of repeated loading on the bond strength of concrete. American Society for Testing Materials, Proceedings, 1945 (45): 824 -845.

[1 - 42] MUHLENBRUCH C W. The effect of repeated loading on the bond strength of concrete: Ⅱ. American Society for Testing Materials Proceedings, 1948 (48): 977 -985.

[1 - 43] MORITA S, KAKU T. Local bond stress - slip relationship under repeated loading. IABSE, Symposium, Resistance and ultimate deformability of structures acted on by well defined repeated loads, Lisboa, 1973: 221 - 227.

[1 - 44] MORITA S, KAKU T. Splitting bond failures of large deformed reinforcing bars. ACI Journal, 1979, 76(1): 93 - 110.

[1 - 45] EDWARDS A D, YANNOPOULOS P J. Local bond stress - slip relationships under repeated loading. Magazine of Concrete Research, 1978, 30(103): 62 - 72.

[1 - 46] EDWARDS A D, YANNOPOULOS P J. Local bond - stress to slip relationships for hot rolled deformed bars and mild steel plain bars. Journal of American Concrete Institute, 1979, 79: 405 - 420.

[1 - 47] REHM G, ELIGEHAUSEN R. Bond of ribbed bars under high cycle repeated loads. ACI Journal, symposium paper, 1979, 76(15): 297 - 309.

[1 - 48] 付恒菁,徐有邻. 低周荷载下钢筋砼粘结性能的退化. 建筑结构, 1987, 2: 16 - 19.

[1 - 49] BALAZS G L. Fatigue of bond. ACI Materials Journal, 1995, 88(6): 620 - 630.

[1 - 50] BALAZS G L. Bond under repeated loading. ACI Research Update, 1998, 180(6): 125 - 144.

[1 - 51] AMERICAN CONCRETE INSTITUTE. State - of - the - art report on bond under cyclic loads. 1992.

[1 - 52] RTEIL A A, SOUDKI K A, TOPPER T H. Preliminary experimental investigation of the fatigue bond behavior of CFRP confined RC beams. Construction&Building Materials, 2007, 21(4): 746 - 755.

[1 - 53] BH O H, KIM S H. Realistic models for local bond stress - slip of reinforced concrete under repeated loading. Journal of Structural Engineering, 2007, 133(2): 216 - 224.

[1 - 54] 蒋德稳,邱洪兴. 重复荷载作用下钢筋混凝土锚固端粘结性能试验研究. 建筑结构学报, 2012, 33(9): 127 - 135.

[1 - 55] PERRY E S, THOMPSON J N. Bond stress distribution on reinforcing steel in beams and pullout specimens. ACI Structural Journal, 1966, 63(8): 866 - 875.

[1 - 56] PERRY E S, JUNDI N. Pullout bond stress distribution under static and dynamic repeated loadings. Am Concrete Inst Journal & Proceedings, 1969, 66(5): 377 - 380.

[1 - 57] 曲卓杰,吴胜兴,刘龙强,等. 小湾拱坝抗震钢筋粘结滑移试验研究. 河海大学学报自然科学版, 2004, 32(3): 308 - 312.

[1 - 58] 郑晓燕. 锈蚀钢筋与混凝土动态粘结性能研究. 南京: 河海大学, 2004.

[1 - 59] 蒋德稳,邱洪兴. 重复荷载下钢筋与混凝土粘结本构关系. 工程力学, 2012, 29(5): 93 - 100.

[1 - 60] 王传志,滕智明. 钢筋混凝土结构理论. 北京: 中国工业建筑出版社, 1985.

[1 -61] WALLS D P,ZOK F W. Interfacial fatigue in a fiber reinforced metal matrix composite. Acta Metallurgica Et Materialia,1994,42(8):2675 -2681.

[1 -62] SHI Z F,ZHOU L M. Interfacial damage in fibre - reinforced composites subjected to tension fatigue loading. Fatigue&Fracture of Engineering Materials&Structures,2002, 25(5):445 -457.

[1 -63] 陈艳华,石志飞. 钢筋混凝土界面的疲劳损伤. 中国安全科学学报,2003,13(9): 78 -80.

[1 -64] 陈艳华,朱庆杰,石志飞. 钢筋混凝土界面疲劳裂纹扩展模拟研究. 北京交通大学学报,2003,27(4):36 -40.

[1 -65] GAO Y C. Debonding along the interface of composites. Mechanics Research Communications, 1987,14(2):67 -72.

[1 -66] 商峰. 钢筋 - 混凝土界面张开滑移模型及锈蚀钢筋混凝土结构疲劳分析. 北京: 清华大学,2010.

[1 -67] 蒋德稳. 钢筋混凝土结构粘结疲劳性能的研究. 南京:东南大学,2010.

[1 - 68] CHABOCHE J L. Continuous damage mechanics - a tool to describe phenomena before crack initiation. Nuclear Engineering&Design,1981,64(2):233 -247.

[1 -69] 庞林飞. 钢筋混凝土板疲劳损伤识别及疲劳寿命预测. 南京:东南大学,2004.

[1 -70] SCHLÄFLI M,BRÜHWILER E. Fatigue of existing reinforced concrete bridge deck slabs. Engineering Structures,1997,20(11):991 -998.

[1 -71] 李秀芬,吴佩刚. 高强混凝土梁抗弯疲劳性能的试验研究. 土木工程学报,1997, 30(5):37 -42.

[1 -72] 陈浩军,彭艺斌,张起森. 冷轧带肋钢筋混凝土受弯构件疲劳性能研究. 中国公路学报,2006,19(1):23 -27.

[1 -73] 钟铭,王海龙. 高强钢筋高强混凝土梁静力和疲劳性能试验研究. 建筑结构学报, 2005,26(2):94 -100.

[1 -74] NAAMAN A E,FOUNAS M. Partially prestressed beams under random - amplitude fatigue loading. Journal of Structural Engineering,1991,117(12):3742 -3761.

[1 -75] 朱红兵. 公路钢筋混凝土简支梁桥疲劳试验与剩余寿命预测方法研究. 长沙:中南大学,2011.

[1 -76] ESHWARAPPA N H,GANGOLU A R. Fatigue behavior of lightly reinforced concrete beams in flexure due to overload. 9th. International Conference on Fracture Mechanics of Concrete and Concrete Structures,2016:1 -12.

[1 -77] TENG S,MA W,WANG F. Shear strength of concrete deep beams under fatigue loading. ACI Structural Journal,2000,97(4):572 -580.

[1 -78] HEFFERNAN P J,ERKI M A. Fatigue behavior of reinforced concrete beams strengthened

with carbon fiber reinforced plastic laminates. Journal of Composites for Construction, 2004,8(2):132 - 140.

[1 - 79] 雷俊卿,肖赟,张坤,等. 预应力混凝土梁变幅疲劳性能试验研究. 振动与冲击, 2013,32(18):95 - 100.

[1 - 80] LIU F,ZHOU J. Fatigue strain and damage analysis of concrete in reinforced concrete beams under constant amplitude fatigue loading. Shock&Vibration,2016(3):1 - 7.

[1 - 81] 曾志斌,李之榕. 普通混凝土梁用钢筋的疲劳 $S - N$ 曲线研究. 土木工程学报, 1999,32(5):10 - 14.

[1 - 82] Fatigue of steel and concrete structures. Proceedings of colloquium, Lausanne, IABSE Reports, 1982,37:895.

[1 - 83] 国分正胤他. 各种高张力异形铁筋を用いた铁筋コンクリート大型ばりの疲劳に关する研究. 土木学会论文集,1965(122).

[1 - 84] 西北工业大学,铁道部科学研究院. 钢结构的疲劳设计规范. 欧洲钢结构协会第六技术委员会“疲劳”篇. 西安:西北工业大学出版社,1989.

[1 - 85] 龚德齐. 日本高速铁路铁道结构物设计标准混凝土结构物. 铁道部科学研究院机车车辆研究所,1995.

[1 - 86] 铁道综合技术研究所. 铁道构造物等设计标准. 同解说コンケリート构造物.

[1 - 87] 钢桥混凝土桥及结合桥(下册)英国标准 5400 第 5 ~ 10 篇. 成都:西南交通大学出版社,1987.

[1 - 88] AMERICAN RAILWAY ENGINEERING ASSOCIATION. Manual for Railway Engineering, 1994.

[1 - 89] GRIFFITH A A. The phenomena of rupture and flow in solids. Philosophical transactions of the royal society of london. Series A, containing papers of a mathematical or physical character, 1921,221(582 - 593):163 - 198.

[1 - 90] IRWIN G R. Analysis of stresses and strains near the end of a crack traversing a plate. Journal of Applied Mechanics, 1957,24:361 - 364.

[1 - 91] PARIS P, ERDOGAN F. A critical analysis of crack propagation laws. Transactions of the American Society of Mechanical Engineers, 1963,85(4):528 - 533.

[1 - 92] FORMAN R G, KEARNEY V E, ENGLE R M. Numerical analysis of crack propagation in cycle loaded structures. Journal of Basic Engineering, 1967,89(3):459 - 463.

[1 - 93] ELBER W. Fatigue crack closure under cyclic tension. Engineering Fracture Mechanics, 1970,2(1):37 - 45.

[1 - 94] MCEVILY A J. On crack closure in fatigue crack growth. Fracture & Society, 1978:39 - 42.

[1 - 95] MILLER K J. The short crack problem. Fatigue & Fracture of Engineering Materials &

Structures,1982,5(3):223 - 232.

[1 - 96] BROWN C W,KING J E,HICKS M A. Effects of microstructure on long and short crack growth in nickel base superalloys. Metal Science,1984,18(7):374 - 380.

[1 - 97] HOBSON P D. The formation of a crack growth equation for short cracks. Fatigue & Fracture of Engineering Materials & Structures,1982,5(4):323 - 327.

[1 - 98] 中国航天研究院. 应力强度因子手册. 北京:科学出版社,1993.

[1 - 99] 李士彬,马惠敏,汤红卫. 钢筋混凝土受弯构件疲劳性能研究现状与展望. 全国"振动利用工程"学术会议,2003:183 - 188.

[1 - 100] FANELLA D,KRAJCINOVIC D. Size effect in concrete. Journal of Engineering Mechanics,1988,114(4):704 - 715.

[1 - 101] 夏蒙棼,韩闻生. 统计细观损伤力学和损伤演化诱致突变. 力学进展,1995,25(1):145 - 173.

[1 - 102] KACHAANOV L M. Time ofthe rapture process under creep condition. YVZA kad Nauk S S k Otd Tech Nauk,1958.

[1 - 103] RABONO Y N. Creep rupture. New York:Springer Berlin,1969.

[1 - 104] LEMAITRE J. Local approach offracture. Engineering Fracture Mechanics,1986,25(5/6):523 - 537.

[1 - 105] CHABOCHE J L. Continue damage mechanics. Journal of Applied,1988,55:59 - 72.

[1 - 106] CHABOCHE J L. Continuous damage mechanics:a tool to describe phenomena before crack initiation. Nuclear Engineering and Design,1981,64:233 - 247.

[1 - 107] HULT J. Damage induced tensile instability. 3rd. London:AMIRT ,1975.

[1 - 108] KRAJEINOVIC D,FONSEKA G U. Comtiuum damage mechanics. Appl Mech Rev,1984,37(1).

[1 - 109] KRAJCINOVIC D. Constitutive equations for damage materials. J Appli Mech,1983,50:355 - 360.

[1 - 110] 吴鸿遥. 损伤力学. 北京:国防工业出版社,1990.

[1 - 111] 尹双增. 断裂损伤理论及其应用. 北京:清华大学出版社,1992.

[1 - 112] 余天庆,钱济成. 损伤理论及其应用. 北京:国防工业出版社,1993.

[1 - 113] 余寿文,冯西桥. 损伤力学. 北京:清华大学出版社,1997.

[1 - 114] DOUGILL J W. On stable progressive fracturing solids. Zeitschrift für angewandte Mathematik und Physik,1976,27(4):423 - 437.

[1 - 115] LADEVÈZE P. Sur une theorie de l'endo mmagement anisotrope. Rapport Interne No. 34,Laboratoire de Mécanique et Technologie,Cachan,France,1983.

[1 - 116] MAZARS J. Application de la mecanique de l'endo mmangement au comportement non lineaire et a la rupture du beton de structure. France:Universite Paris,1984.

[1 -117] SIMO J,JU J. Strain - and stress - based continuum damage models. i:Formulation; ii:Computational aspects. Int J Solids Structure,1987,23(7):821 -869.

[1 -118] 李杰,吴建营. 混凝土弹塑性损伤本构模型研究 I :基本公式. 土木工程学报, 2005(9):14 -20.

[1 -119] 李永强,车惠民. 混凝土弯曲疲劳累积损伤性能研究. 中国铁道科学,1998(2): 52 -59.

[1 -120] 汤红卫,李士彬,朱慈勉. 基于刚度下降的混凝土梁疲劳累积损伤模型的研究. 铁道学报,2007,29(3):84 -88.

[1 -121] HEFFERNAN P J. Stress redistribution in cyclically loaded reinforced concrete beams. Aci Structural Journal,2004,101(2):261 -268.

[1 -122] 朱红兵,余志武,蒋丽忠. 基于 Corten - Dolan 累积损伤准则的等效等幅疲劳应力幅值计算方法. 公路交通科技,2010,27(1):54 -57.

[1 -123] 王青,卫军,刘晓春,等. 钢筋混凝土梁疲劳累积损伤过程的等效静力分析方法. 中南大学学报(自然科学版),2016(1):247 -253.

[1 -124] 梁俊松,丁兆东,李杰. 混凝土结构疲劳全过程分析方法研究. 建筑结构学报, 2017(5).

[1 - 125] DUGDALE D. Yielding of steel sheets containing slits. Journal of Mechanics and Physics of Solids,1960,8:100 -109.

[1 -126] DOUGILL J W. On stable progressively fracturing solids. Zeitschrift Für Angewandte Mathematik Und Physik Zamp,1976,27(4):423 -437.

[1 -127] NGO D,SCORDELIS A. Finite element analysis of reinforced concrete beams. Journal of the American Concrete Institute,1967,64(14):152 -163.

[1 -128] RASHID Y. Analysis of prestressed concrete pressure vessels. Nuclear Engineering & Design 1968,7:334 -344.

[1 -129] FRANCFORT G, MARIGO J. Revisiting brittle fracture as an energy minimization problem. Journal of the Mechanics and Physics of Solids, 1998, 46 (8): 1319 -1342.

[1 -130] PHAM K, AMOR H, MARIGO J J, et al. Gradient damage models and their use to approximate brittle fracture. International Journal of Damage Mechanics, 2011, 20: 618 -652.

[1 -131] CHU D, LIA X, LIU Z, et al. A unified phase field damage model for modeling the brittle - ductile dynamic failure mode transition in metals. Engineering Fracture Mechanics,2019,212:197 -209.

[1 -132] MAY S, VIGNOLLET J, BORST D R. A new arc - length control method based on the rates of the internal and the dissipated energy. Engineering Computations,2016,

33(1):100 – 115.

[1 – 133] FOCARDI M, IURLANO F. Numerical insight of a variational smeared approach to cohesive fracture. Journal of the Mechanics and Physics of Solids, 2017, 98: 156 – 171.

[1 – 134] WU J Y. A unified phase – field theory for the mechanics of damage and quasi – brittle failure in solids. Journal of the Mechanics and Physics of Solids, 2017, 103: 72 – 99.

[1 – 135] WU J Y, HUANG Y, NGUYEN V P. On the BFGS monolithic algorithm for the unified phase field damage theory. Computer Methods in Applied Mechanics and Engineering, 2020.

[1 – 136] WU J Y, HUANG Y. On monolithic algorithms with optimal convergence for phase – field damage modeling of brittle and cohesive fracture. Computer Methods in Applied Mechanics and Engineering, 2020.

[1 – 137] FENG D C, WU J Y. Phase – field regularized cohesive zone model (CZM) and size effect of concrete. Engineering Fracture Mechanics, 2018, 197: 66 – 79.

[1 – 138] WANG Q, FENG YT, ZHOU W, et al. A phase – field model for mixedmode fracture based on a unified tensile fracture criterion. Computer Methods in Applied Mechanics and Engineering, 2020, 370.

[1 – 139] MARBOEUF A, BENNANI L, BUDINGER M, et al. Electromechanical resonant ice protection systems: numerical investigation through a phase – field mixed adhesive/brittle fracture model. Engineering Fracture Mechanics, 2020, 230: 106926.

[1 – 140] WU J Y, MANDAL T K, NGUYEN V P, et al. Crack nucleation and propagation in the phase – field cohesive zone modeling of hertzian indentation fracture. Journal of the Mechanics and Physics of Solids, 2020.

[1 – 141] WU J Y, NGUYEN V P. A length scale insensitive phase – field damage model for brittle fracture. Journal of the Mechanics and Physics of Solids, 2018, 119: 20 – 42.

[1 – 142] ZHANG P, HU X, WANG X, et al. An iteration scheme for phase field model for cohesive fracture and its implementation in Abaqus. Engineering Fracture Mechanics, 2018, 204: 268 – 287.

[1 – 143] ZHANG P, HU X, YANG S, et al. Modelling progressive failure in multiphase materials using a phase field method. Engineering Fracture Mechanics, 2019, 209: 105 – 124.

[1 – 144] LOEW P J, PETERS B, BEEXL A A. The phase – field model with an autocalibrated degradation function based on general softening laws for cohesive fracture. Mechanics of Materials, 2020, 142.

[1 – 145] LOEW P J, POH L H, PETERS B, et al. Accelerating fatigue simulations of a phase –

field damage model for rubber. Computer Methods in Applied Mechanics and Engineering,2020,370.

[1-146] KEERTHANA K,CHANDRA KISHEN J M. An experimental and analytical study on fatigue damage in concrete under variable amplitude loading. International Journal of Fatigue,2018,111:278-288.

[1-147] FATHIMA K P,KISHEN J M C. A thermodynamic framework for the evolution of damage in concrete under fatigue. Arch Appl Mech,2015,85(7):921-936.

[1-148] CHUNG H W. An appraisal of the ultrasonic pulse technique for detecting voids in concrete. Concrete,1978,12(11):25-58.

[1-149] 朱劲松,宋玉普. 混凝土双轴抗压疲劳损伤特性的超声波速法研究. 岩石力学与工程学报,2004,23(13):2230-2234.

[1-150] 李广文. 钢筋混凝土柱疲劳损伤性能研究. 燕山大学,2010.

[1-151] LABUZ J F,CATTANEO S,CHEN L H. Acoustic emission at failure in quasi-brittle materials. Construction & Building Materials,2001,15(5):225-233.

[1-152] YUYAMA S,LI Z W,YOSHIZAWA M,et al. Evaluation of fatigue damage in reinforced concrete slab by acoustic emission. Ndt & E International,2001,34(6):381-387.

[1-153] 王立燕,王超,张亚梅,等. 运用声发射技术研究橡胶混凝土疲劳损伤过程. 东南大学学报(自然科学版),2009,39(3):574-579.

[1-154] 朱劲松,宋玉普. 混凝土疲劳损伤累积神经网络模型. 大连理工大学学报,2003,43(3):332-337.

[1-155] 肖赟,雷俊卿. 预应力混凝土梁疲劳挠度计算的神经网络模型. 北京交通大学学报:自然科学版,2013.

[1-156] BLAOW M,EVANS J T,SHAW B A. Effect of hardness and composition gradients on Barkhausen emission in case hardened steel. Journal of Magnetism and Magnetic Materials,2006,303(1):153-159.

[1-157] BLAOW M,EVANS J T,SHAW B A. The effect of microstructure and applied stress on magnetic Barkhausen emission in induction hardened steel. Journal of Materials Science,2007,42(12):4364-4371.

[1-158] YASUMITSU T,KIYOSHI H,NAOKI O. Nondestructive estimation of fatigue damage for steel by Barkhausen noise analysis. NDT&E International,1996,29(5):275-280.

[1-159] LINDGREN M,LEPISTÖ T. Application of a novel type Barkhausen noise sensor to continuous fatigue monitoring. NDT&E International,2000,33(6):423-428.

[1-160] SAGAR S P,PARIDA N,DAS S,et al. Magnetic barkhausen emission to evaluate fatigue damage in a low carbon structural steel. International Journal of Fatigue,

2005,27(3):317 -322.

[1 -161] KUSANAGI H, KIMURA H, SASAKI S. Stress effect on the magnitude of acoustic emission during magnetization of ferromagnetic materials. Journal of Applied Physics, 1979, 50(4):2985 -2987.

[1 -162] 候炳麟,周建平.磁声发射在钢轨性能无损检测中的应用研究.试验力学,1998,13(1):98 -104.

[1 -163] 吴明涛.Q235 钢的磁声发射信号特征研究.江西:南昌航空大学,2018.

[1 -164] PHILLIPS M R, CHAPMAN C J S. A magnetic method for detecting the onset of surface contact fatigue. 1978, 49(2):265 -272.

[1 -165] 蔡桂喜,董瑞琪.磁粉和漏磁探伤对裂纹状缺陷检出能力的研究.2004 年全国电磁(涡流)检测技术研讨会,2004.

[1 -166] LIU Z, ZHENG A, DIAZ O O, et al. A novel fatigue assessment of CT with defects based on magnetic flux leakage. // SPE/ICoTA coiled tubing & well intervention conference & exhibition. OnePetro.

[1 -167] DUBOV A A. Diagnostics of boiler tubes using the metal magnetic memory. Moscow: Energoatomizdat, 1995.

[1 -168] BOZORTH R M, WILLIAMS H J. Effect of small stresses on magnetic properties. Reviews of Modern Physics, 1945, 17(1):72.

[1 -169] LIBOUTRY L. The magnetization of iron in a weak magnetic field: effects of time, stress, and of transverse magnetic fields. Annalen Der Physik, 1951, 12(1):47.

[1 -170] CRAIK D J, WOOD M J. Magnetization changes induced by stress in a constant applied field. Journal of Physics D: Applied Physica, 1971(3):1009 -1016.

[1 -171] BIRSS R R, FAUNCE C A, ISAAC E D. Magnetomechanical effects in iron and iron -carbon alloys. Journal of Physics D: Applied Physica, 1971, 4(1):1040 -1048.

[1 -172] JILES D C, ATHERTON D L. Theory of the magnetization process in ferromagnets and its application to the magnetomechanical effect. Journal of Physics D: Applied Physica, 1984, 17(6):1267 -1281.

[1 -173] JILES D C, ATHERTON D L. Theory of ferromagnetic hysteresis. Journal of Magnetism and Magnetic Materials, 1986, 61(1 -2):48 -60.

[1 -174] JILES D C. Theory of the magnetomechanical effect. Journal of Physics D - Applied Physics, 1995, 28(8):1537 -1546.

[1 -175] LO C C H, TANG F, BINER S B, et al. Effects of fatigue - induced changes in microstructure and stress on domain structure and magnetic properties of Fe - C alloys. Journal of Applied Physics, 2000, 8(9):1.

[1 -176] LO C C H, KINSER E, JILES D C. Modeling the interrelating effects of plastic

deformation and stress on magnetic properties of materials. Journal of Applied Physics,2003,93(10):6626 -6628.

[1 -177] DUBOV A A. Problems in estimating the remaining life of aging equipment. Thermal Engineering,2003,50(11):935 -938.

[1 -178] SABLIKA M J. Modeling the effect of grain size and dislocation density on hysteretic magnetic properties in steels. Journal of Applied Physics, 2001, 89 (10): 5610 -5613.

[1 -179] SABLIKA M J, STEGEMANN D , KRYS A. Modeling grain size and dislocation density effects on harmonics of the magnetic induction. Journal of Applied Physics, 2001,89(11):7254 -7256.

[1 -180] SABLIK M J , LANDGRAF F J G. Modeling microstructural effects on hysteresis loops with the same maximum flux density. IEEE Transactions on Magnetics,2003, 39(5):2528 -2530.

[1 -181] MARTIN J S, TAEKO Y, FERNANDO J G. Modeling plastic deformation effects in steel on hysteresis loops with the same maximum flux density. IEEE Transactions on Magnetics,2004,40(5):3219 -3226.

[1 -182] SABLIK M J, RIOS S, LANDGRAF F J G, et al. Modeling of sharp change in magnetic hysteresis behavior of electrical steel at small plastic deformation. Journal of Applied Physics,2005,97(10).

[1 -183] CARL S. Schneider. Anisotropic cooperative theory of coaxial ferromagneto elasticity. Physica B -Condensed Matter,2004,343(1 -4):65 -74.

[1 -184] CARL S. Schneider. Effect of stress on the shape of ferromagnetic hysteresis loops. Journal of Applied Physics,2005,97(10).

[1 -185] CARL S. Effect of stress on the shape of ferromagnetic hysteresis loops. Journal of Applied Physics,2005,97(10).

[1 -186] JOHN W W, GUI Y T, SIMON B. Residual magnetic field sensing for stress measurement. Sensors and Actuators A,2007,135(2):381 -387.

[1 -187] 黎连修. 磁致伸缩和磁记忆问题研究. 无损检测,2004,26(3):109 -112.

[1 -188] 仲维畅. 金属磁记忆法诊断的理论基础——铁磁性材料的弹 -塑性应变磁化. 无损检测,2001,23(10):424 -426.

[1 -189] 刘美全,徐章遂,米东,等. 地磁场在缺陷微磁检测中的作用分析. 计算机测量与控制,2009,17(12):2371 -2373.

[1 -190] 李路明,黄松岭. 磁记忆现象和地磁场的关系. 无损检测,2003,(8):387 -389.

[1 -191] HUANG S L, LI L M, SHI K, et al. Magnetic field properties caused by stress concentration. Journal of Central South University of Technology,2004,11(1):23 -

26.

[1 - 192] 周俊华,雷银照. 正磁致伸缩铁磁材料磁记忆现象的理论探讨. 郑州大学学报(工学版),2003,24(3):101 - 105.

[1 - 193] 宋凯,任吉林,任尚坤,等. 基于磁畴聚合模型的磁记忆效应机理研究. 无损检测,2007,29(6):312 - 314,361.

[1 - 194] 王丹,董世运,徐滨士,等. 静载拉伸 45 钢材料的金属磁记忆信号分析. 材料工程,2008,(8):77 - 80.

[1 - 195] 尹大伟,徐滨士,董世运,等. 中碳钢疲劳试验的磁记忆检测. 中国机械工程,2007,43(3):60 - 65.

[1 - 196] 董世运,徐滨士,董丽虹,等. 金属磁记忆检测技术用于再制造毛坯寿命预测的试验研究. 中国表面工程,2006,19(5):71 - 75.

[1 - 197] 董丽虹,徐滨士,董世运,等. 金属磁记忆技术用于再制造毛坯寿命评估初探. 中国表面工程,2010,23(2):106 - 111.

[1 - 198] 王坤. 铁磁性材料拉伸疲劳的磁记忆信号研究. 哈尔滨:哈尔滨工业大学,2009:43 - 49.

[1 - 199] CHEN X,LI L M,HU B,et al. Magnetic evaluation of fatigue damage in train axles without artificial excitation. Insight: Non - Destructive Testing and Condition Monitoring,2006,48(6):342 - 345.

[1 - 200] LENG J C,XU M Q,ZHAO S,et al. Fatigue damage evaluation on ferromagnetic materials using magnetic memory method. 2009 International Conference on Measuring Technology and Mechatronics Automation,ICMTMA 2009,2:784 - 786.

[1 - 201] 王翔,陈铭,徐滨士. 48MnV 钢拉压疲劳过程中的磁记忆信号变化. 中国机械工程学报,2007,18(15):1862 - 1864.

[1 - 202] XING H Y,WANG R X,XU M Q,et al. Correlation between crack growth rate and magnetic memory signal of X45 steel. // Key engineering materials. Trans Tech Publications Ltd,2007,353:2293 - 2296.

[1 - 203] DONG L,XU B,DONG S,et al. Monitoring fatigue crack propagation of ferromagnetic materials with spontaneous abnormal magnetic signals. International Journal of Fatigue,2008,30(9):1599 - 1605.

[1 - 204] CHONG C L,LI H D,HAI D W,et al. Metal magnetic memory technique used to predict the fatigue crack propagation behavior of 0. 45% C steel. Journal of Magnetism and Magnetic Materials,2016,405:150 - 157.

[1 - 205] AHMAD M I M,ARIFIN A,ABDULLAH S,et al. The probabilistic analysis of fatigue crack effect based on magnetic flux leakage. International Journal of Reliability and Safety,2019,13(1 - 2):18 - 30.

[1 - 206] AHMAD M I M, ARIFIN A, ABDULLAH S, et al. Fatigue crack effect on magnetic flux leakage for A283 grade C steel. Steel Compos Struct, 2015, 19 (6): 1549 - 1560.

[1 - 207] AHMAD M I M, ARIFIN A, ABDULLAH S. Evaluation of magnetic flux leakage signals on fatigue crack growth of mild steel. Journal of Mechanical Engineering and Sciences, 2015, 9: 1727 - 1733.

[1 - 208] ZHANG K, ZHANG J, JIN W, et al. A novel method for characterizing the fatigue crack propagation of steel via the weak magnetic effect. International Journal of Fatigue, 2021, 146: 106166.

[1 - 209] VILLARI E. Change of magnetization by tension and by electric current. Ann Phy Chem, 1865, 126: 87.

[1 - 210] BANCHET J. Magnetomechanical behavior of steel via SQUID magnetometry. Appl Superconductivity, 1995, 5(2): 2486.

[1 - 211] MELQUIOND F, MOUROUX A, JOUGLAR J, et al. History dependence of magnetomechanical properties of steel. J Magn Magn Mater, 1996(157 - 158): 571.

[1 - 212] KAMINSKI D A, JILES D C, SABLIK S B B M J. Angular dependence of the magnetic properties of steels under the action of uniaxial stress. Journal of Magnetism & Magnetic Materials, 1992, 104 - 107(1): 382 - 384.

[1 - 213] JILES D C, DEVINE M K. The law of approach as a means of modelling the magnetomechanical effect. Journal of Magnetism and Magnetic Materials, 1995, 140: 1881 - 1882.

[1 - 214] SABLIK M J. Modeling the effect of grain size and dislocation density on hysteretic magnetic properties in steels. Journal of Applied Physics, 2001, 89 (10): 5610 - 5613.

[1 - 215] STEFANITA C G, ATHERTON D L, CLAPHAM L. Plastic versus elastic deformation effects on magnetic Barkhausen noise in steel. Acta Materialia, 2000, 48(13): 3545 - 3551.

[1 - 216] WANG Z D, DENG B, YAO K. Physical model of plastic deformation on magnetization in ferromagnetic materials. Journal of Applied Physics, 2011, 109(8): 1 - 6.

[1 - 217] KALETA J, ZEBRACKI J. Application of the villari effect in a fatigue examination of nickel. Fatigue Fracture Eng Mater Struct, 1996, 19(12): 1435.

[1 - 218] MIGNOGNA R B, BROWNING V, GUBSER D U, et al. Passive nondestructive evaluation of ferromagnetic materials during deformation using SQUID gradiometers. Appl Supercom ductivity, IEEE Transactions on, 1993, 3(1): 1922.

[1 - 219] ERBER T, GURALNICK S A, DESAI R D, et al. Piezomagnetism and fatigue. Journal of Physics D: Applied Physics, 1997, 30(20): 2818.

[1 - 220] GURALNICK S A, BAO S, ERBER T. Piezomagnetism and fatigue: Ⅱ. Journal of Physics D: Applied Physics, 2008, 41(11): 115006.

[1 - 221] BAO S, JIN W L, HUANG M F, et al. Piezomagnetic hysteresis as a non - destructive measure of the metal fatigue process. NDT & E International, 2010, 43(8): 706 - 712.

[1 - 222] BAO S, JIN W, GURALNICK S A, et al. Two - parameter characterization of low cycle, hysteretic fatigue data. Journal of Zhejiang University - SCIENCE A, 2010, 11(6): 449 - 454.

[1 - 223] BAO S, JIN W, HUANG M. Mechanical and magnetic hysteresis as indicators of the origin and inception of fatigue damage in steel. Journal of Zhejiang University - SCIENCE A, 2010, 11(8): 580 - 586.

[1 - 224] BAO S, ERBER T, GURALNICK S A, et al. Fatigue, magnetic and mechanical hysteresis. Strain, 2011, 47(4): 372 - 381.

[1 - 225] BAO S, GONG S F. Magnetomechanical behavior for assessment of fatigue process in ferromagnetic steel. Journal of Applied Physics, 2012, 112(11): 113902.

[1 - 226] BAO S, LUO Q, GU Y, et al. Identification of defect size in ferromagnetic steels based on the piezomagnetic field measurement. Nondestructive Testing and Evaluation, 2021, 36(3): 297 - 310.

[1 - 227] 张功义，张军，金伟良，等. 基于压磁效应的磁性材料力学与疲劳的研究进展. 材料导报，2014(9): 4 - 10.

[1 - 228] 金伟良，周峥栋，毛江鸿，等. 锈蚀钢筋在疲劳荷载作用下压磁场分布研究. 海洋工程，2016(34): 65 - 72.

[1 - 229] 张军，金伟良，毛江鸿. 基于压磁效应的钢筋疲劳损伤试验研究. 浙江大学学报(工学版)，2017(51): 1687.

[1 - 230] 王珏，金伟良，毛江鸿，等. 基于压磁的坑蚀钢筋受拉特性试验研究. 工业建筑，2017, 47(4): 106 - 110.

[1 - 231] ZHANG J, JIN W, MAO J, et al. Determining the fatigue process in ribbed steel bars using piezomagnetism. Construction and Building Materials, 2020, 239: 117885.

[1 - 232] ZHANG D, HUANG W, ZHANG J, et al. Theoretical and experimental investigation on the magnetomechanical effect of steel bars subjected to cyclic load. Journal of Magnetism and Magnetic Materials, 2020, 514.

[1 - 233] ZHANG D, HUANG W, ZHANG J, et al. Prediction of fatigue damage in ribbed steel bars under cyclic loading with a magneto - mechanical coupling model. Journal of Magnetism and Magnetic Materials, 2021, 530.

[1 - 234] 肖卫强. 钢筋混凝土梁剪切疲劳性能试验研究. 杭州：浙江大学，2018.

[1 - 235] 金伟良，张军，陈才生，等. 基于压磁效应的钢筋混凝土疲劳研究新方法. 建筑结

构学报,2016,37(4):133 - 142.
[1 - 236] OUADDI A, HUBERT O, FURTADO J, et al. Passive piezomagnetic monitoring of structures subjected to in - service cyclic loading: application to the detection of fatigue crack initiation and propagation. AIP Advances, 2021, 11(1).

第2章　钢筋混凝土材料疲劳过程中的磁效应

2.1　金属中的疲劳现象

反复荷载会使金属材料衍生出微观疲劳裂纹并造成局部损伤，随着荷载循环次数增加，不断扩展的疲劳裂纹和局部损伤会引起材料的微观结构在局部发生不可逆的永久变化。宏观上表现为局部塑性变形发展，导致材料性能下降；微观上疲劳裂纹发展为宏观裂纹并达到某一临界状态时，裂纹将失稳并快速扩展，随即发生疲劳断裂。

根据现有金属疲劳研究理论，根据裂纹发展规律，金属材料的疲劳历程可分为三个阶段：宏观裂纹形成、裂纹稳定扩展和最终断裂[2-1]，其中，宏观裂纹形成阶段和最终断裂阶段的占比较小，裂纹稳定扩展阶段的占比最大，约占疲劳总寿命的80%。

在裂纹形成阶段，无宏观缺陷且表面光滑的金属材料，即使施加的交变荷载低于材料的屈服强度，材料也会因内部不均匀的应力和组织分布而在局部区域产生微小滑移。这些滑移在反复应力作用下会产生挤出和侵入形式的滑移，进而演变为如图2-1所示的滑移带，同时促进微裂纹成核。

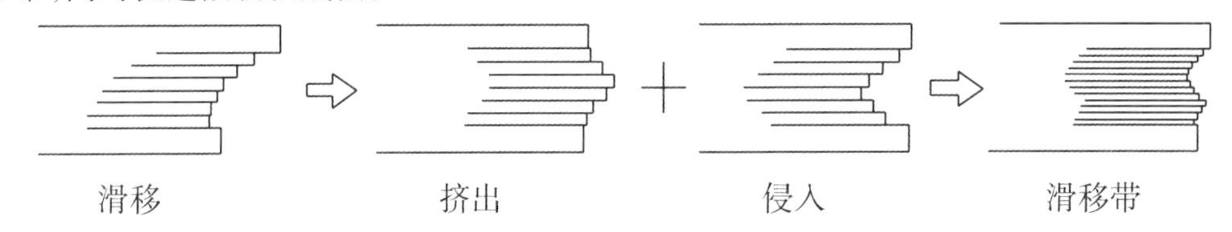

图2-1　反复荷载下金属材料滑移带形成过程

裂纹扩展阶段的裂纹行为如图2-2所示，初期微裂纹扩展满足结晶学，扩展长度只有几个晶粒尺寸，扩展方向与主应力的45°方向大致相同。疲劳损伤造成的微裂纹数量众多，这些裂纹随着循环加载不断沿滑移带扩展，并汇聚形成主裂纹，之后主裂纹逐渐沿着拉应力的法向或切应力最大的方向扩展，进而形成宏观裂纹。

在最终破坏阶段，宏观裂纹的扩展长度随着疲劳损伤发展达到了临界状态，随后因裂纹失稳而使其扩展速度显著上升，随即材料发生疲劳断裂。这个过程的发生时间相当短暂，使疲劳破坏呈现明显的脆性。

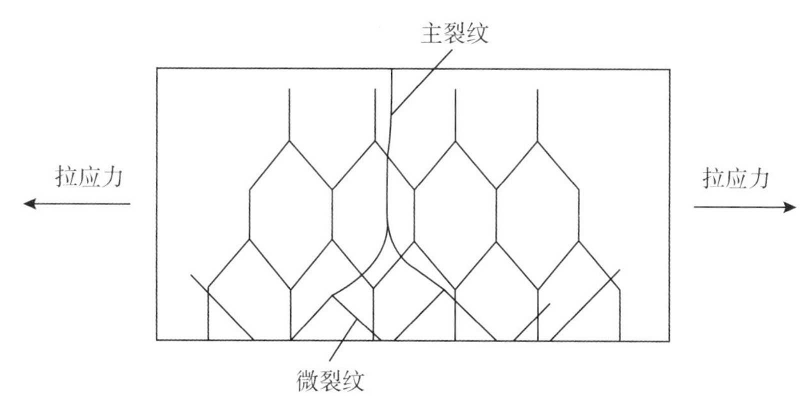

图2-2　疲劳裂纹扩展过程

疲劳过程中材料内部的微观结构与疲劳损伤密切相关。材料的疲劳过程除了可以用裂纹发展描述外,还可以用位错的变化来描述。疲劳裂纹前端存在塑性区,有位错的产生和运动。疲劳裂纹扩展的根本原因主要是裂纹尖端位错的发射。裂纹尖端的无位错区和塑性区应力分布对裂纹扩展的方向有决定性影响[2-2]。位错体现了材料的微观缺陷损伤,与材料内原子受外部作用而发生的局部偏移有关,其变化规律也可以分为三个阶段。在第一阶段,材料的位错密度快速增长直至达到近似饱和状态;在第二阶段,由于位错的产生和消亡保持相对平衡的状态,因此材料的位错发展也处于平稳状态;在第三阶段,材料位错结构发生较大变化直至疲劳断裂。

以单滑移取向的面心立方金属在控制塑性切应变下的疲劳加载结果为例,其饱和应力与塑性应变关系曲线根据位错的不同变化可以分为如图2-3所示的三个区域[2-3]。

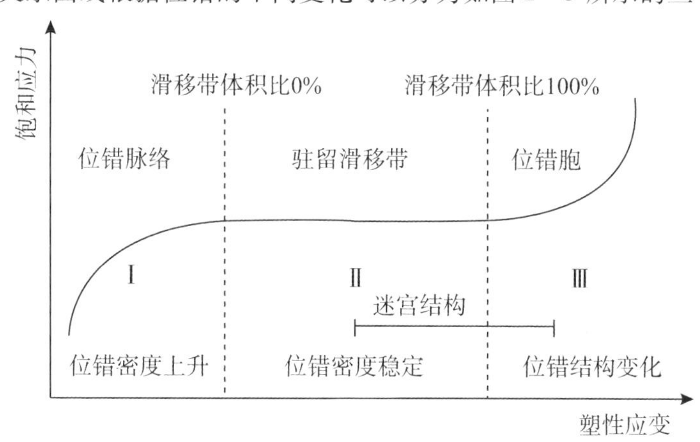

图2-3　疲劳中饱和应力-塑性应变曲线示意[2-3]

Ⅰ区为低塑性应变区,与疲劳早期位错聚积阶段相对应。在疲劳加载前期,材料表面产生许多细微的滑移痕迹并产生塑性变形,材料的饱和应力随之逐渐增长,出现条状的高位错密度区和低位错密度相互间隔的位错脉络,在这个过程中产生滑移带,微裂纹逐渐成核。Ⅱ区为中塑性应变区,与疲劳中期滑移带生成阶段相对应。随着循环加载,材料塑性变形缓慢上升并产生驻留滑移带且滑移带体积比不断增加[2-4],多条微裂纹汇聚并形成宏观主裂纹，主裂纹沿着与拉应力平行或垂直的方向不断扩展，但材料的饱和应力不再变化。材料的位错密度由于位错的产生和消亡保持相对平衡的状态而在此阶段处于相对稳定的状态，此时，宏观疲劳裂纹也保持稳定扩展。Ⅲ区为高塑性应变区，与疲劳末期位错结构变化阶段相对应。在疲劳加载后期，材料塑性应变增长速度提升，由迷宫状位错组成的位错胞开始形成，其数量、大小和形状随着塑性变形而变化，宏观疲劳裂纹也逐渐扩展至临界尺寸，材料内部局部损伤达到一定程度后发生疲劳断裂。

尽管材料和加载条件会导致金属疲劳中的位错变化规律不完全相同，但是位错发展和疲劳裂纹演变机理是相互联系、互相影响的，疲劳过程中位错随塑性变形是不可否认的，位错与疲劳损伤的关系可以为后续疲劳分析提供定性的指导。

2.2　混凝土疲劳的磁效应

磁性岩石的压磁效应指岩石受到机械力的作用时其内部产生应变，岩石的磁性（磁化率、剩余磁化强度）随应力变化的特征。磁性岩石在压缩或拉伸时将引起磁化率的变化。另外，单畴与多畴的磁粒在压力作用下其方位与畴壁的移动亦会引起剩余磁化强度的变化[2-5]。大量岩石实验结果也证实，受载岩石变形直至破裂的过程中，相应磁性会发生变化[2-6,2-7,2-8,2-9,2-10]。因此，可以推断，岩石应力积累过程以及岩体内微裂膨胀都会引起介质磁性的改变，它又会导致周围可能观测到的局部磁场异常变化[2-11,2-12,2-13]。如果应力引起的这种变化的量级能够被仪器观测到，则可利用这种效应监测周围磁场的变化，获知岩体的受力状态和岩体的破裂过程，为混凝土力学与疲劳研究提供一种新的途径[2-14,2-15,2-16,2-17]。

压磁效应实验是以磁导率、磁化率、剩余磁化率等与应力、应变、温度等之间的关系为基础的，其中，较敏感活跃的因素之一是应力和温度引起的磁导率 μ 的变化。在应力作用下，μ 的极微弱变化，如相对变化约为 10^{-4}，在基本磁场（约 50000nT）的磁化下，可能使试件磁场发生可观察的变化。张功义[2-18]将铁磁性材料的压磁效应和磁性岩石的压磁效应引入到混凝土疲劳损伤研究领域，从宏观和细观相结合的角度，发展了一种新型的混凝土疲劳损伤实验方法。该方法借鉴了岩石压磁效应的概念（应力作用会对岩石或磁性矿物的磁化率及其各向异性、剩磁和磁滞特征产生影响），通过向混凝土中掺入磁性材料如磁铁矿（Fe_3O_4），合成人工含磁性材料混凝土，借助原子力学显微镜等现代分析测试手段，对磁性颗粒的微观力学效应进行观察与研究，在应力和外磁场可控的条件下，对含有各种类型磁性颗粒、粒度和掺量的人工合成混凝土试块进行压磁场的宏观测量与分析。通过研究确定含磁性材料混凝土试样疲劳过程的力学特性和周围的磁场参数之间的关系，探索压磁效应在充分监测循环加载的含磁介质发生变化的能力。如图 2-4 和图 2-5 所示，试件裂隙变化能够引起磁场的改变，应力-应变-磁场存在一一对应的数值关系，可通过预埋磁芯在线监测大型结构构件的裂缝发展情况。

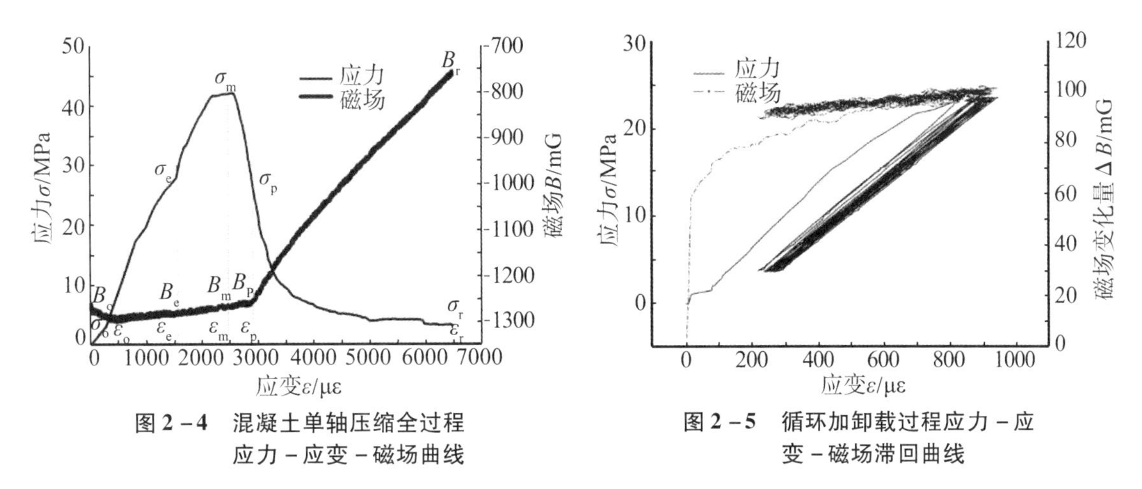

图 2－4　混凝土单轴压缩全过程应力－应变－磁场曲线

图 2－5　循环加卸载过程应力－应变－磁场滞回曲线

此外，需要进一步找到磁场能量和塑性变形的能量（也称为机械滞后能量）之间的关系。通过疲劳试验和数据分析，着重研究含磁性材料混凝土在交变荷载作用下所产生的压磁场的演变过程，探索疲劳损伤演化微观机制的压磁磁场表征规律，并建立一定的压磁场参数模型，进行基于压磁场参数的混凝土疲劳损伤评估和全寿命预测。

目前，将压磁效应应用于混凝土材料的疲劳损伤分析，仍有以下问题亟待解决：

（1）通过宏观的压磁试验和微观的磁畴结构研究、磁性矿物结构及成分分析等手段的有机结合，研究具有混凝土压磁试验效果更为优越的可掺杂磁性材料。

（2）不同掺量的含磁性材料混凝土的磁导率可能相差很大，实验前需要进行多次试探，得到每个试件合适的磁性颗粒掺量，以产生可靠的能测量的磁信号。

（3）非磁性基质向磁性矿物颗粒传递外部应力的能力[2－19]。混凝土基体是由力学性质不同、颗粒大小和形状各异、裂缝数量和内部应力状态不同的各种集料组成。这些因素直接影响其对外部应力的传递能力，可能使应力通过非磁基体的非均匀传递而在亚铁磁性颗粒的边界产生局部应力集中，从而影响整个混凝土磁性对应力作用的响应[2－20]。

（4）在地磁场的环境下，将循环加载作为唯一的激励，被测磁场的量值非常小，增加了测量过程的困难。

（5）需要考虑加载方式（如单轴压缩、单轴一次加卸载、单轴循环加卸载、疲劳加载），应力大小，加卸载速率，循环次数，循环间隔时间，持荷时间等的影响。

（6）磁性矿物颗粒大小不一，形状千差万别，存在微裂和位错，含有各种掺杂和残余应力，颗粒之间有磁的相互作用等；对岩石压磁实验的某些结果本身用传统的磁畴旋转和90°畴壁位移理论都难以做出合理的解释。压磁效应受到诸多因素的影响和控制，给实验和理论工作带来极大的困难。

因此，在获得可靠数据的基础上应努力发展有关的压磁实验技术和改善现有的压磁理论，乃至建立新的物理模式。借助现代分析测试手段（如穆斯堡尔谱、原子力学显微镜等）对磁性颗粒的微观力学效应进行观察与研究，对人工合成样品和天然样品进行各种磁性特征的测量与分析。加深对铁磁材料在磁场和应力场作用下微细结构变化规律的了解,对宏观自磁化现象给出合理的解释,具有重要的理论意义和实际意义。

2.3 铁磁材料的力磁效应基本理论

力磁效应指铁磁性材料的磁化能与应变能之间相互转化的行为,分为正磁致伸缩效应和逆磁致伸缩效应[2-21],它们的相对关系可以用磁致伸缩方程(2-1)表示。该方程给出了在外应力和外磁场作用下各力学和磁学物理量之间的相对关系。

$$\left(\frac{\mathrm{d}\lambda}{\mathrm{d}H}\right)_{\sigma}=\left(\frac{\mathrm{d}B}{\mathrm{d}\sigma}\right)_{H} \tag{2-1}$$

式中,λ 为磁致伸缩系数;H 为磁场强度;B 为磁感应强度;σ 为应力。

铁磁性材料通常受地磁场和外应力同时作用。一方面,材料会被地磁场磁化,这一部分磁化强度属于正常的金属磁化。另一方面,材料会因外应力而磁化,发生逆磁致伸缩效应,这一部分磁化强度属于力磁效应产生的磁化。尽管磁致伸缩方程可以描述力磁效应下材料的磁化过程,但该方程只限于力磁效应的定性分析,定量分析还需要更加详细的力磁耦合理论模型。

在理想磁化下,微观尺度下的磁畴结构变化可以反映铁磁性材料的宏观磁化过程[2-22],如图2-6所示。外部磁场作用下,材料的180°磁畴壁会受磁场影响而移动并产生磁化增量,这一部分磁化增量又在材料内部作为附加磁场改变附近的其他畴壁结构,进一步增加磁化强度。拉应力主要影响材料180°磁畴壁的长度,从而引起材料内与外应力作用方向相同的磁化属性变化。压应力主要影响材料的90°磁畴壁的长度,从而引起材料内与外应力作用方向垂直的磁化属性变化,但是在压应力作用下的磁畴结构变化明显弱于拉应力作用下的磁畴结构变化,这造成了拉应力与压应力对材料磁化效果的不同。

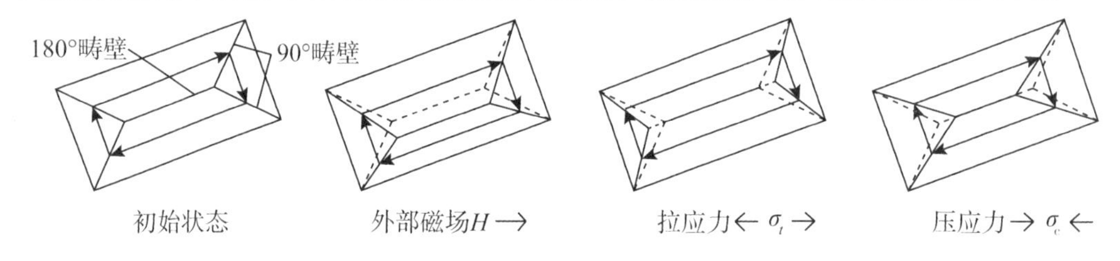

图2-6 分别在外磁场和外应力单独作用下的磁畴行为

在地磁场和拉应力的共同作用下,钢筋的磁化方向逐渐偏转趋向于应力作用方向并产生一定量的剩磁,随着荷载作用次数增加,钢筋的磁化方向最终与应力作用方向一致,接近理想的饱和磁化状态,如图2-7所示。

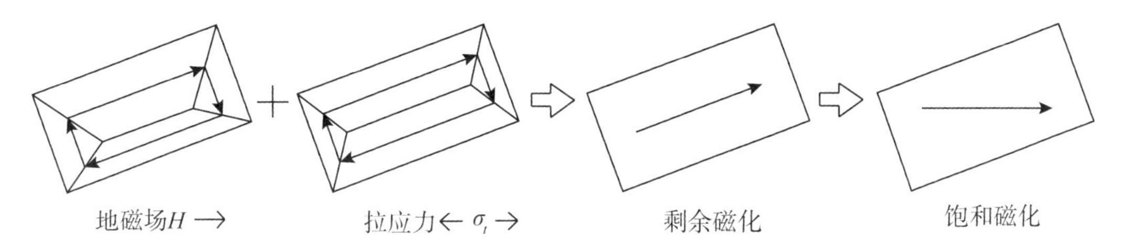

图2-7　地磁场下钢筋受拉应力磁化过程

近些年来,Jiles 和 Atherton[2-23,2-24,2-25,2-26]提出了一种用于表征在应力和磁场作用下铁磁性材料应力、外磁场与磁化强度之间关系的唯象力磁耦合模型(J-A 模型)。该理论模型之后相继被 Pitman[2-27]、Maylin[2-28]和 Squire[2-29]的力磁试验结果证实是可靠的。考虑塑性变形情况下位错密度和畴壁钉扎系数的影响,Sablik 等[2-30,2-31]建立了 Jiles-Atherton-Sablik 磁滞模型(J-A-S 模型)。Xu 等[2-32]基于位错磁化理论提出了磁化局部平衡状态的概念,改进 J-A 模型后给出了和疲劳损伤相关的 Jiles-Atherton-Fatigue 模型(J-A-F 模型)。但是,磁化局部平衡状态作为一种中间过渡状态,不能充分反映铁磁性材料的疲劳过程中实际磁化强度的变化趋势。另外,由于铁磁性材料在压应力和拉应力下的磁致伸缩应变有明显的差异,Zheng 和 Liu[2-33,2-34]参考 J-A 模型的理论推导过程,利用热力学关系提出了 Zheng-Liu 模型(Z-L 模型)。

与 J-A 模型相比,Z-L 模型考虑了不同类型应力作用下铁磁性材料磁致伸缩应变的较大差异,对理想的饱和磁化强度(非滞后磁化强度)计算更加准确,以下将会推导钢筋在理想磁化下的 Z-L 力磁耦合模型。由于钢筋的径向尺寸远小于其轴向尺寸,因此可以将其简化为一维各向同性的铁磁性材料进行分析。在等温环境和恒定轴向弱磁场的作用下,如果不考虑应力加载历史情况,材料单位体积内能的全微分 $U(\varepsilon,M,S)$ 满足式(2-2)[2-35]。

$$dU=\sigma d\varepsilon+TdS+\mu_0 HdM-\mu_0 N_d MdM \tag{2-2}$$

式中,σ 为应力,ε 为应变,T 为温度,S 为熵密度,M 为磁化强度,N_d 为磁场系数,μ_0 为真空磁导率,$\mu_0=4\pi\times10^{-7}\mathrm{N/A^2}$。

磁化过程中铁磁性材料的 Gibbs 自由能 $G(\sigma,M,T)$[2-36]:

$$G(\sigma,M,T)=U-TS-\sigma\varepsilon \tag{2-3}$$

将式(2-3)代入式(2-2),Gibbs 自由能的全微分方程满足以下关系:

$$dG=-\varepsilon d\sigma+\mu_0 HdM-SdT \tag{2-4}$$

不考虑温度变化及温度对材料变形影响的情况下,即 $SdT=0$ 可以得到以下热力学关系[2-33]:

$$\varepsilon=-\frac{\partial G}{\partial\sigma},$$

$$\mu_0(H-N_d M)=\frac{\partial G}{\partial M} \tag{2-5}$$

为了得到力磁多项式本构关系,在 $G(\sigma,M)=G(0,0)$ 处利用独立变量扩展 Gibbs 自由能函数,并用展开后的泰勒级数代入式(2－5),可得到与磁场强度 H、应力 σ 和磁化强度 M 相关的多项关系式。之后,根据 Kurzar 等[2-37]和 Yamasaki 等的力磁试验结果,并结合 Jiles 等[2-23]在 J－A 模型中的理论分析方法,铁磁性材料的磁致伸缩曲线是磁化强度 M 关于 y 轴对称的偶函数,理想磁化下的一维力磁耦合本构关系可以表示为[2-35]:

$$H_e=\begin{cases}H_0+\alpha M-N_dM+\dfrac{2\lambda_sM}{\mu_0M_{ws}^2}\left(\sigma-\dfrac{\sigma_s}{\beta}\ln\cosh\dfrac{\beta\sigma}{\sigma_a}\right)\\-\dfrac{4\theta\lambda_s\sigma[M^3-M_r^3(\sigma)]}{\mu_0M_{ws}^4},\quad\sigma\geqslant0\\H_0+\alpha M-N_dM+\dfrac{2\lambda_sM}{\mu_0M_{ws}^2}\left(\sigma-\dfrac{\sigma_s}{4\beta}\ln\cosh\dfrac{2\beta\sigma}{\sigma_a}\right)\\-\dfrac{4\theta\lambda_s\sigma[M^3-M_r^3(\sigma)]}{\mu_0M_{ws}^4},\quad\sigma<0\end{cases}\tag{2-6}$$

$$M_r(\sigma)=\begin{cases}M_{ws}\left[1-\tanh\left(\dfrac{\beta\sigma}{\sigma_a}\right)\right],\quad\sigma\geqslant0\\M_{ws}\left[1-\dfrac{1}{2}\tanh\left(\dfrac{2\beta\sigma}{\sigma_a}\right)\right],\quad\sigma<0\end{cases}\tag{2-7}$$

式中 H_e 为力磁效应下的等效磁场,H_0 为施加的外磁场或地磁场,α 为反映材料中磁矩对磁化强度 M 结合能力的参数,λ_s 为饱和磁致伸缩应变,M_{ws} 为饱和壁移磁化强度,σ_a 为只有应力作用下的磁致伸缩应变达到饱和值时的应力值,β 为磁致伸缩应变形状因子,$M_r(\sigma)$ 为与应力相关的饱和壁移磁化强度分界函数,θ 为阶跃函数,当 $M\geqslant M_r(\theta)$ 时,$\theta=3/4$,此时材料的磁化强度单调递增,当 $M<M_r(\theta)$ 时,$\theta=0$,此时材料因磁畴旋转发生磁化方向偏转而引起磁化强度下降。

在力磁等效磁场 H_e 的影响下,各向同性的铁磁性材料如果被应力理想磁化,其饱和磁化强度将达到满足 Langevin 方程的非滞后磁化强度 M_{an}。

$$M_{an}=M_s\left[\coth\left(\frac{H_e}{a}\right)-\frac{\alpha}{H_e}\right]\tag{2-8}$$

式中,M_{an} 为非滞后磁化强度,M_s 为铁磁性材料的饱和磁化强度,α 为磁化形状参数。

2.4　钢材疲劳损伤致磁效应的影响因素

铁磁性材料在应力作用下并不能直接到达理想磁化的非滞后磁化强度 M_{an},而是需要考虑在应力加载中材料如何接近非滞后磁化强度 M_{an},以及材料在循环应力作用下疲劳损伤是否会对材料磁化过程造成影响。

2.4.1　应力加载历史的影响

考虑应力加载历史对磁化强度的影响,J－A 模型是一个能较为完善地解释磁滞条件

下力磁效应的理论模型,该模型基于两条基本假定:

(1)铁磁性材料的磁化强度 M 由可逆磁化强度 M_{rev} 和不可逆磁化强度 M_{irr} 两部分组成,如式(2-9)所示。

(2)铁磁性材料在应力磁化过程中满足接近定律式(2-11),材料的磁化强度 M 将随着循环应力加载逐渐向理想的非滞后磁化强度 M_{an} 靠近。

$$M = M_{rev} + M_{irr} \tag{2-9}$$

$$M_{rev} = c(M_{an} - M_{irr}) \tag{2-10}$$

$$\frac{\mathrm{d}M_{irr}}{\mathrm{d}W} = \frac{1}{\xi}(M_{an} - M_{irr}) \tag{2-11}$$

式中,M_{irr} 为不可逆磁化强度;M_{rev} 为可逆磁化强度,一般由磁畴壁弯曲造成,可由式(2-10)得到;c 为反映磁畴壁弹性程度的参数;W 为材料单位体积的弹性能,$W = \sigma^2/(2E)$;ξ 为材料单位体积的能量度量因子。

将式(2-9)和(2-10)代入式(2-11),可以得到磁化强度 M 随应力 σ 变化并不断接近非滞后磁化强度 M_{an} 的表达式(2-12)。

$$\frac{\mathrm{d}M}{\mathrm{d}\sigma} = \frac{\sigma}{\xi E}(M_{an} - M) + c\frac{\mathrm{d}M_{an}}{\mathrm{d}\sigma} \tag{2-12}$$

2.4.2 磁滞钉扎阻碍的影响

J-A 模型认为铁磁性材料在受应力磁化过程中磁化强度 M 不断接近非滞后磁化状态 M_{an}。在该状态下铁磁性材料晶体内的磁畴不受畴壁钉扎阻碍,可以自由运动。然而,真实材料都不可避免地存在初始缺陷,在反复荷载作用下更会出现疲劳损伤。这些缺陷和损伤都会使材料产生微观缺陷并促进晶体内畴壁钉扎点出现并增多,材料在磁化过程中磁畴壁运动将受到钉扎阻碍,由于磁滞和能量损失而无法达到理想磁化的非滞后磁化强度 M_{an}。

从宏观能量平衡的角度考虑,Sablik 等[2-30]认为铁磁性材料在磁化过程中克服钉扎作用时会损失一部分能量,材料存在钉扎下磁化能的变化 $M_k dB_e$ 不再只是理想磁化中无钉扎下磁化能的变化 $M_{an}\mathrm{d}B_e$,还需要考虑克服钉扎所需的能量 $\delta k dM_k$,并扣除这部分能量损失,考虑磁滞钉扎阻碍下的磁化能量关系见式(2-13)和(2-14)。

$$M_k\mathrm{d}B_e = M_{an}\mathrm{d}B_e - \delta k\mathrm{d}M_k \tag{2-13}$$

$$M_k = M_s\left[\coth\left(\frac{H_e}{\alpha}\right) - \frac{\alpha}{H_e}\right] - k\delta\left(\frac{\mathrm{d}M_k}{\mathrm{d}H_e}\right) \tag{2-14}$$

式中,M_k 为考虑畴壁钉扎影响下的铁磁性材料所能达到的磁化状态,用以替代理想磁化下的非滞后磁化强度 M_{an},B_e 为等效磁感应强度,$B_e = \mu_0 H_e$,k 为畴壁钉扎系数,δ 为符号函数,$\mathrm{d}H_e/\mathrm{d}t \geqslant 0$ 时,$\delta = 1$,$\mathrm{d}H_e/\mathrm{d}t < 0$ 时,$\delta = -1$,引入 δ 是考虑钉扎效应总是阻碍材料磁化强度增大,故符号与磁化强度的变化率相反。

Xu 等[2-32]则将考虑钉扎阻碍能量损失下的磁化状态定义为磁化局部平衡状态 M_0，并给出了式(2－15)所示的考虑非弹性能损失的磁化能量守恒方程。

$$M_0 \mathrm{d}B_e = M_{an} \mathrm{d}B_e - \delta k \mathrm{d}M_0 + (M_{an} - M_0)\mathrm{d}W/\eta \qquad (2-15)$$

式中，M_0 为磁化局部平衡状态，η 为有关材料非弹性变形的单位体积能量度量因子。

实际疲劳过程中，铁磁性材料的畴壁结构中一定会存在不能被应力磁化行为克服的畴壁钉扎点，如材料生产加工过程中造成的瑕疵、沉淀物和晶体夹杂等初始缺陷。此外，在疲劳作用下材料还将随着疲劳损伤发展而产生出更多的畴壁钉扎点，如材料的塑性变形、位错变化和微裂纹扩展等损伤。根据式(2－12)计算磁化局部平衡状态 M_0 十分繁杂，不利于应用于反复荷载作用下的疲劳分析计算中。为了简化磁化局部平衡状态 M_0 的计算过程，使其能更便捷地应用于大量循环荷载分析中，Xu 等[2-32]结合 Jiles 提出的接近定律和位错磁化理论，建立了疲劳磁化过程中 J－A－F 力磁耦合模型。

J－A－F 力磁耦合模型也考虑了畴壁钉扎对材料磁化的影响，认为铁磁性材料的磁化强度 M 在应力磁化过程中无法克服所有畴壁钉扎阻碍而达到理想的非滞后磁化强度 M_{an}，但是循环应力可以克服部分畴壁钉扎阻碍而达到磁化局部平衡状态 M_0。疲劳作用下的铁磁性材料仍然符合接近定律的描述，但是材料的磁化强度 M 不再趋向于非滞后磁化强度 M_{an}，而是趋向于受疲劳损伤影响的磁化局部平衡状态 M_0，它们之间的详细关系如图 2－8 所示。

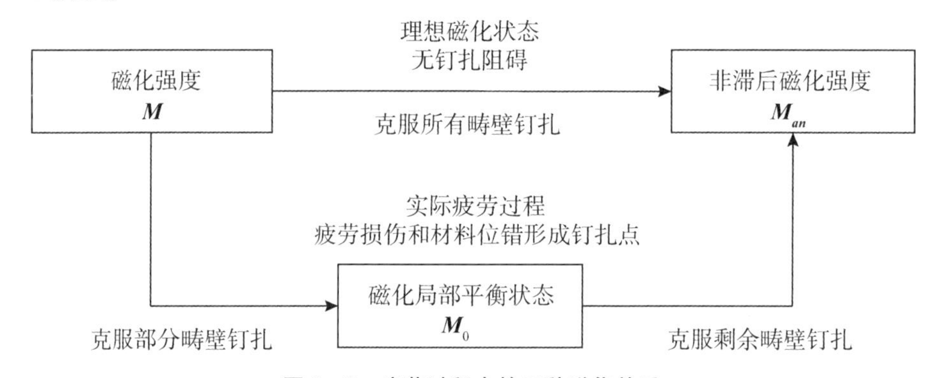

图 2－8 疲劳过程中的三种磁化关系

根据磁化局部平衡状态 M_0 与非滞后磁化强度 M_{an} 的关系，参考 Jiles 接近定律方程的构造，假设磁化局部平衡状态 M_0 在磁化过程中克服较强的畴壁钉扎后能到达非滞后磁化强度 M_{an}，可以得到式(2－16)。

$$\frac{\mathrm{d}M_0}{\mathrm{d}\sigma} = \frac{\sigma}{\xi' E}(M_{an} - M_0) \qquad (2-16)$$

式中，ξ' 为材料考虑畴壁钉扎作用下的单位体积的能量度量因子，与畴壁钉扎系数 k 有关，$\xi' = Ak$，A 为材料参数，与材料的磁化属性有关。

由于疲劳过程中畴壁钉扎系数 k 会随铁磁性材料疲劳损伤变化而变化，ξ' 并不是一个定值。想要确定疲劳过程中磁化局部平衡状态 M_0，就需要找到畴壁钉扎系数 k 和材料疲劳损伤之间的定量关系。

2.4.3 疲劳位错损伤的影响

根据位错理论,循环荷载下的材料会产生位错现象,其内部的原子排列次序不规则并发生局部畸变而产生损伤缺陷,这是疲劳损伤在材料微观尺度上的体现。畴壁钉扎系数 k 是关于材料磁学的物理量,建立畴壁钉扎系数 k 与材料位错之间的定量关系,便可得到畴壁钉扎系数 k 和材料疲劳损伤之间的定量关系,进而推导得到疲劳损伤下的力磁耦合模型。

畴壁钉扎系数 k 可以定义为[2-38]:

$$k = n\langle \varepsilon_{\pi} \rangle / (2m) \tag{2-17}$$

式中,n 为畴壁钉扎点密度,$\langle \varepsilon_{\pi} \rangle$ 为 180°畴壁的平均钉扎能量,$\langle \varepsilon_{\pi} \rangle \propto 2m\mu_0 H_e$,$m$ 为单位体积中的磁矩。

位错是材料内部原子局部排列畸变所引起的缺陷,这些缺陷会对畴壁运动产生钉扎阻碍作用。如果材料内部位错发展程度越大,那么对畴壁运动起阻碍作用的钉扎点数量就越多。假设畴壁钉扎点密度 n 和塞积位错密度 l 成如下的比例关系[2-38]:

$$n \propto (n_0 + l) \tag{2-18}$$

式中 n_0 为金属晶体初始缺陷引起的畴壁钉扎点密度,如材料在生产加工过程中造成的气孔、杂质和瑕疵等,可认为 n_0 是与材料有关的常数,l 为塞积位错密度。

在疲劳加载过程中,在材料内部的位错会不断发生相对移动,根据位错塞积理论,常温下单位体积的塞积位错密度 l 可以表示为[2-39]:

$$l = \rho b\bar{\lambda} \tag{2-19}$$

式中,ρ 为位错密度;b 为位错的柏氏矢量幅值,是反映位错结构特征的重要参数;$\bar{\lambda}$ 为平均位错滑移距离。

将式(2-18)和(2-19)代入式(2-17)可以计算得到畴壁钉扎系数 k 和位错 $\rho b\bar{\lambda}$ 满足如下关系:

$$k \propto \mu_0 (n_0 + \rho b\bar{\lambda}) H_e \tag{2-20}$$

虽然位错反映了材料的微观损伤,但实际疲劳试验中材料的位错变化数据难以测量获得。相对地,材料的宏观塑性应变在疲劳中的变化具有规律性且较为容易测量得到,通常作为疲劳损伤指标来判断材料的疲劳状态。根据 Gilman 位错应变关系[2-40],可以建立材料剪切塑性应变 γ_p 与位错 $\rho b\bar{\lambda}$ 的关系:

$$\gamma_p = \rho b\bar{\lambda} \tag{2-21}$$

将式(2-21)代入式(2-20)中计算,畴壁钉扎系数 k 与剪切塑性应变 γ_p 的关系如式(2-22)所示。

$$k \propto \mu_0 (n_0 + \gamma_p) H_e \tag{2-22}$$

对于疲劳中受轴向拉伸荷载的钢筋而言,剪切塑性应变 γ_p 并不能直观反映钢筋的疲劳损伤程度,轴向塑性应变 ε_p 仅与剪切塑性应变 γ_p 相差一个系数,可以相互变换,用轴向塑性应变 ε_p 替代剪切塑性应变 γ_p 更能准确反映钢筋的疲劳损伤状态。因此,畴壁钉扎系数 k 与轴向塑性应变 ε_p 的关系如式(2-23)所示:

$$k \propto \mu_0 (n_0 + \varepsilon_p) H_e \tag{2-23}$$

将式(2-23)代入式(2-16)中,便可以建立与疲劳损伤相关的磁化局部平衡状态 M_0 计算公式。

$$\frac{\mathrm{d}M_0}{\mathrm{d}\sigma} = \frac{\sigma}{A\mu_0 (n_0 + \varepsilon_p) H_e E}(M_{an} - M_0) \tag{2-24}$$

计算得到考虑疲劳损伤的磁化局部平衡状态 M_0 后,根据 J-A-F 模型中磁化强度 M 与磁化局部平衡状态 M_0 的关系,磁化强度 M 可以克服部分钉扎阻碍而趋向于磁化局部平衡状态 M_0,可将式(2-12)中的非滞后磁化强度 M_{an} 替换为磁化局部平衡状态 M_0,即可得到考虑疲劳损伤的材料磁化强度 M 计算公式。

$$\frac{\mathrm{d}M}{\mathrm{d}\sigma} = \frac{\sigma}{\xi E}(M_0 - M) + c\frac{\mathrm{d}M_0}{\mathrm{d}\sigma} \tag{2-25}$$

将式(2-6)、(2-7)、(2-8)、(2-24)和(2-25)联立计算,便可得到同时在外磁场 H_0 和循环应力 σ 作用下,铁磁性材料的非滞后磁化强度 M_{an}、磁化局部平衡状态 M_0 和磁化强度 M。

2.4.4 宏观疲劳裂纹漏磁场的影响

除铁磁性材料的细微观组织会影响其磁学性质,宏观缺陷如裂纹、应力集中区等将产生漏磁效应,导致缺陷附近的磁场分布呈现特有规律。金属磁记忆方法就是利用这一原理开展检测。磁偶极子模型是目前常用的分析模型。该模型主要研究塑性区大小、裂纹深度及提离值等对磁记忆信号的影响,但少有关于应力状态下的漏磁场模型[2-41]。

如图 2-9 所示,假设试件上有一宽度为 $2l$、深度为 a 的 V 型缺口,此处将产生应力集中。根据电磁场理论和磁荷理论,假设应力集中区的磁荷密度 q_1 和 q_2 沿 V 型缺口两面呈线性分布,最大磁荷密度为 $q_{\max}$,通过积分就可求得平面上任意一点 $P(x,y)$ 的切向磁场 H_x 和法向磁场 H_y。

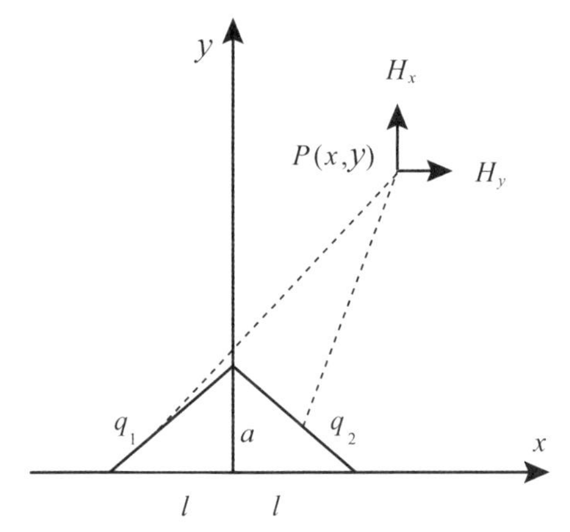

图 2-9 V 型缺口的磁偶极子模型

$$H_x = \int_{-l}^{0} \mathrm{d}H_{1x} + \int_{0}^{l} \mathrm{d}H_{2x}$$

$$= \int_{-l}^{0} \frac{q_{\max}\sqrt{(l+x_1)^2 + \left(a + \frac{a}{l}x_1\right)^2}}{2\mu_0 \pi l[(x-x_1)^2 + y^2]}(x - x_1)\mathrm{d}x_1 -$$

$$\int_{0}^{l} \frac{q_{\max}\sqrt{(l-x_2)^2 + \left(a - \frac{a}{l}x_2\right)^2}}{2\mu_0 \pi l[(x-x_2)^2 + y^2]}(x - x_2)\mathrm{d}x_2 \tag{2-26}$$

$$H_y = \int_{-l}^{0} \mathrm{d}H_{1y} + \int_{0}^{l} \mathrm{d}H_{2y}$$

$$= \int_{-l}^{0} \frac{q_{\max}\sqrt{(l+x_1)^2 + \left(a + \frac{a}{l}x_1\right)^2}}{2\mu_0 \pi l[(x-x_1)^2 + y^2]} y\mathrm{d}x_1 - \int_{0}^{l} \frac{q_{\max}\sqrt{(l-x_2)^2 + \left(a - \frac{a}{l}x_2\right)^2}}{2\mu_0 \pi l[(x-x_2)^2 + y^2]} y\mathrm{d}x_2 \tag{2-27}$$

式中，$x_1 \in [-l,0]$，$x_2 \in [0,l]$。当 $a = l = 2\text{mm}$，$y = 4\text{mm}$ 时，可求得 H_x 和 H_y 分别如图2－10和图2－11所示。

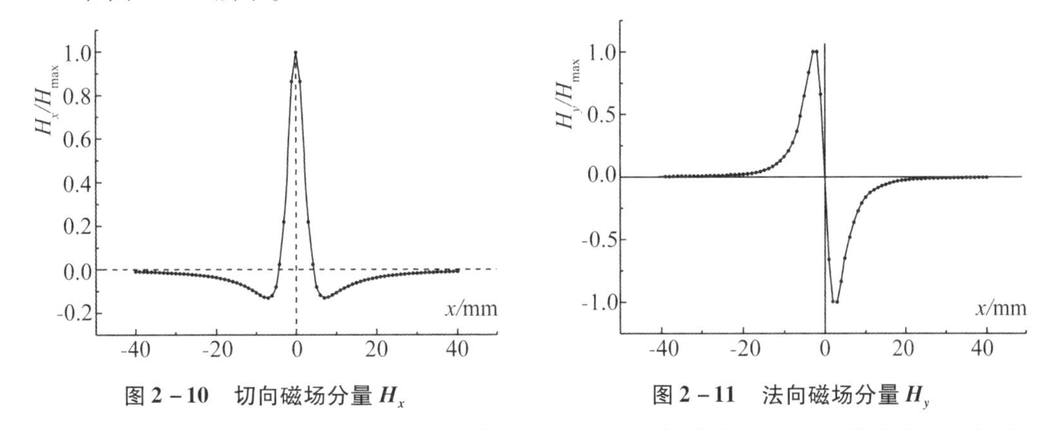

图2－10　切向磁场分量 H_x　　　　**图2－11　法向磁场分量 H_y**

由图2－10和2－11可知，在V型缺口处切向磁记忆信号 H_x 出现最大值，法向磁记忆信号 H_y 出现过零点，距离缺陷处越远，磁信号越小，从式(2－14)和式(2－15)可知距离缺口越远(y 越大)，磁记忆信号也越小。在疲劳试验过程中，记录压磁信号的点固定不动，因此和缺口的相对位置不同，记录的压磁信号也不同，图2－12显示了钢材在应力控制条件下的循环加载过程中力学参量(最大应变与最小应变)和磁学参量(特征点磁感应强度 B_V 与 B_H)表征的三阶段变化规律：

(1)初始调节阶段(initial acco mmodation)：位错的滑移和累积形成损伤核，产生微观裂纹(0.05～0.1mm)。

(2)损伤累积阶段(accretion of damage)：微裂纹生长合并形成宏观主导裂纹，主导裂纹稳定扩展。

(3)最终破坏阶段(terminal failure)：主导裂纹失稳扩展并导致最终断裂[2-42]。

随着位错达到饱和，疲劳第一阶段结束；疲劳第二阶段初期，在循环应力作用下全部的钉扎点被逐渐克服,材料也逐渐达到无滞后的磁化状态,并在疲劳第二阶段基本保持不变;随着宏观裂纹不断发展,在疲劳第三阶段裂纹处的漏磁场会对压磁信号产生显著影响,此时铁磁材料的压磁信号因为裂纹产生位置的不确定性会发生不同的变化,但一般都会在这一阶段加速畸变:图 2-12 所示的特征点磁感应强度在第三阶段增加速度越来越快。

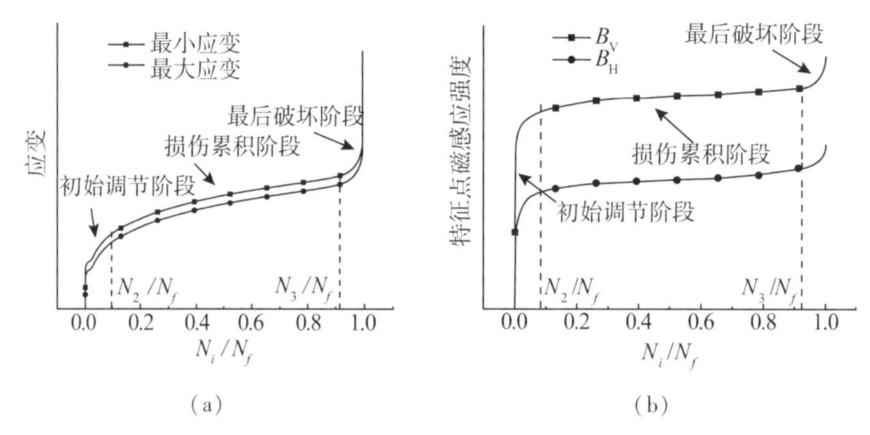

图 2-12　钢材疲劳过程中力学参量和磁学参量的三阶段规律

2.5　磁效应表征混凝土结构疲劳的可行性

已有研究表明,铁磁材料压磁效应的内在变化与介观结构相关,而材料的介观结构取决于初始状态和历史演化过程,现有的技术都难以评估材料在介观水平上的差异。Sobczyk 等[2-43]对微裂纹发展模式的统计分析表明,疲劳过程对试件初始状态的微小差异非常敏感,这些差异会被重复荷载放大,所以唯一能够提高疲劳寿命预测精度的方法就是确定疲劳初期的损伤指标,而铁磁试件的压磁信号同时依赖于力学和磁学的微观结构,这正是从磁学角度分析早期疲劳损伤的本质原因。

将压磁信号应用于铁磁材料疲劳研究的基本问题是能否在复杂的环境磁场中识别出压磁信号。试验已证明:传统的消磁方法能够使试样(n 个磁畴)达到的最小磁化状态 $|M|_{demag}$ 和随机增加每个磁畴的磁矩 m_{dom} 等效[2-44]:

$$|M|_{demag} \sim \left\langle \left| \sum m_{dom} \right| \right\rangle \sim \sqrt{8n/3\pi}\left\langle |m_{dom}| \right\rangle \tag{2-28}$$

以钢材为例,磁畴的体积约为 10^{-10}cm^3,磁矩为 10^{-7}emu,由式(2-28)可知 1cm^3 体积的消磁磁矩范围 $|M|_{demag} \sim 10^{-2}$emu。因此,任何名义上已经消磁的钢材试样距离其表面 1cm 以内的残余磁场为 0.1G,但即使在没有屏蔽的情况下,0.1G 和地磁场以及大量试验设备导致的强背景场(~1G)相比也是可以忽略的。钢材的矫顽力 H_c 一般超过 20Oe,因此,这些背景场难以干扰试件的消磁状态。

假设一个退磁试样的弹性模量 E 为 200GPa,初始磁场强度为 0,其磁能密度 e_m 约为

10^4 J·m^{-3},弹性能密度 e_e 为 $E\varepsilon^2/2$。当 $e_e > e_m$,试样的磁畴结构将会被外加应力显著改变,应力的等效场将叠加在式(2-28)给出的随机消磁场,计算可得此时的应变为 3×10^{-4},对应的应力为60MPa,远小于钢材疲劳试验的应力水平,而此时距离试件表面1cm的磁感应强度约为25mG。一般的磁通仪的测试精度小于1mG,而APS 428D磁通门式磁力仪精度高达0.1mG,原则上可以探测到10^{16}个铁原子的重新定位,其相应的体积为10^{-7}cm^3,和微裂纹长度或晶粒的大小相当,理论上材料内部微观结构的变化可以由分析磁信号的变化获得。

已经进行的铁磁试件疲劳试验证明将压磁效应应用于疲劳研究的可行性,如Bao等[2-45,2-46]的AISI 1018钢试件疲劳试验中,传统力学参量标记的阶段过渡点 N_2/N_f 约为11%,N_3/N_f 约为91%,压磁滞回曲线参数标记的过渡点 N_2/N_f 约为12%,N_3/N_f 约为92%;Vandenbossche等[2-47]的低周疲劳试验显示磁场参数的变化过程与应变等力学参量一致,第三阶段占疲劳寿命的2%~5%,通过这些特征可以预测铁磁构件的剩余疲劳寿命;张军[2-48]对变形钢筋的疲劳压磁试验结果也显示 $B-\varepsilon$ 滞回曲线可以反映出更多的疲劳损伤相关信息,而且磁感应强度变化幅值的发展同样符合疲劳三阶段规律(图2-12),压磁方法比传统的疲劳研究方法更有优势。

综上所述,初步的钢筋混凝土结构疲劳压磁试验显示:压磁信号符合已有研究的规律,可以反映出更多的疲劳损伤相关信息,因此将压磁效应应用于钢筋混凝土结构疲劳损伤研究是可行的。在现阶段,钢筋混凝土的疲劳压磁效应研究仍较少:首先,已进行的铁磁材料的疲劳研究工作大多是探索性的试验研究,试验材料种类单一,试验条件、试验方法、数据采集、数据处理分析等方面都有待通过大量压磁疲劳试验进行系统总结和深入研究;其次,虽然压磁滞回曲线参数同应力-应变滞回曲线一样表现出相同的三阶段特征,但尚未利用铁磁学定量地解释压磁滞回曲线表现出来的疲劳损伤特征;最后,需要明确基于压磁效应的疲劳研究方法是否可以提高现有钢筋混凝土结构疲劳寿命预测方法的精确性。

参考文献

[2-1] SWANSON S R. 疲劳试验. 上海:上海科学技术出版社,1982.

[2-2] 付浩. 基于位错理论的疲劳裂纹扩展特性研究. 长沙:长沙理工大学,2010.

[2-3] SURESH S. 材料的疲劳. 北京:国防工业出版社,1993.

[2-4] 胡正飞,严彪,何国求. 材料物理概论. 北京:化学工业出版社,2009.

[2-5] 丁鉴海,卢振业,余素荣. 地震地磁学概论. 合肥:中国科学技术大学出版社,2011.

[2-6] KALASHNIKOV A G, KAPITSA S P. Magnetic susceptibility of rocks under elastic stresses. Dokl A kad Nauk SSSR, 1952, 86(3):521.

[2-7] KAPITSA S P. Magnetic properties of eruptive rocks exposed to mechanical stresses. lzv

Akad Nauk Geofiz,1955,6:489.

[2-8] NAGATA T. Anisotropic magnetic susceptibility of rocks under mechanical stresses. Pure Appl Geophys,1970,78(1):110.

[2-9] JELENSKA M. Stress dependence of magnetization and magnetic properties of igneous rocks. Pure Appl Geophys,1975,113(1):635.

[2-10] OHNAKA M. Effect of axial stress upon initial susceptibility of an assemblage of fine grains of Fe TIO, - FeO, solid solution series. J Geomag Geoelectr, 1968, 20(2):107.

[2-11] STACEY F D,JOHNSTON M J. Theory of the piezomagnetic effect in titanomagnetite - bearing rocks. Pure Appl Geophys,1972,97(1):146.

[2-12] 林万智,张德华,任景秋. 变形岩石磁性各向异性及其应变相关性的模拟. 地球物理学,1992(3):351.

[2-13] 高龙生,李松林. 单轴应力作用下两种不同方法研究岩石磁化率变化的结果. 地震学报,1985(3):285.

[2-14] REVOL J,DAY R,FULLER M. Effect of uniaxial stress upon remanent magnetization: Stress cycling and domain state dependence. New York:Springer,1979:115.

[2-15] 郝锦绮,黄平章,张天中,等,岩石剩余磁化强度的应力效应. 地震学报,1989(4):381.

[2-16] 郝锦绮,黄平章,周建国. 微破裂对岩石剩磁的影响一对地震预报的意义. 地球物理学报,1993(2):203.

[2-17] 杨涛. 应力作用对岩石磁性的影响. 地球物理学进展,2011,26(4):1175.

[2-18] 张功义,张军,金伟良,等. 基于压磁效应的磁性材料力学与疲劳的研究进展. 材料导报,2014(9):4-10.

[2-19] KAPICKA A. Variations of the mean susceptibility of rocks under hydrostatic and norhydrostatic pressure. Phys Earth Planetary Interiors,1990,63(1):78.

[2-20] 薛松,孙学伟,何宗彦. 铁磁材料不同应变状态下的磁特性实验研究. 力学与实践,1999(5):25.

[2-21] 黎连修. 磁致伸缩和磁记忆问题研究. 无损检测,2004(3):109-112.

[2-22] 任吉林,陈晨,刘昌奎,等. 磁记忆检测力-磁效应微观机理的试验研究. 航空材料学报,2008(5):41-44.

[2-23] JILES D C. Theory of the magnetomechanical effect. Journal of Physics D: Applied Physics,1995,28(8):1537-1546.

[2-24] JILES D C,ATHERTON D L. Theory of the magnetisation process in ferromagnets and its application to the magnetomechanical effect. J Phys D: Appl Phys, 1984, 17(6):1265.

[2 - 25] JILES D C, ATHERTON D L. Theory of ferromagnetic hysteresis. Journal of Magnetism and Magnetic Materials, 1986, 61(1 - 2): 48 - 60.

[2 - 26] JILES D C, DEVINE M K. The law of approach as a means of modelling the magnetomechanical effect. Journal of Magnetism and Magnetic Materials, 1995, 140: 1881 - 1882.

[2 - 27] PITMAN K C. The influence of stress on ferromagnetic hysteresis. IEEE Transactions on Magnetics, 1990, 26(5): 1978 - 1980.

[2 - 28] MAYLIN M G, SQUIRE P T. Departures from the law of approach to the principal anhysteretic in a ferromagnet. Journal of Applied Physics, 1993, 73(6): 2948 - 2955.

[2 - 29] SQUIRE P T. Magnetomechanical measurements and their application to soft magnetic materials. Journal of Magnetism and Magnetic Materials, 1996, 160: 11 - 16.

[2 - 30] SABLIK M J, JILES D C. Coupled magnetoelastic theory of magnetic and magnetostrictive hysteresis. IEEE Transactions on Magnetics, 1993, 29(4): 2113 - 2123.

[2 - 31] SABLIK M J, LANDGRAF F J G. Modeling microstructural effects on hysteresis loops with the same maximum flux density. IEEE Transactions on Magnetics, 2003, 39(5): 2528 - 2530.

[2 - 32] XU M, XU M, LI J, et al. Using modified J - A model in MMM detection at elastic stress stage. Nondestructive Testing and Evaluation, 2012, 27(2): 121 - 138.

[2 - 33] LIU X, ZHENG X. A nonlinear constitutive model for magnetostrictive materials. Acta Mechanica Sinica, 2005, 21(3): 278 - 285.

[2 - 34] ZHENG X, LIU X. A nonlinear constitutive model for Terfenol - D rods. Journal of Applied Physics, 2005, 97(5).

[2 - 35] SHI P, JIN K, ZHENG X. A magnetomechanical model for the magnetic memory method. International Journal of Mechanical Sciences, 2017.

[2 - 36] ZHOU H, ZHOU Y, ZHENG X. A general theoretical model of magnetostrictive constitutive relationships for soft ferromagnetic material rods. Journal of Applied Physics, 2008, 104(2).

[2 - 37] KURUZAR M E, CULLITY B. The magnetostriction of iron under tensile and compressive stress. International Journal of Magnetism, 1971, 1(14): 323 - 325.

[2 - 38] 徐明秀. 铁磁材料疲劳过程中的磁效应研究. 哈尔滨:哈尔滨工业大学, 2012.

[2 - 39] 吴犀甲. 金属材料寿命的演变过程. 合肥:中国科学技术大学出版社, 2009.

[2 - 40] GILMAN J J. Dislocation mobility in crystals. Journal of Applied Physics, 1965, 36(10): 3195 - 3206.

[2 - 41] 徐章遂, 徐英, 王建斌, 等. 裂纹漏磁定量检测原理与应用. 北京:国防工业出版社, 2005.

[2 - 42] 王光中, 柯伟. 金属疲劳的微观过程. 材料科学与工程学报, 1984(3): 28 - 38.

[2-43] SOBCZYK K, SPENCER B F. Random fatigue: from data to theory. MA: Academic Press, 1992.

[2-44] WEINSTOCK H, ERBER T, NISENOFF M. Threshold of barkhausen emission and onset of hysteresis in iron. Physical Review B Condensed Matter, 1985, 31(3): 1535-1553.

[2-45] GURALNICK S A, BAO S, ERBER T. Piezomagnetism and fatigue: Ⅱ. J Phys D: Appl Phys, 2008, 41(11): 1-11.

[2-46] BAO S, ERBER T, GURALNICK S A, et al. Fatigue, magnetic and mechanical hysteresis. Strain, 2010, 47(4): 372-381.

[2-47] VANDENBOSSCHE L, DUPR L. Fatigue damage assessment by the continuous examination of the magnetomechanical and mechanical behavior. Journal of Applied Physics, 2009, 105: 07E707 1-3.

[2-48] ZHANG J, JIN W, MAO J, et al. Determining the fatigue process in ribbed steel bars using piezomagnetism. Construction and Building Materials, 2020, 239: 117885.

第3章 带肋钢筋的疲劳与磁效应演化

3.1 引 言

变形钢筋疲劳试验方法一般是在空气中对变形钢筋进行轴向拉伸疲劳试验和在混凝土中进行弯曲疲劳试验。已有研究表明影响钢筋疲劳性能的因素主要是应力幅、表面几何尺寸、直径、弯曲钢筋等，其他因素，如最小应力、钢筋的屈服和极限抗拉强度等有一定的影响，但影响不大[3-1,3-2,3-3,3-4,3-5,3-6]。近年来，基于 $S-N$ 曲线、Manson-Coffin 公式和能量耗散等传统方法或者 SEM 电镜扫描分析等手段的变形钢筋疲劳研究未有突破性的进展，而利用压磁效应来评估变形钢筋的疲劳性能是一种新的无损检测技术[3-7,3-8]。虽然变形钢筋承受动力荷载时名义上仍处于弹性受力状态，但是，由于肋脚应力集中和内部初始缺陷导致的局部应力集中与塑性变形，很大程度上会影响疲劳作用下变形钢筋的压磁效应：①为提高钢筋混凝土界面粘结能力加工的钢筋肋导致外形复杂和肋脚应力集中；②建筑用钢的质量控制相对较差，材料内部有许多内含物和瑕疵；③低碳钢和低合金钢的成分复杂，晶粒边界和内部合金成分起伏等；④长期服役的钢筋受外界腐蚀环境影响形成局部锈蚀。以上这些因素都导致变形钢筋的压磁信号相比理想的铁磁材料存在一定的差别。

笔者进行了 HRB400 带肋钢筋试件的静力性能试验和轴向拉伸疲劳试验，并实时测量试件周围的压磁场信号，分析压磁信号与疲劳性能之间的关系，提出了基于压磁效应的变形钢筋疲劳损伤机理，定义了基于压磁信号特征点的疲劳损伤变量并建立了基于压磁参数的钢筋疲劳失效准则和寿命预测方法，为进一步研究钢筋混凝土结构的疲劳提供了参考。

3.2 带肋钢筋疲劳损伤与磁效应试验研究

3.2.1 试验设计

HRB400 钢筋化学成分如表 3-1 所示，表 3-2 为变形钢筋试件的力学性能参数。HRB400 钢筋试件公称直径 14mm，试件长度取 500mm。

表 3-1　HRB400 钢筋化学成分

元素	C	Fe	Mn	Si	S	P	V
含量/%	0.19	97.8	1.34	0.53	0.014	0.028	0.040

表 3-2　变形钢筋试件的力学性能参数

材料	弹性模量/GPa	屈服强度/MPa	极限强度/MPa	伸长率/%
HRB400	207.29	425.17	581.20	25.77

疲劳试验在浙大宁波理工学院 25 吨疲劳试验机上进行，加载频率为 2Hz。试验主要参数与结果如表 3-3 所示，最小应力水平 S_{min} 为 0.1，$\Delta\sigma = \sigma_{max} - \sigma_{min}$，$N_f$ 为试件疲劳寿命。采用标距为 20mm 的 CRIMS 引伸计测量应变，如图 3-1 所示；两台 APS 428D 磁通门式磁力仪测量压磁信号，使用德国 IMC 公司的 CRONOScompact 400-08 动态数据采集仪同步采集力、位移、应变和磁信号等数据。试件及传感器的安装如图 3-2，在试件靠近中部的地方分别放置一个切向磁探头和法向磁探头，法向探头中心和切向探头外边缘与试件表面距离均为 33mm。

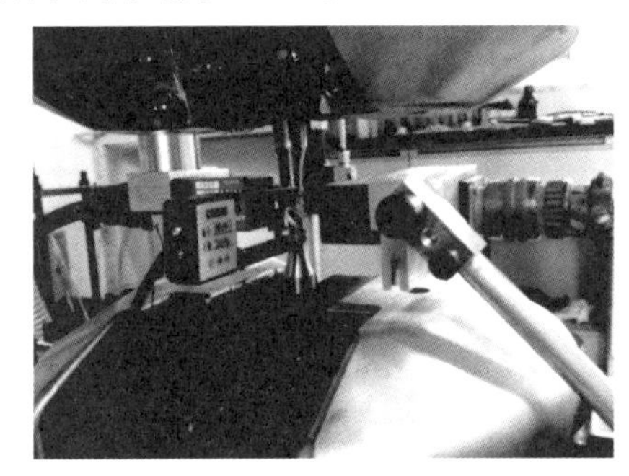

图 3-1　引伸计及磁探头

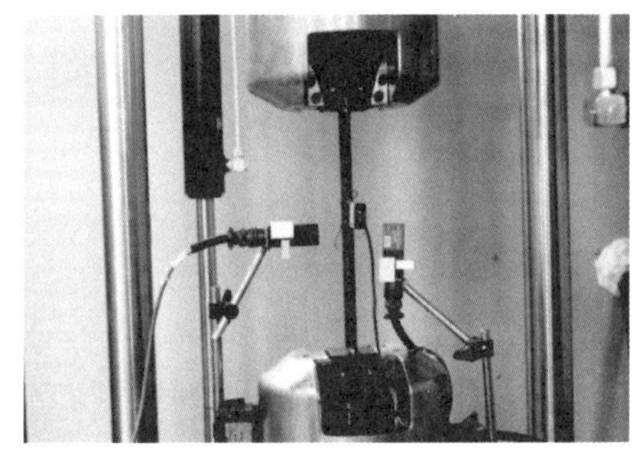

图 3-2　试件及传感器安装

表 3-3　试件加载参数及结果

试件编号	S_{min}	S_{max}	$\Delta\sigma$/MPa	N_f	试件结果
TB-F1	0.1	0.6	290.60	353586	有效
TB-F2	0.1	0.6	290.60	283553	有效
TB-F3	0.1	0.6	290.60	282566	有效
TB-F4	0.1	0.65	319.66	177239	有效
TB-F5	0.1	0.65	319.66	246489	有效
TB-F6	0.1	0.65	319.66	236889	有效
TB-F7	0.1	0.65	319.66	273019	有效
TB-F8	0.1	0.65	319.66	181903	夹持端断裂
TB-F9	0.1	0.65	319.66	232575	有效

续表

试件编号	S_{min}	S_{max}	$\Delta\sigma$/MPa	N_f	试件结果
TB - F10	0.1	0.7	348.72	145077	有效
TB - F11	0.1	0.7	348.72	114345	夹持端断裂
TB - F12	0.1	0.7	348.72	143913	有效
TB - F13	0.1	0.75	377.78	62566	夹持端断裂
TB - F14	0.1	0.75	377.78	73245	夹持端断裂

注：$S_{min}=\sigma_{min}/\sigma_u$，$S_{max}=\sigma_{max}/\sigma_u$，$\sigma_u$ 为试件极限强度。

3.2.2 带肋钢筋疲劳致磁效应的影响因素及措施

（1）夹持端应力集中影响。为减小夹持端的应力集中以避免试件断在夹持端而导致试验失败，采用厚度为 0.3mm 的铝片包裹，如图 3 - 3 所示；夹持试件时试验机夹头与钢筋咬紧部位尽量避免横肋，咬合在钢筋基圆可以使应力分布更均匀。结果表明，在应力水平不高时（对应的疲劳循环次数大于 10^5）可以显著提高带肋钢筋疲劳试验的成功率，并且加载过程中夹头与钢筋之间几乎没有滑移，如表 3 - 3 所示。

图 3 - 3　试件夹持端保护措施

（2）环境磁场的影响。在变形钢筋试件周围设置厚度为 0.3mm 的坡莫合金屏蔽环后，法向磁探头信号和切向磁探头信号受环境磁场影响的波动，如图 3 - 4 所示。法向磁感应强度的波动约为 0.3mG，切向磁感应强度的波动约为 2mG，这种屏蔽方式可以有效减小法向噪声水平，而切向屏蔽难以实施，因此，切向磁探头信号受试验环境磁场影响不理想，疲劳 - 压磁效应分析主要基于法向磁探头信号。

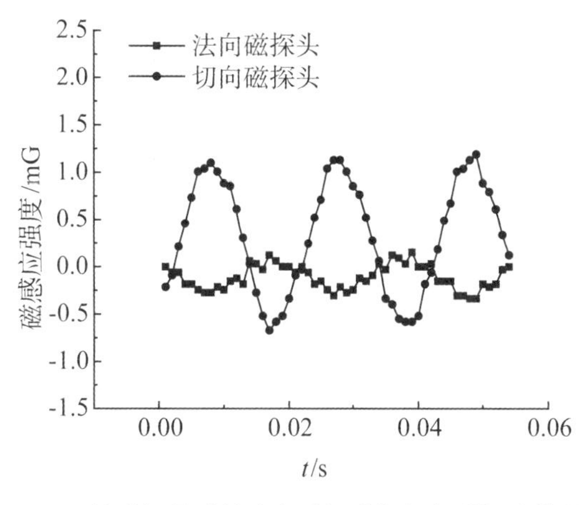

图 3 - 4　环境磁场导致的法向磁探头与切向磁探头信号波动

(3)试验机夹持端的位移影响。未放置钢筋且法向磁探头测量位置固定时,受试验机夹持端的位移影响,法向磁感应强度 B 线性减小约 3mG/mm,如图 3-5 所示。表 3-3 中试件在最大应力水平为 0.75 时的夹持端位移振幅不超过 0.4mm。虽夹持端的上下移动不会影响压磁信号的演变规律,但进行后期数据处理时需要对这部分磁信号进行补偿。考虑到夹持端位移应与试件位移相一致,因此,只需要在每个磁感应强度循环的曲线上叠加一个按照引伸计应变或位移得到的正弦波。

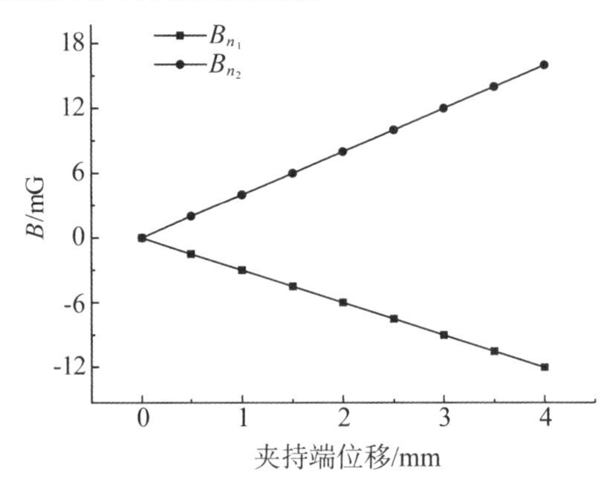

图 3-5 试验机夹持端移动对磁信号的影响

3.2.3 试验结果分析

1. 静力分析

疲劳试验前进行了试件 S1~S3 的静态拉伸试验,由于切向磁探头信号受环境磁场影响太大,因此要重点分析法向磁信号 B。图 3-6 为试件 S1~S3 在静态拉伸过程中的应力-应变($\sigma-\varepsilon$)和磁感应强度-应变($B-\varepsilon$)曲线。图 3-7~图 3-9 分别为试件 S1~S3 在弹性阶段和屈服阶段的局部放大。

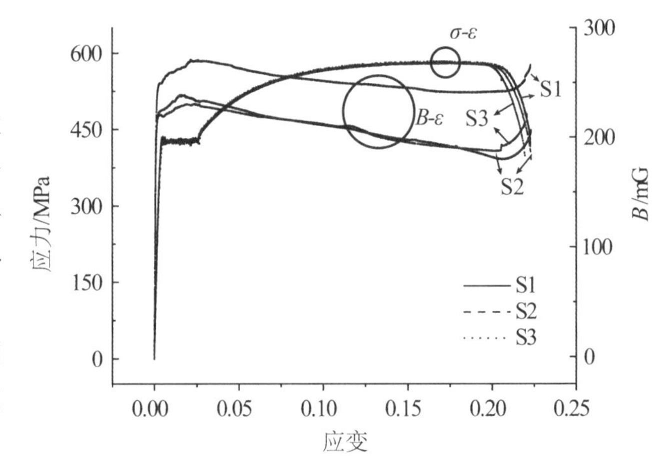

图 3-6 试件 S1~S3 的 $\sigma-\varepsilon$ 曲线与 $B-\varepsilon$ 曲线

表 3-4 显示,试件 $B-\varepsilon$ 曲线和 $\sigma-\varepsilon$ 曲线有显著区别。弹性阶段,应力与应变呈线性关系,但在 $B-\varepsilon$ 曲线中,磁感应强度与应变呈非线性,同疲劳压磁理论分析结果和标准试件结果一致,试件 S1~S3 尚未达到屈服时试件应力致磁化基本饱和(极值点 V_1),结果如表 3-4 所示。屈服强度 σ_y 和 σ_{V_1} 由于试件差异均有所波动,但极值比 R 波动不大,均值为 0.85,标准试件极值比的

均值为 0.743，可见带肋钢筋试件由于形状等因素影响，力 - 磁关系也有变化；同样地，在循环加载过程中，这个极值点也会出现。

表 3 - 4　V_1 点处的磁感应强度、应力和极值比

试件编号	B/mG	σ_{V_1}/MPa	σ_y/MPa	R
S1	249.1	363.7	428.1	0.85
S2	223.7	381.2	421.6	0.90
S3	220.5	344.3	425.5	0.81
平均值	—	363.1	425.2	0.85

在弹性阶段，$B-\varepsilon$ 曲线比线性的 $\sigma-\varepsilon$ 曲线复杂，反映了在弹性阶段试件的拉伸过程中，试件内部磁畴结构的转动与畴壁位移导致磁化状态随之发生改变。由图 3 - 7 ~ 图 3 - 9可知，在达到极值点 V_1 后，随着应力增加，B 变化很小，在经历了上屈服点进入屈服平台后，对比应力 - 应变曲线近乎不变的屈服平台，S1 ~ S3 的 B 均逐渐增大至极值点 V_2，然后开始减小，随着应变的继续增大，试件进入强化阶段和颈缩阶段，直至试件断裂时 B 突变。

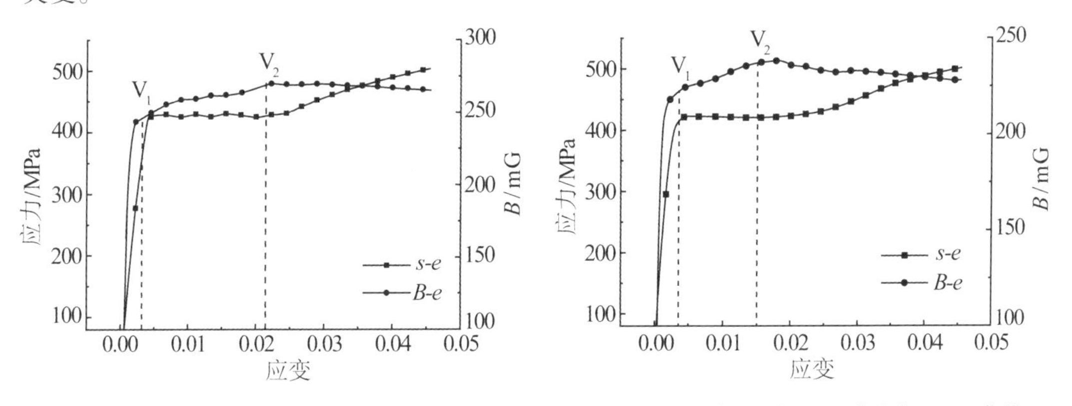

图 3 - 7　试件 S1 的 $\sigma-\varepsilon$ 曲线与 $B-\varepsilon$ 曲线　　**图 3 - 8　试件 S2 的 $\sigma-\varepsilon$ 曲线与 $B-\varepsilon$ 曲线**

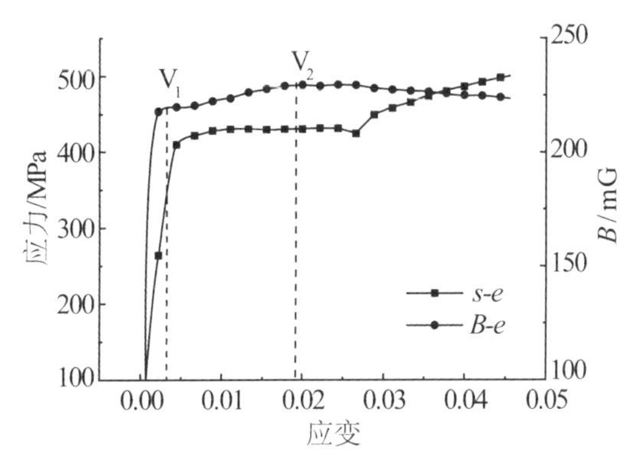

图 3 - 9　试件 S3 的 $\sigma-\varepsilon$ 曲线与 $B-\varepsilon$ 曲线

在塑性变形阶段，随着位错密度的增加，位错所产生的畴壁钉扎能也越大，会更强烈地阻碍畴壁的运动，从而减小由应力引起的磁化，但带肋钢筋的 $B-\varepsilon$ 曲线在试件进入屈服后反而逐渐增大至极大值点 V_2，而后才开始减小，很小的塑性变形并未引起显著的磁感应强度降低。可见，虽然带肋钢筋的压磁信号变化基本符合铁磁材料的磁机械效应理论分析，但变形钢筋的形状等因素导致塑性变形对压磁信号的影响有一定的特殊性。

2. 压磁信号时变曲线

在图 3－10～图 3－14 中，将磁感应强度时变曲线 $B(t)$ 的 5 个特征点分别记为 a、b、c、d 和 e，其中 a 和 e 对应一个应力循环的开始和结束，c 点对应循环最大应力点，b 和 d 分别是加载和卸载过程中出现的极值点。图 3－10 为试件 TB－F3 的第 1 次应力循环过程，应力从 0 逐渐增加至循环应力平均值，然后开始常幅正弦波循环加载，在第 1 循环卸载阶段$B(t)$曲线出现极值点 d，随着应力减小至循环应力最小值 58.1MPa，剩余磁感应强度为194.7mG，为与后续分析一致，记为第 1 循环的不可逆磁感应强度 B_{irr}。由图 3－11 可知，第 2～4 循环加载阶段出现极值点 b，循环结束时的 B_{irr}分别为 197.9mG、199.0mG、199.9mG，分别比上一循环增加了 3.2mG、1.1mG、0.9mG。在第 1 循环结束后，试件的应力致磁化过程开始逐步趋于稳定，第 2～4 循环加载过程中剩余磁感增量越来越小，同标准试件疲劳－压磁一致，符合接近理论：循环荷载作用下的铁磁材料将逐渐从不可逆磁化状态趋近于理想的可逆磁化状态，不可逆磁化部分会逐渐减小。

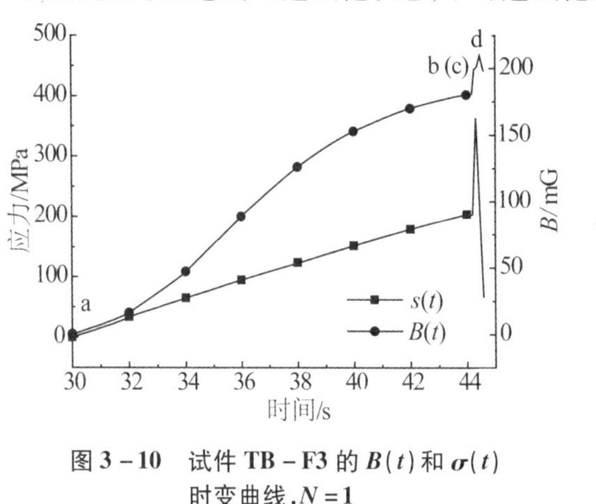

图 3－10　试件 TB－F3 的 $B(t)$ 和 $\sigma(t)$ 时变曲线，$N=1$

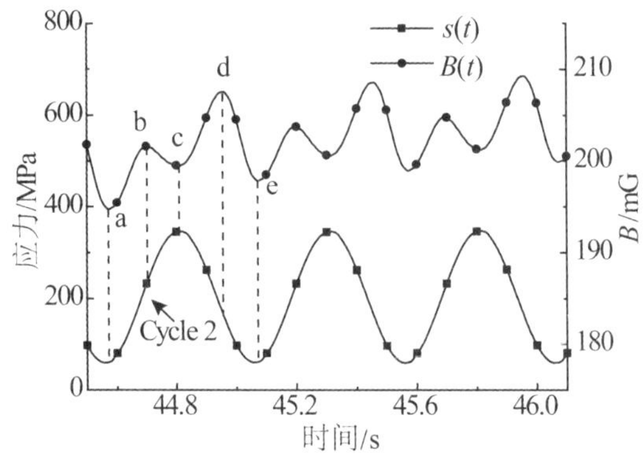

图 3－11　试件 TB－F3 的 $B(t)$ 和 $\sigma(t)$ 时变曲线，$N=2\sim4$

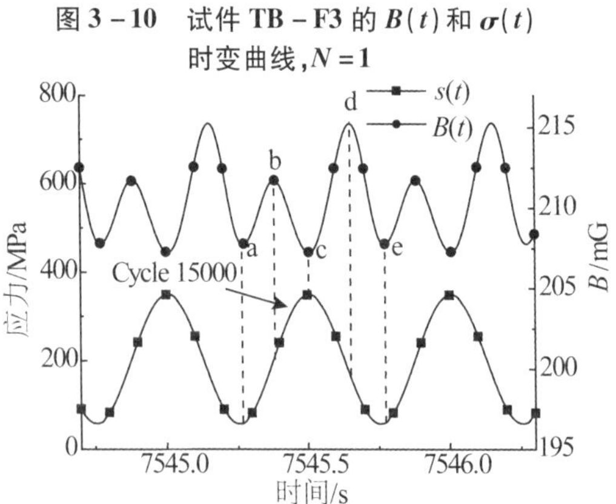

图 3－12　试件 TB－F3 的 $B(t)$ 和 $\sigma(t)$ 时变曲线，$N=14999\sim15001$

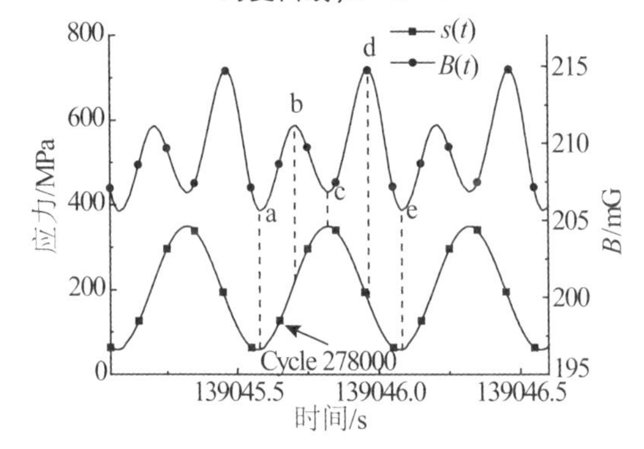

图 3－13　试件 TB－F3 的 $B(t)$ 和 $\sigma(t)$ 时变曲线，$N=277999\sim278001$

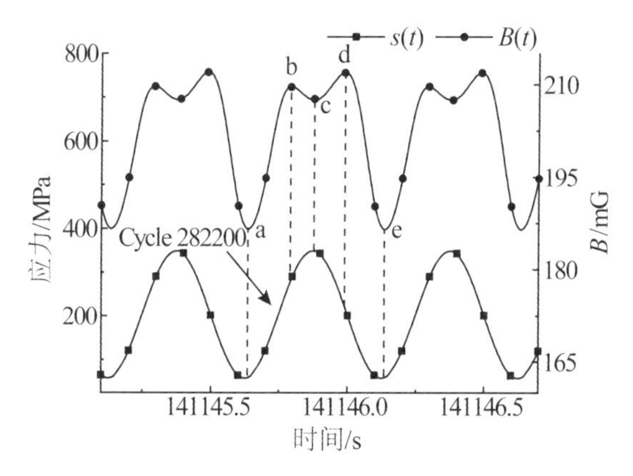

图3－14　试件TB－F3的$B(t)$和$\sigma(t)$时变曲线,$N=282199\sim282201$

图3－12是试件TB－F3第14999～15001个循环的$B(t)$和$\sigma(t)$时变曲线,处于疲劳第一阶段和第二阶段的过渡段。对比第2～4循环可知,$B(t)$曲线形态及数值均有明显改变:经历了15000个常幅应力循环后,循环开始点a和结束点e的磁感应强度B_a与B_e相同,均为207.7mG,基本处于理想的可逆磁化状态;B_b、B_c和B_d分别为211.7mG、207.2mG和215.2mG,其中B_c略小于B_a和B_e,与第一阶段初始循环(2～4)存在差别,此后处于疲劳第二阶段的$B(t)$曲线基本没有变化。

图3－13显示试件TB－F3第277999～278001循环的$B(t)$和$\sigma(t)$曲线,此时试件开始进入疲劳第三阶段。第278000个循环的B_a和B_e均为205.6mG;B_b、B_c和B_d分别为211.2mG、206.8mG和214.8mG。对比可知,此时的$B(t)$曲线形态变化不大但磁感应强度值均有减小,且其中B_c略大于B_a和B_e。进入疲劳最后阶段后,随着试件的主导裂纹加速扩展,$B(t)$曲线不再保持稳定:TB－F3试件的特征点为磁感应强度开始减小,曲线形态又开始变化。

图3－14为试件TB－F3第282199～282201循环的$B(t)$和$\sigma(t)$曲线,此时试件接近疲劳断裂。第282200个循环的B_a和B_e均为186.5mG,比第278000循环减小了19.1mG;B_b、B_c和B_d分别为209.7mG、207.5mG和212.0mG,和第278000循环相比变化不大。$B(t)$曲线变化的幅度大幅增加,说明宏观疲劳裂纹产生的漏磁场与应力致磁场显著改变了裂纹附近的磁感应强度,这种改变与裂纹和探头的相对位置有关。

对比图3－10～图3－14发现,试件TB－F3在应力控制下的疲劳过程中,虽然名义应力相同,但是不同疲劳阶段的$B(t)$曲线明显不同,第一阶段和第三阶段$B(t)$曲线随循环加载变化迅速,尤其是第三阶段的$B(t)$曲线变化特征,可以及时预警试件最终的疲劳失效。

3. 压磁滞回曲线

因为试件疲劳断裂位置不确定,带肋钢筋的应变难以测量,所以无法根据第三阶段应变加速增长预警试件的疲劳失效,基于应力－应变滞回曲线分析也无从下手,可以用于带肋钢筋疲劳损伤分析的手段更少。由上分析可知，带肋钢筋试件循环过程中的磁信号可以更直观地反映其疲劳损伤信息，且呈典型的疲劳三阶段特征，因此，本节主要分析试件 TB－F3 疲劳全过程的 $B-\sigma$ 滞回曲线及演变过程。

图 3－15 和图 3－16 是试件 TB－F3 前 4 个循环的 $B-\sigma$ 滞回曲线，分别对应图 3－10 和图 3－11。第 1 次循环的 B_a 以循环应力最小值对应的磁感应强度代替，为 41.1mG，第 1～4 循环的 B_e 分别为第 2～5 循环 $B-\sigma$ 滞回曲线的“头部”B_a，第 1～4 循环 $B-\sigma$ 滞回曲线的“尾部”即循环最大应力对应的磁感应强度 B_c 分别为 196.9mG、199.5mG、200.6mG、201.2mG，第 2～4 循环相比上一循环分别增加了 2.6mG、1.1mG、0.6mG，同 B_a 和 B_e 的变化趋势类似，增加幅度均越来越小，符合接近规律。

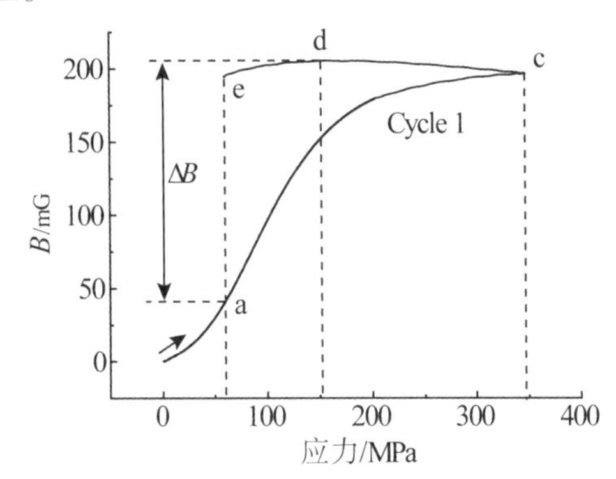

图 3－15　试件 TB－F3 的 $B-\sigma$ 滞回曲线，$N=1$

第 2 循环中 b 点应力记为 $\sigma_b(2)$，为 230.8MPa，d 点应力 $\sigma_d(2)$ 为 164.4MPa，极值比 $R_b(2)=\sigma_b(2)/\sigma_y=0.54$，$R_d(2)=\sigma_d(2)/\sigma_y=0.39$，同理可得其他循环的磁感应强度极值比和变化幅值 ΔB，如表 3－5 所示。因为循环应力 σ_{max} 为 349MPa，小于静力状态下磁感应强度极值点应力 σ_{V_1}（363.1MPa），因此在第 1 循环加载阶段并未出现磁感应强度极值点，但是第 2 循环加载阶段应力为 230.8MPa 时磁感应强度出现极值，说明经历了第一次应力循环后，试件的内部微观结构改变很大，导致了再加载时应力致磁化状态的改变。弹性阶段的磁机械效应模型在考虑试件的磁化历史等因素后采用了磁弹性能代替应力的方法，由以上分析可知，即使在弹性条件下（循环最大应力远小于下屈服强度），试件的加载历史也会显著影响其压磁效应，弹性状态下采用等效钉扎系数 $k_{equal,N}$ 是合理的，可以反映试件疲劳过程中微观结构的变化——外形、合金边界和初始缺陷等效的钉扎变化。

图 3－17 是试件 TB－F3 第 15000、第 200000、第 275000 和第 278000 个循环的 $B-\sigma$ 滞回曲线对比，可以看出第 15000、第 200000、第 275000 个循环处于疲劳第二阶段——滞回曲线变化非常小，说明稳态疲劳裂纹的扩展并未引起磁感应强度的明显改变，试件的应力致磁化状态是可逆的，各压磁参数 R_b、R_d 和 ΔB 等也基本不变；第 15000 个循环 B_a 为 207.6mG，B_c 为 207.2mG，其中 c 点磁感应强度略小于 a 点和 e 点，与第 2 循环有明显不同；$R_b(15000)$ 为 0.496，小于 $R_b(2)$，相比第 2～4 循环磁感应强度极值点的出现提前或称为“左移”，而 $R_d(15000)$ 为 0.39，保持不变。在经历了仅 3000 个循环后，相比处于疲劳第二阶段的第 275000 个循环，第 278000 个循环的 $B-\sigma$ 滞回曲线变化显著：各特征点磁感应强度均减小，$B_a(275000)$ 为 207.0mG，$B_a(278000)$ 为 205.2mG，减小了 1.8mG，同样 B_c 减小了0.4mG，而 ΔB 显著增加；从表 3－5 可知 R_b 增大，在滞回曲线图上表现为“右移”，R_d 仍未改变。以上这些参数的变化说明试件的疲劳损伤累积到了一定程度，疲劳主导裂

纹的生长导致材料的应力磁化状态不再保持稳定，宏观裂纹漏磁场作用使压磁信号开始加速畸变，预示试件进入疲劳第三阶段。

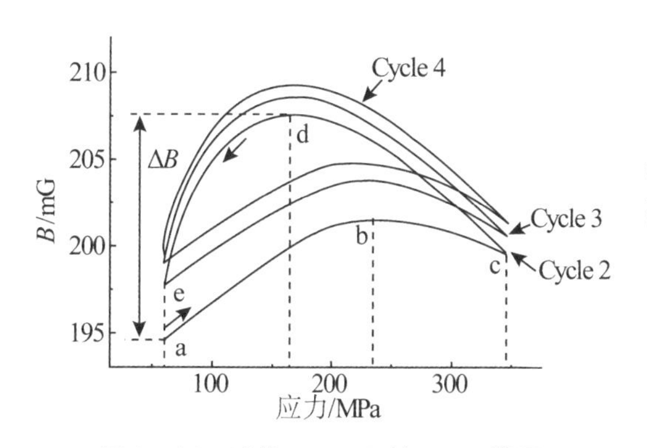

图3-16　试件TB-F3的$B-\sigma$滞回曲线，$N=2\sim4$

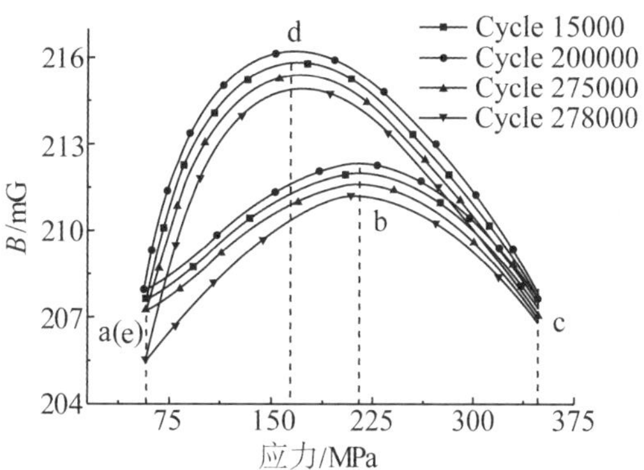

图3-17　试件TB-F3疲劳第二阶段的$B-\sigma$滞回曲线

图3-18是试件TB-F3接近疲劳失效时的$B-\sigma$滞回曲线，在最后的2566个循环加载过程中，B_a和B_c减小的速度越来越快，ΔB增加的速度也越来越快，压磁滞回曲线形状发生显著的变化，尤其是最后10个循环。图3-19是试件TB-F3的R_b和R_d随循环进程变化的曲线，在最开始的5000个循环里，R_b由0.54逐渐减小到0.49，在疲劳第二阶段基本保持不变，R_d在第1循环为0.37，然后一直保持为0.39，试件接近疲劳失效时，R_b和R_d加速增加，表现为$B-\sigma$滞回曲线上极值点“右移”，在最后一个循环即第282566个循环的加载过程中，R_b增加至0.70，在加载至循环应力最大后试件断裂，试验终止。

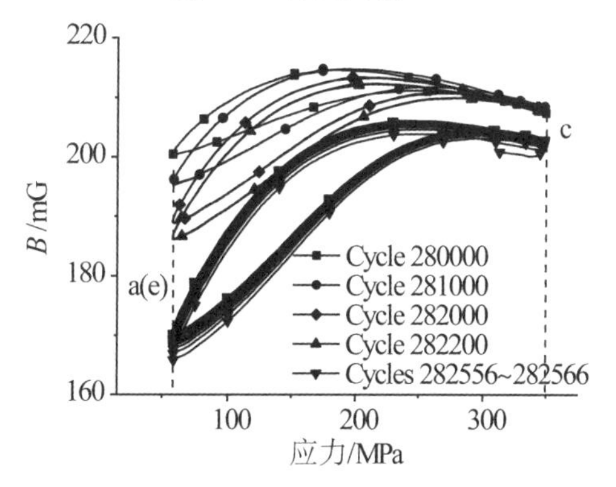

图3-18　试件TB-F3接近疲劳失效时的$B-\sigma$滞回曲线

图3-20是不同循环加载应力水平下带肋试件的磁感应强度变化幅值，经历了第1循环加载后，不同应力水平试件的压磁信号变化幅度基本稳定，除临近疲劳失效的循环，都保持在8~20mG之间。除试件TB-F4的ΔB在疲劳第一阶段变化有所增大外，其他试件均有不同程度的减小，疲劳第二阶段所有试件的ΔB基本保持不变，但进入疲劳第三阶段后，ΔB首先开始显著减小，经历了几千个循环的“过渡”段后又开始迅速增加，直至试件失效断裂，这是因为试件接近破坏时主导裂纹的失稳发展使主导裂纹处的漏磁场对磁信号影响变大，压磁信号畸变现象愈发显著，在临近破坏时尤为明显。此外，因为磁探头与试件断口相对位置不确定，应力变化幅值与ΔB也没有确定的关系。

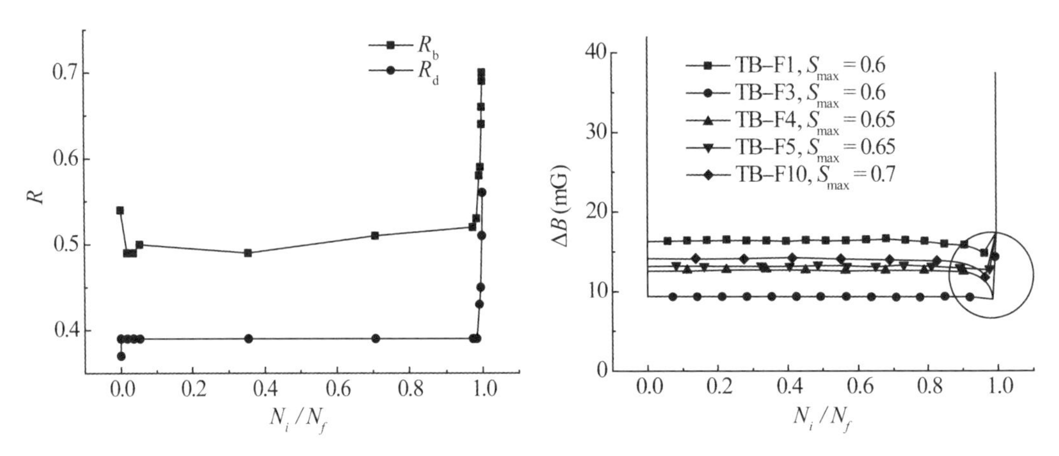

图 3-19　TB-F3 的 R_b 和 R_d 随循环次数变化曲线　　图 3-20　ΔB 随循环次数变化曲线

与 ΔB 曲线变化规律相比，$B-\sigma$ 滞回曲线的特征点随循环次数变化规律符合三阶段规律，如图 3-21 所示。所有试件的特征点在疲劳第一阶段都有显著增加，在疲劳第二阶段保持稳定，进入疲劳第三阶段后特征点磁感应强度又开始迅速减小，直至试件疲劳断裂。图示第三阶段的特征点磁感应强度均减小，这与变形钢筋压磁效应的特殊性以及宏观裂纹处的漏磁场分布规律有关。

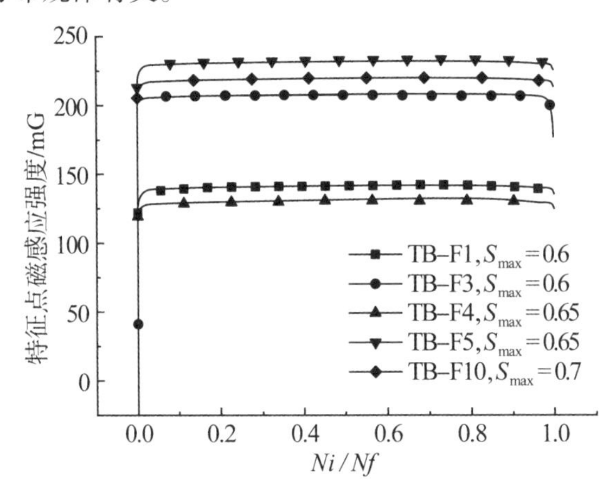

图 3-21　特征点随循环次数变化曲线

表 3-5　试件 TB-F3 的 $B-\sigma$ 滞回曲线参数变化

循环次数	σ_b/MPa	σ_d/MPa	R_b	R_d	ΔB(mG)
1	—	158.6	—	0.37	163.5
2	230.8	164.4	0.54	0.39	13.1
3	229.1	163.8	0.54	0.39	10.7
4	229.1	163.5	0.54	0.39	10.2
15000	210.7	164.4	0.50	0.39	8.4
200000	216.4	164.1	0.51	0.39	8.5

续表

循环次数	σ_b/MPa	σ_d/MPa	R_b	R_d	ΔB(mG)
275000	222.8	164.9	0.52	0.39	9.2
278000	226.5	164.0	0.53	0.39	10.0
280000	246.6	183.6	0.58	0.43	14.3
281000	249.4	193.0	0.59	0.45	19.5
282000	273.0	215.5	0.64	0.51	24.7
282200	280.1	215.6	0.66	0.51	26.4
282556	294.2	239.3	0.69	0.56	36.4
282566	298.4	—	0.70	—	—

3.3 带肋钢筋疲劳损伤致磁效应的机理

在一般金属的疲劳过程中,应变、压磁信号等都有明显的三阶段特征:对应试件的位错积聚和累积成核,形成微裂纹;微裂纹扩展形成主导裂纹,主导裂纹稳态扩展;主导裂纹失稳扩展,最终导致疲劳断裂。空气中变形钢筋的断裂源于钢筋最大缺陷处,而横肋根部由于应力集中,一般是疲劳裂纹源区。因此,变形钢筋断裂位置存在很大的不确定性,传统的测量手段如引伸计测试结果如图3-22所示,疲劳第三阶段的应变非断口处都基本不变,难以反映疲劳损伤过程。因此,基于应力-应变滞回曲线的分析难以进行。图3-23为HRB400带肋钢筋试件空气中轴向拉伸的$S-N$曲线,试验开始前可以首先利用图中公式估算试件的疲劳寿命,但仅适用于设计阶段。因此,传统疲劳研究方法缺乏预警试件临近疲劳失效时的手段。

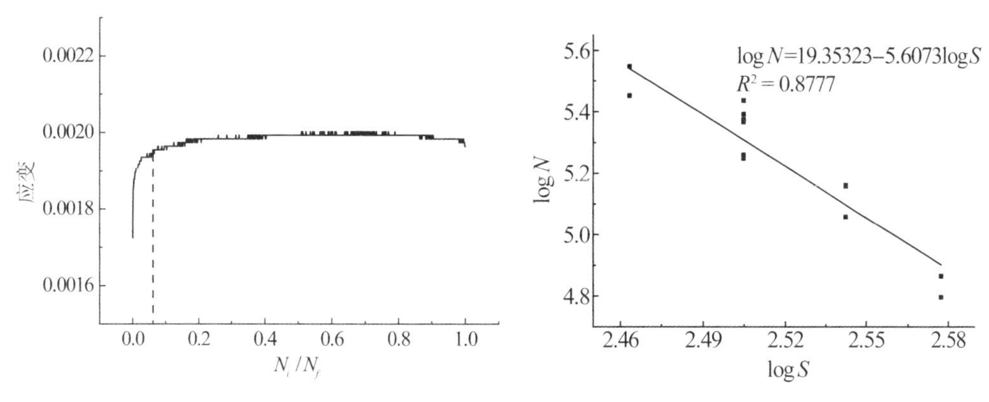

图3-22 变形钢筋循环最大应变随循环次数变化曲线

图3-23 带肋钢筋的$S-N$曲线

由图3-20~图3-21可知,变形钢筋的疲劳-压磁过程符合一般的金属疲劳三阶段规律,其表面几何尺寸等因素导致其三阶段特征没有经过特殊加工的标准试件明显,但变形钢筋的疲劳损伤过程间接反映为磁感应强度时变曲线 $B(t)$ 的演化过程，分析特征点磁感应强度变化规律和磁感应强度幅值等可以有效评估试件的损伤状态并预警疲劳失效。

对于钢筋标准试件，疲劳早期的循环应力致磁化是使磁畴壁逐渐变为平面有序状态，并且磁畴转动是可逆的[3-9]，因此，磁化状态在占据大部分疲劳寿命的第二阶段保持稳定。根据磁偶极子理论[3-10,3-11]，缺陷处的切向磁场出现极大值，法向磁场出现过零点，距离缺陷位置越远，漏磁场越小，当缺陷足够大，漏磁场就能够明显影响试件稳定的压磁状态，也就是磁信号在第三阶段的畸变。实际变形钢筋中存在非均匀应力区、非磁性夹杂、晶界和孔洞等缺陷的钉扎作用，因此使用等效钉扎系数 $k_{\text{equal},N}$ 表征变形钢筋疲劳过程中损伤的细观演变规律。$k_{\text{equal},N}$ 不仅与试件的形状、初始缺陷等有关，还会随着疲劳进程不断变化，随着位错发展至饱和，而钉扎点被逐渐克服，疲劳第一阶段结束；如果 $k_{\text{equal},N}=0$，材料将处于理想的无滞后磁化状态 M_{an}，也就不存在 $B-\sigma$ 滞回环，因此疲劳第二阶段 $k_{\text{equal},N}$ 逐渐趋近 0，即变形钢筋接近 M_{an} 状态，这一阶段的 $B-\sigma$ 滞回曲线变化很小；随着宏观裂纹不断发展，在疲劳第三阶段裂纹处的漏磁场会对压磁信号产生显著影响，此时铁磁材料的压磁信号因为裂纹产生位置的不确定性会发生不同的变化，但一般都会在这一阶段加速畸变，表现为极值比、特征点磁感应强度和 ΔB 等的加速变化现象。上述过程就是基于压磁效应的变形钢筋疲劳损伤机理。

因为实际变形钢筋的 k_N 难以确定且不适用于疲劳第三阶段，为进一步分析 $B-\sigma$ 滞回曲线，定义特征点磁感应强度变化速率为 $\mathrm{d}B/\mathrm{d}N$，类似的磁感应强度幅值变化速率为极值比变化速率 $\mathrm{d}R/\mathrm{d}N$。疲劳过程中试件 TB - F3 的磁感应强度变化速率如图 3 - 24 所示，当小于 -0.005mG 时（图中虚线与曲线交点），TB - F3 进入疲劳第三阶段，越小就越接近疲劳失效。虽然从 $B(t)$ 曲线可以直接得到特征点的变化规律，但 0.005mG 的变化量级小于磁力仪精度且容易被环境磁场波动覆盖，而大于 0.5mG 的改变量很容易识别，因此每隔几百或几千个循环统计一次可以方便评估试件的疲劳进程，通过这个方法可以实时评估变形钢筋的常幅疲劳进程，准确预警疲劳断裂。

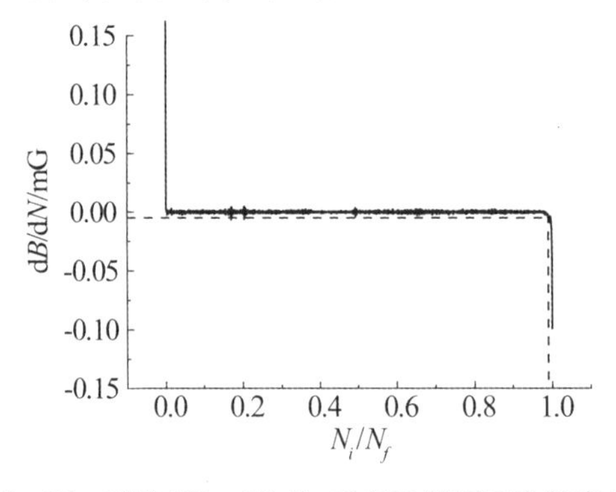

图 3 - 24　试件 TB - F3 的 $\mathrm{d}B/\mathrm{d}N$ 随循环次数变化曲线

由上述分析可知，材料的疲劳损伤反映为磁化状态的改变，记疲劳过程中特征点磁感应强度总的改变量为 B_{sum}：

$$B_{sum} = \sum_{i=1}^{N_f} |B_i - B_{i-1}| \tag{3-1}$$

B_{sum}包括了每次微观损伤导致的磁化参数改变，定义基于压磁效应特征点的变形钢筋疲劳损伤变量 D_B：

$$D_B = \frac{\sum_{i=1}^{n} |B_i - B_{i-1}|}{B_{sum}} \tag{3-2}$$

为避免环境磁场干扰导致的误差累积，每隔2000个循环统计一次特征点磁感应强度变化量，得到如图3－25所示的变形钢筋疲劳损伤 D_B 发展曲线，当 $D_B=1$ 时，试件发生疲劳断裂。由图3－35得到的（基于特征点磁感应强度）三阶段过渡点如表3－6所示。

对比图3－20和图3－21可知，疲劳第三阶段 ΔB 的畸变更明显，类似 D_B 定义基于压磁滞回曲线变化幅度的变形钢筋疲劳损伤变量 $D_{\Delta B}$，其随疲劳进程发展曲线如图3－26所示。$D_{\Delta B}$经历了第1和第2循环后迅速稳定，但在疲劳第三阶段的畸变非常明显，与图3－20吻合，当 $D_{\Delta B}=1$ 时，试件发生疲劳断裂。利用 $D_{\Delta B}$确定的第三阶段过渡点如表3－6所示。

基于已有的损伤发展规律[3-12]，循环应力水平越大，初始循环损伤也越大，但由图3－25和图3－26可知，基于压磁参数得到的初始损伤与应力水平无关，基于压磁参数的疲劳损伤变量对位置的敏感性很高，断裂位置与探头的相对位置在很大程度上影响了测量结果。

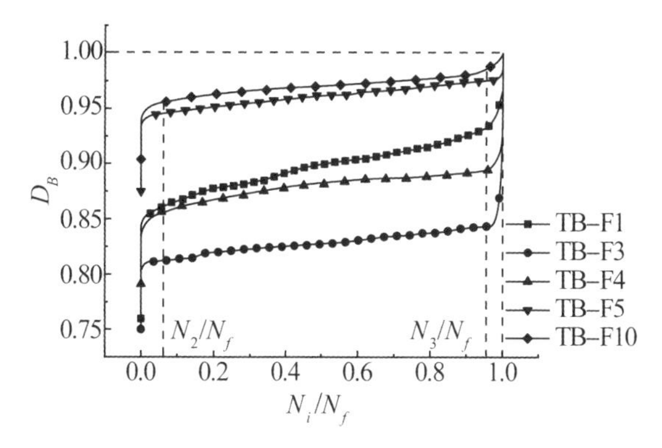

图3－25　变形钢筋疲劳损伤 D_B 发展曲线

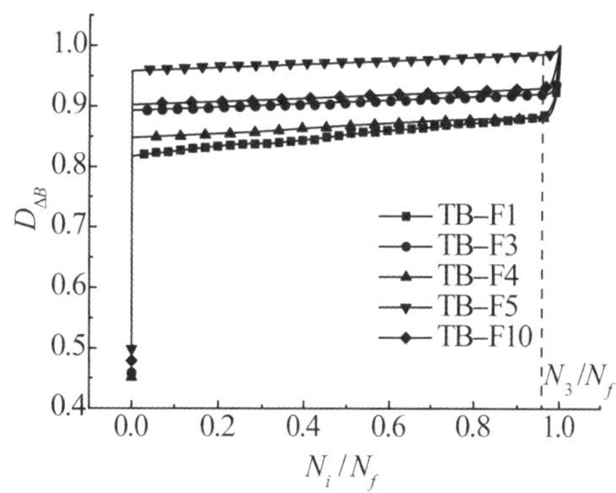

图3－26　变形钢筋疲劳损伤 $D_{\Delta B}$发展曲线

变形钢筋经疲劳循环 N_2/N_f 和 N_3/N_f 的平均值分别为2.1%和97.3%（取基于 D_B 和 $D_{\Delta B}$确定的 N_3/N_f 的均值），变形钢筋试件第一阶段寿命（$0.021N_f$）和第三阶段寿命（$0.027N_f$）基本相同，第二阶段占据绝大部分疲劳寿命（$0.952N_f$）。与标准试件相比，第一阶段和第三阶段寿命占比很小，主要是受带肋钢筋由于外形等因素影响。如果在试验过程中可以确定试件的过渡点 N_2 和 N_3，就可以大致预测试件的疲劳寿命 N_f 为 $N_2/0.021$ 或 $N_3/0.973$，即剩余疲劳寿命 N_{res} 为

$$N_{res} = 47.62N_2 - N_c \tag{3-3}$$

$$N_{\text{res}}=1.03N_3-N_c \tag{3-4}$$

式中，N_c 为试件已经历的循环次数，利用以上规律就可以初步预测疲劳构件的剩余疲劳寿命。变形钢筋试件第一和第三阶段寿命占疲劳寿命比很少，不同钢筋试件类型对寿命预测方法差别很大，需要通过大量试验确定。

表3-6　压磁场信号的三阶段占疲劳寿命百分比

试件编号	N_f	N_2/N_f	N_3/N_f（基于 D_B）	N_3/N_f（基于 $D_{\Delta B}$）
TB－F1	353586	0.039	0.962	0.956
TB－F2	283553	0.009	0.991	0.990
TB－F3	282566	0.017	0.977	0.977
TB－F4	177239	0.021	0.960	0.970
TB－F5	246489	0.012	0.990	0.989
TB－F6	236889	0.033	0.964	0.967
TB－F7	273019	0.011	0.989	0.985
TB－F9	232575	0.015	0.982	0.981
TB－F10	145077	0.031	0.937	0.951
TB－F12	143913	0.023	0.967	0.969
均值		0.021	0.972	0.974

注：TB－FB8 与 TB－F11 两条数据无效，不列入此表。

3.4　带肋钢筋疲劳损伤致磁效应的物理模型与数值分析

在地震作用的超低周疲劳工况下钢筋的疲劳寿命仅有几百次，按规范设计的钢筋混凝土构件认为变形钢筋进入屈服阶段即达到承载力极限状态。因此，一般工况下，变形钢筋承受动力荷载时名义上仍处于弹性受力状态，但是由于肋脚应力集中和内部初始缺陷导致的局部应力集中与塑性变形会很大程度上影响疲劳作用下变形钢筋的压磁效应：①为提高钢筋混凝土界面粘结能力加工的钢筋肋导致外形复杂和肋脚应力集中；②建筑用钢的质量控制相对较差，材料内部有许多内含物和瑕疵；③低碳钢和低合金钢的成分复杂，晶粒边界和内部合金成分起伏等。以上这些因素都导致变形钢筋的压磁信号相比理想的铁磁材料存在一定差别，需要建立疲劳作用下变形钢筋的磁机械效应模型。

在外磁场 H 作用下，定义 M_N 为第 N 个循环的应力致磁化强度，第 N 个循环的有效场和磁化强度为：

$$H_{\text{eff}}(N)=H+\alpha M_N+\frac{3\sigma}{\mu_0}[(\gamma_1+\gamma'_1\sigma)M_N+2(\gamma_2+\gamma'_2\sigma)M_N^3] \tag{3-5}$$

$$M_N=M_s\left[\coth\left(\frac{H_{\text{eff}}}{a}\right)-\frac{a}{H_{\text{eff}}}\right]-k_N\delta\left(\frac{\mathrm{d}M_N}{\mathrm{d}H_{\text{eff}}}\right) \tag{3-6}$$

式中，k_N 为第 N 个循环的钉扎系数，表征第 N 个循环的磁化状态到 M_{an} 的钉扎阻力，当克服所有的钉扎点，即 $k_N=0$，材料将处于理想的无滞后磁化状态 M_{an}。虽然 k_N 会随着应力和循环进程不断变化，但在单个应力循环中可认为是常数[3-13]，因此可以得到简化的疲劳作用下变形钢筋的压磁效应模型：

$$\frac{\mathrm{d}M_N}{\mathrm{d}\sigma}=\frac{\dfrac{3(M_{an}-M_N)}{\mu_0}[(\gamma_1+2\gamma'_1\sigma)M_N+2(\gamma_2+2\gamma'_2\sigma)M_N^3]}{\dfrac{k_N\delta}{\mu_0}-(M_{an}-M_N)\left\{\alpha+\dfrac{3\sigma[(\gamma_1+\gamma'_1\sigma)+6(\gamma_2+\gamma'_2\sigma)M_N^2]}{\mu_0}\right\}} \tag{3-7}$$

弹性状态下，硬化应力 $\sigma_F=0$，由式(2-23)得到的位错密度在弹性阶段保持为 $\rho_{d,0}$，但实际变形钢筋中存在的非均匀应力区、非磁性夹杂、晶界和孔洞等缺陷也有类似位错的钉扎作用，假设这些等效的初始位错 $\rho_{d,0}$ 会随着循环次数 N 不断变化。根据位错塞积理论，位错在材料内部不断运动，一个微滑移系统单位体积内位错塞积的储积率为[3-14]

$$\frac{\mathrm{d}l}{\mathrm{d}t}=\rho_d\upsilon s-\kappa l \tag{3-8}$$

式中，l 为当前位错塞积密度，υ 为位错平均滑移速度，s（约等于 b）为滑移带宽度，κ 为平均攀移速度。对于常温下的疲劳试验，忽略材料蠕变和温度变化（$\kappa=0$），并对上式两边积分可得

$$l=\rho_d s\bar{\lambda} \tag{3-9}$$

式中，$\bar{\lambda}$ 为位错的平均滑移。初始钉扎点密度为 n_0，k_N 的钉扎点密度为 n_N，则

$$n_N\propto(n_0+\rho_d b\bar{\lambda}) \tag{3-10}$$

$$k_{\mathrm{equal},N}=n_N B_N=\alpha_R\mu_0[n_{R,0}+\rho_d(N)b\bar{\lambda}]M_N \tag{3-11}$$

式中，$k_{\mathrm{equal},N}$ 为等效钉扎系数，α_R 为与变形钢筋有关的系数，$n_{R,0}$ 为与变形钢筋初始缺陷等效的平均钉扎点密度，$\rho_d(N)$ 和 $H_{\mathrm{eff}}(N)$ 分别为第 N 个循环的位错密度和有效场。式(3-11)即为变形钢筋疲劳过程中位错对压磁效应的影响。等效钉扎系数 $k_{\mathrm{equal},N}$ 代替 k_N，$k_{\mathrm{equal},N}$ 随循环进程不断变化，不再是常数，联立式(3-5)、式(3-6)和式(3-11)即可得到基于位错理论的变形钢筋压磁效应模型，参考文献[3-15,3-16]，模型参数为：$\gamma_1=7.0\times10^{-8}\ \mathrm{A^{-2}m^2}$，$\gamma'_1=-1.0\times10^{-25}\ \mathrm{A^{-2}m^2Pa^{-1}}$，$\gamma_2=-3.3\times10^{-30}\ \mathrm{A^{-4}m^2}$，$\gamma'_2=2.1\times10^{-38}\ \mathrm{A^{-4}m^4Pa^{-1}}$，其他参数为：$E=210\mathrm{GPa}$，$\xi=2000\mathrm{Pa}$，$M_s=1.7\times10^6\mathrm{Am^{-1}}$，$\alpha=1.0\times10^{-3}\mathrm{Am^{-1}}$，$a=1.0\times10^3\mathrm{Am^{-1}}$，$c=0.1$，当 $k_{\mathrm{equal},N}$ 分别取1、4和8时，磁化强度随应力变化曲线如图3-27所示。

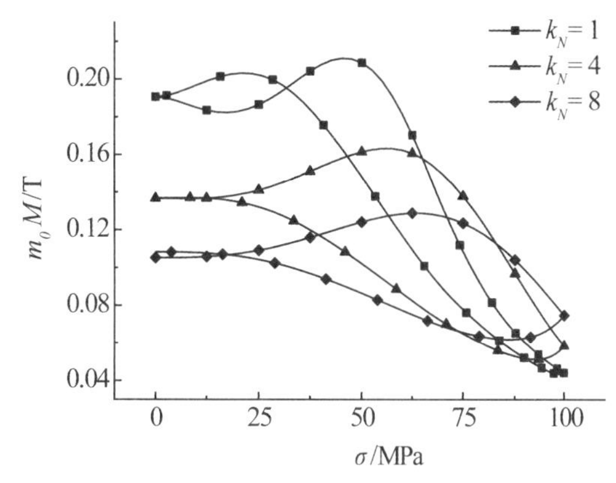

图3-27　疲劳过程中磁化强度随应力变化曲线

可以看出,即使试件名义上处于弹性阶段,但由于疲劳过程中位错的影响,$\mu_0 M_N - \sigma$ 滞回曲线的差别也很大,相比形态单调的 $\sigma - \varepsilon$ 滞回曲线,可以反映出更多的疲劳损伤相关信息。

参考文献

[3-1] 卢树圣,陈国才. 国产 T20MnSiφ16 螺纹钢筋的疲劳试验研究. 铁道科学与工程学报,1990,1:91-97.

[3-2] 李秀芬,吴佩刚. 变形钢筋疲劳性能的实验研究. 工程力学,1997,A02:349-356.

[3-3] ACI COMMITTEE 215. Considerations for design of concrete structure subjected to fatigue loading. Journal of American Concrete Institute,1974,1(3):97-121.

[3-4] HANSON J M. Design for fatigue. Handbook of structure concrete. London: Piterman Publishing INC(incorporate),1983,(16):1-35.

[3-5] 曾志斌,李之榕. 普通混凝土梁用钢筋的疲劳 $S-N$ 曲线研究. 土木工程学报,1999,32(5):10-14.

[3-6] 张耀庭,赵璧归,李瑞鸽,等. HRB400 钢筋单调拉伸及低周疲劳性能试验研究. 工程力学,2016,33(4):121-129.

[3-7] 金伟良,张军,陈才生,等. 基于压磁效应的钢筋混凝土疲劳研究新方法. 建筑结构学报,2016,37(4):133-142.

[3-8] 金伟良,周峥栋,张军,等. 基于动态压磁的锈蚀钢筋疲劳特性的试验研究. 浙江大学学报(工学版),2017,51(2):23-29.

[3-9] JILES D C,THOELKE J B,DEVINE M K. Numerical determination of hysteresis parameters for the modeling of magnetic properties using the theory of ferromagnetic hysteresis. IEEE Transactions on Magnetics,1992,28(1):27-35.

[3-10] 徐章遂,徐英,王建斌,等. 裂纹漏磁定量检测原理与应用. 北京:国防工业出版社,2005.

[3-11] DONG L H,XU B S,DONG S Y,et al. Monitoring fatigue crack propagation of ferromagnetic materials with spontaneous abnormal magnetic signals. International Journal of Fatigue,2008,30(9):1599-1605.

[3-12] 余寿文,冯西桥. 损伤力学. 北京:清华大学出版社,1997.

[3-13] SABLIK M J. Modeling the effect of grain size and dislocation density on hysteretic magnetic properties in steels. Journal of Applied Physics, 2001, 89 (10): 5610-5613.

[3-14] 吴犀甲. 金属材料寿命的演变过程. 合肥:中国科学技术大学出版社,2009.

[3-15] BIRSS R R,FAUNCE C A,ISAAC E D. Magnetomechanical effects in iron and iron -

carbon alloys. Journal of Physics D Applied Physics, 1971, 4(7): 1040 - 1048.

[3 - 16] KURUZAR M E, CULLITY B D. The magnetostriction of iron under tensile and compressive stress. Int J Magn, 1971, 1: 323 - 325.

第4章　钢筋混凝土梁的疲劳与磁效应演化

4.1　引　言

由于钢筋混凝土结构的疲劳性能和疲劳应力十分复杂,建立精确的理论分析模型几乎不可能。疲劳试验是研究混凝土结构疲劳性能最主要的手段,寻找一个可以有效且能可靠识别混凝土结构疲劳损伤的无损检测方法就显得至关重要。基于应力(幅)、挠度、刚度、裂缝宽度等的研究[4-1,4-2,4-3,4-4,4-5]难以解释钢筋混凝土构件的疲劳损伤机理,一些无损检测方法应用于钢筋混凝土结构时也存在一些问题,如:Chung 等[4-6]利用超声波脉冲技术精确确定硬化混凝土内深层空隙或蜂窝状斑块,但是混凝土由不同刚度的材料组成,会导致超声波的不均匀反映;Labuz 等[4-7]通过声发射源定位技术跟踪监测混凝土裂纹的开裂和发展;Yuyama 等[4-8]利用声发射技术研究了混凝土材料在变幅循环加载条件下的动态力学性能,但疲劳裂纹的张开和闭合会压碎裂缝中松散的沙粒,通过这种噪声来判断结构的损伤状态是不合理的。

钢筋混凝土构件的疲劳不仅与钢筋有关,还与钢筋混凝土粘结性能等有关。在往复荷载作用下,裂缝产生和发展及钢筋混凝土界面的粘结滑移等因素导致构件的应力重分布,相同条件的构件会产生不同的应力重分布和破坏模型,压磁信号对钢筋应力的变化非常敏感,而且测量钢筋的压磁场变化不需要磁化装置,磁场测量仪器体积小、操作方便,重复性与可靠性好,适合现场作业,因此非常适合用于钢筋混凝土梁的疲劳试验研究[4-9]。

通过钢筋混凝土梁的常幅疲劳试验,测量了混凝土梁纵筋的压磁信号及南北弯剪段压磁信号来研究钢筋混凝土构件的弯曲疲劳和剪切疲劳性能,并分析了钢筋混凝土构件的弯曲疲劳和剪切疲劳损伤机理,定义了基于压磁信号特征点的疲劳损伤变量并建立了基于压磁参数的钢筋疲劳失效准则和寿命预测方法。利用钢筋的压磁效应来评估钢筋混凝土结构的疲劳弯曲性能和剪切性能的方法非常有效,可以发展为一种新的无损检测技术,为压磁技术在疲劳损伤领域的发展与工程应用提供依据。

4.2　钢筋混凝土梁弯曲疲劳与磁效应

4.2.1　试验设计

采用设计强度为C30的普通混凝土，混凝土配合比及力学性能如表4－1所示，HRB400带肋钢筋力学性能及化学成分与第3章相同。

表4－1　混凝土配合比及力学性能

水灰比	材料组分/kg · m^{-3}				砂率/%	轴心抗压强度f_c/MPa
	水泥	水	砂	石		
0.49	449	220	606	1125	35	36.02

试验梁具体尺寸如图4－1所示，钢筋混凝土梁共8根，采用木模板浇注，试件成型2天后拆模，常温下洒水养护28天，空气中放置3个月后进行试验(图4－2)。

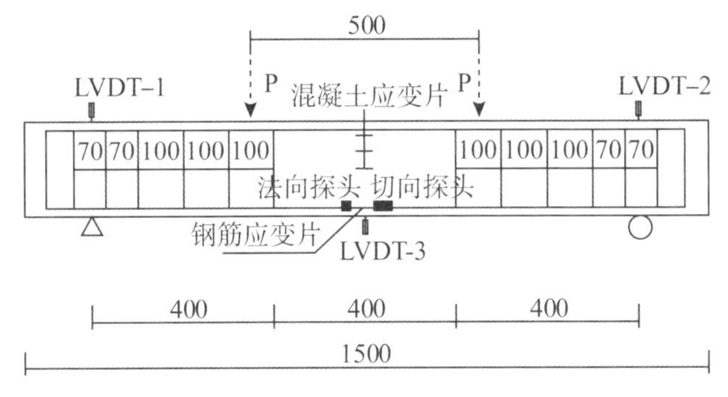

图4－1　钢筋混凝土梁尺寸

图4－2　试件制作及养护

采用如图4－3所示的PMW800电液式脉动疲劳试验加载系统进行钢筋混凝土梁受弯试件的静载和疲劳试验。采用中宇环泰公司的model 191A三维磁通门式磁力仪测量各区域的磁场信号，磁探头与纵筋中心线平行，距梁表面10mm，距钢筋表面为33mm，分别测量钢筋的法向磁信号B_n和切向磁信号B_t。使用DH5922动态数据采集仪同步采集混凝土应变、钢筋应变、跨中挠度及磁信号，采集频率为200Hz。试件及传感器布置安装如图4－4所示，采用四点三分段加载。

图4－3　PMW800疲劳试验机

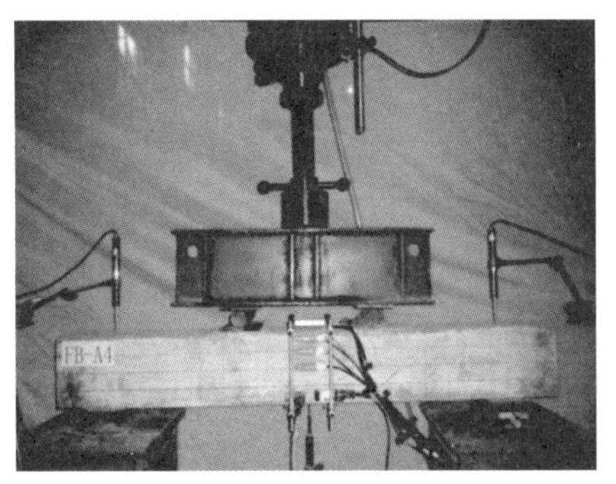

图4－4　钢筋混凝土梁及传感器安装

4.2.2 试验加载参数及结果

钢筋混凝土梁试件 FB－S 静载实验测得的极限抗弯承载力 $M_u = 23.8\text{kN} \cdot \text{m}$，实验力 $F_u = 2P_u = 136\text{kN}$；表4－2是试验加载参数及结果，对于服役期内钢筋混凝土简支桥梁，一般车辆荷载达到极限承载力的41%～62%[4-10]。因此，疲劳上限分别取为0.6和0.75，FB－B6和FB－B7试件疲劳下限取为0.2，其余试件为0.1。

表4－2　试验加载参数及结果

试件编号	S_{max}	S_{min}	$\Delta\sigma$/MPa	应力比	疲劳寿命 N_f
FB－B1	0.75	0.1	279.85	0.133	153437
FB－B2	0.75	0.1	279.85	0.133	170406
FB－B3	0.6	0.1	215.27	0.167	461630
FB－B4	0.6	0.1	215.27	0.167	477151
FB－B5	0.75	0.1	279.85	0.133	143253
FB－B6	0.6	0.2	172.21	0.333	827806
FB－B7	0.6	0.2	172.21	0.333	917816

注：表中钢筋应力计算方法参考文献[4－11]。

4.2.4 试验结果分析

1. *拟动力加卸载*

纵筋应力沿混凝土梁长度方向分布不均匀，因此，用荷载 $F = 2P$ 作横坐标，FB－B1梁第1～2循环法向磁感应强度 B_n 和切向磁感应强度 B_t 随荷载 F 变化曲线如图4－5和图4－6所示。试件的计算开裂荷载 $F_{cr} = 29.8\text{kN}$，开裂前假设受拉边缘混凝土处于开裂极限状态，计算得到钢筋应力约为14MPa，开裂后受拉区混凝土退出工作，计算得到此时钢筋应力约为114MPa，试件开裂前后钢筋应力会产生突变。由磁机械效应理论分析和带肋钢筋疲劳压磁试验结果可知，弹性阶段钢筋的磁信号对应力变化非常敏感，第1循环从荷载0kN增加至30kN的过程中，根据图3－6带肋钢筋试验结果，此时的 B_n 应增加7～9mG，但图4－5和图4－6显示的 B_t 和 B_n 基本没有变化，这是因为混凝土的压磁信号虽然可以忽略，但混凝土未开裂时几乎完全阻隔了钢筋的磁信号。

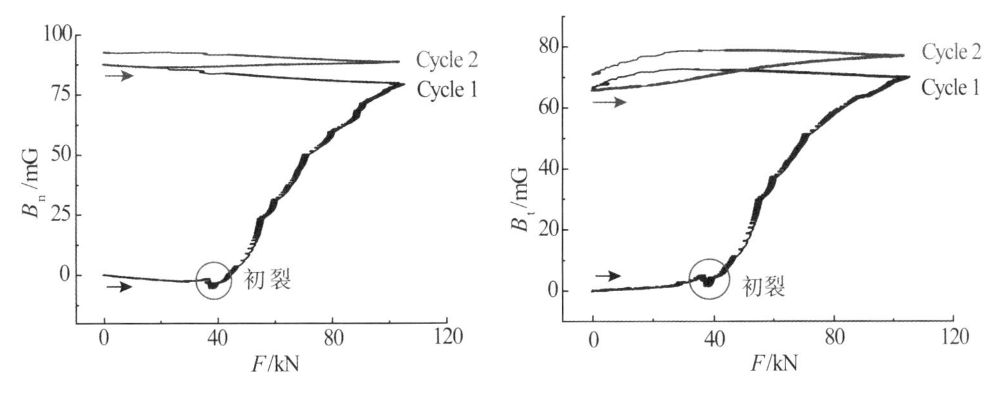

图 4 - 5　FB - B1 梁 $B_n - F$ 曲线，$N = 1 \sim 2$　　**图 4 - 6　FB - B1 梁 $B_t - F$ 曲线，$N = 1 \sim 2$**

试件静载破坏试验测得的初裂荷载 $F_{cr} = 32.8$kN，试件 FB - B1 初裂时 F_{cr} 在 30 ~ 40kN 之间，由图 4 - 5 和图 4 - 6 可知，在第一条裂缝出现过程中，由于钢筋应力的突变，B_t 和 B_n 也均产生突变。选取 FB - B1 初裂过程中的时变数据，即图 4 - 7 所示的 $B_t(t)$、$B_n(t)$ 和 $F(t)$ 时变曲线，可以看到，试验力从 30kN 增加到 40kN 的过程中，$F(t)$ 曲线是光滑变化的，而 B_t 首先增加到 4.9mG，然后不规则地减小至 1.5mG，B_n 增加到 -1.5mG 后又不规则地减小至 -5.5mG。试件开裂后，B_t 和 B_n 随荷载增加迅速变化，对比图 3 - 6 可知，试件开裂后虽然混凝土对磁信号仍有一定的阻隔作用，但 APS 428D 磁通仪已经可以测得非常明显的钢筋压磁信号。图 4 - 5 和图 4 - 6 显示，第 1 次循环的加载过程中 $B - F$ 曲线很不光滑，说明随着 FB - B1 梁的裂缝不断扩展，钢筋应力突变导致压磁信号也产生突变，FB - B2 ~ B7 梁也都有类似现象。

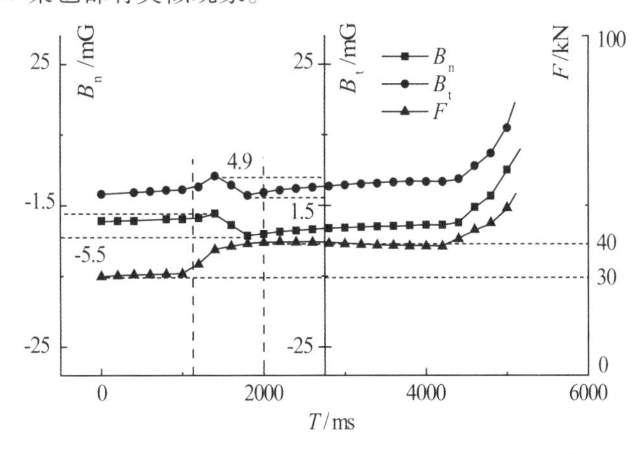

图 4 - 7　FB - B1 梁初裂时的 $B_t(t)$、$B_n(t)$ 和 $F(t)$ 曲线

此外，第 1 次循环加载产生了很大的不可逆磁化，FB - B1 梁卸载至 0kN 的法向和切向不可逆磁感应强度 B_{irr} 分别为 87.6mG 和 65.8mG，第 2 次循环结束时为 92.5mG 和 70.6mG，分别增加了 4.9mG 和 4.8mG，符合钢筋疲劳 - 压磁信号变化的接近规律。

综合以上分析，钢筋混凝土梁初裂过程中跨中纵向钢筋的应力沿梁长度方向产生重分布，第 1 次循环的 $B_n - F$ 曲线和 $B_t - F$ 曲线直观地显示了压磁信号与试验力的复杂关系，随着裂缝开展钢筋的应力持续重分布，$B_t(t)$ 和 $B_n(t)$ 曲线完整地记录了这个过程，说明压磁信号对钢筋受力状态的改变非常敏感。

2. 压磁信号时变曲线与压磁滞回曲线

挠度、应变、压磁信号、力等信号的采集是以时间为轴的，所以讨论其随时间的变化及相互间的对应关系，对分析疲劳实验进行时的疲劳损伤渐进过程非常直观，图 4-8 是 FB-B4 梁的第 1000～1020 次循环 $F-\varepsilon$ 滞回曲线与 $B_t-\varepsilon$ 滞回曲线。

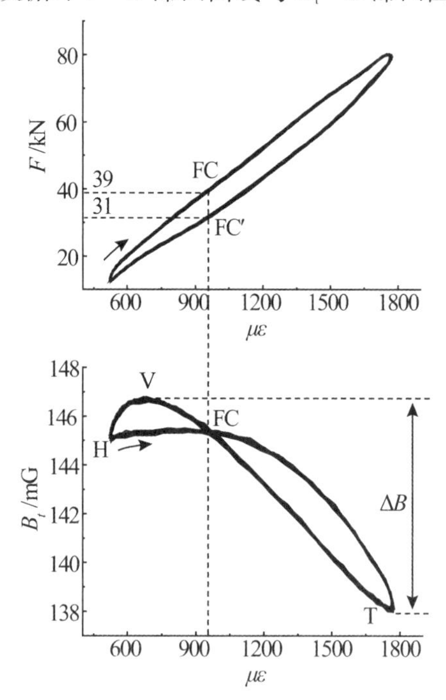

图 4-8　FB-B4 的 $F-\varepsilon$ 曲线与 $B_t-\varepsilon$ 曲线，$N=1000\sim1020$

由图 4-8 可以看到，$B_t-\varepsilon$ 曲线的交点 FC 对应的加载阶段 FC 为 39kN，卸载阶段 FC′为 31kN，而 FB-B4 梁的初裂荷载就在这一范围。第 1 循环和第 2 循环时交点并未出现，在疲劳试验机加载振幅逐渐增大至设计值过程中，这个交点从 $B-\varepsilon$ 滞回线的尾部 T 点（Tail reversal）逐渐移动至这一范围并保持在 30～40kN，卸载阶段磁感应强度在裂缝闭合后出现极值点 V，磁感应强度为 146.7mG。

图 4-9 为沿时间轴展开的 $B_t(t)$、$B_n(t)$ 和 $F(t)$ 曲线。由于裂缝闭合时混凝土对磁信号的阻隔作用，在荷载较小时（H 与 FC 点之间）切向和法向磁信号均变化不大，F 小于初裂荷载（31～39kN）时，B_t 仅增加了约 0.3mG，B_n 降低了约 0.5mG；随着 F 继续增大，裂缝张开，B_t 和 B_n 都迅速减小，达到最大应力水平时，磁感应强度出现极小值 T；卸载过程中，磁感应强度迅速增大，形成尾部的滞回环，卸载至 31kN 时到达交点 FC′，继续卸载，出现极大值点 V。第 1001 循环结束时的切向和法向 B_{irr} 分别为 145.3mG 和 105.6mG。

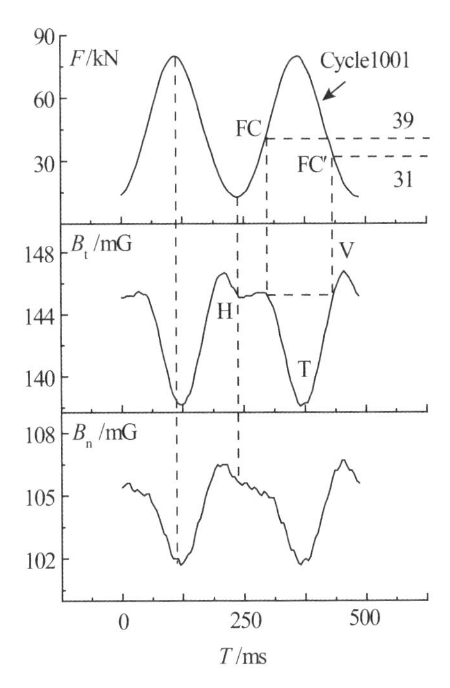

图 4－9　FB－B4 的 $B_t(t)$、$B_n(t)$ 和 $F(t)$ 曲线，$N=1001$

图 4－10 为第 1000 循环与第 474000 循环的 $B_t(t)$ 曲线对比，即疲劳开始阶段与邻近破坏阶段的对比。可以看到，切向不可逆磁化从 145.1mG 增加至 149.3mG，增加了 4.2mG，V 点与 H 点之间的差值从 1.6mG 减小为 0.6mG，磁感应强度变化幅值 ΔB 分为 8.7mG 和 10.8mG，增加了 2.1mG。

图 4－11 是试件 FB－B4 第 1000、99540、242650 和 475000 循环的 B_t-F 滞回曲线对比，因为疲劳后期钢筋应变片损坏，所以没有采用 $B-\varepsilon$ 曲线。H 点 B_t 分别为145.3mG、148.8mG、149.9mG、149.2mG，T 点 B_t 分别为 138.1mG、141.1mG、141.4mG、138.6mG。第 99540 循环 H 和 T 点的 B_t 分别比第 1000 循环增加了 3.5mG 和 3mG，但与第 242650 循环相差不大，仅相差 1.1mG 和 0.3mG，可以看到，随着疲劳循环次数增加，不可逆磁化不断增加，但增幅越来越小。第二阶段的滞回曲线变化较小，处于稳定的损伤累积阶段；在最终破坏阶段，因为钢筋宏观裂纹扩漏磁场影响，第 475000 循环的 H 点和 T 点的磁感应强度又开始降低，分别比第 242650 循环降低了 1.0mG 和 2.8mG；头部滞回环明显变得狭窄。

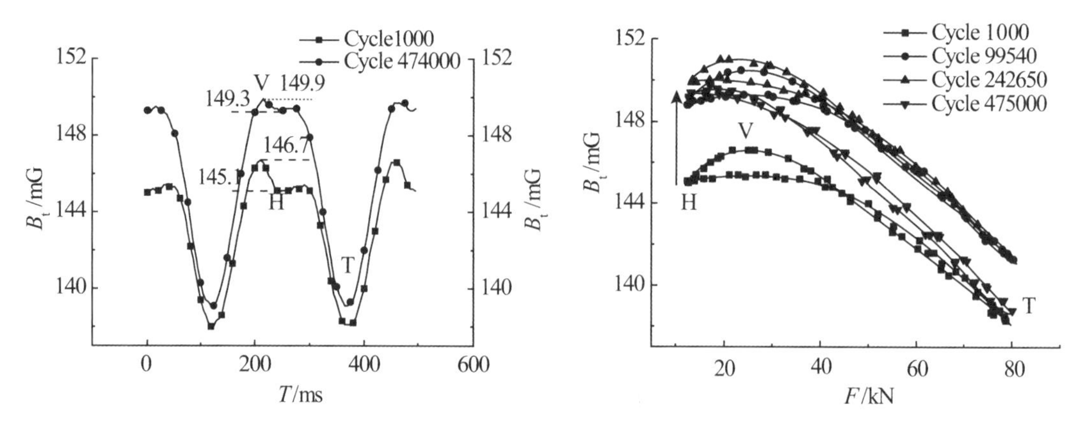

图 4－10　FB－B4 不同循环次数的 $B_t(t)$ 曲线对比　　图 4－11　FB－B4 不同疲劳阶段的 B_t-F 滞回曲线

已有研究表明[4－12,4－13]，循环加载中钢筋混凝土梁的挠度、刚度以及混凝土应变等变化符合疲劳三阶段规律。图 4－12 是不同荷载水平混凝土梁的压磁滞回曲线特征点随疲劳进程的变化曲线。图 4－13 是磁感应强度变化幅度 ΔB 随疲劳进程的变化曲线，与带肋钢筋轴向拉伸疲劳－压磁试验结果类似，第 1 循环热轧钢筋未经历过应力磁化，因此变化幅度 $\Delta B(1)$ 都很大，在第一阶段和第三阶段磁信号变化明显，在第二阶段保持稳定。钢筋混凝土梁的压磁信号变化规律也符合疲劳三阶段特征，第三阶段压磁信号的加速变化说明梁即将发生疲劳断裂。值得注意的是，疲劳第一阶段的特征点磁感应强度和压磁信号变化幅值都不稳定，与预设缺口试件相比，占据了较多的疲劳寿命，说明钢筋沿长度方向的应力状态在第一阶段持续变化。

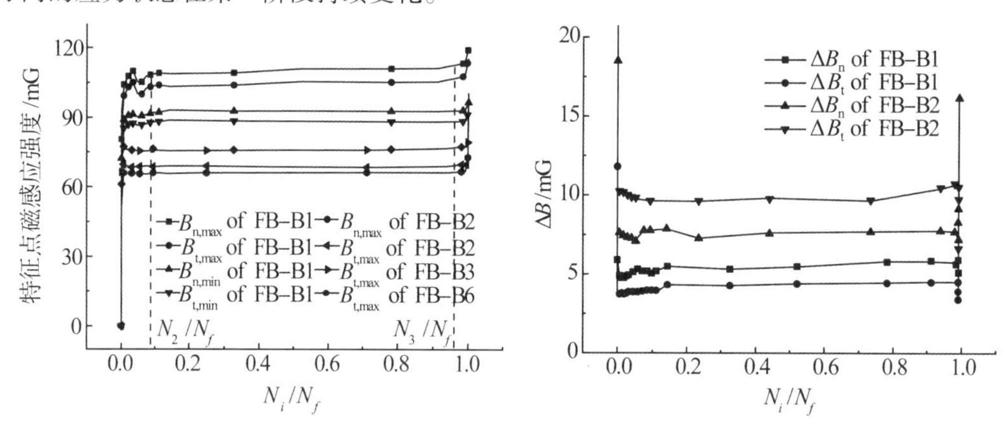

图 4－12　压磁信号特征点随疲劳进程的变化曲线　　图 4－13　FB－B1 的 ΔB 随循环进程变化的曲线

3. 钢筋混凝土梁疲劳破坏形态与 ΔB 的关系

钢筋混凝土受弯梁等幅疲劳破坏过程分析：

FB－B1 破坏形态分析：该梁疲劳上限与力幅较大，穿过剪切裂缝的 No. 1 纵筋疲劳断裂，如图 4－14(a) 所示。由于在循环加载前进行了两次拟动力加卸载，梁正/斜截面裂缝均已发展至一定的程度。疲劳加载初期，纯弯段竖向裂缝沿梁高度方向缓慢扩展至一定程度后基本保持不变;斜裂缝由梁底部靠近支座处迅速扩展至梁顶部加载位置,裂缝宽度也迅速增加。斜裂缝快速扩展至一定程度后导致该梁的内承载性能类似桁架,斜裂缝处的纵筋拉应力增加,受到多级疲劳试验,最终疲劳断裂。

FB-B2 破坏形态分析:虽然试验参数与 FB-B1 相同,但该梁正截面 No.2 纵筋断裂,发生受弯破坏,如图4-14(b)所示。该梁疲劳加载前中期的正/斜裂缝开展情况类似 FB-B1,但在疲劳中后期,No.2 纵筋一侧正裂缝扩展加速,最终发生疲劳断裂。

FB-B3 和 FB-B5 破坏形态分析:均为受弯破坏,如图4-14(c)和图4-14(e)所示。经历前两次拟动力加卸载后,梁正/斜截面裂缝均已出现但裂缝宽度较小,随着循环加载进程,正/斜截面裂缝发展缓慢。在疲劳最后阶段,图示正截面裂缝宽度迅速增加,纵筋断裂,顶部混凝土压碎。

FB-B4 和 FB-B7 破坏形态分析:虽然循环加载参数不同,但3个试件的破坏形态和破坏过程高度相似,都是穿过剪切裂缝的两根纵向钢筋发生断裂,如图4-14(d)和图4-14(g)所示。整个疲劳加载过程中,正裂缝宽度和扩展高度都基本保持不变,而处于弯剪区的裂缝由梁底部倾斜扩展至梁顶部加载位置,裂缝宽度也迅速增加。与 FB-B1 类似,内承载的桁架作用使弯剪裂缝处的纵筋受力增大,发生疲劳断裂。

FB-B6 破坏形态分析:虽然应力幅和平均应力均较小,该梁的裂缝发展过程和 FB-B1 相似,不仅 No.2 纵筋断裂,而且 No.2 纵筋一侧的箍筋发生断裂,斜裂缝顶部混凝土压碎,如图4-14(f)所示。

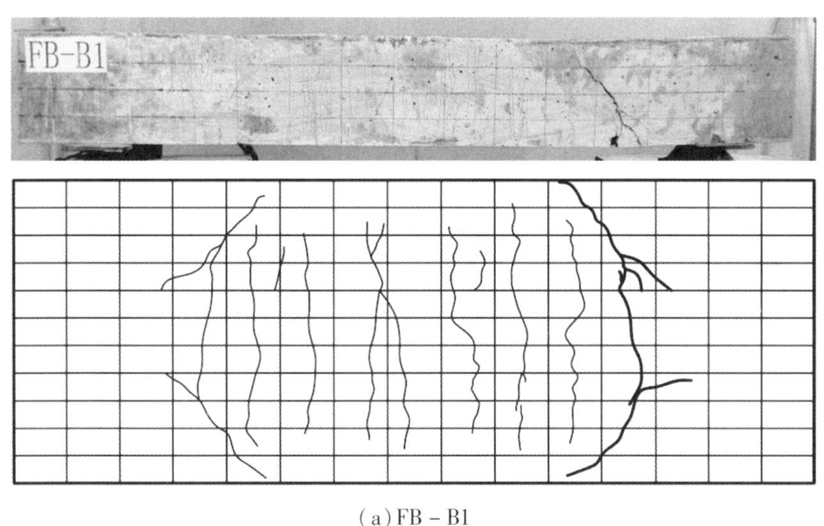

(a)FB-B1

图4-14　钢筋混凝土梁疲劳破坏形态及疲劳破坏时裂缝分布

注:图中的网格是按“正面—底面—反面”的顺序由下向上展开。

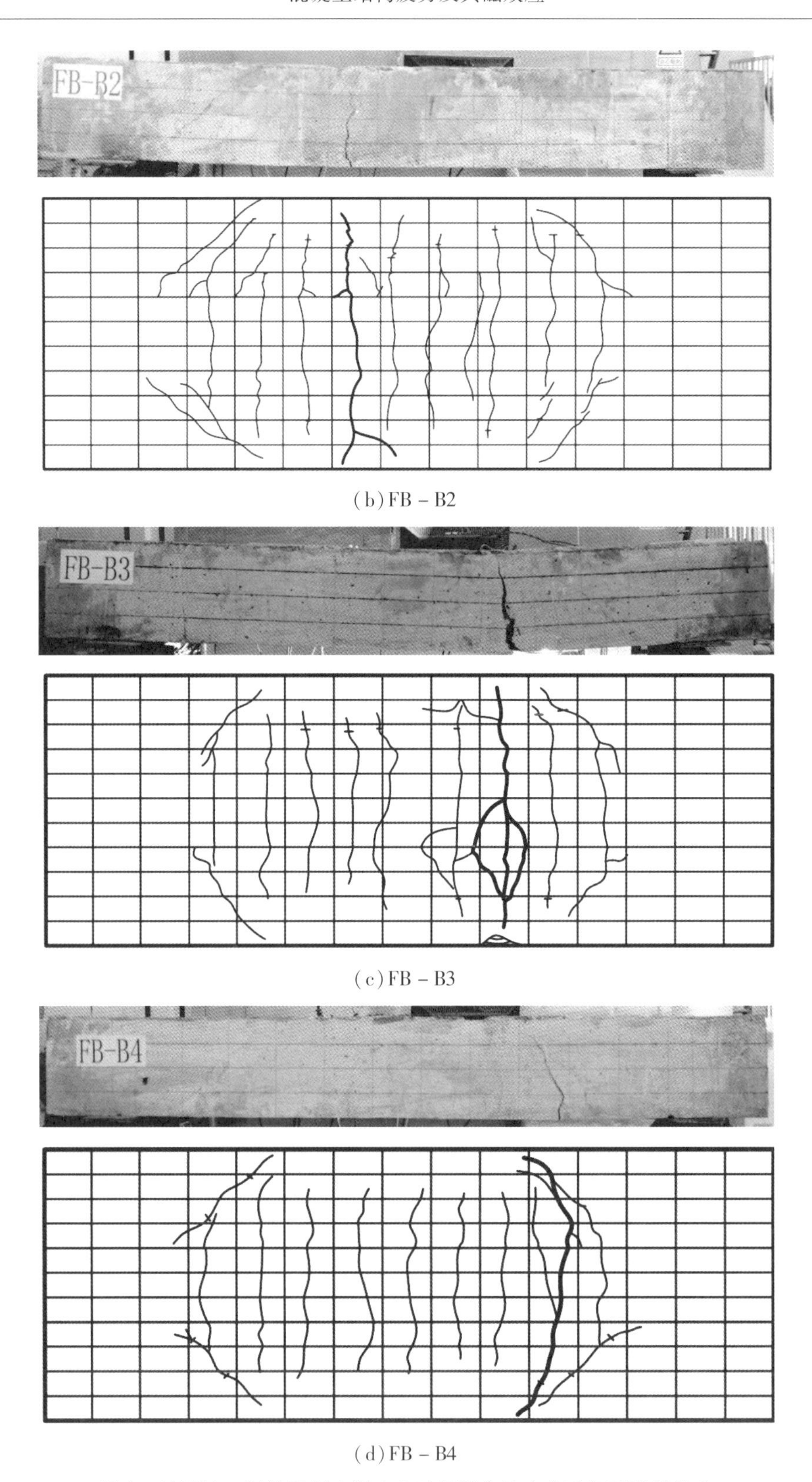

(b) FB－B2

(c) FB－B3

(d) FB－B4

图 4－14(续)　钢筋混凝土梁疲劳破坏形态及疲劳破坏时裂缝分布

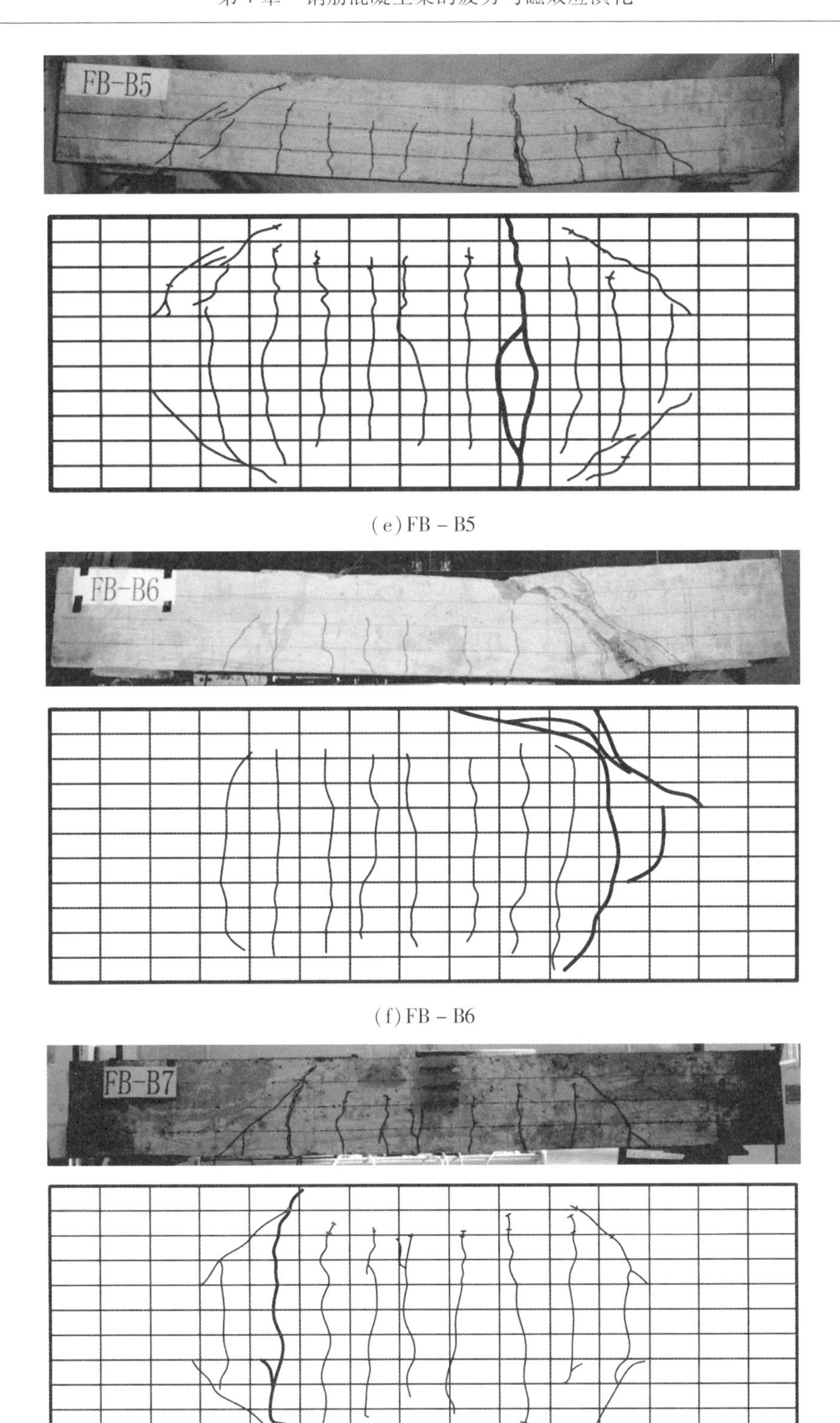

(e) FB－B5

(f) FB－B6

(g) FB－B7

图4－14(续)　钢筋混凝土梁疲劳破坏形态及疲劳破坏时裂缝分布

由上述分析可知，即使是按静载设计的钢筋混凝土适筋梁，相同加载条件下的疲劳破坏模式也是不确定的，循环加载过程使构件产生不同的应力重分布和破坏模型，采用应变、刚度、裂缝宽度等指标很难准确评估构件的破坏模式。表 4－3 列出了 7 个试件第二阶段的法向压磁信号变化幅值 ΔB_n 和切向压磁信号变化幅值 ΔB_t，D_f 为纵筋疲劳断裂位置和梁纵向中心线的距离。根据图 4－1，当 $D_f=250$mm 时，属于疲劳弯曲破坏；当250mm $<D_f<600$mm 时，属于疲劳剪切破坏。

表 4－3　ΔB 和 D_f 的关系

试件编号	破坏形态	断裂纵筋	D_f/mm	B_t/mG	B_n/mG
FB－B1	穿过剪切裂缝的纵向钢筋疲劳断裂	No. 1	420～425	3～4.7	4.7～6
FB－B2	正截面纵筋疲劳断裂	No. 2	95～105	9～11	7～8
FB－B3	正截面纵筋疲劳断裂	No. 2	190～200	18～20	2.5～3.4
FB－B4	穿过剪切裂缝的纵向钢筋疲劳断裂	No. 1/No. 2	300～320	9～13	5.4～6
FB－B5	穿过剪切裂缝的纵向钢筋疲劳断裂	No. 1/No. 2	200～220	30～33	8～11
FB－B6	混凝土剪压破坏，箍筋和纵筋均断裂	No. 2	360～390	17～20	2～4
FB－B7	穿过剪切裂缝的纵向钢筋疲劳断裂	No. 1/No. 2	280～300	9～12	3～5

从表 4－3 可知，试件 FB－B1 断裂纵筋为 No. 1 且 $D_f>400$mm，No. 2 纵筋的 ΔB_n 和 ΔB_t 都很小且相差不大；110mm $<D_f<400$mm 时，ΔB_t 很大，是 ΔB_n 的 2～7 倍，说明切向的压磁信号远比法向信号强；试件 FB－B2 断裂纵筋为 No. 2 且 $D_f<110$mm 时，ΔB_n 和 ΔB_t 相差不大，并且数值较大。根据上述规律，分布式布置多个磁探头监测钢筋混凝土构件的压磁信号，比较疲劳前期的 ΔB_n 和 ΔB_t 就能初步判断钢筋混凝土梁纵筋的疲劳失效位置，从而判断出可能的失效模式。

4.2.5　钢筋混凝土梁的疲劳损伤与寿命预测

1. 钢筋混凝土梁疲劳损伤机理

同金属疲劳三阶段规律类似，钢筋混凝土梁的疲劳也呈三阶段特征，图 4－15 显示了 FB－B1 梁的挠度和 FB－B2 梁的混凝土压应变随循环进程变化的三阶段特征。图 4－16 为空气钢筋轴拉疲劳 $S-N$ 曲线，和钢筋混凝土梁试验得到的钢筋 $S-N$ 曲线比较，可明显看到，相同的循环应力幅下，混凝土构件中钢筋的疲劳寿命远低于空气中轴拉钢筋的疲劳寿命，虽然都符合疲劳三阶段规律，但是钢筋混凝土构件中钢筋的疲劳损伤机理与空气中轴拉钢筋的疲劳损伤机理完全不同。由于钢筋混凝土结构的疲劳与钢筋疲劳性能、钢筋混凝土界面疲劳性能以及裂缝发展导致的应力重分布有关，采用应变、刚度、裂缝宽度等各项损伤指标很难揭示钢筋混凝土结构微观的疲劳损伤机理。

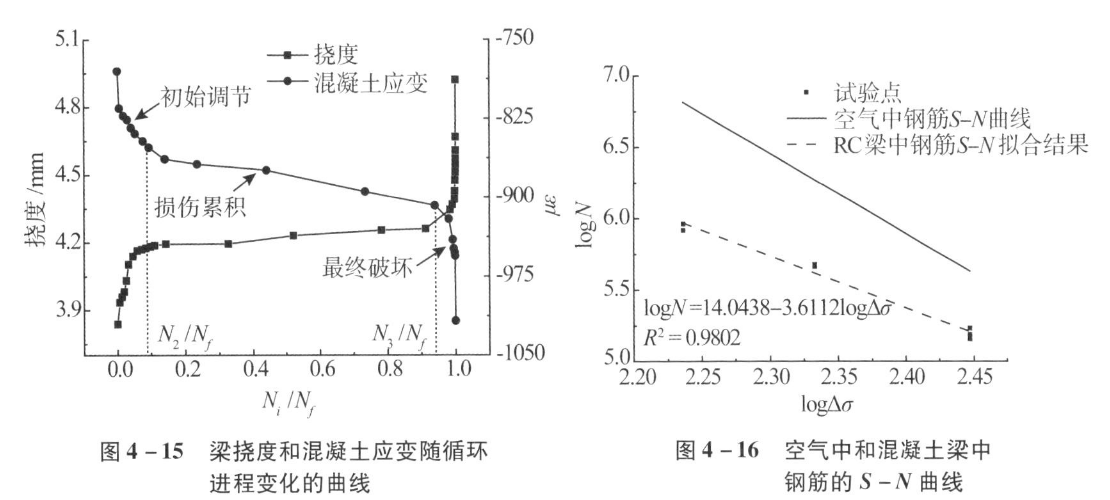

图 4－15　梁挠度和混凝土应变随循环进程变化的曲线

图 4－16　空气中和混凝土梁中钢筋的 S－N 曲线

疲劳断口分析是一种分析断裂原因、研究破坏机理的重要手段[4-14]，断口形貌记录了疲劳过程中裂纹萌生位置，裂纹扩展方向、快慢和途径等。由此分析构件疲劳过程中的应力因素、环境因素、材料特性等对疲劳断裂的影响和作用。

图 4－17（a）和（b）分别为空气中轴拉疲劳钢筋试件 TB－F1（$\Delta\sigma$＝290.6MPa，N_f＝353586）的宏观断口形貌和钢筋混凝土梁 FB－B3 中钢筋（$\Delta\sigma$＝215.3MPa，N_f＝461630）的宏观断口形貌，两张图都清楚显示了疲劳断口的三个区域：疲劳裂纹源区、裂纹扩展区及疲劳断裂区，但两张图存在显著差别。

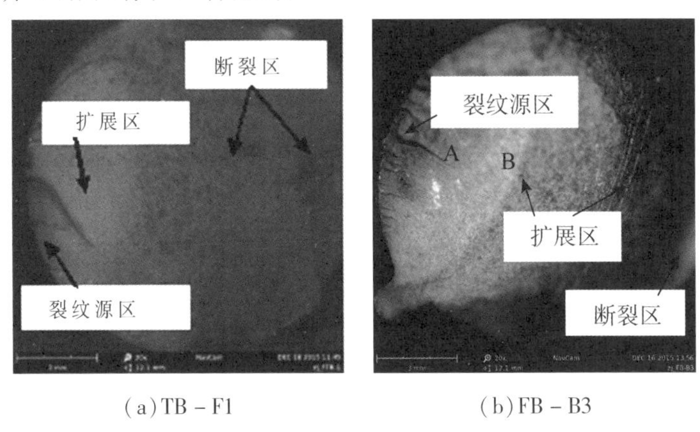

（a）TB－F1　　（b）FB－B3

图 4－17　钢筋断口的宏观形貌

TB－F1 断口是典型的轴向拉伸疲劳断口，在循环荷载作用下，微裂纹沿 45°最大剪应力方向开展并相互连接；第二阶段可以使用 Laird 和 Smith[4-15] 提出的塑性钝化模型描述，即一个应力循环导致裂纹尖端张开、钝化、扩展、锐化一次，并在断面上留下一条疲劳纹。当裂纹扩展至临界尺寸时，疲劳断口就会出现撕裂裂纹，最终试件突然断裂，形成图 4－17（a）所示的剪切唇。

常幅循环荷载作用下，根据平截面假定，纯弯段钢筋受拉，力臂 $L=h_0-x/2$，但混凝土梁开裂后，随着钢筋混凝土界面相对滑移不断增长，裂缝中钢筋的受力状态会随着裂缝宽

度 ω 增加而不断改变,受到微弯曲作用,如图 4 - 18 所示:荷载水平不变,随着试件挠度增加,钢筋受力方向改变,裂缝竖向开展,混凝土受压方向不变,力臂 $L' = L\cos\theta$(θ 为混凝土压应力方向与钢筋应力的夹角)越来越短,因此,钢筋拉力越来越大;由于受拉方向改变,钢筋还会受到混凝土的销栓剪力 V,由力平衡条件可知,随着挠度和 θ 增加,剪力也越大,导致钢筋周围混凝土被挤碎脱落,进而又导致粘结性能逐渐退化,加剧界面滑移。

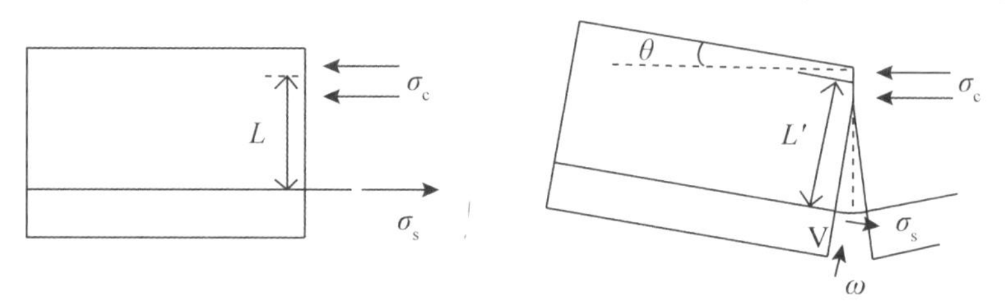

图 4 - 18　混凝土梁开裂后纯弯段截面受力状态示意图

基于以上分析,混凝土梁开裂后,受力纵筋不仅承受循环拉应力,而且梁弯曲变形会导致裂缝间钢筋微弯曲并受到混凝土销栓作用,因此,钢筋截面受力很不均匀,靠近梁底面位置承受较大的循环拉应力,同图 4 - 17(a)相比,疲劳断口类似解理断口,即微裂纹起源于横肋脚,并向钢筋受拉变形较大的边缘延伸,形成很多小台阶,如图 4 - 19(a)所示。在裂纹向钢筋内部扩展过程中,众多的台阶相互汇合,形成了图 4 - 17(b)显示的裂纹源区形貌。随着混凝土梁裂缝开展,理论上承受常幅应力循环的钢筋实际上承受了多级循环荷载作用[4-16]:在裂纹扩展区前部非常光滑,而在后部则有明显的贝纹线。图 4 - 17(b)的 A 点和 B 点都处于疲劳第二阶段前期,理论上裂纹扩展速率相差不大,但实际扩展速率分别如图 4 - 19(b)和图 4 - 19(c)所示:A 点扩展速率仅为 10^{-7}m 量级,而 B 点扩展速率达到 10^{-6}m 量级。最终试件撕裂形成剪切唇,但由于应力水平较低,疲劳断裂区的面积相比 TB - F1 很小,图 4 - 19(d)为试件发生疲劳断裂时形成的韧窝。

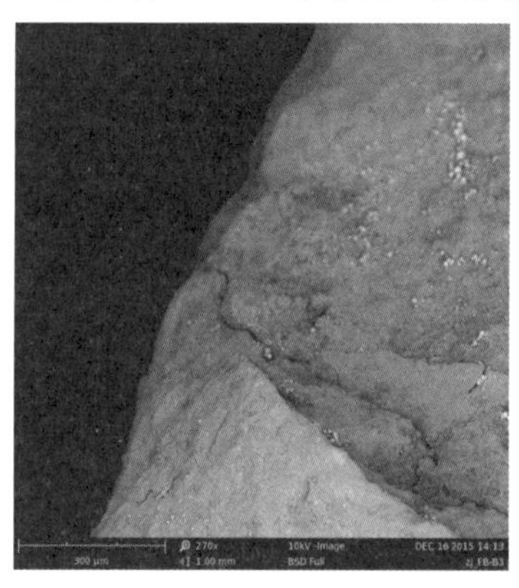

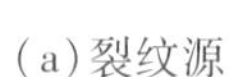

(a)裂纹源

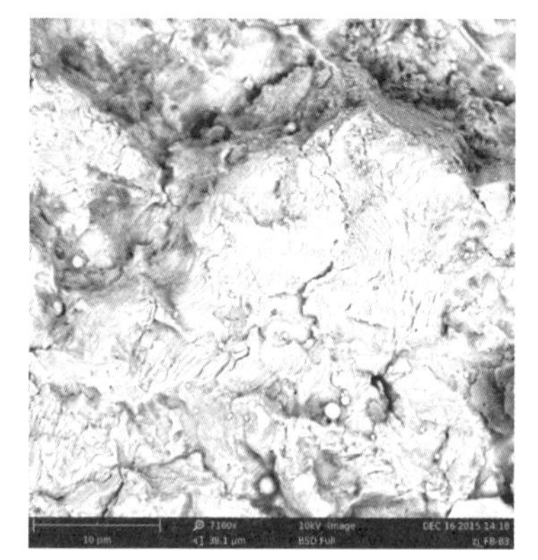

(b)A 点疲劳纹

图 4 - 19　FB - B3 钢筋疲劳微观过程

(c) B点疲劳纹

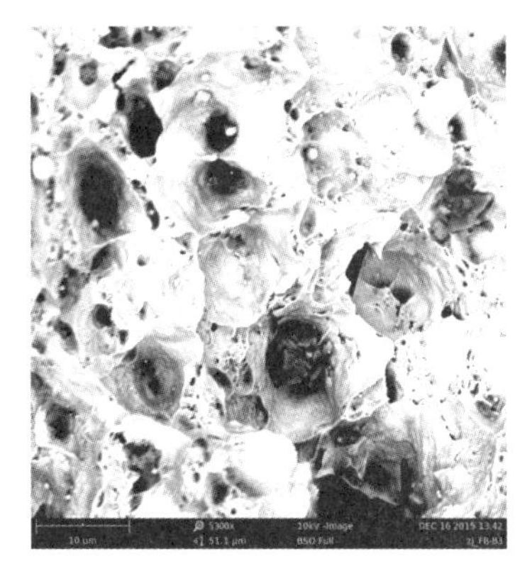

(d) 瞬断区韧窝

图4-19(续)　FB-B3钢筋疲劳微观过程

一般来说,高循环应力水平会使钢筋混凝土梁更容易发生剪切破坏,FB-B6梁循环应力水平最低,却是5个剪切破坏试件中最典型的剪切破坏模式:No.2纵筋断裂,No.2纵筋一侧的箍筋断裂,斜裂缝顶部混凝土压碎。梁斜截面受力状态变化如图4-20所示,混凝土梁斜截面腹部剪切裂缝开展至梁底面后,裂缝两侧混凝土错位,纵筋由于受力方向改变而承担了本应由箍筋承受的剪力,随着两侧钢筋混凝土界面相对滑移不断增长,裂缝宽度 ω 不断增加,纵筋受力也越来越大,受到混凝土的销栓剪力也越来越大,缝中纵筋承受双向弯曲应力,钢筋周围混凝土被挤碎脱落,界面粘结性能退化又加剧界面滑移。

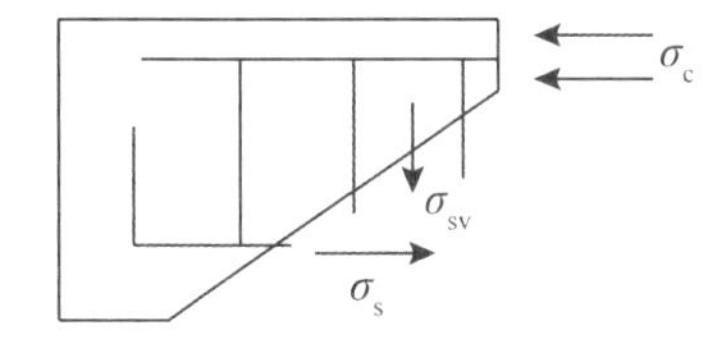

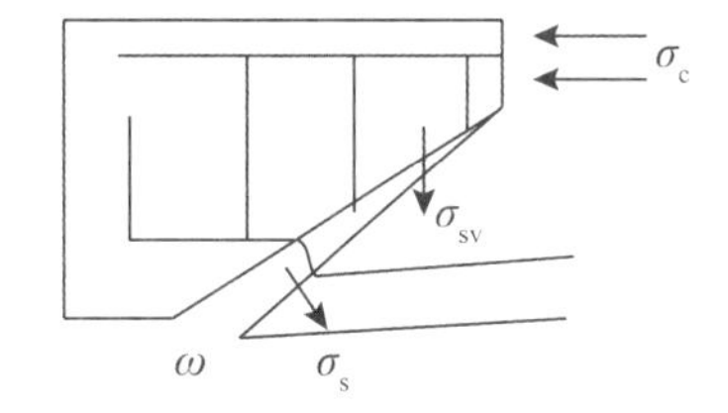

图4-20　混凝土梁斜截面受力状态示意图

由图4-14(f)可知,混凝土剪切裂缝两侧有明显的位移错位,在FB-B6梁剪切裂缝扩展至一定程度后,此处纵筋不仅由于内承载性能类似桁架受较大的拉应力,而且由于剪切裂缝两侧混凝土的错位与销栓导致纵筋受很大的剪切应力与弯曲应力,其宏观疲劳断口如图4-21所示,断口有多个裂纹源,一侧裂纹扩展区平滑,另一侧扩展区形成较大的台阶,最终断裂时形成沿钢筋周围分布的剪切唇。

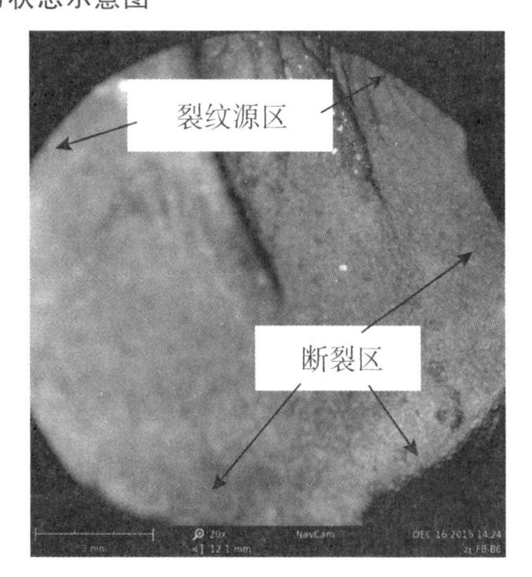

图4-21　FB-B6梁钢筋断口的宏观形貌

综上所述,可以得到钢筋混凝土梁的疲劳损伤机理:

a)受弯破坏:受力钢筋受到微弯曲、微销栓和循环拉应力的共同作用,钢筋截面应力沿高度方向分布不均匀导致微裂纹起源于受较大拉应力的边缘，众多缺陷处的微裂纹形成的台阶不断汇合形成主导裂纹；随着梁挠度增加，钢筋与混凝土产生界面滑移，混凝土裂缝变宽，钢筋承受多级循环荷载并导致界面性能退化。常幅荷载作用下，在疲劳第一阶段，纯弯段所有裂缝宽度均得到充分扩展，混凝土梁挠度逐渐增加；在疲劳第二阶段，界面性能退化速度保持稳定，裂缝宽度和混凝土梁挠度均缓慢增长；在疲劳第三阶段，某一裂缝处的界面性能退化至一定程度后失稳，裂缝宽度加速增加，钢筋应力增加，导致界面性能退化速度进一步加剧，最终钢筋断裂，混凝土梁疲劳失效。

b）剪切破坏：随着剪切裂缝扩展至一定程度，纵筋不仅由于梁内承载性能类似桁架受较大的拉应力，还由于剪切裂缝两侧混凝土的错位与销栓导致纵筋受较大的剪切应力和双向弯曲应力，钢筋承受多级循环荷载，受力状态非常复杂并导致界面性能退化。常幅荷载作用下，疲劳第一阶段与受弯破坏类似；在疲劳第二阶段，剪切裂缝两侧钢筋混凝土界面性能退化速度保持稳定，裂缝宽度和混凝土梁挠度均缓慢增长；在疲劳第三阶段，剪切裂缝处的界面性能退化至一定程度后失稳，裂缝宽度加速增加，钢筋应力增加，导致界面性能退化速度进一步加剧，最终钢筋断裂，混凝土梁疲劳失效。

c）弯剪区破坏：钢筋疲劳损伤过程介于 a 和 b 之间，FB－B1、FB－B4、FB－B5 和 FB－B7 属于弯剪区纵筋疲劳断裂。因此，混凝土中钢筋的应力因素（复杂应力和多级应力）导致其疲劳寿命相比轴拉条件下的钢筋疲劳寿命显著降低。

轴向疲劳的钢筋在第二阶段的压磁信号基本不变，但钢筋混凝土梁试件的压磁信号有明显的不同，如图 4－22 所示。FB－B3 梁第 30000（$0.065N_f$）循环和第 200000（$0.433N_f$）循环都处于疲劳第二阶段，但由于疲劳裂缝扩展和钢筋混凝土界面滑移导致钢筋应力重分布，钢筋受力状态有一定程度的改变，$B_t(t)$ 时变曲线也有一定程度的改变。

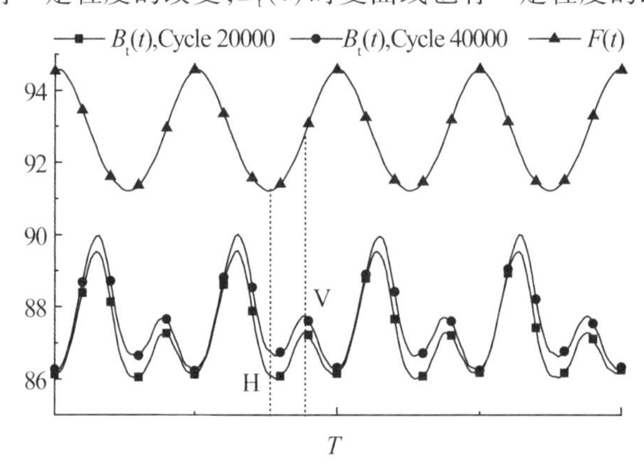

图 4－22　FB－B3 第二阶段的 $B_t(t)$ 曲线比较

2. 基于压磁效应的钢筋混凝土梁疲劳寿命预测方法

由钢筋混凝土梁的疲劳损伤机理分析可知，不同疲劳破坏模式的损伤过程是不同的，挠度、刚度、混凝土压应变等参数的三阶段变化特征实际上是钢筋混凝土梁平均意义上的疲劳损伤，无法反映钢筋疲劳断裂位置处真正的损伤过程。采用裂缝宽度描述疲劳损伤过程也存在问题，假设钢筋增加了 100με，裂缝宽度为 1mm，由于钢筋应变增加导致的裂缝宽度增加保守估计仅为 10^{-4}mm，远小于钢筋混凝土界面滑移导致的裂缝宽度增量。因此，传统的损伤指标无法反映钢筋混凝土结构微观的疲劳损伤机理。

钢筋混凝土梁中钢筋的压磁信号不仅反映了混凝土梁疲劳裂缝扩展导致的钢筋应力重分布过程和界面退化过程，而且与钢筋疲劳断裂位置有关。因此，使用本试验方法测得的压磁信号表征钢筋混凝土梁的疲劳损伤更合理。与前文定义变形钢筋疲劳损伤方法相同，也可基于滞回曲线的特征点磁感应强度定义基于压磁参数的钢筋混凝土梁疲劳损伤变量 D_B，D_B 随疲劳进程发展曲线如图 4－23 所示。

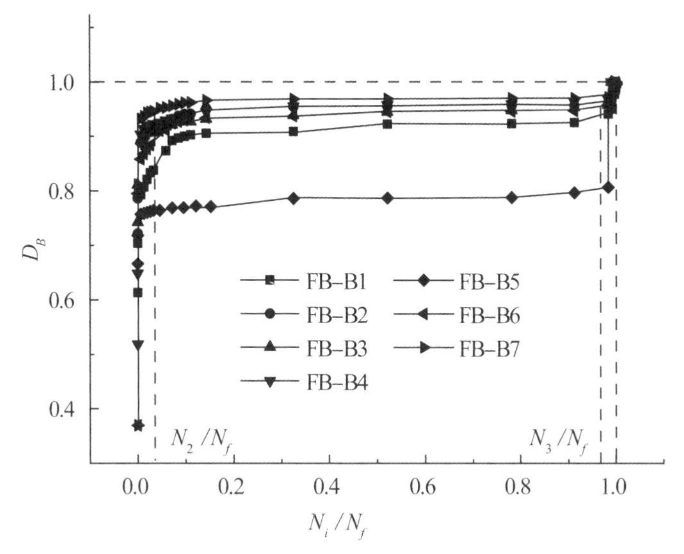

图 4－23　钢筋混凝土梁疲劳损伤 D_B 发展曲线

表 4－4 给出了 D_B 三阶段占疲劳寿命的百分比。7 个钢筋混凝土梁 N_2/N_f 和 N_3/N_f 的平均值分别为 6.1% 和 96.6%。如果在试验过程中可以确定试件的过渡点 N_2 和 N_3，就可以大致预测试件的疲劳寿命 N_f 为 $N_2/0.061$ 或 $N_3/0.966$，即剩余疲劳寿命 N_{res} 为：

$$N_{res}=16.39N_2-N_c \tag{4-1}$$

$$N_{res}=1.04N_3-N_c \tag{4-2}$$

表 4－4　压磁场信号三阶段占疲劳寿命的百分比

试件编号	N_f	N_2/N_f	N_3/N_f
FB－B1	153437	0.079	0.954
FB－B2	170406	0.068	0.969
FB－B3	461630	0.057	0.976
FB－B4	477151	0.051	0.964
FB－B5	143253	0.071	0.949
FB－B6	827806	0.045	0.967
FB－B7	917816	0.053	0.981
平均值		0.061	0.966

4.3　钢筋混凝土梁剪切疲劳与磁效应

4.3.1　试验设计

试件采用的混凝土强度等级为 C40,配合比及力学性能如表 4－5 所示。其中,水泥采用 42.5 普通硅酸盐水泥;粗骨料采用碎石,粒径为 5～16mm;细骨料是细度为中砂的天然河沙。为使试验梁发生剪切破坏,设计梁的斜截面承载力略低于其正截面承载力,如图 4－24 所示,试件尺寸为 150mm×200mm×1500mm。

表 4－5　混凝土配合比及其力学性能

水灰比	每立方米混凝土组分/kg				砂率/%	抗压强度 f_{cu}/MPa
	水泥	水	砂	石		
0.43	512	220	599	1020	37	25.7

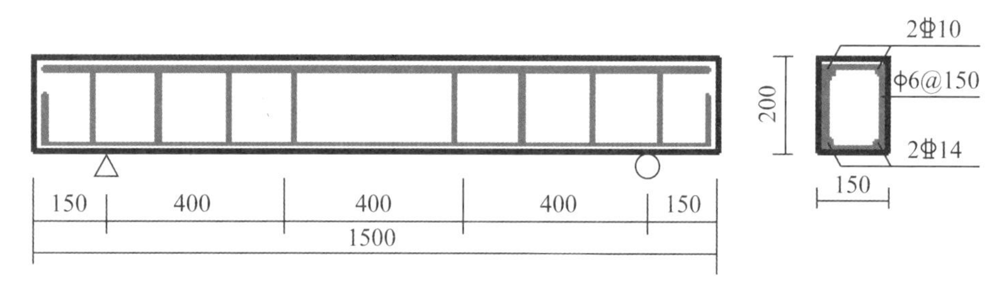

图 4－24　试件尺寸及配筋

在跨中和两个剪跨段分别布置了磁探头用以测量静载和疲劳过程中的压磁信号。使用 DH5921 动态数据采集仪同步采集各传感器数据,采集频率为 200Hz。循环加载至一定次数(如 5000、1 万、2 万、5 万、10 万、20 万、50 万次等)时停机卸载至零,测量整个过程中的应变、挠度等数据并记录裂缝的发展状态。

仪器及其布置如图 4－25 和图 4－26 所示。磁探头通过定制铝制支架固定在梁上相应位置以保证疲劳加载时磁探头与梁保持相对静止。磁探头的前端与钢筋的距离为 33mm,即跨中和弯剪区磁探头分别距混凝土表面 12mm 和 18mm。

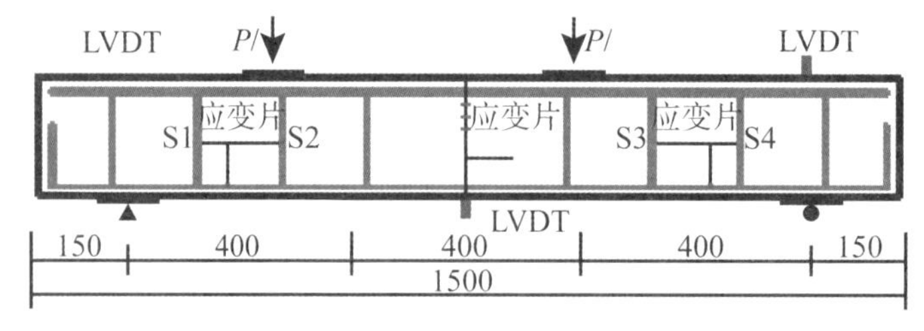

图 4－25　试验布置

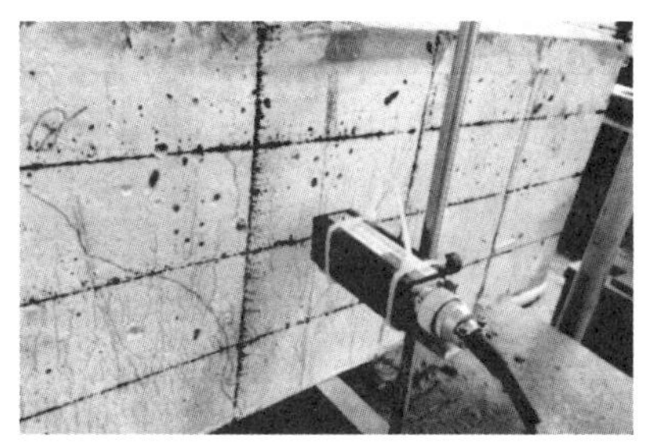

(a)剪跨区磁探头布置

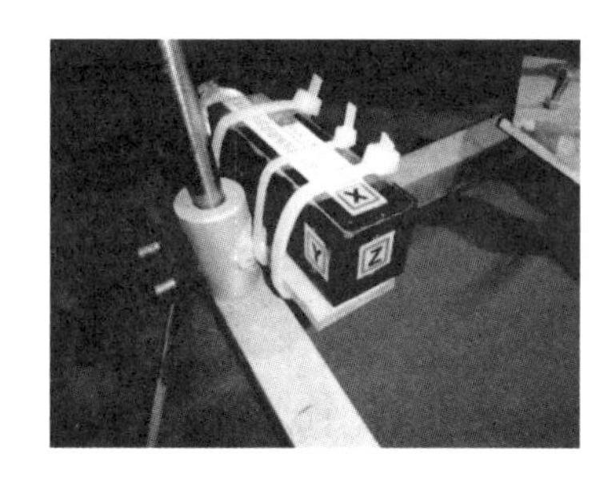

(b)三维磁探头及固定支架

图4－26　磁探头布置

4.3.2　试验加载参数及结果

试验加载参数和结果如表4－6所示。梁B1的静力极限抗剪承载力 F_u 为110kN。

表4－6　试验加载参数及结果

试件编号	S_{max}	ρ	疲劳寿命 N_f	破坏模式
B1	—	—	—	剪压破坏
FB1	0.5	0.1	393901	剪压破坏
FB2	0.6	0.1	126221	剪压破坏
FB3	0.6	0.2	547336	受弯破坏
FB4	0.6	0.3	785968	剪压破坏
FB5	0.7	0.1	28767	剪压破坏

注：$S_{max}=F_{max}/F_u$，$\rho=F_{min}/F_{max}$，其中 F_{max} 和 F_{min} 分别为疲劳荷载上下限值。

各试验梁的破坏形态如图4－27所示。

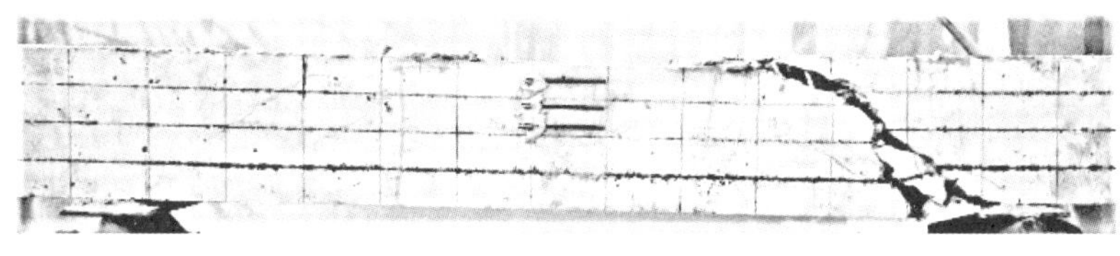

(a)B1

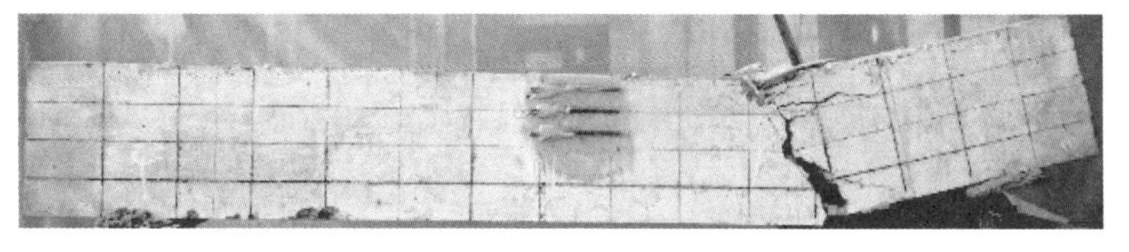

(b)FB1

(c)FB2

图4－27　试验梁破坏形态

(d) FB3

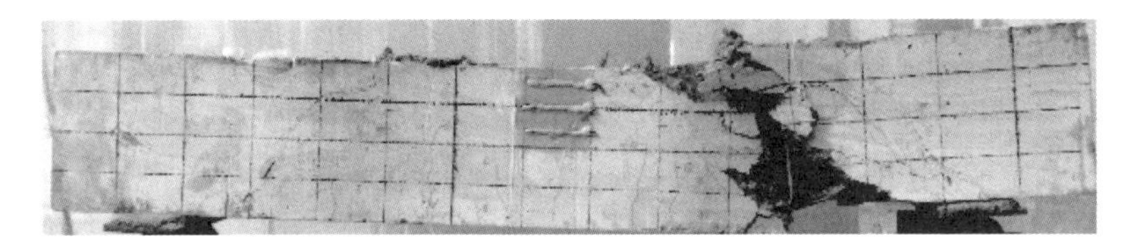

(e) FB4

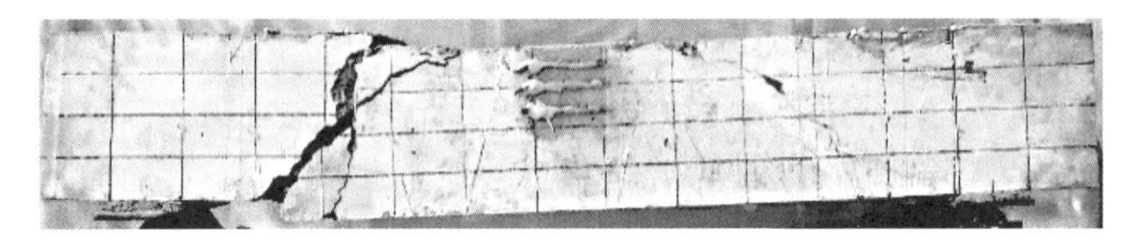

(f) FB5

图 4-27(续)　试验梁破坏形态

梁在疲劳过程中的行为基本一致,以 FB1 为例进行说明。第一次拟动力加载循环,加载至 26kN 时,纯弯段出现四条弯曲裂缝,扩展高度为 25～50mm,最大裂缝宽度约为 0.05mm,此时纵筋和箍筋应变增长速率增大;加载至 34kN 时,北侧剪跨段出现弯曲裂缝,高约 55mm,宽约 0.05mm;加载至 42kN 时,南侧弯剪段出现弯曲裂缝;加载至 55kN 时,没有新裂缝出现,各裂缝宽度处于 0.10～0.15mm,裂缝高度处于 60～90mm。循环加载 5225 次后停机加载至 55kN,南北两弯剪段分别出现腹中斜裂缝,最大裂缝宽度分别为 0.12 和 0.20mm,弯曲裂缝的宽度增加不大,但是裂缝高度已达 130mm。此后的循环加载过程中,弯曲裂缝扩展较小,斜裂缝不断向支座和加载点延伸,裂缝宽度在循环加载至 200003 次时分别达 1.1mm 和 0.8mm。在即将破坏时,梁一侧的斜裂缝宽度迅速增大,箍筋应变急剧上升,循环加载 393901 次时,梁才发生破坏。

4.3.3　静载作用时压磁信号变化规律

静载下三个磁探头测得的磁感应强度随荷载的关系曲线如图 4-28(a)、(b)、(c)所示,B_S、B_N 和 B_M 分别为南北两侧以及跨中磁探头测得的压磁信号,图中下标的 X、Y、Z 分别为沿梁高度方向,沿长度方向,垂直梁侧面方向。荷载应变曲线如图 4-30 所示,其中,SL、NL、ML 分别为南北弯剪区和跨中受拉纵筋。在加载初期,磁感应强度变化不明显,这与应变的变化一致。一方面,由此时钢筋的应力导致的变形很小;另一方面,混凝土保护层对磁信号有一定的阻隔作用,因此,在加载初期磁感应强度变化不明显。随着荷载增大,混凝土出现裂缝后(加载至 25kN 时),磁感应强度也相继开始增大,但不同区域磁感应强度开始增大时对应的荷载略有差别，这与不同位置裂缝开展的顺序有关，所以磁信号在一定程度上能反映混凝土的初裂。随着荷载不断增大，磁感应强度 B 也不断增大，但是加载至 57kN 时，B 开始减小，这与应变的发展存在显著区别，此时的钢筋还处在弹性阶段，这种现象与文献[4-17]中变形钢筋弹性阶段的磁机械效应模型比较吻合，其中外磁场作用下变形钢筋磁化强度随应力变化曲线如图 4-29 所示。

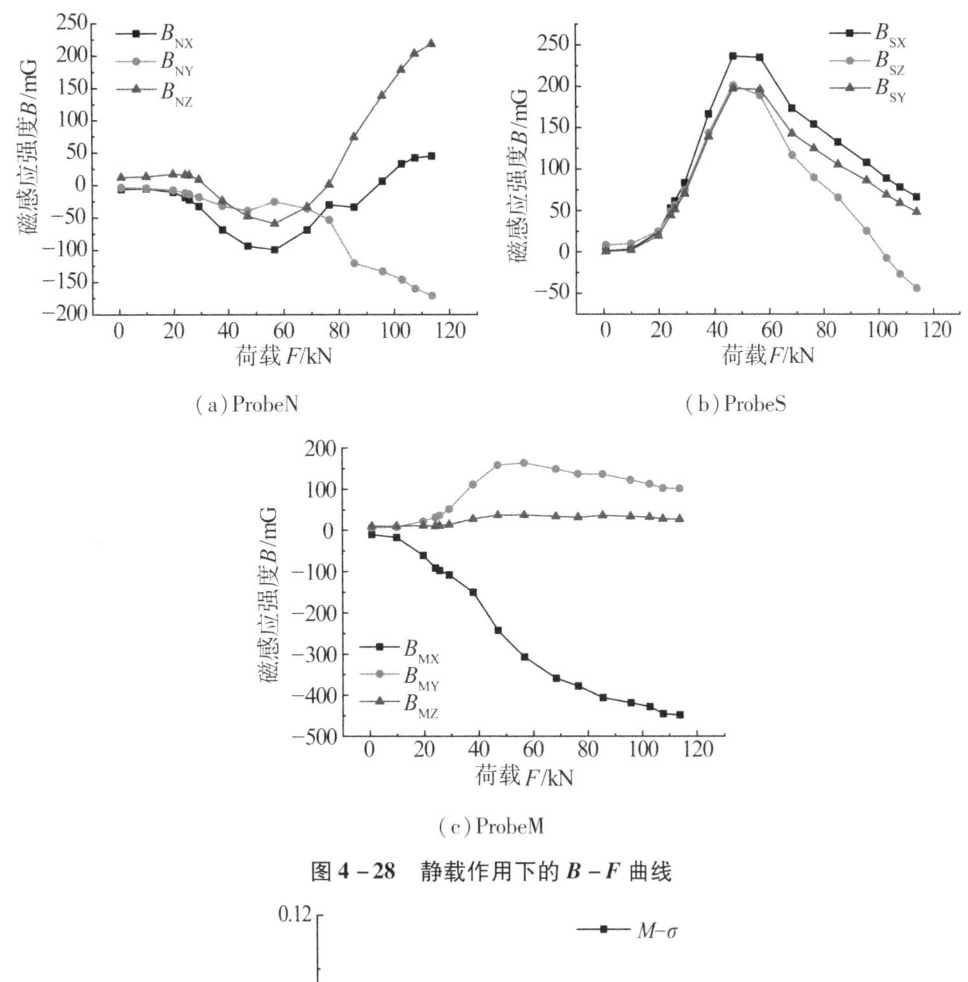

(a) ProbeN　　(b) ProbeS

(c) ProbeM

图 4-28　静载作用下的 $B-F$ 曲线

图 4-29　外磁场 $H=40\mathrm{Am}^{-1}$ 时弹性阶段磁化强度随应力变化[4-17]

从图 4 - 28 中可以看到，B_{NY} 和 B_{MX} 变化规律与其他曲线有较大的区别，且有别于磁机械效应模型，而 B_{NX}、B_{SX} 和 B_{MY} 磁信号最为相符。一般而言，对于细长的铁磁性杆件（如钢筋），在受拉状态下，沿杆件长度方向的磁感应强度对杆件应力更敏感，更能反映其变形及内部磁畴移动。

图 4 - 30 为静载作用下的 $\varepsilon - F$ 曲线。

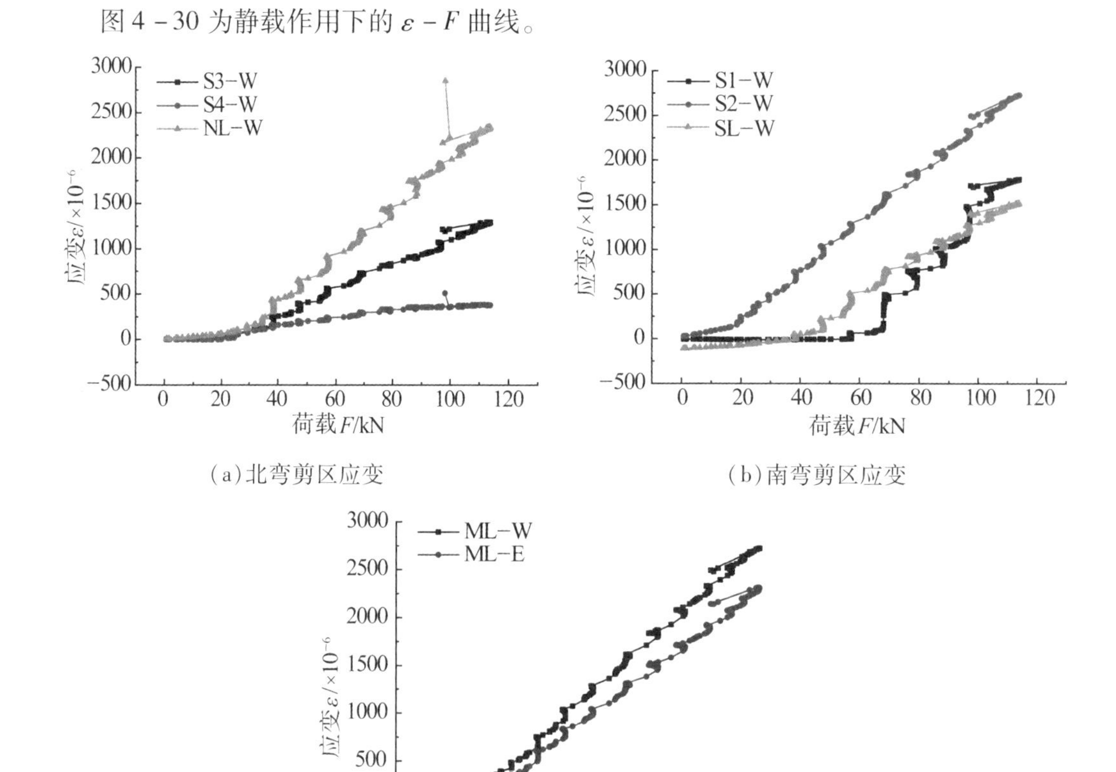

（a）北弯剪区应变

（b）南弯剪区应变

（c）跨中纵筋应变

图 4 - 30　静载作用下的 $\varepsilon - F$ 曲线

4.3.4　疲劳荷载下压磁信号变化规律

1. 拟动力加卸载

由静载试验结果可知，弯剪区 Y 方向和纯弯段 X 方向的磁感应强度与钢筋的应力发展相关性较差，且周峥栋等[4-18]的试验结果也表明沿钢筋长度方向的切向磁感应强度更为敏感，因此，以下分析主要围绕切向磁信号。

图 4 - 31（a）、（b）、（c）分别是梁 FB2 三个区域第 1 ~ 2 次拟动力加卸载循环的切向磁感应强度 - 荷载曲线，对于 Cycle 1，加载过程与静载试验一样，B 在荷载较小时增长不

明显，混凝土开裂后 B 迅速增大，加载至 57kN 时，B 的大小达到一个极值后减小至加载到疲劳荷载最大值。在卸载阶段，磁感应强度首先随着荷载的减小而增大，卸载至 22kN 时再次出现极值，随后 B 开始下降直至卸载结束。加载和卸载阶段极值点对应的荷载分别为 57kN 和 22kN，两者相差较大。裂缝的开展使梁发生损伤，箍筋和纵筋会产生较大的残余应变，可以认为在这两个荷载下钢筋应变接近，钢筋内部磁畴结构比较相似。第 1 次拟动力加卸载后，各区域都产生了较大的不可逆磁感应强度。

对于 Cycle 2，$B-F$ 滞回曲线呈现“8”字形，规律与 Cycle 1 一致。图中在 40kN 时 B 有一个突变，这是卸载阶段操作失误（荷载瞬间卸载至零又迅速恢复）导致的，卸载阶段 0～40kN 的 $B-F$ 曲线应是图中曲线平移与 40～66kN 的 $B-F$ 曲线相衔接的位置。Cycle 2 的 $B-F$ 曲线也存在两个极值点，但对应的荷载均比 Cycle 1 中的值小。此外，不同区域的 $B-F$ 曲线中极值对应的荷载也略有差异，第一个极值点对应的荷载分别为 50kN、39kN 和 42kN，第二个极值点对应的荷载分别为 15kN、21kN 和 22kN，这与钢筋的初始缺陷有关，同时也反映出各区域钢筋应力状态发展的差异。

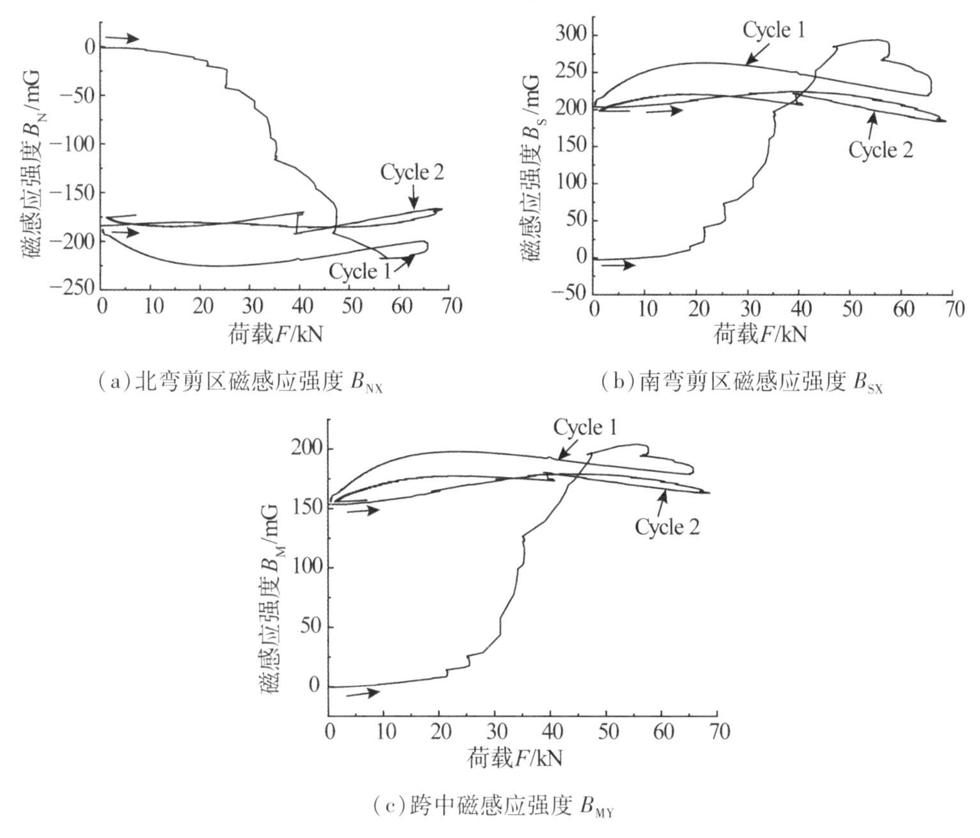

(a)北弯剪区磁感应强度 B_{NX}

(b)南弯剪区磁感应强度 B_{SX}

(c)跨中磁感应强度 B_{MY}

图 4－31　梁 FB2 $B-F$ 曲线，$N=1\sim2$

图 4－32 为 FB1、FB3、FB4 和 FB5 拟动力加卸载阶段破坏区域的 $B-F$ 曲线，结合图 4－31，各梁第 1 次拟动力加卸载过程中都会出现极值点，但是对应的荷载却不相同，FB1 至 FB5 对应的荷载分别为 33kN、57kN、62kN、41kN 和 34kN。此外，压磁信号的数值也相

差较大,这与应力水平没有相关性,而是由各钢筋的初始缺陷以及初始剩磁导致。对于 Cycle 1,FB2 和 FB3 的 $B-F$ 曲线存在交点,其余三根梁并未发现,这是仍需进一步解释的一点。同样地,对于 Cycle 2,曲线形状也并不完全一致,这有可能是箍筋应力差异导致的,但是仍需进一步研究在初始加载时压磁信号的演变规律以及与应力水平等因素的关系。

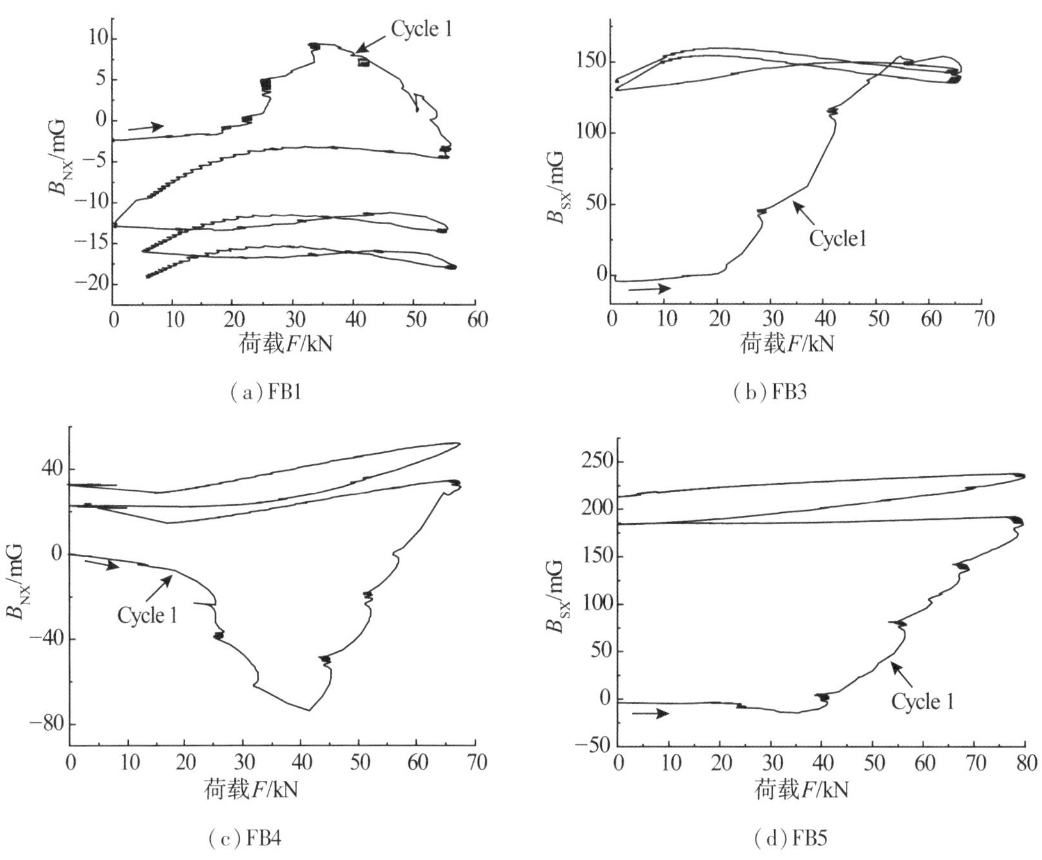

图 4-32　梁 FB1、FB3、FB4、FB5 拟动力加卸载压磁-荷载曲线

2. 压磁滞回曲线

图 4-33(a)、(b)、(c)分别是第 100~120 个加载循环南北两侧箍筋和跨中纵筋的荷载应变以及磁感应强度荷载滞回曲线对比,磁感应强度分别为 B_{NX}、B_{SX} 和 B_{MY}。可以看到,$B-F$ 与 $\varepsilon-F$ 滞回曲线形状存在显著区别,与 Cycle 2 一样,$B-F$ 滞回曲线类似于"8"字形,中间会出现一个交点。在加载阶段,B_{NX}、B_{SX}的绝对值随荷载增大而减小,B_{MY}则先增大,加载至 35kN 左右时开始减小,直至荷载最大值;在卸载阶段,B_{NX}、B_{SX}和 B_{MY}随荷载减小先增大后减小,出现一个极值点,对应的荷载分别为 10kN、17kN 和 18kN。与第 2 循环加载对比,极值点对应的荷载值都有一定减小,$B_{NX}-F$、$B_{SX}-F$ 加载阶段的极值点甚至已变得很不明显。另外,从图中可以看出卸载阶段的极值点的磁感应强度绝对值一般

为循环内的最大值，而疲劳和在最大值时的磁感应强度绝对值最小。

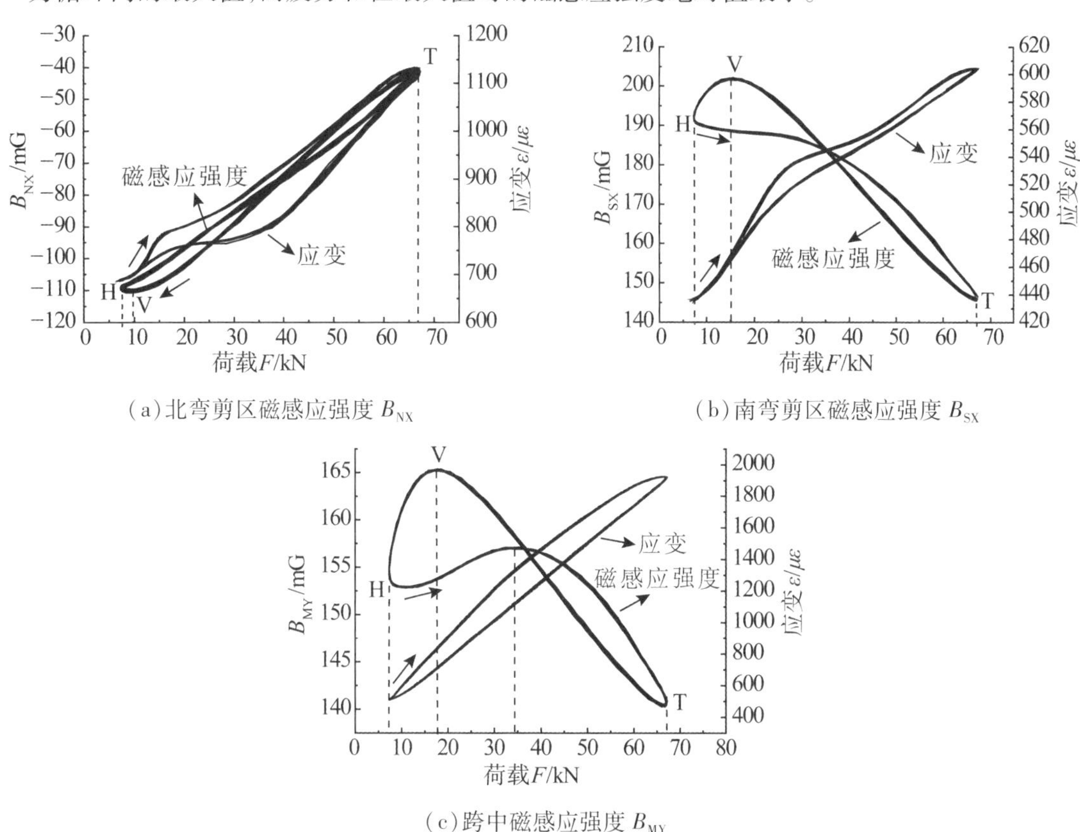

（a）北弯剪区磁感应强度 B_{NX}

（b）南弯剪区磁感应强度 B_{SX}

（c）跨中磁感应强度 B_{MY}

图4-33　梁 FB2 $B-F$ 和 $\varepsilon-F$ 曲线，$N=100\sim120$

虽然弯剪区和跨中的 $B-F$ 曲线很相似，但是相应箍筋和纵筋的 $\varepsilon-F$ 滞回曲线却有一定的差别。跨中纵筋的应变-荷载滞回曲线比较饱满，然而所测箍筋应变在加载初期迅速增大，之后增长速率有所下降，卸载阶段应变发展规律与加载阶段类似。可以看到在荷载较小时加卸载曲线有较长的重合段。荷载较小时，弯剪区的斜裂缝及弯曲裂缝开始张开，箍筋受到较大的拉力，随着荷载的增大，箍筋沿长度方向不断进行应力重分布，裂缝的扩展使得不同箍筋之间也发生应力重分布。因此，所测箍筋的应变增长速率有所下降，可见开裂前与开裂后箍筋应变存在显著的区别，也正是由于弯剪区多根箍筋及受拉纵筋的存在，所以磁感应强度不只是与所测箍筋应力状态相关，磁感应强度的改变反映的是整个弯剪区钢筋混凝土梁的受力状态变化。

图4-34表示疲劳第二阶段各梁某循环的 B_X-F 曲线，其中 FB1 和 FB3 的 B_X-F 曲线与 FB2 一致，呈“8”字形，但是各特征点对应的荷载相差很大。然而，FB4 和 FB5 的 B_X-F曲线形状与应力应变滞回曲线类似，但是发展方向并不同。这有可能与箍筋和磁探头相对位置有关，但是这是因试验操作还是其他原因所致，需要进一步研究。

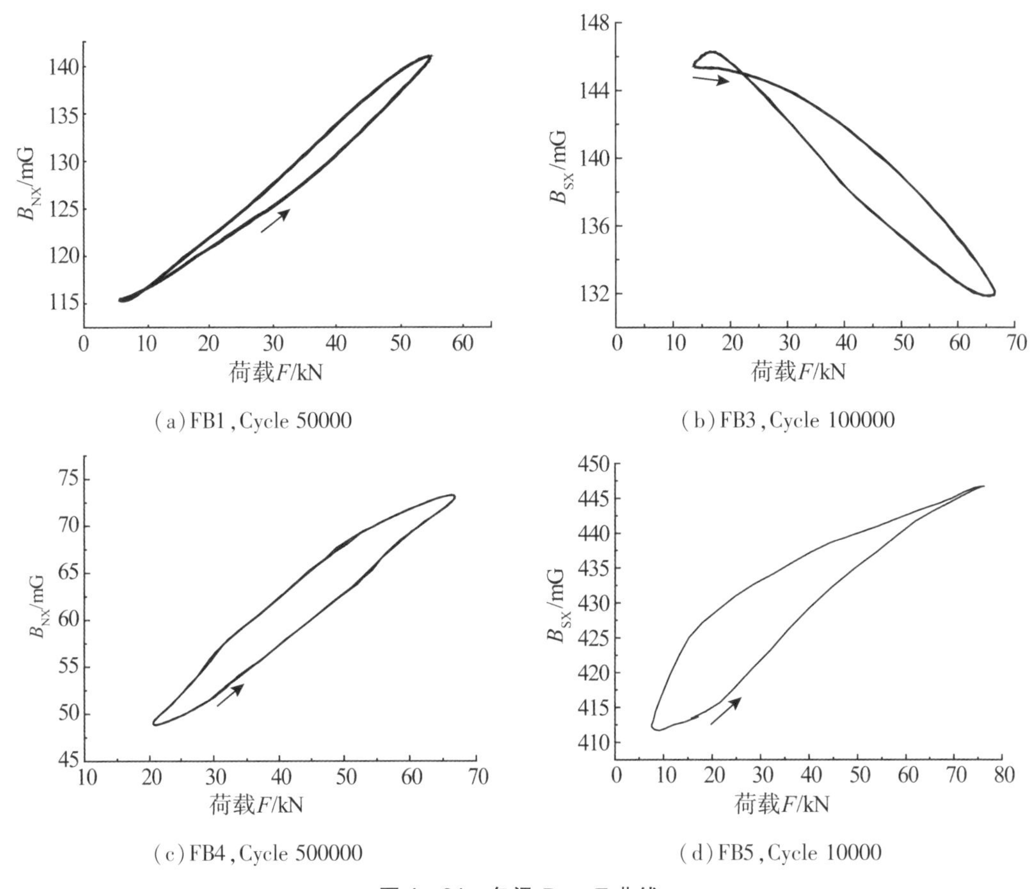

图 4-34　各梁 B_X-F 曲线

图 4-35 是梁 FB2 疲劳过程中各循环 $B_{NX}-F$ 滞回曲线，可以看到磁感应强度随着疲劳加载不断增大，且初期增大速率更大，临近破坏阶段梁的承载力下降，疲劳荷载上限减小至 45kN 左右，此阶段的滞回曲线不规则。图 4-36 至图 4-38 分别是第 100~5000、第 1000~100000、第 100000~112000 循环的 $B_{NX}-F$ 滞回曲线。很显然，前 500 次循环加载中磁感应强度增长较快，随后增速变慢。另外，可以看到第 100~120 和第 500~520 循环的 $B_{NX}-F$ 滞回曲线较粗，说明在这 20 次循环内，磁感应强度在快速变化；第 10000 到 100000 循环的滞回曲线变化不大，B 值变化不超过 20mG，处于稳定的疲劳损伤累积阶段，但是相对前 5000 次循环，尾部的曲线面积显著减小；疲劳加载后期 B 值变化又开始增快，110000 次循环的尾部滞回环接近于一条直线，此时梁的抗剪承载力也不断下降，疲劳荷载上限在循环加载 111000 次时已下降至 45kN，第 112000 次循环时 $B_{NX}-F$ 滞回曲线发生显著改变，此时梁已临近破坏，混凝土沿斜裂缝截面产生较大滑移，钢筋表外宏观裂纹扩展导致的漏磁场对所测磁感应强度产生较大影响，此时滞回曲线呈现不规则变化。

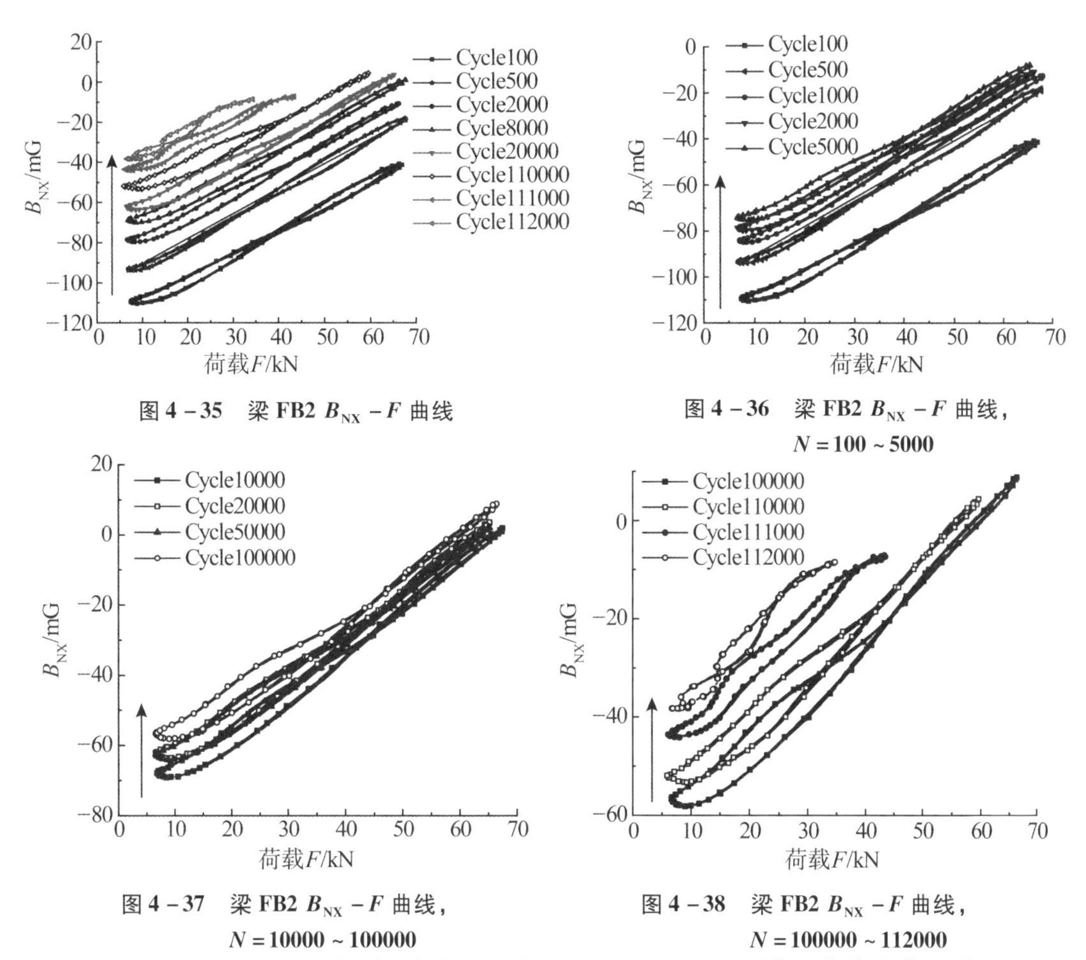

图 4 – 35　梁 FB2 $B_{NX}-F$ 曲线

图 4 – 36　梁 FB2 $B_{NX}-F$ 曲线，$N=100\sim5000$

图 4 – 37　梁 FB2 $B_{NX}-F$ 曲线，$N=10000\sim100000$

图 4 – 38　梁 FB2 $B_{NX}-F$ 曲线，$N=100000\sim112000$

图 4 – 39 和图 4 – 40 分别为疲劳过程中 $B_{SX}-F$ 和 $B_{MY}-F$ 滞回曲线变化。除了 B 的正负值不同外，$B_{SX}-F$ 和 $B_{MY}-F$ 与 $B_{NX}-F$ 的变化规律是类似的但也有差异。$B_{SX}-F$ 滞回曲线先随着循环加载不断增大，梁临近破坏时由于挠度的急剧增大以及漏磁场的影响，B_{SX}突然急剧下降。B_{MY}先随循环加载快速增大，5000 次后开始下降，但是下降幅度比较小，循环加载 100000 次后又急剧增大，直至破坏。此外，结合三个区域磁信号变化可知磁滞回线的头部回线形状基本变化不大，而尾部回线在疲劳后期将不断缩小。

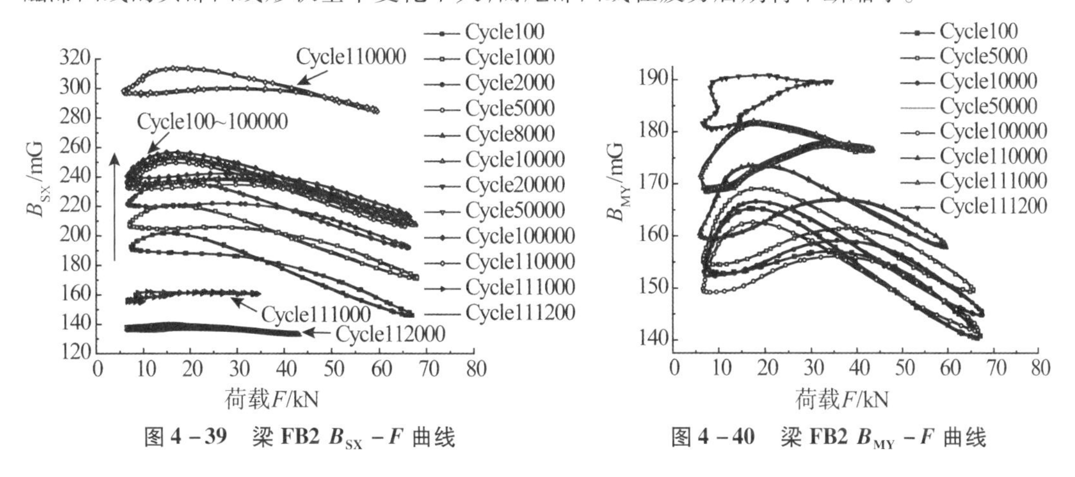

图 4 – 39　梁 FB2 $B_{SX}-F$ 曲线

图 4 – 40　梁 FB2 $B_{MY}-F$ 曲线

将 $B_{SX}-F$ 和 $B_{MY}-F$ 与 $B_{NX}-F$ 曲线中各循环 B 的极值 B_V 和最大值(或最小值)以及对应的荷载统计如表 4－7 所示。第二次循环为拟动力加卸载,磁感应强度 B 的最值和极值及其对应的荷载与循环加载时有较大的差别。虽然疲劳加载过程中 B 的极值不断变化,但是对应的荷载变化较小,对于 B_{NX}、B_{SX} 和 B_{MY},对应的荷载分别为(8 ±2)kN、(17 ±2)kN 和(17 ±2)kN。

表 4－7　梁 FB2 B 的极值及最大值(或最小值)

循环加载次数	B_{NX}			B_{SX}			B_{MY}		
	极值/mG	荷载/kN	最值/mG	极值/mG	荷载/kN	最值/mG	极值/mG	荷载/kN	最值/mG
2	－206.98	14.14	－166.17	232.01	18.80	184.61	183.45	22.00	163.26
100	－110.76	9.44	－41.76	201.50	14.70	145.53	165.27	16.90	140.32
500	－94.19	8.11	－18.79	209.32	16.44	155.94	167.75	19.22	143.78
1000	－84.79	8.33	－12.65	220.26	17.10	171.01	168.24	19.95	145.78
2000	－79.73	8.75	－10.56	236.73	18.52	191.87	168.88	18.52	148.26
5000	－75.15	8.67	－7.72	249.62	17.78	206.31	169.09	17.78	149.26
8000	－70.08	8.98	1.06	253.65	18.69	207.25	167.21	18.69	145.26
10000	－69.02	9.91	1.79	253.57	15.16	207.24	166.59	17.56	144.66
20000	－63.59	8.78	3.69	252.26	17.79	208.95	164.46	17.79	144.32
50000	－64.04	8.85	2.10	252.82	17.90	209.56	163.46	17.90	143.42
100000	－58.13	8.72	8.75	256.65	15.70	212.78	162.66	18.23	141.78
110000	－53.41	9.33	4.39	312.94	19.36	284.04	173.46	17.21	157.73
111000	－44.18	8.00	－7.25	138.72	16.78	132.05	181.22	18.59	168.24
112000	－38.41	7.03	－8.67	161.86	23.58	154.7	190.78	17.47	180.51

3. 疲劳过程压磁信号特征值变化规律

从上节分析结果可知 $B-F$ 滞回曲线在疲劳加载过程前、中、后期的变化并不完全一样,为更直观地展示这种变化规律,可以取滞回曲线中的各个特征点(包括头部、极值点、最值等)进行分析。图 4－41 为梁 FB2 各区域切向磁感应强度极值(B_H 和 B_T)随疲劳进程的变化曲线,可以看出磁信号特征点的变化也符合疲劳三阶段发展规律。从图中可以看出 FB1 第一阶段和第三阶段占总寿命的 10% 左右,这两阶段磁信号变化明显,而第二阶段保持稳定。此外,在第一阶段,B_{NX} 和 B_{SX} 的变化比 B_{MY} 更明显,说明对于发生斜截面破坏的梁,弯剪区的磁信号对于前期的裂缝开展、箍筋应力发展等更敏感,更能反映梁的整体承载力的降低和疲劳损伤。另外,在第三阶段,B_{NX} 的最值呈减小的趋势,与其余磁信号特征值相反,从图 4－38 中也可发现这一现象。

图4-42是梁FB2 $B-F$滞回曲线头部与尾部磁信号的差值($\Delta B=B_H-B_T$)随疲劳进程的变化曲线。与其他特征点磁信号变化规律一致,ΔB也随疲劳进程呈三阶段变化,第一阶段ΔB数值先减小,由于停机加载对早期裂缝扩展的促进作用,有时会出现突变;第二阶段ΔB基本不变;进入第三阶段时由于损伤累积到一定程度,裂缝宽度和挠度一般会突然增大,ΔB的数值也因此迅速减小。

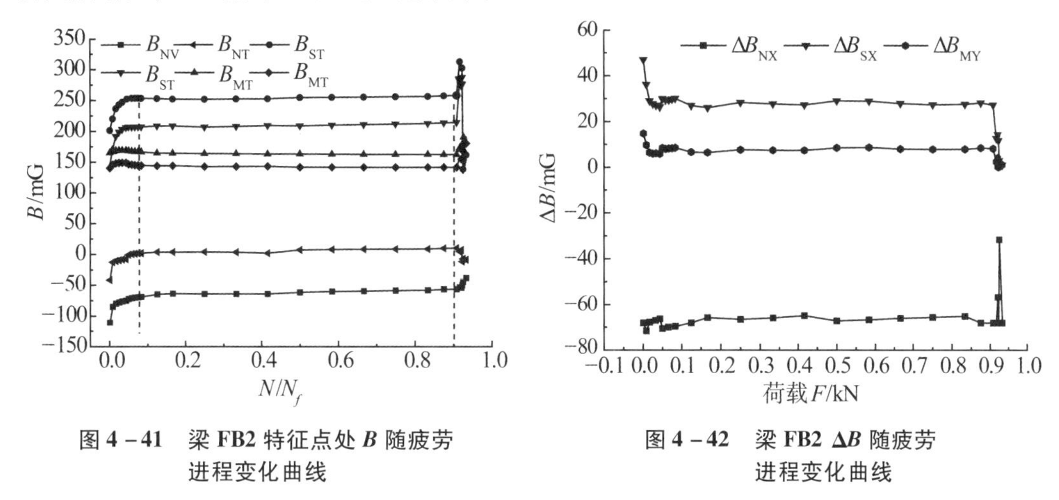

图4-41　梁FB2特征点处B随疲劳进程变化曲线

图4-42　梁FB2 ΔB随疲劳进程变化曲线

对于梁FB1和FB3~FB5,B_H、B_V和B_T对疲劳进程的变化与FB2一样,也是呈三阶段发展,但是其数值与应力水平间的关系并不明确,可以考虑各特征值间的差值与应力水平的关系。图4-43为各梁$\Delta B=B_H-B_T$随疲劳进程的变化曲线。第二阶段ΔB大小与疲劳荷载上限相关,最大荷载越大,ΔB越大。

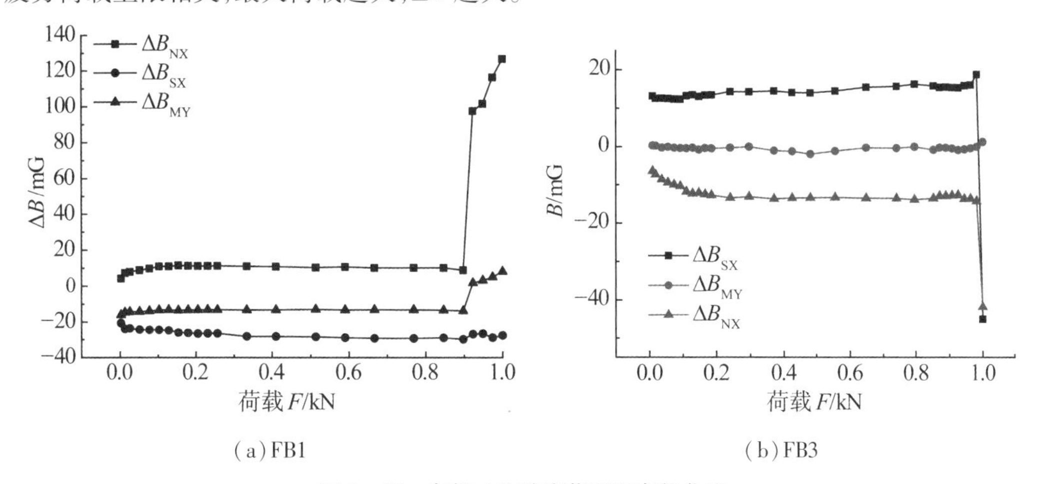

(a) FB1　　(b) FB3

图4-43　各梁ΔB随疲劳进程变化曲线

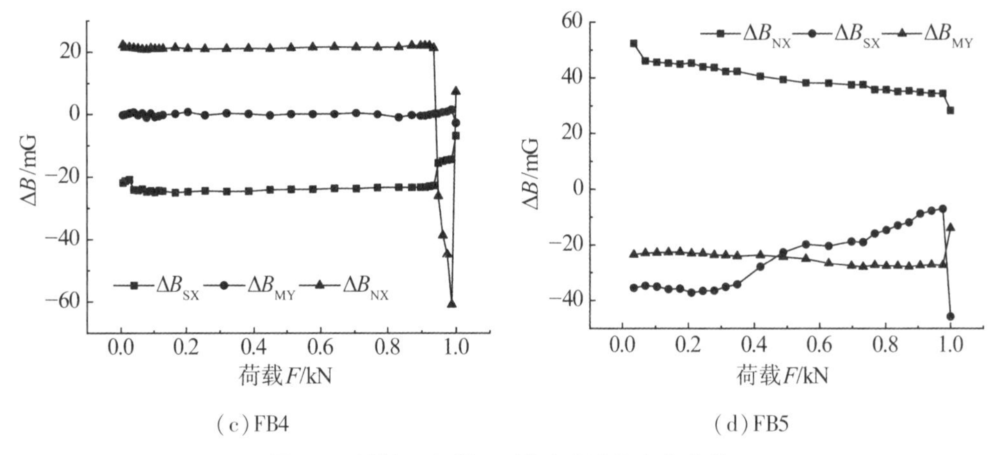

(c) FB4　　(d) FB5

图 4－43(续)　各梁 ΔB 随疲劳进程变化曲线

4. 钢筋混凝土梁剪切破坏位置与 ΔB 的关系

结合各梁的破坏位置，和试验梁给定位置磁感应强度特征值差值 ΔB 随疲劳进程的发展规律，根据图 4－42 和图 4－43，对比 ΔB_N、ΔB_S 和 ΔB_M，可以得到 $|\Delta B_M| < |\Delta B_N|$，$|\Delta B_M| < |\Delta B_S|$，即跨中压磁信号特征点的差值要比剪跨区压磁信号的小。另外，梁 FB3 和 FB4 的 ΔB_M 接近零。为探究 ΔB_N 或 ΔB_S 的大小与断裂位置的关系，计算了疲劳过程中 $|\Delta B_N| - |\Delta B_S|$ 的大小，结果如图 4－44 所示。

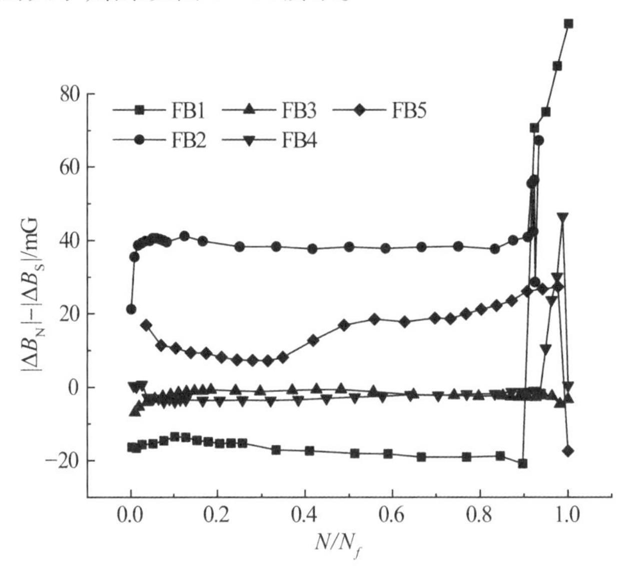

图 4－44　各梁 $|\Delta B_N| - |\Delta B_S|$ 随疲劳进程变化曲线

从图 4－44 中可知，$|\Delta B_N| - |\Delta B_S|$ 也随疲劳进程呈三阶段变化。$|\Delta B_N| - |\Delta B_S|$ 的大小并无明显规律，其疲劳第二阶段的正负值列于表中，除 FB3 外，其余梁破坏区域的 ΔB 比另一剪跨测得的 ΔB 要小；对于 FB3，断裂位置处于 S 测加载点下方，虽然 $|\Delta B_N| - |\Delta B_S| < 0$，但是其大小所处的区间为 $(-2.6, -0.7)$，接近于零。压磁信号能反映材料的

应力状态，$\Delta B = B_H - B_T$ 则反映了加载至疲劳荷载上限和下限时应力状态的变化，或者说是箍筋内部磁畴结构的变化。一般来讲，斜裂缝开展越严重，箍筋应力越大的剪跨越容易发生最终破坏，这种情况下由于残余应力的存在，加载至荷载下限时箍筋应力更大，因此与加载至荷载上限时的应力差值可能反而更小，反映到磁信号即为更小的 ΔB 值。$|\Delta B_N|$ 与 $|\Delta B_S|$ 越接近，说明南北两侧剪跨箍筋应力状态越接近。可以根据这一性质，通过测量两个剪跨区域的压磁信号来判断钢筋混凝土结构斜截面破坏的位置。

表 4-8　断裂位置与 $|\Delta B_N| - |\Delta B_S|$

梁编号	FB1	FB2	FB3	FB4	FB5
断裂位置	N	S	靠近 S 侧的加载点	N	S
$\lvert\Delta B_N\rvert - \lvert\Delta B_S\rvert$	负	正	负	负	正

4.3.5　基于压磁效应的剪切疲劳寿命预测方法

大量的疲劳试验表明，即使所有的疲劳相关参数（包括试件参数、加载参数）等都尽可能地保持一致，得出的疲劳寿命仍有很大的离散性，微观裂缝的发展对试件初始状态的微小差异很敏感，而应力-应变滞回曲线对于损伤不是很敏感，且测量的困难也使这种方法难以应用。钢筋混凝土梁中钢筋的压磁信号能够反映钢筋疲劳过程中的应力发展过程，反映疲劳的三阶段特征，而且与梁的破坏位置有关，可以利用钢筋混凝土梁的压磁信息预测其疲劳寿命。

应力-应变滞回曲线能够反映材料的疲劳损伤是因为其疲劳滞回环面积指的是能量密度，与应力-应变滞回曲线不同的是，压磁滞回曲线中会出现交点，如图 4-45 所示。$\sigma-\varepsilon$ 滞回环面积实际上是加载曲线与卸载曲线和 X 轴围成的面积差，即 $S_{ABCD} = S_{EABCF} - S_{EADCF}$。类似地，对于 $B-F$ 滞回曲线，不应单纯计算曲线围成的面积，而应考虑加卸载曲线与 X 轴形成的面积差，即 $S_{B-F} = S_{EHITF} - S_{EHVITF}$。

图 4-46 是各疲劳试件的压磁滞回面积计算结果，各循环间波动较大，但是可以看到曲线呈现了三阶段变化特征，梁 FB1 疲劳第三阶段 S_{B-F} 变化很大，这是由于斜截面发生较大错动，导致磁感应强度的测量出现一定差异。S_{B-F} 曲线虽然反映了不同循环的压磁滞回曲线的变化特征，但是难以反映梁的疲劳累计损伤发展。

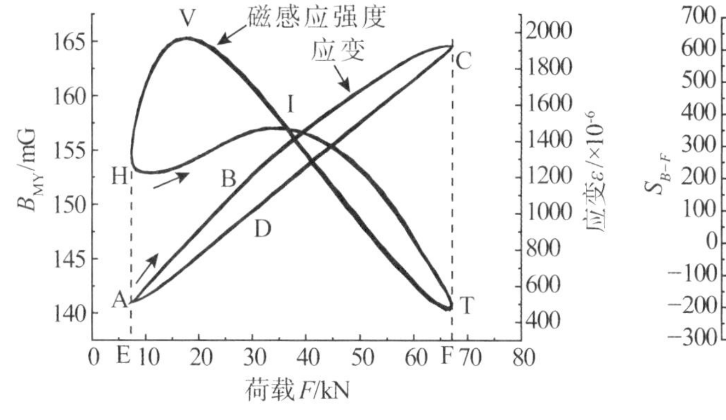

图 4-45　典型的 $\varepsilon-F$ 和 $B-F$ 滞回曲线

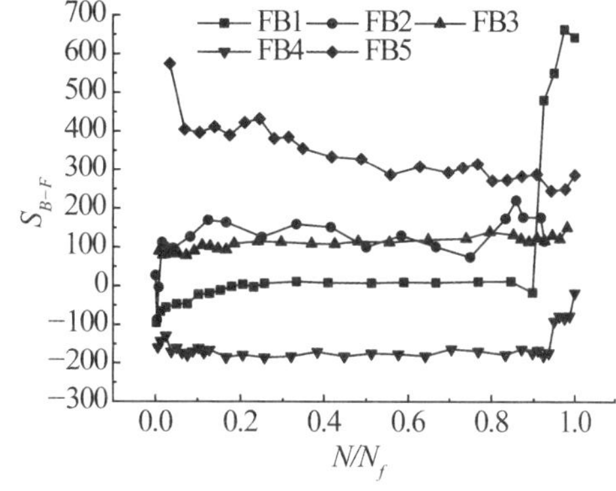

图 4-46　S_{B-F} 随循环加载次数变化曲线

利用 $\sigma-\varepsilon$ 滞回曲线预测疲劳寿命中，第 N 次循环加载的滞回环面积即为能量耗散，记为 $U(N)$，则整个疲劳过程累计损伤为 $\sum_{N=1}^{N_f} U(N)$。但是对于 $B-F$ 滞回曲线，简单地将各循环计算得到的 S_{B-F} 叠加并不能反映梁的疲劳累积损伤。实际上，钢筋的疲劳损伤反映为其磁化状态的改变，由于损伤是不可逆的，因此可以将两个循环间 S_{B-F} 的变化量作为损伤的一个表征参数，记疲劳过程 S_{B-F} 的总变化量为 S_{sum}，用式(4-3)表示。在此基础上定义基于压磁滞回曲线面积的疲劳损伤变量 D_S，用式(4-4)表示。

$$S_{\text{sum}} = \sum_{i=1}^{N_f} |S_i - S_{i-1}| \tag{4-3}$$

$$D_S = \frac{\sum_{i=1}^{N} | S_i - S_{i-1} |}{S_{\text{sum}}} \tag{4-4}$$

为方便计算，选取疲劳过程中若干循环进行计算，得到的 D_S 发展曲线如图 4-47 所示，当 $D_S=1$ 时，试件发生疲劳破坏。从图中可以看出，累计损伤也是呈三阶段变化的。在疲劳初始阶段，疲劳荷载上限值越大，则损伤越大，疲劳第二阶段的损伤累积速率也越快。初期损伤与疲劳荷载下限值关系不大。

为确定每一阶段占疲劳寿命的比值，或者说是损伤发展各阶段的过渡点，对每阶段曲线进行拟合，曲线交点即为过渡点，即图中 N_2 和 N_3 的位置[4-19]。以梁 FB4 为例，其 D_S 发展曲线拟合及拐点确定如图 4-48 所示，三阶段的拟合曲线分别取形为 $y=ax^b$，$y=a+bx$ 和 $y=ax^b$ 的函数，计算得到 $N_2=0.15$，$N_3=0.887$，即疲劳三阶段分别占疲劳寿命的 15%、73.7% 和 11.3%。以同样的方式对其余梁进行拟合，得到各阶段占比，如表 4-9 所示。根据 N_2 或者 N_3 的位置即可估计试件的疲劳寿命，采用平均值时，$N_f \approx 8.065N_2 \approx 1.149N_3$。

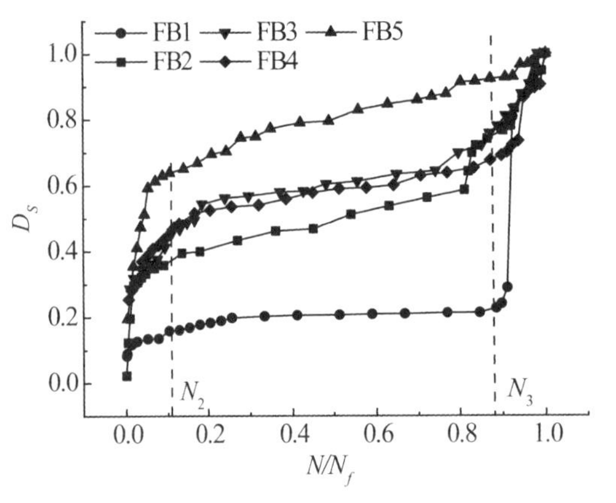

图 4-47 D_S 发展曲线

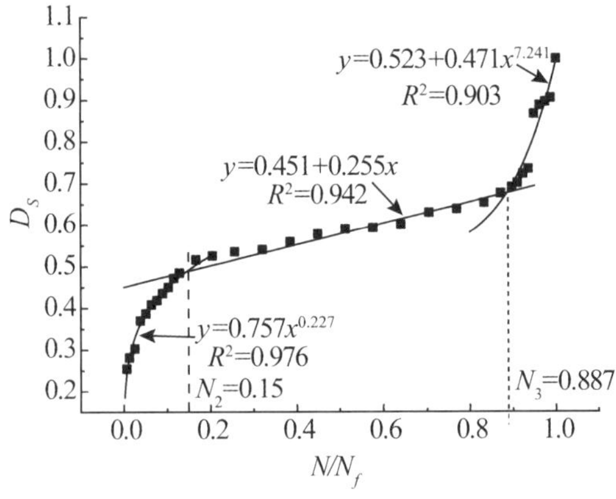

图 4-48 梁 FB4 D_S 发展曲线

表 4-9　D_S 疲劳三阶段占疲劳寿命比

梁编号	FB1	FB2	FB3	FB4	FB5	平均值
N_2	0.115	0.044	0.211	0.150	0.101	0.124
N_3	0.887	0.847	0.813	0.887	0.914	0.870

参考文献

[4-1] SCHLÄFLI M, BRÜHWILER E. Fatigue of existing reinforced concrete bridge deck slabs. Engineering Structures, 1997, 20(11): 991-998.

[4-2] 钟铭,王海龙. 高强钢筋高强混凝土梁静力和疲劳性能试验研究. 建筑结构学报, 2005, 26(2): 94-100.

[4-3] 李秀芬,吴佩刚. 高强混凝土梁抗弯疲劳性能的试验研究. 土木工程学报, 1997, 30(5): 37-42.

[4-4] 朱红兵. 公路钢筋混凝土简支梁桥疲劳试验与剩余寿命预测方法研究. 长沙: 中南大学, 2011.

[4-5] LIU F, ZHOU J. Fatigue strain and damage analysis of concrete in reinforced concrete beams under constant amplitude fatigue loading. Shock&Vibration, 2016(3): 1-7.

[4-6] CHUNG H W. An appraisal of the ultrasonic pulse technique for detecting voids in concrete. Concrete, 1978, 12(11): 25-58.

[4-7] LABUZ J F, CATTANEO S, CHEN L H. Acoustic emission at failure in quasi-brittle materials. Construction & Building Materials, 2001, 15(5): 225-233.

[4-8] YUYAMA S, LI Z W, YOSHIZAWA M, et al. Evaluation of fatigue damage in reinforced concrete slab by acoustic emission. Ndt & E International, 2001, 34(6): 381-387.

[4-9] 金伟良,张军,陈才生,等. 基于压磁效应的钢筋混凝土疲劳研究新方法. 建筑结构学报, 2016, 37(4): 133-142.

[4-10] 谌润水,胡钊芳,帅长斌. 公路旧桥加固技术与实例. 北京: 人民交通出版社, 2002.

[4-11] 宋玉普. 混凝土结构的疲劳性能及设计原理. 北京: 机械工业出版社, 2006: 289-290.

[4-12] 李永强,车惠民. 混凝土弯曲疲劳累积损伤性能研究. 中国铁道科学, 1998(2): 52-59.

[4-13] 汤红卫,李士彬,朱慈勉. 基于刚度下降的混凝土梁疲劳累积损伤模型的研究. 铁道学报, 2007, 29(3): 84-88.

[4-14] 赵建生. 断裂力学及断裂物理. 武汉: 华中科技大学出版社, 2003.

[4-15] LAIRD C, SMITH G C. Crack propagation in high stress fatigue. Journal of Theory

Experiment and Applied Physics,1962,7(77):847 - 857.

[4 - 16] FREY R,THUERLIMANN B. Ermüdungsversuche an stahlbetonbalken mit und ohne schubbewehrung. Birkhäuser Basel,1983.

[4 - 17] 张军. 基于压磁效应的钢筋混凝土结构疲劳性能试验研究. 杭州:浙江大学,2017.

[4 - 18] 金伟良,周峥栋,毛江鸿,等. 锈蚀钢筋在疲劳荷载作用下压磁场分布研究. 海洋工程,2016,34(5):65 - 72.

[4 - 19] ERBER T, GURALNICKZ S A, DESAIZ R D, et al. Piezomagnetism and fatigue. Journal of Physics D:Applied Physics,1997,30(20):2818 - 2836.

第 5 章　锈蚀钢筋的疲劳与磁效应演化

5.1　引　言

混凝土结构中的钢筋锈蚀一直以来都是影响结构安全和使用寿命的重要因素，锈蚀会造成钢筋有效截面的减小，使钢筋在受到远低于钢筋的极限强度甚至屈服强度的交变应力作用下发生没有预兆的脆性断裂，从而大幅降低结构的实际使用年限。钢筋锈蚀的形式一般分为均匀锈蚀、非均匀锈蚀或者坑蚀[5-1]。均匀锈蚀是指混凝土内部的钢筋沿长度方向各截面的锈蚀率相等，但是在实际结构中钢筋并不是处处都发生锈蚀，锈蚀容易发生在结构薄弱处或者荷载较大处的微小裂缝对应位置处的钢筋表面，然后产生局部蚀坑。蚀坑对混凝土内钢筋的疲劳断裂的影响远远大于均匀锈蚀，因此，需要重点研究。

在锈蚀作用下，混凝土内部钢筋在疲劳过程中的应力会不断增加，疲劳损伤不断累积，导致周围的压磁场发生相应的改变，通过采集压磁场和磁场分布的变化，可综合把握锈蚀钢筋疲劳演化进程，并对锈蚀钢筋的疲劳损伤阶段进行评估。

5.2　均匀锈蚀钢筋的疲劳与磁效应

5.2.1　试验设计

选取直径为 10mm 的 HPB300 光圆热轧钢筋与直径为 14mm 和 16mm 的 HRB400 带肋热轧钢筋，其力学性能如表 5－1 所示。

表 5－1　钢筋力学性能

钢筋型号	公称直径 /mm	计算截面积 /mm^2	屈服强度 /MPa	极限强度 /MPa	单位重量 /$g \cdot mm^{-1}$
HPB300	10	78.5	343.9	493.0	0.574
HRB400	14	153.9	454.8	604.3	1.169
HRB400	16	201.1	437.6	591.7	1.518

采用室内电化学加速锈蚀方法进行钢筋的锈蚀[5-2,5-3,5-4]，溶液模拟钢筋锈蚀装置

如图 5－1 所示，在塑料锈蚀箱底放置一块连接直流电源负极的不锈钢板充当阴极，其上铺设 30mm 厚吸水海绵层，将钢筋试件并排置于吸水海绵上并微微嵌入海绵层，并联钢筋试件后连接到直流电源的正极。容器中注入 5% 的氯化钠溶液，使液面高度正好浸润吸水海绵底部。溶液模拟锈蚀装置如图 5－2 所示，注入 5% 的氯化钠溶液至湿润吸水海绵。达到预期通电时间后取出钢筋试件，酸洗称重，钢筋实测锈蚀率如表 5－2 所示。

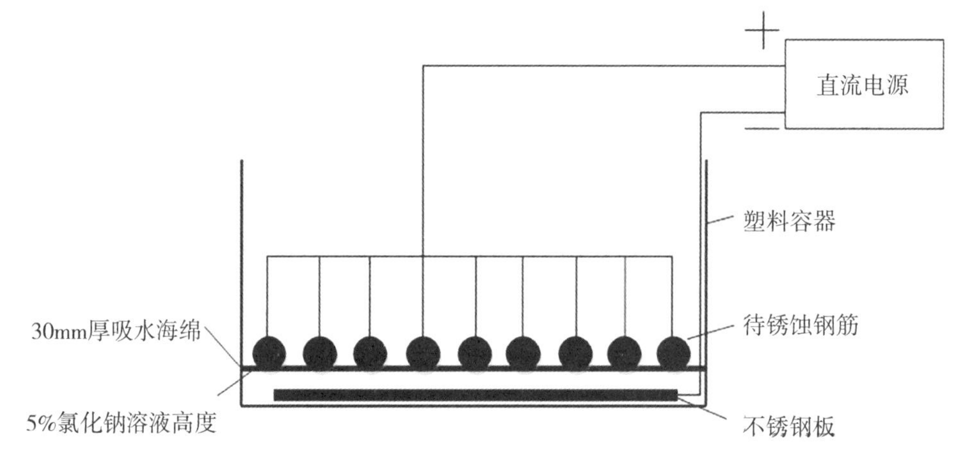

图 5－1　溶液模拟钢筋锈蚀装置示意图

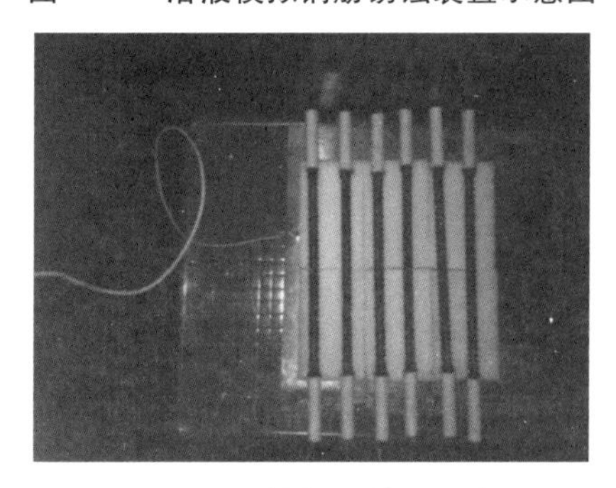

图 5－2　钢筋锈蚀装置示意图

表 5－2　钢筋实测锈蚀率

钢筋直径/mm	目标锈蚀率/%	实测长度/mm	锈前质量/g	锈后质量/g	实际锈蚀率/%
10	3	470	271.2	266.1	2.9
		467	269.5	264.3	3.0
		469	269.4	264.2	3.0
		469	270.2	267.3	1.7
		469	270.1	265.4	2.7
		470	271.2	266.1	1.6

续表

钢筋直径/mm	目标锈蚀率/%	实测长度/mm	锈前质量/g	锈后质量/g	实际锈蚀率/%
10	6	471	270.9	260.3	6.1
		467	270.6	262.2	4.8
		468	268.9	260.1	5.1
		469	270.2	257.2	7.5
		476	273.9	262.3	6.7
	10	469	269.8	250.3	11.3
		468	268.5	252.1	9.5
		470	269.8	247.3	13.1
		476	273.9	262.3	16.2
14	3	471	542.9	530.5	3.4
		470	549.5	529.1	3.0
		470	550.1	542.8	2.1
		473	545.9	538.5	2.1
		469	546.5	541.0	1.6
		467	540.2	531.9	2.4
	6	471	551.7	530.1	6.2
		471	541.5	521.1	5.9
		471	550.1	528.7	6.1
		469	542.2	520.4	6.3
		471	542.1	518.6	6.8
		469	535.7	514.0	6.3
		470	549.5	529.1	5.8
	10	471	541.0	511.8	8.6
		474	549.8	522.0	8.0
16	3	470	711.2	697.8	2.9
		470	713.1	697.7	3.4
		469	710.4	692.3	4.0
		471	714.9	705.2	2.1
		470	712.5	706.6	1.3

续表

钢筋直径 /mm	目标锈蚀率 /%	实测长度 /mm	锈前质量 /g	锈后质量 /g	实际锈蚀率 /%
16	6	468	707.5	680.8	5.9
		468	710.8	688.3	4.9
		469	712.3	689.3	5.0
		471	716.0	696.9	4.2
	10	468	711.5	666.5	9.9
		469	713.8	669.4	9.7
		470	713.5	681.8	7.0

5.2.2 试件加载

锈蚀钢筋的轴向拉伸疲劳试验在 250kN 电液伺服疲劳试验机上进行,试验布置如图 5－3 所示。磁探头布置的位置位于钢筋试件锈蚀段下部三分之一处,探头表面距钢筋表面 33 mm。参考《金属轴向疲劳试验方法》[5-5],应力水平取 0.5～0.7,而应力下限恒为 0.1,加载频率 2.0Hz。在试件周围布置采用坡莫合金制成的屏蔽环后减小噪声扰动。

图 5－3 试验布置情况

5.2.3 静态拉伸过程中的磁效应

钢筋受到静力加载后,磁信号便会引起相应的变化。静态加载试验仍然在 250kN 电液伺服疲劳试验机上进行,磁探头布置位置位于锈蚀段三分之一处,提离值为 33mm。数据采集频率为 1000Hz,试验加载方式采用位移控制,加载速率为 2mm/min,直至试件断裂。

图 5－4 为直径 14mm 系列钢筋典型的荷载－变形曲线,而图 5－5 与图 5－6 给出了相应的法向磁感强度－变形曲线与切向磁感强度－变形曲线。

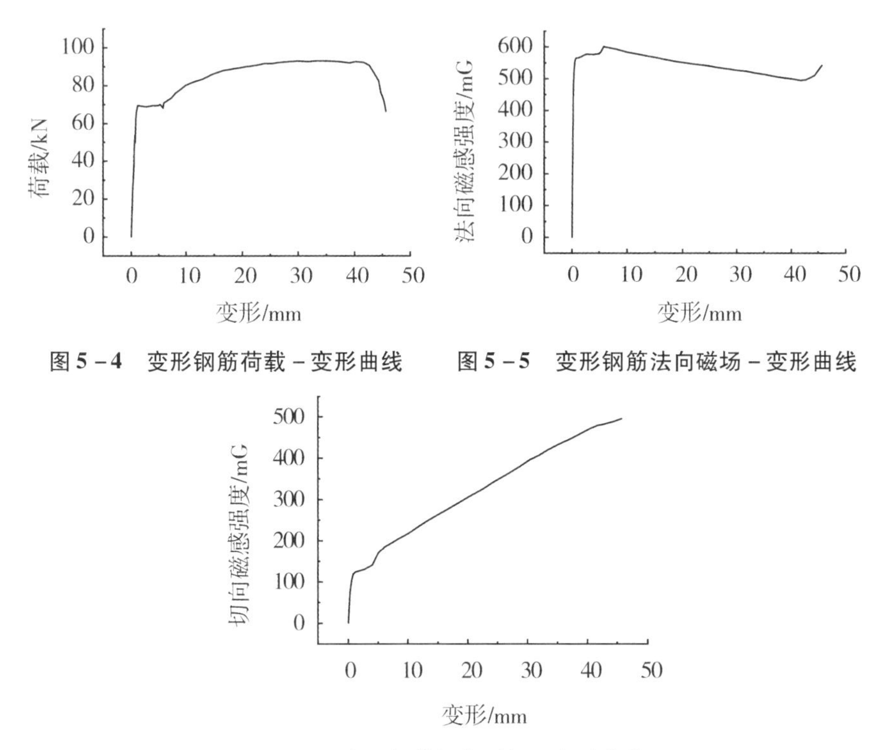

图 5-4　变形钢筋荷载-变形曲线　　**图 5-5　变形钢筋法向磁场-变形曲线**

图 5-6　变形钢筋切向磁场-变形曲线

从图 5-4～图 5-6 中可以看出，在弹性阶段，法向磁感强度与切向磁感强度均随着荷载的增大而增大。随后，法向信号在强化阶段有所下降，而切向信号则大幅增加。钢筋临近断裂时荷载迅速降低，而法向磁信号却在曲线尾部有一小段上扬。法向磁感强度在弹性阶段增幅明显，而在塑性阶段则为切向磁感强度大幅增加。

磁感应强度在弹性阶段由于磁弹性能的累积而不断增加，当能量累积到某个阈值后晶体滑移，累积的部分能量得到释放，此时尽管变形还在增大，但磁感应强度已不再增加。在强化阶段，位错滑移持续累积，当磁能释放速率大于新增磁能时表现为磁感强度的下降，若位错滑移引起的磁能释放率低于磁能增加速率时，则磁感应强度继续增加。

钢筋的锈蚀会导致屈服荷载、极限承载力以及延性的降低，必然也会在磁信号方面带来影响。表 5-3 给出了其中一组对比锈蚀试件的静态拉伸试验结果。

表 5-3　静态拉伸组试验结果

试件编号	锈蚀程度	屈服荷载/kN	极限荷载/kN	五倍伸长率
SS10-1	0%	25.8	39.2	34%
SS10-2	1.6%	25.2	37.2	32%
SS10-3	6.7%	22.5	32.4	20%
SS10-4	13.1%	18.5	23.5	11%

可见钢筋的锈蚀对屈服荷载、极限荷载、延性的影响均较为显著，伸长率下降幅度最

大。图 5 - 7 给出了不同锈蚀程度试件的荷载 - 变形曲线。

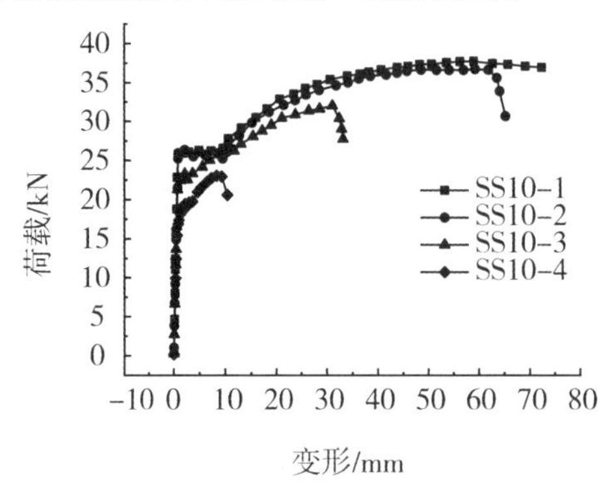

图 5 - 7　不同锈蚀程度钢筋的荷载 - 变形曲线

从图 5 - 7 可见,随着锈蚀率的增大,钢筋屈服平台逐渐减小直至近乎消失,后期变形能力急剧减小,锈蚀率为 13.1% 试件的变形能力仅为未锈蚀试件的 14.4% 。图 5 - 8 与图 5 - 9 为不同锈蚀率下法向磁场与切向磁场的变化规律。

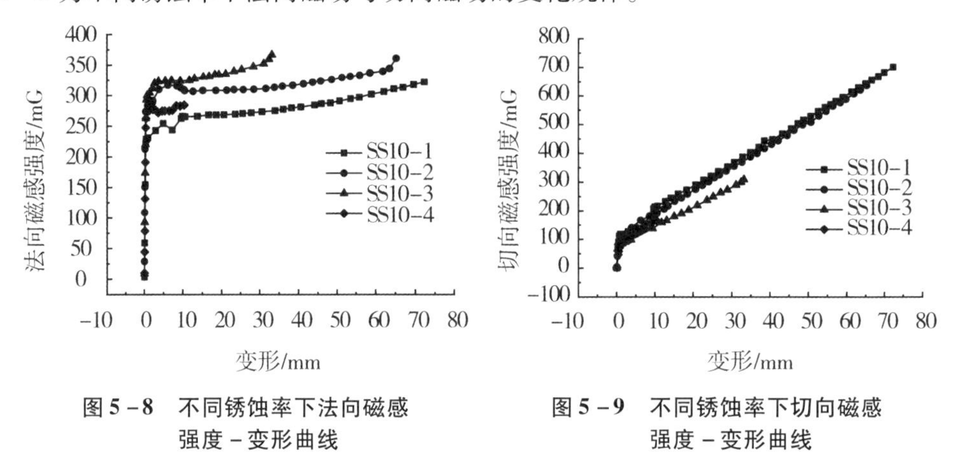

图 5 - 8　不同锈蚀率下法向磁感强度 - 变形曲线

图 5 - 9　不同锈蚀率下切向磁感强度 - 变形曲线

从图 5 - 8 可见,在弹性阶段不同锈蚀率下,法向磁感强度与变形有良好的线性关系。进入屈服阶段的磁感强度在 10% 锈蚀率内随着锈蚀率的增大而增大,随后锈蚀率的增大反而使峰值降低,可能原因是在一定范围内锈蚀率的增大使得应力集中现象更为明显,磁能累积速率加快,但锈蚀率增大到一定程度后弹性阶段缩短幅度较大,磁能累积时间较短,因而累积的磁感强度反而减小。钢筋断裂后的残余磁感强度也呈现相同的规律。

从图 5 - 9 可见,切向磁感强度在弹性阶段也呈线性增加,但增幅小于法向磁感强度。屈服阶段切向磁感强度继续增长,而在强化阶段的增长仍呈线性,但斜率小于弹性阶段。原因是塑性流动阶段材料内部的位错滑移累积释放了部分磁能,使得磁感强度增速放缓。不同锈蚀率下钢筋增速相近,但锈蚀率小的钢筋因其良好的延性使得增幅远大于锈蚀率大的钢筋。因而,钢筋断裂后残余的切向磁感强度可以很好地鉴别钢筋锈蚀程度。

5.2.4 疲劳试验加载参数及结果

1. 试验参数与疲劳寿命

对试验结果进行整理,统计疲劳寿命以及断裂位置,得到表5-4。

表5-4 钢筋疲劳试验主要参数及结果

编号	锈蚀率/%	应力水平	力值下限/kN	力值上限/kN	频率/Hz	疲劳寿命/次	断裂位置/mm
SF10-1	0	0.7	3.9	27.1	2	94795	夹头处
SF10-2	0	0.6	3.9	23.2	2	494380	夹头处
SF10-3	3.0	0.7	3.8	26.3	2	60838	夹头处
SF10-4	2.9	0.6	3.8	22.5	2	218428	45
SF10-5	4.8	0.5	3.7	18.4	2	未断	—
SF10-6	6.1	0.7	3.6	25.5	2	59653	50
SF10-7	5.1	0.6	3.7	22.0	2	132803	205
SF10-8	9.6	0.5	3.6	18.1	2	92858	47
SF10-9	9.5	0.6	3.5	21.0	2	162173	190
SF10-10	16.2	0.5	3.2	16.2	2	132524	40
SF14-1	0	0.7	9.3	65.1	2	145077	280
SF14-2	0	0.6	9.3	55.8	2	353586	155
SF14-3	3.2	0.7	9.0	63.0	2	50945	126
SF14-4	2.4	0.6	9.1	54.5	2	109794	100
SF14-5	5.8	0.7	8.7	61.0	2	56672	79
SF14-6	6.1	0.6	8.7	52.3	2	55235	125
SF14-7	4.7	0.5	8.9	44.3	2	234427	50
SF14-8	8.6	0.7	8.5	59.5	2	22567	125
SF14-9	8.0	0.6	8.7	51.9	2	44887	267
SF14-10	6.2	0.5	8.7	43.6	2	99237	123
SF16-1	2.9	0.6	11.6	69.3	2	146692	夹头
SF16-2	7.0	0.7	11.1	77.5	2	20349	288
SF16-3	5.9	0.6	11.2	67.2	2	93375	90
SF16-4	4.0	0.5	11.4	57.1	2	502619	189
SF16-5	10.0	0.6	10.7	64.5	2	2045	15
SF16-6	10.1	0.5	10.7	53.5	2	228892	255

注:表中断裂位置指断裂处到锈蚀段下部的距离,部分未断试件与断在夹持端试件寿命未列于表中。

2. 断口形态

最为常见的断口形态由一段较为平整的平面与一段和钢筋截面成45°的斜面组成，如图5 – 10所示。在疲劳初期微裂纹萌生，扩展出较为平整的平面，后期当试件剩余承载力下降到加载最大应力之下时，钢筋便被拉断，形成45°斜面。

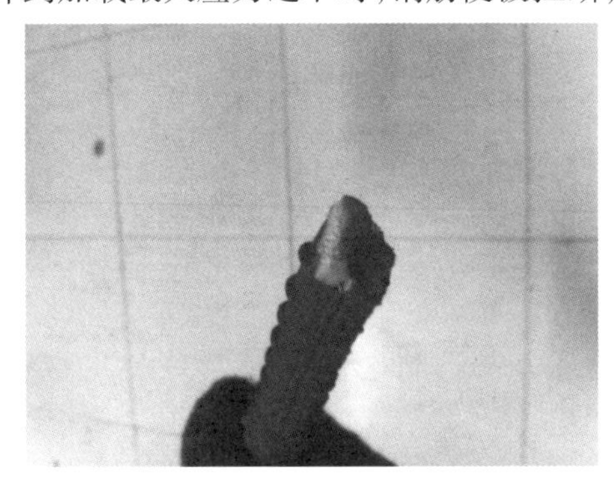
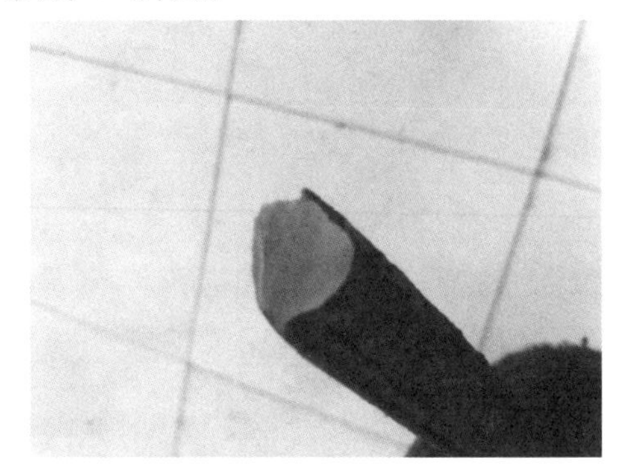

图5 – 10　SF14 – 6 断口形貌

当应力水平较大时，断口也会呈现出斜平面的形态，如图5 – 11所示。

图5 – 11　SF14 – 8 断口形貌

3. 钢筋锈蚀后疲劳寿命变化

由试验数据统计回归，可得变形钢筋不同锈蚀程度的疲劳寿命曲线如图5 – 12所示。

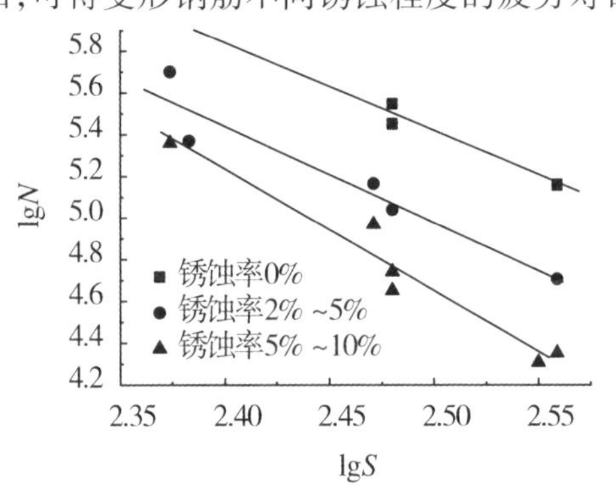

图5 – 12　变形钢筋的疲劳寿命曲线

图中直线斜率 m 随锈蚀率的增大而增大，意味着钢筋锈蚀率的增大使得其对应力幅的敏感程度增加，即锈蚀率越大，应力幅的增大引起的疲劳寿命的下降幅度越明显。可计算初始应力幅为194MPa（超载20%）、243MPa（超载50%即本文应力水平0.5的情形）、302MPa（超载86%即本文应力水平0.6的情形）、362MPa（超载123%即本文应力水平0.7的情形）时的疲劳寿命降低情况，计算结果如表5-5所示。

表5-5 不同应力幅下锈蚀对变形钢筋疲劳寿命的影响

初始应力幅/MPa	平均锈蚀率/%	锈后应力幅/MPa	疲劳寿命/次	寿命比/%
162	0	162	3919368	100
	5	171	1678187	43
	10	180	1142840	29
194	0	194	1871279	100
	5	204	730477	39
	10	216	399927	21
243	0	243	743041	100
	5	256	254901	34
	10	270	110630	15
302	0	302	304682	100
	5	318	93249	31
	10	336	31398	10
362	0	362	144900	100
	5	381	40333	28
	10	402	11177	8

5.2.5 锈蚀钢筋疲劳过程中的压磁效应

1. *磁感强度演变规律*

铁磁性材料受到外荷载后，微观的磁畴结构将发生转向及定向运动，引起可逆与不可逆两部分的磁感变化。在疲劳荷载的反复施加过程中，这两部分的磁感变化将可能帮助我们从微观角度去了解疲劳性能的变化。试验将着重关注磁感强度的变化规律是否能反映钢筋的损伤累积规律以及疲劳性能差异。

根据锈蚀钢筋轴向拉伸疲劳试验中检测到的法向与切向磁感强度数据，可以绘制残余磁感强度累积随疲劳荷载循环次数增加的变化，如图5-13与图5-14所示。

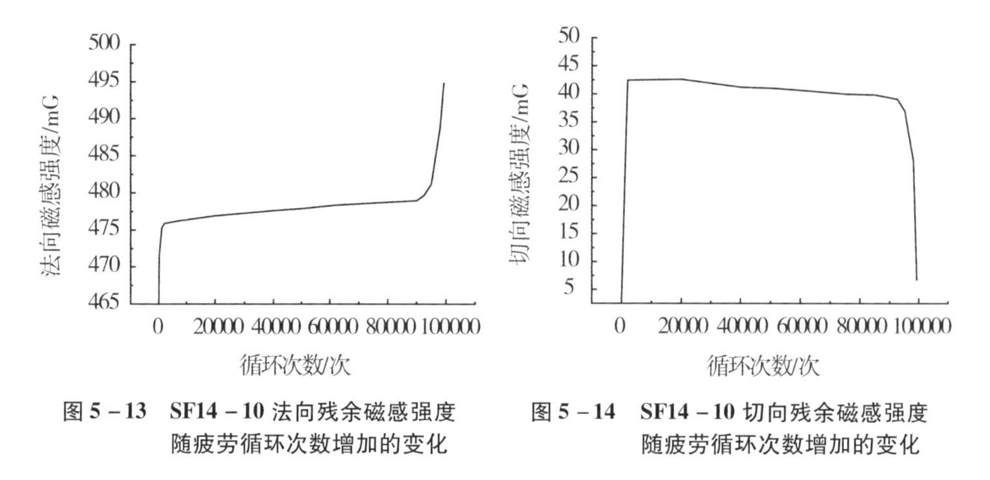

图 5－13　SF14－10 法向残余磁感强度随疲劳循环次数增加的变化

图 5－14　SF14－10 切向残余磁感强度随疲劳循环次数增加的变化

从图 5－13 与图 5－14 中可以看出，随着循环次数的增加，法向磁感强度快速增加至 475mG，随后趋于稳定，并缓慢增长。在疲劳寿命的最后阶段出现拐点后迅速上升直至试件断裂，发展规律与钢筋的应变、变形的增长规律一致，可以很好地展现钢筋疲劳损伤发展的各个阶段，反映钢筋疲劳损伤的累积过程。

切向磁感强度发展规律则是在疲劳初始阶段迅速增加，随后则持续下降，至疲劳寿命的最后阶段出现拐点后快速降低。与法向磁信号演变规律不同，切向磁感强度的变化规律可能与晶体滑移释放磁能有关，其产生机理仍有待进一步研究。

图 5－15 给出了光圆钢筋与直径 16mm 变形钢筋的法向磁场演变规律，拥有相同的变化趋势。总体来说，法向磁场能更好地与疲劳损伤累积规律相联系，而切向磁场分量受外界环境以及加载作动头的影响更大，但其三阶段规律始终存在，可帮助判断疲劳损伤所处的阶段。

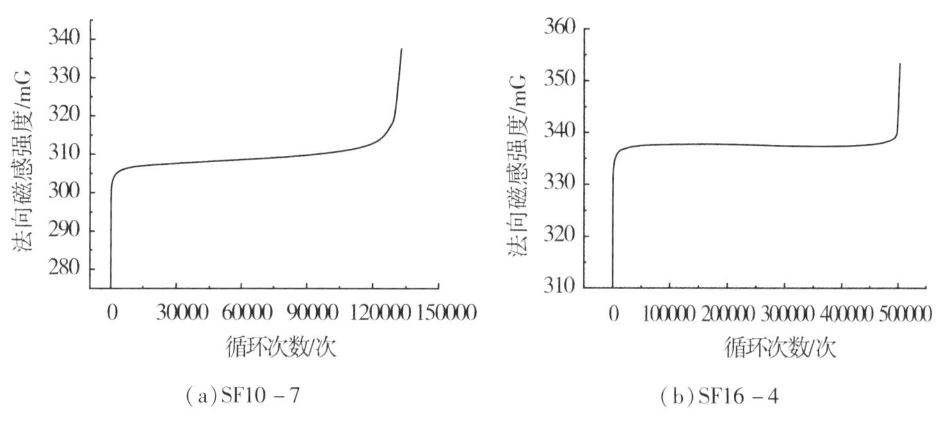

图 5－15　SF10－7 与 SF16－4 法向磁感强度随疲劳循环次数增加的变化

2. 磁感强度时变形态变化

传统的应变时变曲线如图 5－16 所示，应变与荷载的增减是同步的。应变的时变曲线形态从疲劳的初始阶段一直到临近破坏阶段，除了应变值有所增大外，形态上并无明显变化。

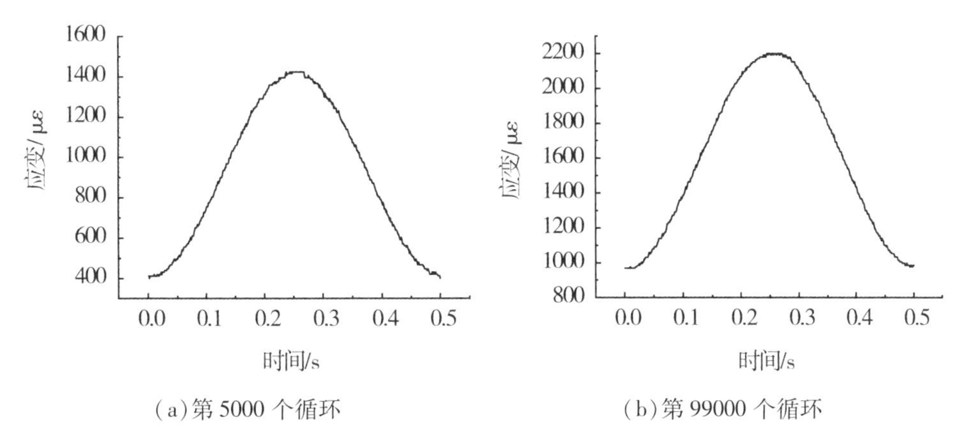

(a)第 5000 个循环　(b)第 99000 个循环

图 5－16　SF14－10 不同阶段应变时变曲线

图 5－17 展示了疲劳损伤累积过程中法向磁感强度的时变曲线形态演变规律。

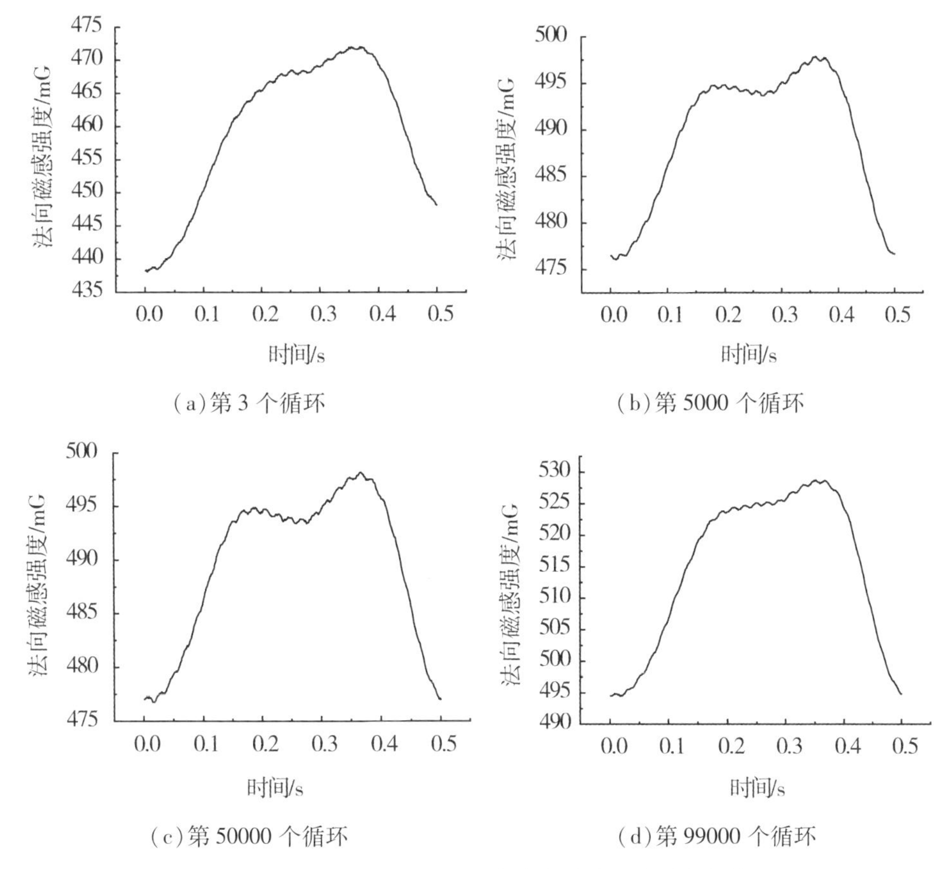

(a)第 3 个循环　(b)第 5000 个循环

(c)第 50000 个循环　(d)第 99000 个循环

图 5－17　SF14－10 不同阶段法向磁感强度时变曲线

由图 5－17 可知,法向磁感强度时变曲线不同于应变时变曲线呈现的正弦变化,而是呈"双峰"的形态,应力应变达峰值时磁感强度并非处在峰值,这是一种磁滞现象的体现。从形态上看,疲劳初期与邻近破坏阶段的时变曲线较疲劳稳定期有明显不同。根据磁感强度时变曲线的形态,可以快捷判断疲劳损伤累积发展所处的阶段,帮助预测疲劳寿命。

切向磁信号时变曲线形态与应变曲线类似,在整个疲劳过程中形态并无明显变化,切向磁信号并未如法向磁信号那样体现磁滞现象。切向磁信号由于受外界干扰影响较大,其曲线扰动幅度较法向信号更大,如图 5 – 18 所示。

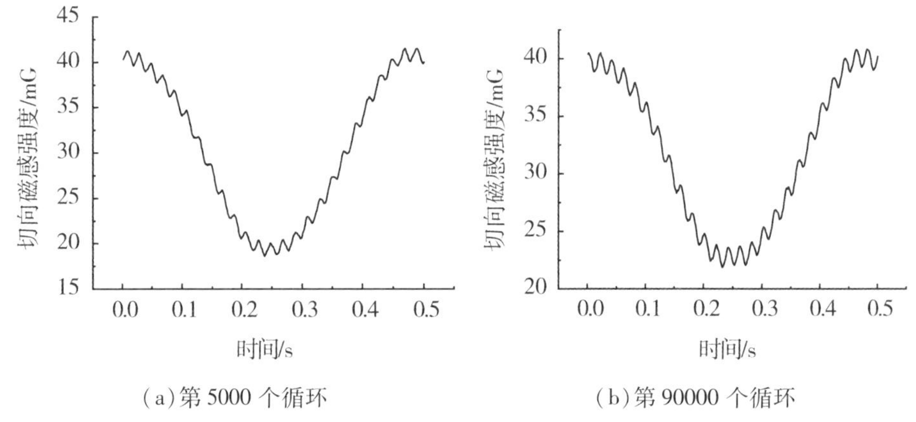

(a)第 5000 个循环 (b)第 90000 个循环

图 5 – 18 SF14 – 10 不同阶段切向磁感强度时变曲线

综上,法向磁感强度时变曲线形态的变化符合疲劳损伤累积的规律,较传统的应变时变曲线能反馈更多疲劳损伤的相关信息。而切向磁感强度时变曲线与应变时变曲线类似,对疲劳损伤的敏感度不如法向磁场时变曲线。

3. 滞回曲线演变规律

图 5 – 19 给出了法向磁感强度滞回曲线与应力应变滞回曲线的对比图。应力与应变的增减同步性较好,而法向磁感强度在应变达到峰值后并未立刻减小,而是继续增大至峰值后才开始减小,存在滞后性。

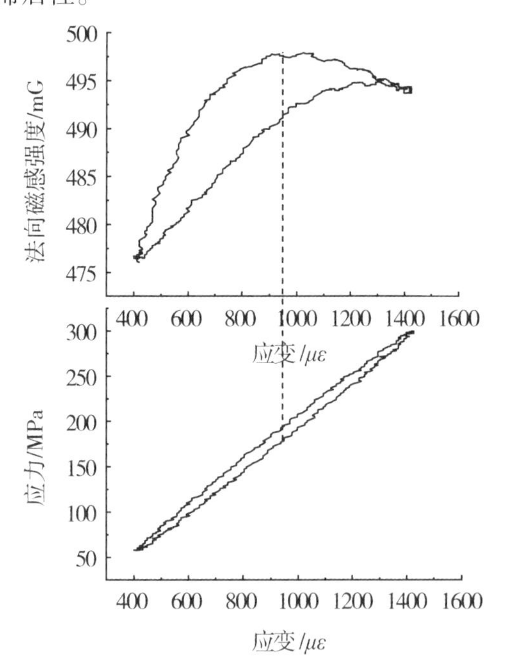

图 5 – 19 SF14 – 10 法向磁感强度应变滞回曲线与应力应变滞回曲线对比

图5-20给出了法向磁感强度应变滞回曲线在整个疲劳阶段的变化情况。可看出初始阶段不可逆磁化不断增加,滞回曲线未闭合,5000次循环至50000次循环均处于稳定扩展阶段,此时磁感强度的增减以可逆磁化为主,并无明显增长。

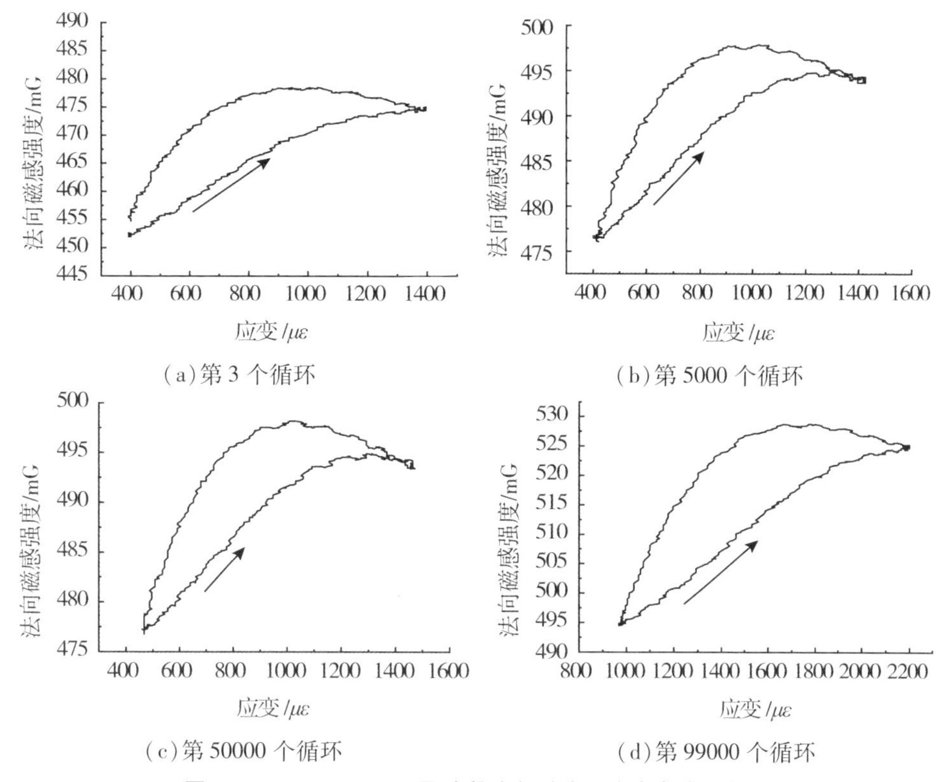

图5-20 SF14-10不同阶段法向磁感强度应变滞回曲线

图5-21给出了SF16-4不同阶段法向磁场应变滞回曲线。在即将发生破坏时,滞回曲线形状发生畸变,可作为断裂破坏的预警。

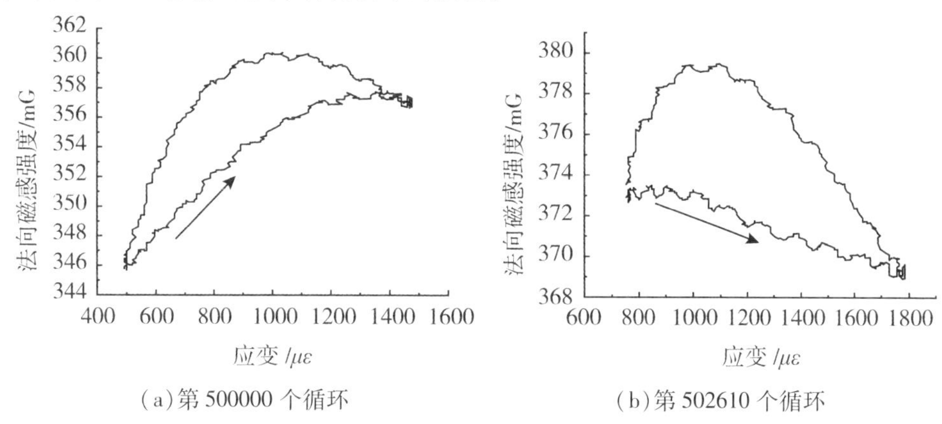

图5-21 SF16-4破坏阶段法向磁感强度应变滞回曲线形态变化

4.磁感强度与锈蚀率对应关系

实际工程中钢筋的锈蚀往往是不均匀的,不均匀锈蚀带来的后果是钢筋某个截面成为应力集中点,在整体锈蚀率并不大时却可能使疲劳性能大幅下降。同时,由于应力集中点外其他截面较为完整,不产生明显应变或位移,往往难以识别其疲劳性能降低的幅度,对疲劳损伤与疲劳寿命的把握存在较大不足。

试验中确定试验力时是按照预定的应力水平与静载试验得到的以平均截面积衡量的名义极限应力进行计算,这样就剔除了锈后平均截面积,减小对钢筋疲劳性能的影响,直观反映平均锈蚀率增大过程中不均匀锈蚀的疲劳性能的影响。在这种加载方式下,不同锈蚀率钢筋试件测得的应变振幅与位移振幅都是比较接近的,而疲劳寿命却仍随着平均截面锈蚀率的增大而减小。可见,局部应力集中对疲劳寿命有着较大的影响,而传统宏观指标受限于试验机精度以及应变监测技术难以准确识别这种损伤。同时,试验的结果显示,压磁磁感强度的振幅较应变与位移能够更好地识别锈蚀率的变化。表 5-6 列出了不同锈蚀率钢筋在相同应力水平疲劳荷载作用下各监测指标的变化情况。为便于对比,均选取钢筋疲劳加载至 50% 寿命时的变化情况,事实上,在整个损伤稳定发展期各指标变幅无明显改变。

表 5-6　不同锈蚀率下各指标单个循环内变幅

钢筋类型	应力水平	锈蚀率 /%	位移变幅 /mm	引伸计变幅 /10^{-3} mm	B_1 变幅 /mG	B_2 变幅 /mG
HPB300	0.1~0.7	0	0.70	3.8	33.1	43.9
		3.1	0.70	3.6	48.7	56.9
		6.1	0.71	3.9	92.9	28.2
	0.1~0.6	0	0.54	2.8	14.9	20.9
		2.9	0.54	2.6	24.2	34.5
		9.5	0.54	2.7	31.7	42.0
	0.1~0.5	0	0.44	2.2	8.6	31.3
		4.8	0.43	2.2	10.8	23.3
		9.6	0.44	2.4	23.3	26.4
HRB400	0.1~0.7	0	0.95	3.9	16.6	46.3
		3.2	0.95	3.8	22.7	42.4
		5.8	0.96	4.0	27.7	39.6
		8.6	0.96	3.9	173.0	74.2
	0.1~0.6	0	0.74	3.0	16.0	35.5
		2.4	0.74	3.1	20.6	24.7
		6.1	0.74	3.1	23.2	18.8
		8.0	0.76	3.3	26.6	21.3
	0.1~0.5	0	0.60	2.6	14.0	22.7
		4.7	0.60	2.7	12.9	26.8
		6.2	0.60	2.5	22.1	24.2

注:表中 B_1 指法向磁感强度,B_2 指切向磁感强度,变幅指单个循环内指标变化幅度,即最大值与最小值之差。

由表 5-6 中可知,加载应力幅越大,则各监测指标变幅越大。图 5-22 绘制了法向磁感强度变幅与锈蚀率的关系曲线,可见法向磁感强度的变幅表现出随着锈蚀率增大而增大的规律。切向磁信号变幅则由于外界干扰较大而未能很好体现这一规律。

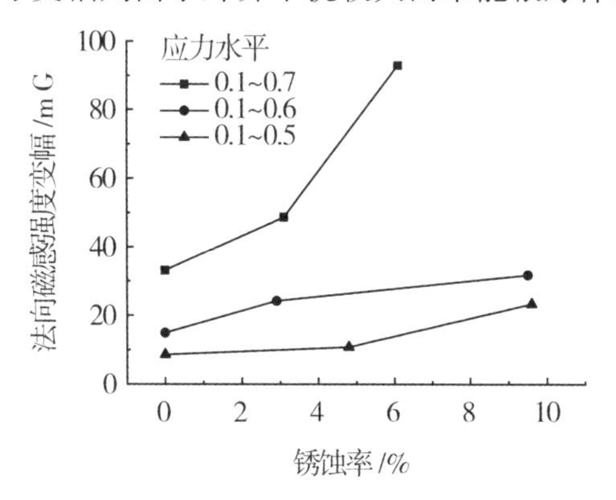

图5-22　光圆钢筋法向磁感强度变幅与锈蚀率关系曲线

应力水平越大,锈蚀率越大,则法向磁感强度变幅越大。而在相同应力水平下,未锈蚀的试件法向磁场变幅均明显小于锈蚀试件的相应变幅。可见,磁信号在检测锈蚀损伤对疲劳性能影响方面较宏观尺度上的位移、微观尺度上的应变等指标灵敏度更好。而且应力水平越大,灵敏度越高。光圆钢筋在0.1~0.7应力水平范围内疲劳加载时锈蚀率为0~6.1%,法向磁感强度变幅便从33.1mG增至92.9mG,扩大两倍有余,能轻易识别疲劳性能的优劣。

锈蚀率较大且应力水平较大时,如表5-6中变形钢筋在0.1~0.7应力水平范围内锈蚀率达8.6%时,法向磁场变幅为173mG,远大于其他情况,其原因在于钢筋局部进入了塑性阶段,磁畴结构受到大幅影响。

5. 塑性循环加卸载

超载现象、地震荷载的存在会使得结构遭受较大幅度的疲劳荷载,钢筋进入塑性阶段后,磁信号的变幅有可能较弹性阶段有大幅增加。对五根钢筋进行了循环加卸载,应力幅分为0.1~0.65与0.1~0.8两档,考察弹性阶段与塑性阶段的磁信号表现。峰值应力水平为0.65时,法向磁感强度变幅仅为32mG,而峰值应力水平为0.8时,由于经历了屈服平台,法向磁感强度变幅剧增至350mG。

图5-23绘制了峰值应力超过屈服应力情况下单次循环加载对应的法向磁感强度时变曲线。其形态与在应力水平较低时处于弹性阶段疲劳加载的磁感强度时变曲线形态大致相同,均为“双峰型”,但其变幅远远大于弹性阶段变幅,可能原因是钢筋屈服阶段的塑性流变使得材料内部磁畴结构发生了更大幅度的定向排列,进而

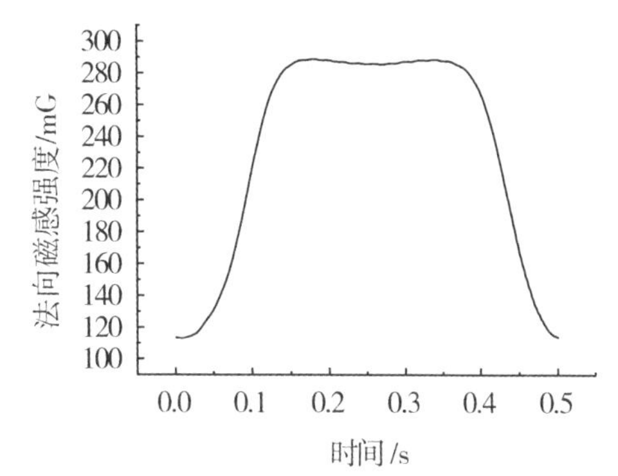

图5-23　塑性循环加载法向磁感强度时变曲线

导致单个循环内的可逆磁化部分剧增。

5.2.6　锈蚀钢筋疲劳过程中压磁场分布特性研究

1. 无应力状态下沿截面圆周磁信号分布

实际工程中的钢筋往往是靠近保护层一层锈蚀情况较远端严重，靠近锈蚀严重侧的磁信号与远端是否存在区别，还应通过绕截面圆周一圈的磁信号分布进行探究。如图5－24所示，通过固定磁探头，匀速旋转钢筋，每隔45°记录测点法向与切向磁感强度值。得到磁感强度沿圆周分布如图5－25所示，可见法向与切向磁感强度沿同一截面圆周几乎不变，后续重点探测沿锈蚀钢筋长度方向的磁场分布。

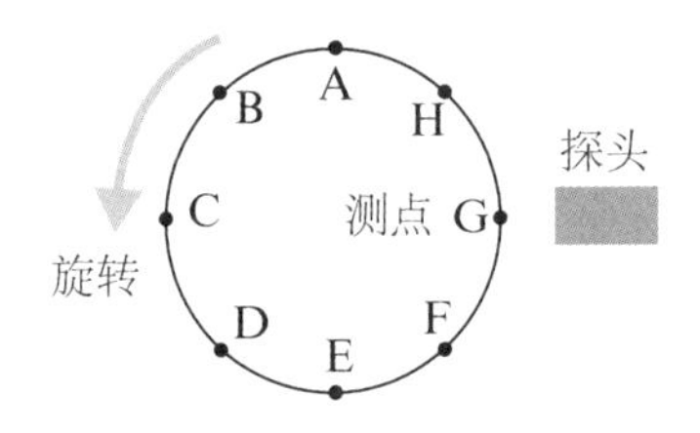

图5－24　测点旋转方向与位置　　　　沿截面圆周分布

2. 无应力状态下沿长度方向磁信号分布

固定磁探头，缓慢匀速移动钢筋，记录下钢筋锈蚀段300mm范围内沿长度方向磁感应强度分量，如图5－26与图5－27所示。从形态上看，法向磁场沿长度方向呈线性变化，而切向磁场在考察段内存在极值。初始状态下法向磁感强度梯度平均为18mG/mm，切向磁感强度梯度值各点不尽相同，最大时可达24mG/mm。对于各种类型、不同锈蚀率的钢筋均得到类似的形态。

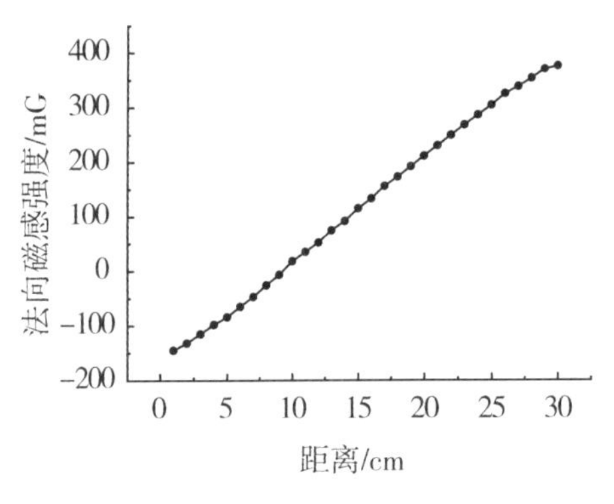

图5－26　法向磁场沿长度方向分布

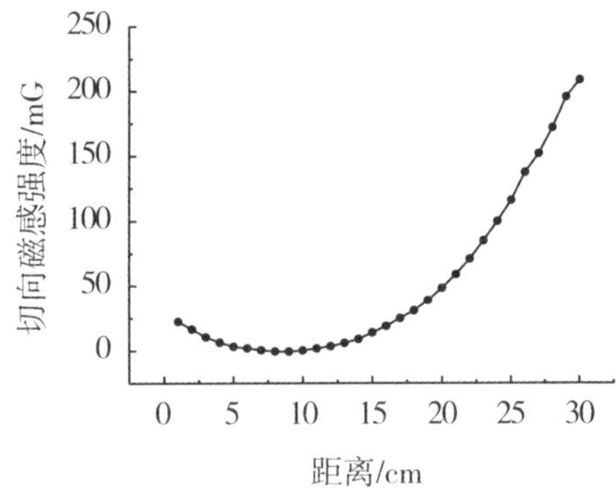

图5－27　切向磁场沿长度方向分布

3. 疲劳过程中磁场分布演变

每隔预定的循环次数后，离线检测法向与切向磁感强度。试验主要参数及结果如表

5－7所示。

表5－7　钢筋压磁分布疲劳试验主要参数及结果

编号	锈蚀率 /%	应力水平	力值下限 /kN	力值上限 /kN	频率 /Hz	疲劳寿命 /次	断裂位置 /mm
DF10－1	2.7	0.7	3.8	26.4	2	57750	夹头处
DF10－2	3.0	0.6	3.8	22.5	2	269690	夹头处
DF10－5	7.5	0.6	3.6	21.5	2	143718	180
DF10－4	11.3	0.6	3.4	20.6	2	108069	51
DF14－1	6.8	0.6	8.7	52.0	2	63580	243
DF14－2	6.3	0.7	8.7	61.0	2	30576	135
DF16－1	4.2	0.6	11.4	68.4	2	70120	205
DF16－2	5.0	0.7	11.3	79.1	2	21657	281

注:表中断裂位置指断裂处到锈蚀段下部的距离,部分未断试件与断在夹持端试件寿命未列于表中。

图5－28与图5－29给出了DF10－4与DF10－3的法向磁场分布演变情况。

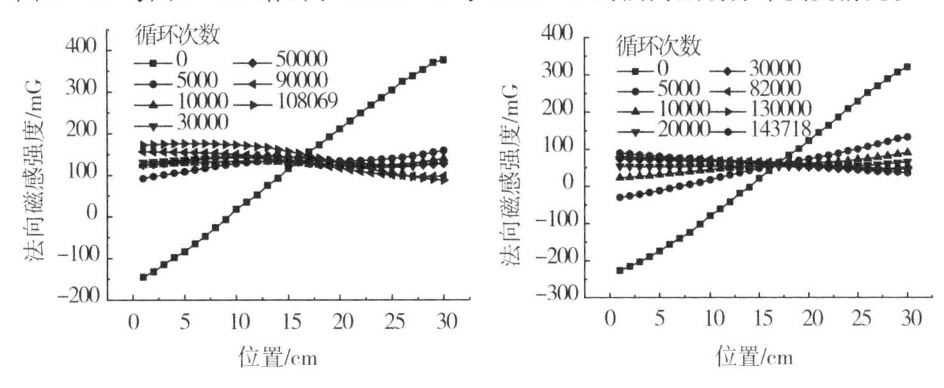

图5－28　DF10－4法向磁场分布演变　　**图5－29　DF10－3法向磁场分布演变**

由图5－28与图5－29可知,初始状态下钢筋法向磁场分布呈线性且梯度较大;疲劳荷载施加后梯度值迅速减小且线性程度降低,历经疲劳寿命5%～10%的循环荷载后出现"反转"现象,梯度值由正转负;此时进入疲劳损伤稳定扩展期,磁场分布变化缓慢;直至钢筋疲劳断裂,法向磁场分布出现较为明显的非线性特征,与初始状态有着相反的变化趋势。从数值上看,将DF10－4磁场分布中距锈蚀段底部10cm处法向磁感强度值提取出绘制成随循环次数增加的变化情况,分为快速增长、平稳积累、剧增突变三阶段,如图5－30所示。试件锈蚀段中间位置的法向磁场梯度变化值随循环次数增加的变化情况如图5－31所示。

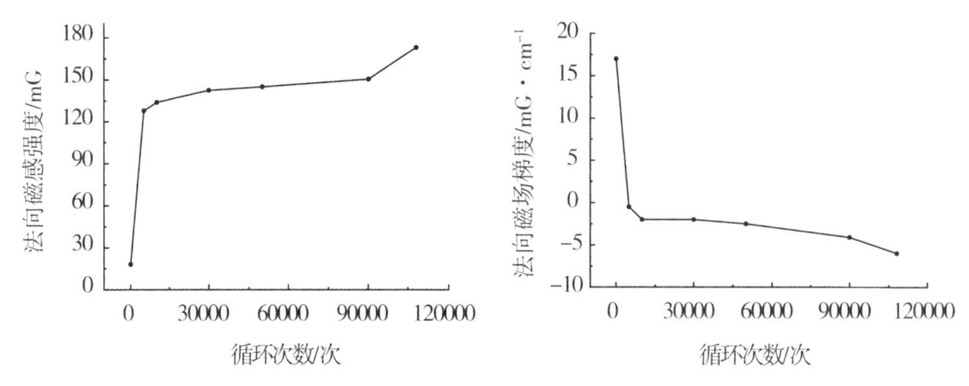

图 5－30　DF10－4 法向磁感强度变化规律　　**图 5－31　DF10－4 法向磁场梯度变化规律**

法向磁场梯度的变化规律也呈现三阶段的趋势，初始状态梯度值为正且较大，当梯度值迅速减小到负值时磁场分布出现“反转”现象后（即进入疲劳损伤稳定扩展阶段），可见“反转”现象在判断疲劳损伤累积所处的阶段方面具有重要意义。

变形钢筋的法向磁场分布演变也具有类似的规律，DF14－1、DF14－2、DF16－1、DF16－2 的试验结果如图 5－32、图 5－33、图 5－34、图 5－35 所示。磁场分布变化规律适用于不同种类、不同直径、不同应力幅的钢筋疲劳加载。

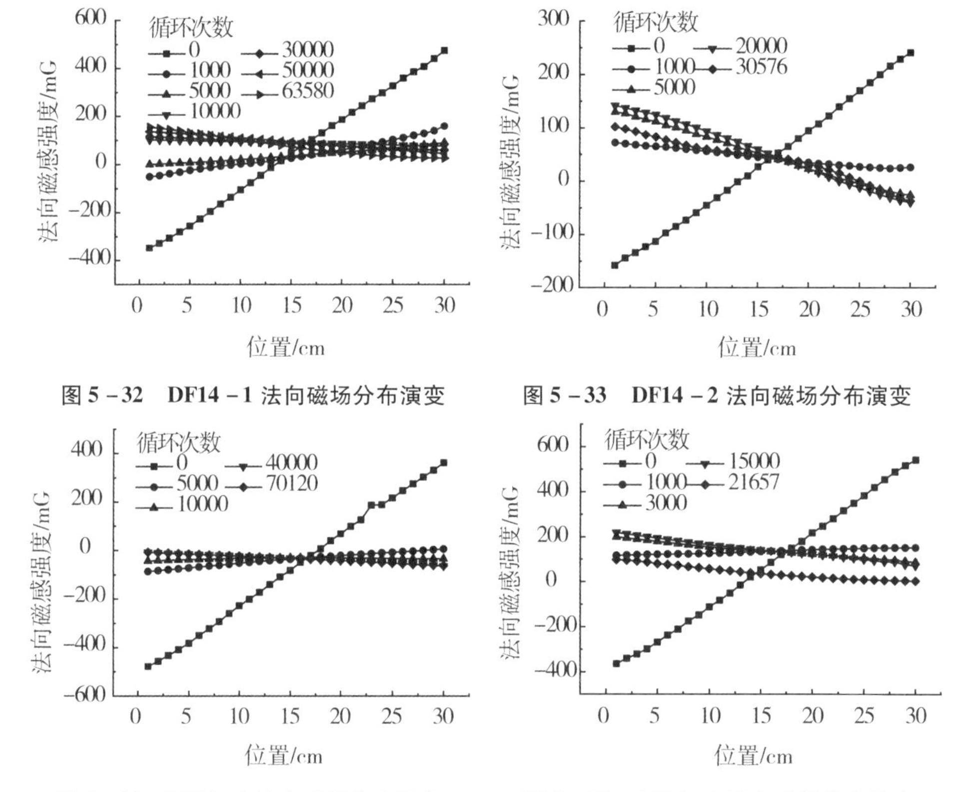

图 5－34　DF16－1 法向磁场分布演变　　**图 5－35　DF16－2 法向磁场分布演变**

试件 DF10－1 与 DF10－2 由于锈蚀率较低，端部夹持端应力集中对试件疲劳性能影响较大，使得试件最终疲劳断裂位置位于端部夹持端。此时监测到的锈蚀段法向磁场分布在整个疲劳阶段均没有出现“反转现象”,如图5－36所示。可能原因是试件的薄弱点即应力集中处在检测的锈蚀段之外而非锈蚀段之中。

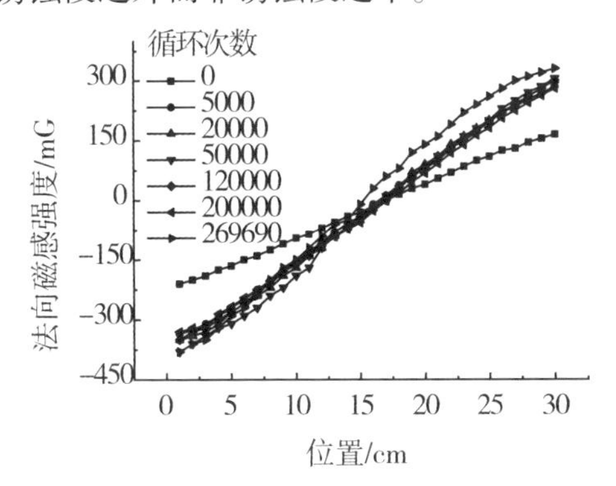

图5－36　DF10－2 法向磁场分布演变

切向磁场分布的演变规律与法向磁场分布类似,图5－37给出了DF10－3与DF10－4的切向磁场分布演变。

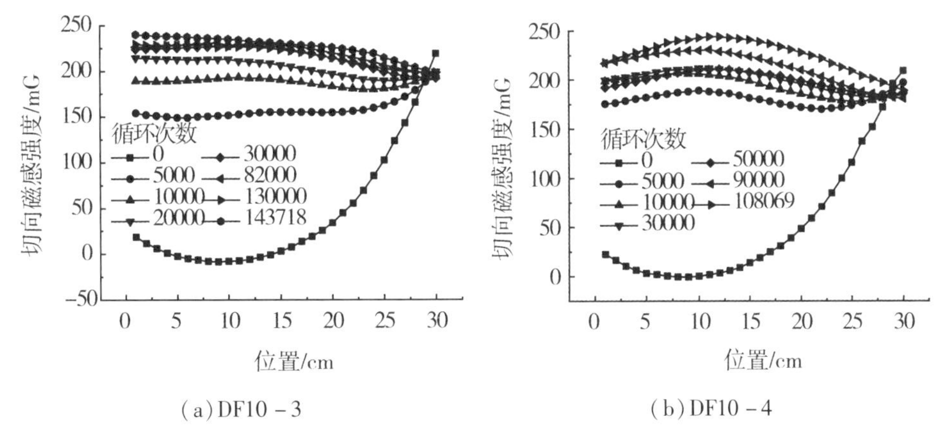

图5－37　DF10－3与DF10－4切向磁场分布演变

切向磁场分布形态较初始状态发生了较大改变。对DF10－3与DF10－4的切向磁场分布演变进行对比,可知两者的切向磁场分布演变均能反映疲劳损伤累积过程,锈蚀率更大时临近破坏的分布曲线非线性特征更为明显。因此,基于切向磁场分布演变的疲劳损伤检测适用于不同锈蚀率情形,但针对大锈蚀率的情形更为敏感。

变形钢筋的切向磁场分布演变也具有相同的规律,图5－38给出了DF14－1与DF14－2的切向磁场分布演变。对DF14－1与DF14－2的切向磁场分布演变进行对比,可见不同应力幅下磁场分布演变规律类似,但在临近破坏阶段切向磁场分布形态发生突变,应力幅较大情形下突变更为明显。因此,基于切向磁场分布演变的疲劳损伤检测适用于不同的应力幅情形,但针对应力幅大的情形更为敏感。

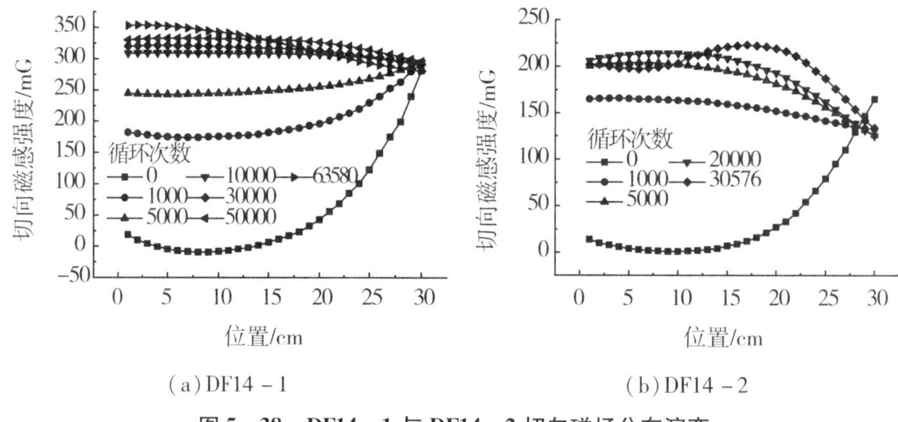

(a) DF14 - 1　　(b) DF14 - 2

图 5 - 38　DF14 - 1 与 DF14 - 2 切向磁场分布演变

同样,由于 DF10 - 1 与 DF10 - 4 疲劳断裂在锈蚀段之外,检测范围内的切向磁场分布形态并未出现"反转"现象,但在疲劳第三阶段仍表现出形态上的剧烈变化,如图 5 - 39 所示。

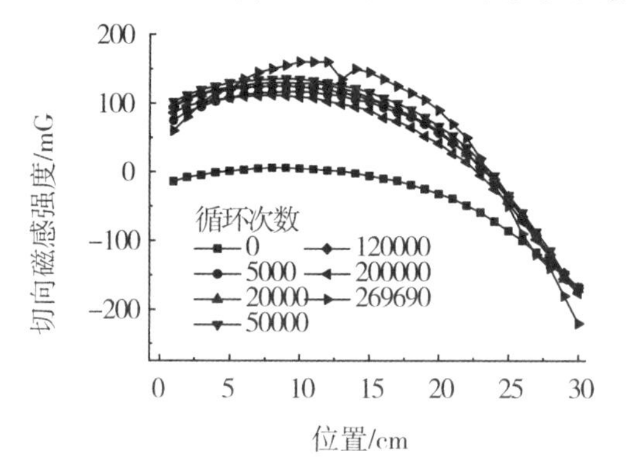

图 5 - 39　DF10 - 2 切向磁场分布演变

综上所述,法向磁场分布与切向磁场分布在试件受到循环荷载后迅速变化,进入疲劳损伤稳定扩展期后出现"反转"现象,约占整个疲劳寿命的 10%,据此可以判断疲劳损伤所处的阶段,辅助进行疲劳寿命预测。若应力集中最严重处与最后疲劳断裂位置不在检测范围内,则磁场分布不会出现"反转"现象,此现象可帮助判断试件损伤的薄弱点,预测疲劳断裂的位置。

在疲劳损伤稳定扩展期,损伤缓慢累积,磁场分布演变也极为缓慢,形态几无变化,直至临近破坏阶段,磁场分布又出现剧烈变化,非线性程度增加,可作为试件疲劳破坏的预警。不同类型、不同直径、不同锈蚀率的钢筋在各应力幅下磁场分布规律均类似,锈蚀率越大,疲劳荷载的应力幅越大,则磁场分布形态演变的规律越为明显,临近破坏阶段的磁场分布非线性程度越大。磁场分布中固定点的磁感强度变化规律与定点磁信号试验得到的结果一致,而磁场分布梯度也同样可以作为反映疲劳损伤的指标。

4. 基于压磁效应的疲劳性能无损检测方法

结合定点磁信号与磁场分布的演变规律,可以总结出一套简便可行的基于压磁效应的结构疲劳性能无损检测方法，要点如下：

（1）根据现场检测条件确定合理的提离值，进行定点的法向、切向磁信号监测，根据磁感强度增长速率来判断疲劳损伤所处的阶段，根据磁感强度值变化曲线的拐点预测疲劳寿命。

（2）根据单个疲劳循环中法向、切向磁信号的时变曲线及磁感强度－应变滞回曲线的形态，判断疲劳损伤所处的阶段，根据形态的变化点预测疲劳寿命。

（3）根据单个疲劳循环中法向、切向磁信号的变化幅度判断钢筋锈蚀对疲劳性能的影响，反推钢筋的锈蚀程度，判断是否有超载使钢筋进入塑性阶段。

（4）根据现场检测条件确定合理的提离值与检测范围，定时检测法向与切向磁场分布，根据磁场分布演变判断疲劳损伤所处的阶段，根据"反转"现象预测疲劳寿命。

（5）根据是否存在"反转"现象以及分布曲线中的突变点判断应力集中点，即薄弱环节是否在检测范围内，并据此预测疲劳断裂的位置。

（6）根据定点磁感强度由缓慢积累转为快速增长、磁信号时变曲线与滞回曲线的突变、磁场分布形态的突变作为检测对象，即对疲劳破坏的预警。

5.3 非均匀锈蚀钢筋的疲劳与磁效应

5.3.1 试验设计

选取Φ10光圆钢筋，Φ14、Φ16变形钢筋进行实验研究。表5－8为钢筋力学性能。

表5－8 钢筋力学性能

钢筋型号	直径/mm	计算面积/mm^2	屈服强度/MPa	极限强度/MPa
HPB300	10	78.5	336.0	496.8
HRB400	14	153.9	545.8	636.8
HRB400	16	201.0	412.7	591.0

采用通电加速锈蚀[5-6,5-7]，钢筋加速坑蚀装置如图5－40所示。

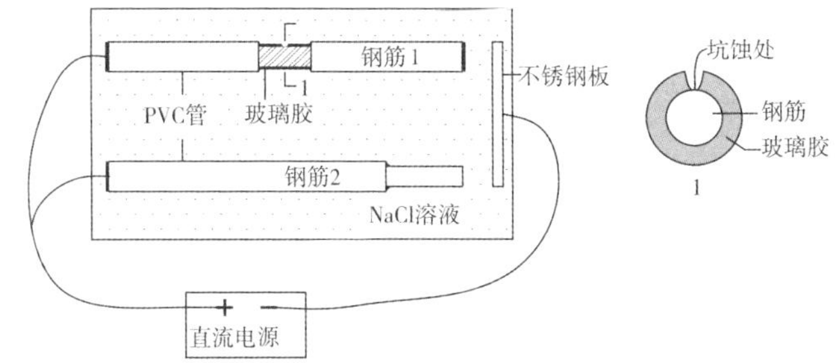

图5－40 钢筋加速坑蚀装置

锈蚀完成后，清理钢筋表面的玻璃胶，酸洗烘干。用游标卡尺量测坑蚀表面处的长度、宽度和深度。利用Geomegic studio软件分析点蚀处的钢筋剩余截面面积，从而计算得到坑蚀钢筋的最大截面锈蚀率。图 5－41 为半椭球体坑制作结果。图 5－42 为试验装置。

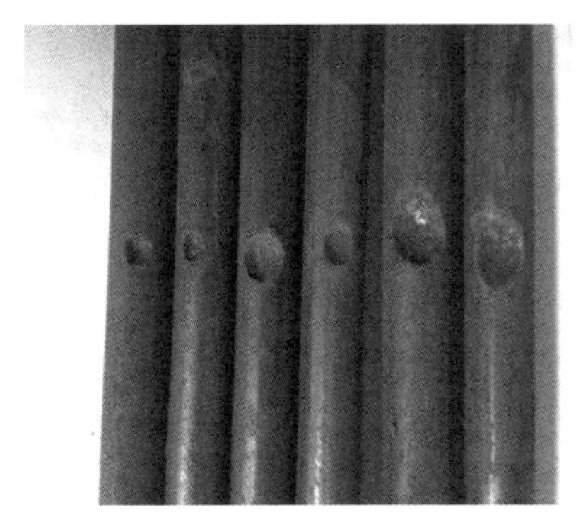

图 5－41　半椭球体蚀坑制作结果

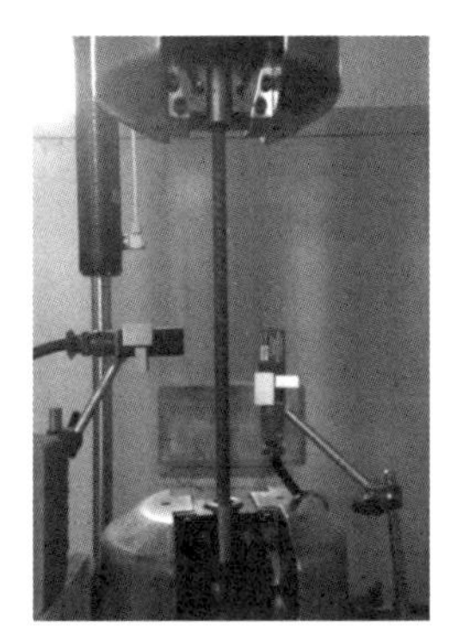

图 5－42　试验装置

试验仪器、加载设备和步骤以及测量仪器与方法同上。静载拉伸试验采用 2mm/min 的位移控制加载；疲劳试验加载频率为 2.0Hz，疲劳荷载上限为 0.6、0.7 倍极限荷载，下限取 0.1 倍极限荷载，均以坑蚀钢筋拉断作为结束标志。

5.3.2　试验结果

1. 静载性能试验结果

静载拉伸试验结果如表 5－9 所示。

表 5－9　光圆坑蚀钢筋力学性能

试件编号	坑蚀形态 长度/mm × 宽度/mm × 深度/mm	屈服荷载/kN	名义屈服强度/MPa	极限荷载/kN	名义极限强度/MPa	五倍伸长率/%
ST－1	—	26.4	336.3	38.2	486.6	34.0
ST－2	—	26.8	341.4	38.9	495.6	—
ST－3	—	26.5	337.6	38.1	485.4	—
ST－4	3.7×4.0×0.8	27.2	346.5	38.4	489.2	20.0
ST－5	3.5×3.2×1.0	26.2	333.8	37.5	477.7	22.0
ST－6	5.0×3.2×1.0	27.0	343.9	38.5	490.4	26.0
ST－7	5.0×6.0×1.4	26.9	342.7	37.5	477.7	18.0
ST－8	11.3×7.6×2.4	26.9	342.7	33.5	426.8	16.0
ST－9	7.0×7.1×3.0	26.6	338.9	32.0	407.6	12.0

注：ST－1、ST－2 和 ST－3 为未锈蚀钢筋，受限于试验机油缸行程，ST－2 和 ST－3 未能被拉断。

静载作用下所有坑蚀钢筋都在蚀坑处断裂，断后伸长率随蚀坑尺寸的变化规律，如图 5－43 所示。可以看出在蚀坑深度增量很小的情况下，钢筋的伸长率发生明显的降低，蚀坑宽度相关性不明显,蚀坑长度相关性差,可以认为蚀坑深度是引起钢筋伸长率降低的最主要因素。

图5-44可以发现,随着蚀坑沿长度、宽度和深度方向上的增大,钢筋的屈服荷载并没有发生降低,且屈服平台长度并没有缩短,这与有限元分析得到的结果有所区别;而极限荷载随着蚀坑的增大则会发生降低。对比ST-4和ST-5可以发现,虽然ST-5的伸长率大于ST-4的伸长率,但是ST-5的最大变形量却小于ST-4,说明坑蚀钢筋的伸长率和最大变形量并不是一一对应的。

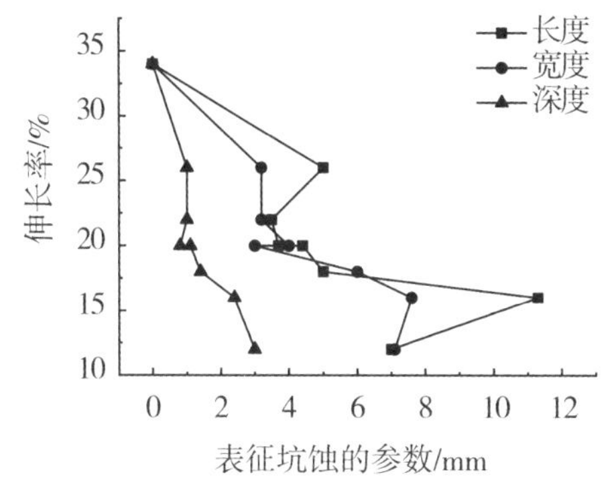

图5-43　坑蚀钢筋伸长率变化规律

图5-44　点蚀钢筋荷载变形曲线

2. 静载拉伸试件断口形态

对拉伸断裂后的断口进行观察分析,如图5-45、图5-46所示。

(a)沿拉伸方向对比

(b)断口横截面对比

图5-45　ST-7及ST-9断口形态对比

图5-46　ST-7坑蚀钢筋试件断口形态

分析图 5 – 45 可以发现：对于坑蚀钢筋 ST – 9，拉伸作用下坑蚀钢筋仍然存在颈缩现象；同时，随着锈蚀率的增加，剪切唇断面所占的面积也逐渐增加，这就意味着放射区面积减小，由于坑蚀钢筋静载拉断前的极限荷载随放射区面积减小而降低，所以断口放射区面积减小与极限荷载降低的试验结论相一致。

根据金属断口分析，完整光滑圆试件在拉伸过程中的屈服阶段由于三向应力的存在，使截面中央产生纤维区，紧接着裂纹向外扩展形成放射花样，在断裂阶段会形成剪切唇。剪切唇的特征为断口表面较光滑，与拉伸应力轴呈 45°交角。观察图 5 – 46 可以发现剪切唇的位置远离坑蚀处，这是由于缺口处应力集中，裂纹会直接在钢筋表面的缺口处产生。此时纤维区并不在试件断口的中央，同时裂纹由应力集中处向试件内部扩展，断裂力学上一般称这种现象为缺口脆性。

3. 坑蚀钢筋的疲劳性能试验研究

对坑蚀光圆钢筋疲劳试验结果进行整理，根据光圆坑蚀钢筋的尺寸、疲劳寿命以及断裂位置，得到表 5 – 10。

表 5 – 10　光圆钢筋疲劳试验结果

试件编号	坑蚀形态	最大截面锈蚀率/%	名义最小应力水平	名义最大应力水平	疲劳寿命/次	断裂位置
	长度/mm×宽度/mm×深度/mm					
SF10 – 1	—	0	0.1	0.6	494266	端部
SF10 – 2	4.6×3.6×1.2	3.0	0.1	0.6	375114	坑蚀处
SF10 – 3	5.3×5.1×1.1	3.9	0.1	0.6	244213	坑蚀处
SF10 – 4	5.4×3.7×1.5	8.3	0.1	0.6	448769	端部
SF10 – 5	6.3×5.5×2.0	13.3	0.1	0.6	152779	蚀坑处
SF10 – 6	5.6×6.0×1.8	15.3	0.1	0.6	124310	坑蚀处
SF10 – 7	8.6×7.0×3.0	21.4	0.1	0.6	69974	坑蚀处
SF10 – 8	12.0×7.0×3.3	27.9	0.1	0.6	36271	坑蚀处
SF10 – 9	—	0	0.1	0.7	94795	端部
SF10 – 10	4.7×3.6×1.3	3.0	0.1	0.7	96960	坑蚀处
SF10 – 11	4.5×4.0×1.2	4.6	0.1	0.7	134109	坑蚀处
SF10 – 12	4.7×4.3×1.7	5.0	0.1	0.7	80460	坑蚀处
SF10 – 13	5.3×5.3×1.2	6.7	0.1	0.7	81909	坑蚀处
SF10 – 14	6.0×5.0×1.7	8.5	0.1	0.7	97426	坑蚀处
SF10 – 15	7.6×5.4×1.8	10.2	0.1	0.7	78269	坑蚀处
SF10 – 16	12.0×8.0×3.0	28.0	0.1	0.7	25023	坑蚀处

注：表中“—”表示未锈蚀钢筋。

从表中可以发现,当蚀坑较小且荷载上限较低时,容易在端部发生破坏,虽然在试验过程中采用夹片锚具以及包裹不锈钢片等方式加以保护,仍断裂在端部,说明在蚀坑较小且疲劳应力幅值较低时,端部应力集中比蚀坑对钢筋性能的影响更大;而当蚀坑较大或疲劳荷载上限较大时,容易在蚀坑处发生破坏。坑蚀钢筋的疲劳寿命随截面损失率的增大而降低,图5－47是对荷载上限分别为0.6、0.7的钢筋进行的疲劳寿命与坑蚀尺寸分析。

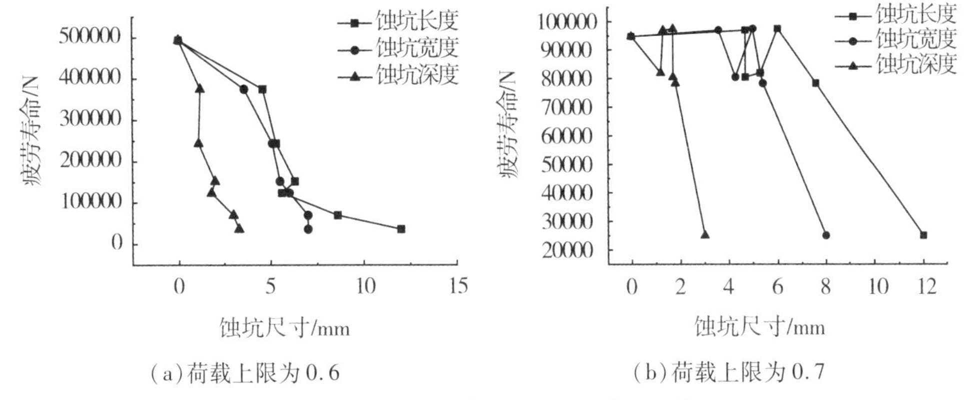

(a)荷载上限为0.6　　(b)荷载上限为0.7

图5－47　疲劳寿命随蚀坑尺寸变化规律

观察图5－47可以发现,钢筋的疲劳寿命随着蚀坑尺寸增大而逐渐降低。图5－47(a)比图5－47(b)更有规律性,说明当疲劳荷载上限较小时,即使蚀坑较小,也会对疲劳寿命有较大的影响,当疲劳荷载上限较大且蚀坑较小时,荷载幅值对疲劳寿命的影响较大。这是由于当坑蚀钢筋受到上限为0.7的循环荷载作用时,钢筋自带的内部缺陷发展较荷载上限为0.6时更加迅速,对钢筋疲劳寿命的影响逐渐增大,当蚀坑继续增大到一定的尺寸后,疲劳寿命的下降才和蚀坑尺寸有关。总的来说,坑蚀钢筋疲劳寿命的下降不仅与蚀坑大小有关,而且也与疲劳荷载上限或荷载幅值有关。

图5－48表明采用截面损失率在不同的疲劳应力幅下疲劳寿命与蚀坑尺寸的关系。采用截面损失率作为评价指标,能同时考虑蚀坑深度、蚀坑宽度两个最重要的因素。观察图5－48可以发现,在荷载上限为0.6时,较小的截面锈蚀率会使坑蚀钢筋疲劳寿命迅速降低,而当荷载上限为0.7,截面锈蚀率较小时,对疲劳寿命的影响不明显,截面锈蚀率达到10%后,疲劳寿命才会发生迅速下降。

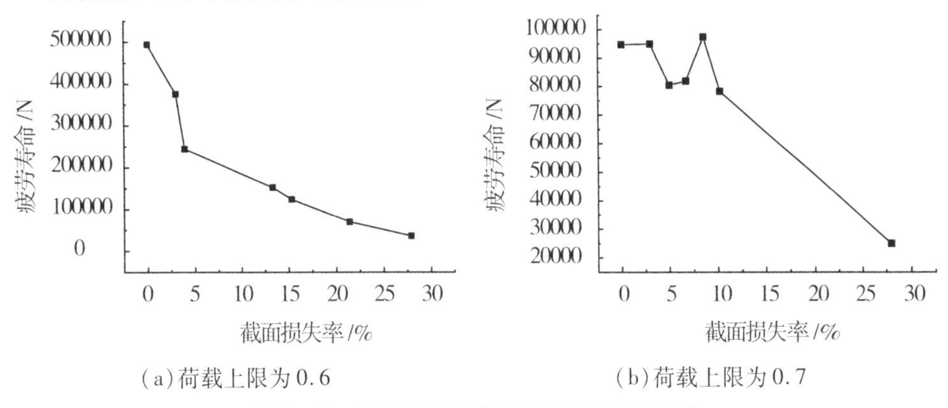

(a)荷载上限为0.6　　(b)荷载上限为0.7

图5－48　疲劳寿命随截面损失率的变化规律

根据引伸计采集到的应变信号与名义应力得到光圆钢筋不同循环次数下的应力－应变滞回曲线，如图5－49和图5－50所示。

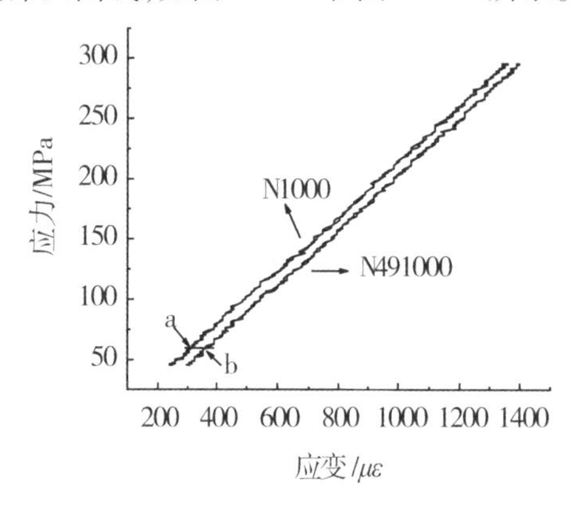

图5－49　SF10－1名义应力－应变滞回曲线

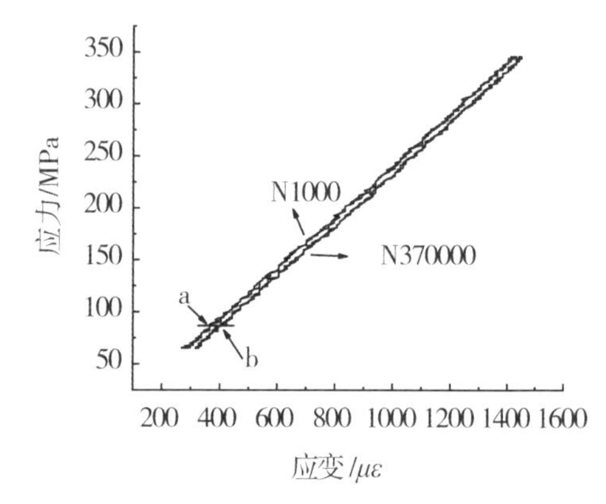

图5－50　SF10－2名义应力－应变滞回曲线

图5－49和图5－50中，a、b分别代表应力相同时，钢筋在不同循环次数下的应变，其差值为疲劳前期与邻近破坏前的应变增量。根据图中数据计算得到未锈蚀钢筋增加了57.4个微应变，坑蚀钢筋增加了47.8个微应变，坑蚀钢筋的应变在疲劳过程中的增量要明显小于未锈蚀钢筋的应变增量，这是由于在试验过程中为保护引伸计，将引伸计夹持在蚀坑附近，并不能完全反映蚀坑处的应变变化。在相同的荷载幅值下，蚀坑的存在使主要塑性变形集中于蚀坑处，而其余未锈蚀处的钢筋塑性变形程度相对较少。

钢筋的应力－应变曲线无法精确地描述钢筋在疲劳过程中的变化规律，即使对均匀锈蚀构件疲劳加载，只要破坏面没有发生在引伸计测量位置处，就不能完全利用应变、应力－应变滞回等物理指标来准确描述疲劳损伤过程，但是可以间接反映引伸计处的塑性变形及能量耗散情况。

表5－11给出了变形钢筋在点蚀作用下的疲劳试验结果，由于变形钢筋带有纵肋和横肋，采用软件计算蚀坑最大截面锈蚀率的误差较大，并且不易定义，所以采用蚀坑尺寸进行疲劳寿命分析。

表5－11　变形钢筋疲劳试验结果

试件编号	坑蚀尺寸	名义最小应力水平	名义最大应力水平	疲劳寿命/次	断裂位置
	长度/mm×宽度/mm×深度/mm				
SF14－1	—	0.1	0.6	190550	中部
SF14－2	—	0.1	0.6	177474	中部
SF14－3	5.2×4.2×1.1	0.1	0.6	65097	蚀坑处
SF14－4	8.0×7.0×2.5	0.1	0.6	76900	蚀坑处
SF14－5	9.0×8.0×2.0	0.1	0.6	72435	蚀坑处
SF14－6	5.0×5.0×1.3	0.1	0.6	62148	蚀坑处
SF14－7	—	0.1	0.7	180796	中部

续表

试件编号	坑蚀尺寸	名义最小应力水平	名义最大应力水平	疲劳寿命/次	断裂位置
	长度/mm×宽度/mm×深度/mm				
SF14-8	4.6×4.1×1.2	0.1	0.7	29121	蚀坑处
SF14-9	8.0×6.0×1.6	0.1	0.7	39738	蚀坑处
SF14-10	6.1×5.1×1	0.1	0.7	17821	端部
SF14-11	8.0×6.0×2.7	0.1	0.7	37638	蚀坑处
SF14-12	5.0×5.0×1.1	0.1	0.7	39245	蚀坑处
SF14-13	6.0×6.0×2.0	0.1	0.7	95890	蚀坑处
SF14-14	10.0×7.0×2.0	0.1	0.7	25187	蚀坑处
SF16-1	6.0×4.0×1.0	0.1	0.6	154104	端部
SF16-2	7.0×5.0×1.3	0.1	0.6	247006	蚀坑处
SF16-3	7.0×4.0×1.0	0.1	0.7	89275	蚀坑处
SF16-4	8.0×7.0×1.8	0.1	0.7	93399	蚀坑处
SF16-5	6.0×5.0×1.6	0.1	0.7	118456	蚀坑处

注:表中"—"表示未锈蚀钢筋。

由于变形钢筋带有纵肋和横肋,横肋处应力集中现象比光圆钢筋更加明显,疲劳寿命浮动较光圆钢筋更加剧烈,对于SF16-3和SF16-4甚至出现了随着蚀坑增大而疲劳寿命增加的情况,所以着重分析直径为14mm的变形钢筋疲劳数据。图5-51给出了变形钢筋坑蚀尺寸与疲劳寿命之间的关系图。

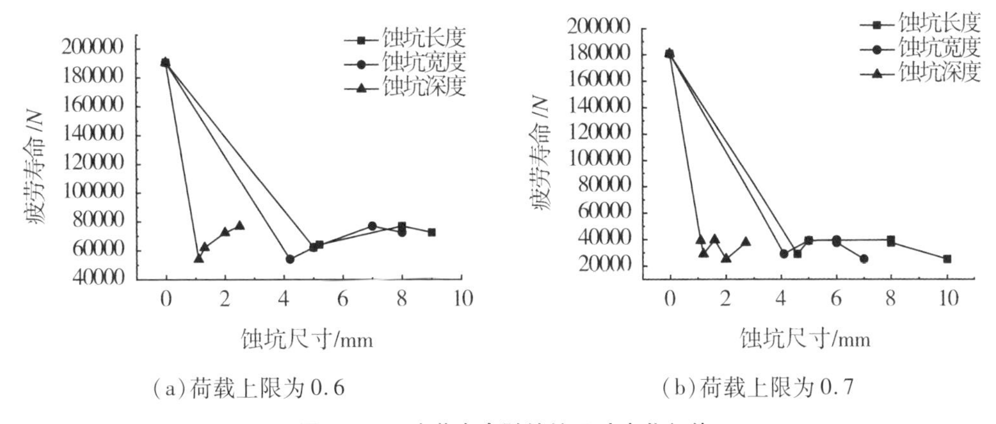

(a)荷载上限为0.6　　(b)荷载上限为0.7

图5-51　疲劳寿命随蚀坑尺寸变化规律

对比图5-47可以发现,与光圆钢筋不同,变形钢筋中存在的蚀坑会迅速降低带肋钢筋的疲劳寿命,对于坑蚀光圆钢筋SF10-13,疲劳寿命下降了14.4%,具有相同蚀坑尺寸的变形钢筋SF14-12的疲劳寿命下降了78.3%。范颖芳[5-8]指出在相同锈蚀情况下,截面较细的钢筋表面蚀坑对钢筋强度更加突出。但是对于疲劳寿命,相同的锈蚀情况下,截面较大的变形钢筋疲劳寿命下降程度远远大于光圆钢筋,可能的原因是变形钢筋的蚀坑处在基圆上,在疲劳荷载作用下,变形钢筋中横肋间的应力集中现象比光圆钢筋更加明显。

4. 疲劳拉伸试件断口形态

金属材料的疲劳裂纹萌生主要是通过不均匀的滑移、微裂纹形成及长大而完成的。在循环过程中,在金属外表面会形成滑移带,柯垂尔和赫尔提出了一个交叉滑移模型来说明挤出峰和侵入沟的形成过程。对于普通碳素钢,由于钢筋中存在着众多的缺陷,如夹杂、气孔,容易在第二相粒子、杂质处及表面不规则处形成微裂纹。为了解坑蚀钢筋的疲劳寿命下降的原因,对断裂后坑蚀钢筋的断面形态进行观察。如图5-52、图5-53所示。

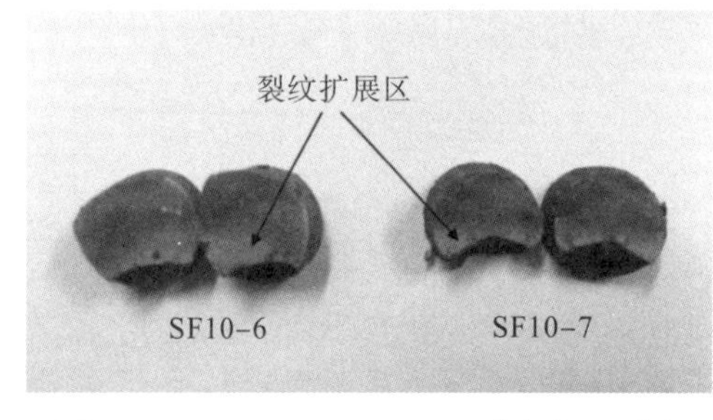

图5-52　SF10-6、SF10-7疲劳断口对比

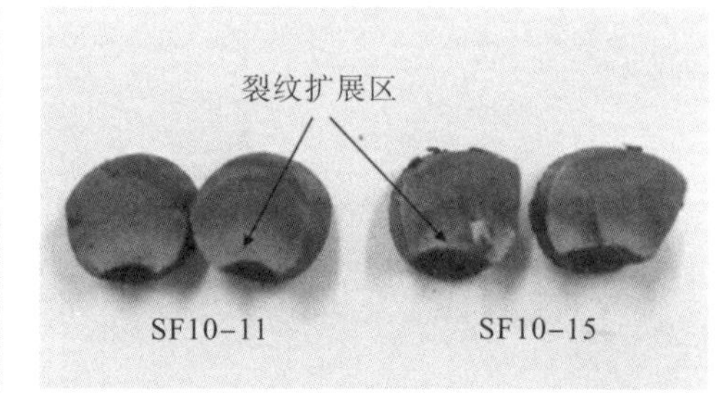

图5-53　SF10-11、SF10-15疲劳断口对比

图中虚线表示裂纹扩展区和瞬断区的分界,观察图5-52、图5-53可以发现,由于试验属于高周疲劳,在裂纹扩展阶段,疲劳断口表面由于多次反复的摩擦,使蚀坑附近的钢筋断裂面光滑且呈细晶状,呈现瓷质状结构,而在该区域无法通过肉眼观察到疲劳贝纹线。但是扇形断面结构表明在整个疲劳过程中,蚀坑就是产生疲劳的核心,即疲劳源。

对比SF-6、SF-7,以及SF10-11、SF10-15可以发现,当疲劳荷载较小时,裂纹源位于蚀坑的边缘处,蚀坑中心裂纹扩展区较小,当疲劳荷载增大后,裂纹扩展呈整体扩散状,说明即使缺陷很小,在一定的疲劳作用下也会发生不同程度的疲劳破坏。进一步研究分析发现,随着蚀坑的增大,疲劳裂纹扩展区的面积变小,瞬时破断区面积增大,形状与静载拉伸试验中的剪切唇相似,表现为脆性拉断。

5.3.3　坑蚀钢筋的静载拉伸磁信号

1. 未锈蚀钢筋磁信号变化

在试验过程中记录得到轴向拉伸试验中Φ10未锈蚀光圆钢筋、Φ14未锈蚀变形钢筋、Φ16未锈蚀变形钢筋在静载下的传统变形-荷载曲线以及变形-磁通量密度曲线,如图5-54、图5-55、图5-56所示。

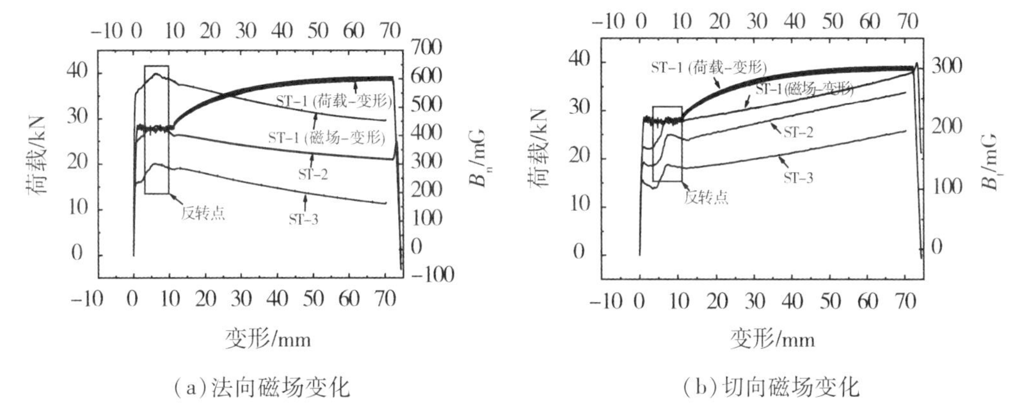

(a)法向磁场变化 (b)切向磁场变化

图 5-54 未锈蚀光圆钢筋荷载-变形曲线和磁感强度-变形曲线

由图 5-54 可以发现,在弹性阶段,磁感强度都呈现较好的线性增加过程;在屈服阶段,具有明显的反转点,强化阶段呈线性变化。

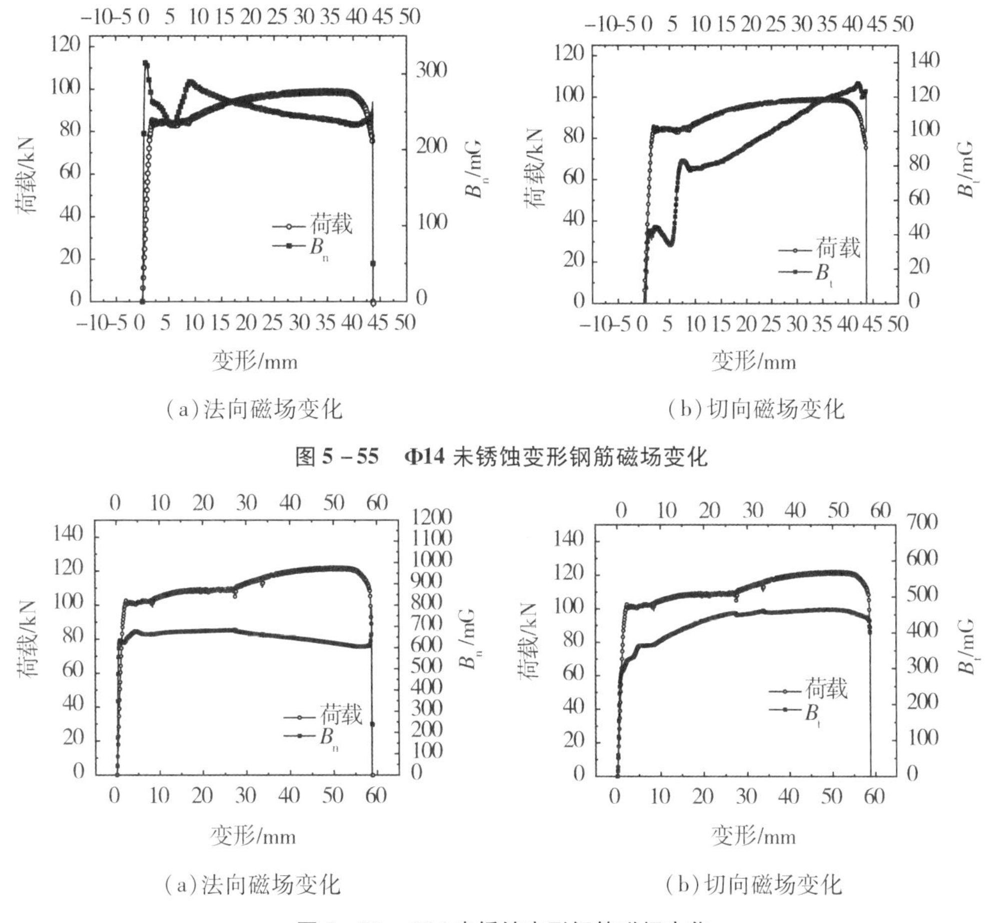

(a)法向磁场变化 (b)切向磁场变化

图 5-55 Φ14 未锈蚀变形钢筋磁场变化

(a)法向磁场变化 (b)切向磁场变化

图 5-56 Φ16 未锈蚀变形钢筋磁场变化

对比图 5-54 发现,在弹性阶段,所有钢筋的磁感强度都呈现较好的线性增加;在屈服阶段,光圆钢筋具有明显的反转点,变形钢筋的反转点不如光圆钢筋明显,原因是带肋钢筋在横肋处容易产生应力集中，磁畴结构变化较为复杂，Φ16 的变形钢筋没有明显的反转点，磁场变化规律比 Φ14 钢筋更为复杂；进入强化阶段后，Φ10 光圆钢筋和 Φ14 变形钢筋的法向磁感强度和切向磁感强度都呈现明显的线性变化，原因是经过屈服点后，磁信号的变化主要是塑性变形引起的，钢筋的磁畴基本不发生转变，达到饱和。Φ16 的变形钢筋经过屈服阶段后，线性变化趋势不明显，仍然存在波动。在破坏阶段，法向磁感强度和切向磁感强度都有明显的突变。发现光圆钢筋变化规律较好且强化阶段呈线性变化，无明显特征，因此着重分析拉伸试验过程中未锈蚀光圆钢筋的弹性变形过程和前半段塑性变形，如图 5－57、图 5－58 所示。

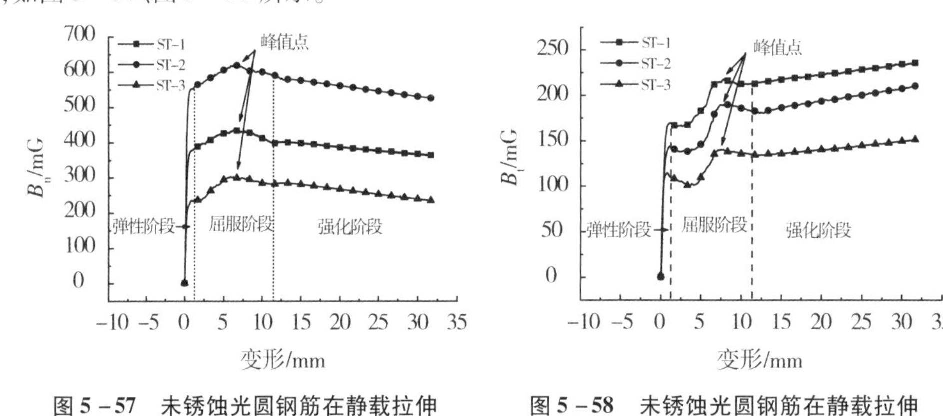

图 5－57　未锈蚀光圆钢筋在静载拉伸作用下的法向磁信号

图 5－58　未锈蚀光圆钢筋在静载拉伸作用下的切向磁信号

由图 5－57 可知，同一批次的未锈蚀钢筋在弹性阶段的法向磁通量增量并不相同，分别为 559.3mG、381.5mG 和 233.0mG；在屈服阶段前半段，磁能在钢筋中累计，磁场增加，当变形到达临界点 6.6mm 左右时，法向磁通量到达峰值，随后发生下降；进入强化阶段后，法向磁感强度呈现线性降低。图 5－58 表明，切向磁感强度增量在弹性阶段也不同，分别为 218.0mG、190.1mG 和 140.3mG；在屈服阶段先下降后上升，当变形到达 7.8mm 左右时，切向磁通量到达峰值，随后发生下降，进入强化阶段后，切向磁感强度呈线性增加。对法向磁场曲线求斜率，观察磁场信号的变化规律。图 5－59 表示 ST－2 试件法向磁场梯度变化特征。

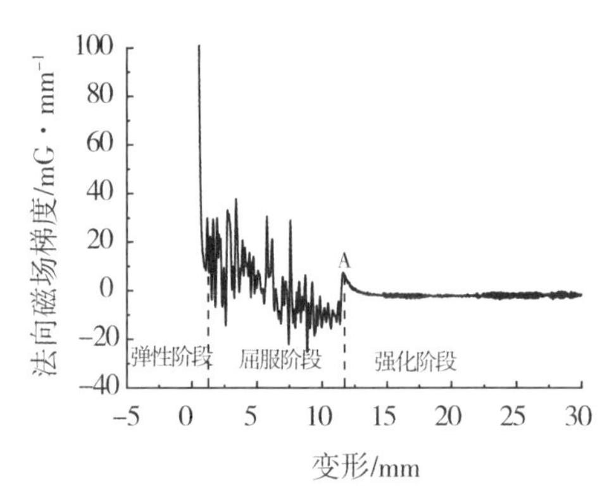

图 5－59　ST－2 静载拉伸作用下的法向磁信号梯度

对比图5-58可以明显发现,在屈服阶段,未锈蚀钢筋的法向磁场梯度变化明显大于弹性阶段和强化阶段,在强化阶段前存在一个极大值A,随后法向磁场梯度降低,强化阶段基本不变。ST-1、ST-2和ST-3的法向磁场梯度均存在极值点A,极值点位移分别为12.9mm、11.6mm和11.6mm,平均值为12.0mm。对比图5-54可以发现,此时钢筋恰好进入强化阶段。在未锈蚀光圆钢筋的拉伸试验中也发现一些磁场信号较为特殊的钢筋,如图5-60、图5-61所示。

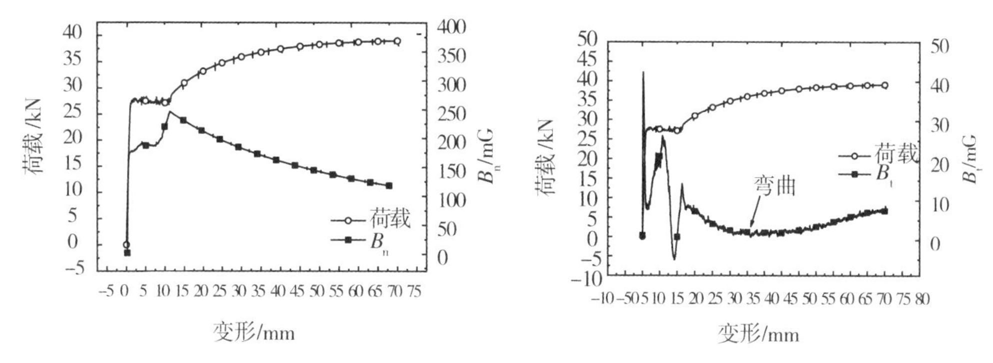

图5-60 未锈蚀钢筋在静载拉伸作用下的奇异法向磁信号变化规律

图5-61 未锈蚀钢筋在静载拉伸作用下的奇异切向磁信号变化规律

法向磁场在屈服阶段没有最高峰,在进入强化阶段前才会达到最大值。切向磁场在弹性阶段并没有线性增加,而是先迅速增加,然后迅速降低,在屈服阶段大量波动,进入强化阶段后呈现弯曲形状。这种类型钢筋的最大磁感强度在几十毫高斯,而正常钢筋的磁感强度一般大于100mG,具有法向磁场峰值点并不在屈服阶段出现,切向磁场在强化阶段不呈现线性变化等特征。可能的原因是钢筋内部存在明显缺陷。

总的来说,未锈蚀钢筋在拉伸试验过程中法向磁感强度包含四个阶段:第一阶段是磁能的快速累积;到达屈服阶段后,进入第二阶段,法向磁感强度的增加速率降低,而切向磁感强度发生下降后又上升;进入第三阶段,法向和切向磁感强度均降低;到达强化阶段后,法向磁感强度降低速率减小,切向磁感强度增加。

磁信号变化的原因包括:①钢筋中由于杂质、空洞、第二相粒子在荷载作用下形成微裂纹,使已有磁能得到释放;②由于钢筋成分较为复杂,磁畴在轴向拉伸过程中变化规律尚不明确,无法辨别磁感强度变化的原因;③塑性变形导致探头相对钢筋的位置发生变化,使磁感强度发生变化。

2.坑蚀钢筋压磁场分析

为了探明坑蚀钢筋在未受力状态下的磁信号规律,选取蚀坑长度、宽度和深度分别为5.2mm、4.2mm和1.1mm的钢筋进行分布测量,探头距离钢筋表面的提离值取为33mm。

在实际受力构件中,坑蚀往往发生在位于混凝土受拉面的钢筋上,分析坑蚀钢筋上蚀坑朝向不同对磁信号的影响,沿蚀坑处钢筋截面间隔45°测量坑蚀钢筋处的法向磁感强度

（90°时为蚀坑正对磁探头），如图 5－62 所示。

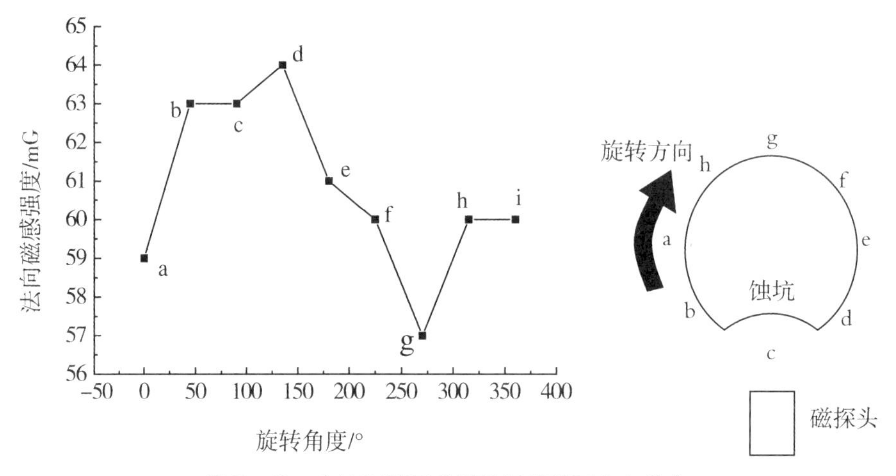

图 5－62　点蚀钢筋压磁场沿钢筋截面方向分布

由图 5-62 可以发现，当蚀坑正对磁探头时，法向磁感强度并没有出现极值，旋转过程中法向磁感强度存在浮动，可见通过坑蚀钢筋圆周方向检测到的磁信号并不能反映蚀坑存在的位置。

对坑蚀钢筋沿长度方向磁感强度变化规律进行分析研究，选取点蚀钢筋中央 30cm 段磁感强度进行检测，将蚀坑面向磁探头进行检测。检测过中沿钢筋长度方向每隔 1cm 同时记录法向磁信号和切向磁信号，如图 5－63 所示。

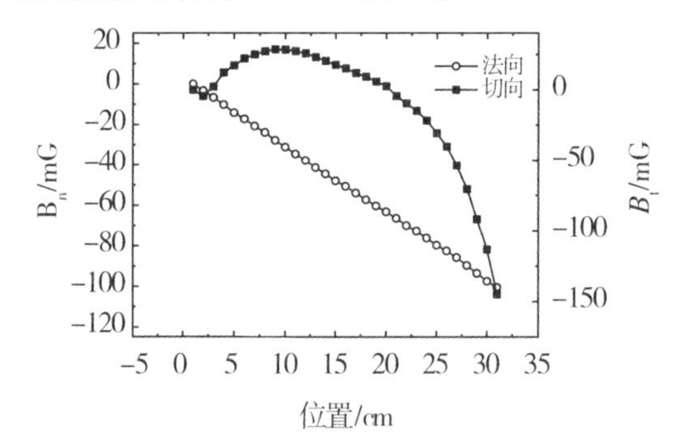

图 5－63　点蚀钢筋压磁场沿钢筋长度方向分布

从图中可以发现，从磁探头得到的信号并不能预测到点蚀发生在钢筋的位置。出现这种现象的原因有：①磁探头采集到的信号体现的是点蚀钢筋整体的磁场信号。②金属磁记忆中的漏磁场是由于缺陷附近磁畴在疲劳过程中应力集中产生的不可逆磁化远大于其余部分，而点蚀钢筋在通电情况下的磁畴变化规律尚不清楚。③钢筋在制作与运输过程中发生的磁化状态与完全退磁的标准试件有所区别。因此，在对点蚀钢筋进行静力性能和疲劳性能试验过程中，在考虑屏蔽条件和实际工程提离值的前提下，应当以钢筋整体磁信号来反映蚀坑的变化规律。

3.坑蚀钢筋静载曲线分析

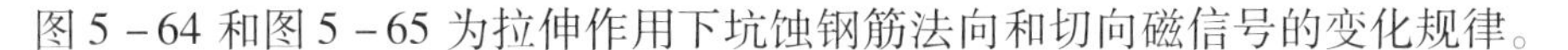
图5-64和图5-65为拉伸作用下坑蚀钢筋法向和切向磁信号的变化规律。

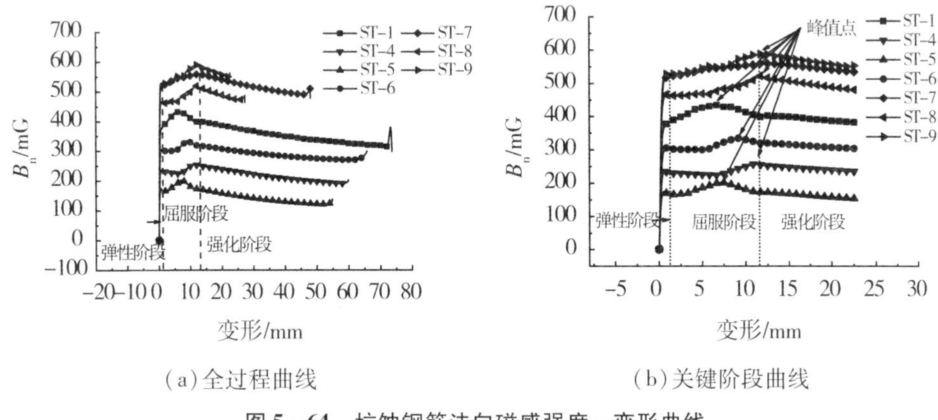

(a)全过程曲线　　(b)关键阶段曲线

图5-64　坑蚀钢筋法向磁感强度-变形曲线

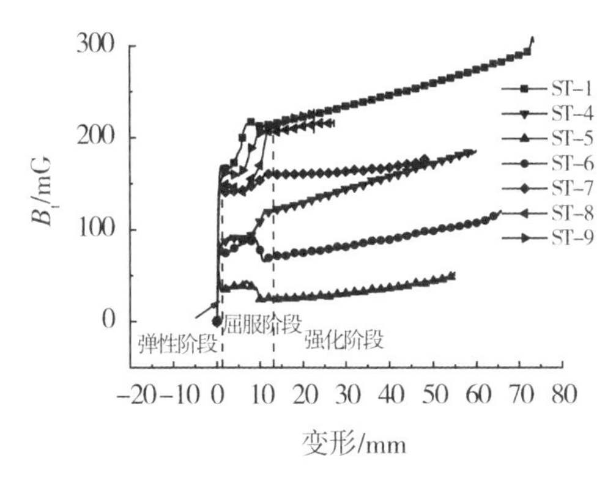

图5-65　坑蚀钢筋切向磁感强度-变形曲线

观察不同坑蚀情况下的磁感强度变化规律可以发现,在荷载-变形曲线变化不明显的情况下,可以发现不同蚀坑大小的钢筋体现出不同的磁感强度变化规律。由于所有坑蚀钢筋的切向磁信号在强化阶段近似线性变化,可以认为这一批坑蚀钢筋中不存在磁感信号奇异的钢筋。

对ST-1、ST-2和ST-3的拉伸试验可以发现,法向和切向磁感强度曲线形状相似,但是磁场到达饱和的数值并不一样,这是由于钢筋未进行退磁,钢筋在拉伸荷载作用前存在不同的初始磁能。因此,对于坑蚀钢筋,主要分析经过弹性阶段后磁感应强度的变化规律。

由图5-64发现法向磁场在弹性阶段迅速增加;当钢筋到达屈服阶段后,未锈蚀钢筋还能继续较快地积累磁能,坑蚀钢筋磁能累积缓慢,只有进入强化阶段前会有一部分磁能累积,磁感强度才略有增加;此时,未锈蚀钢筋已经由于某些夹杂物或第二相粒子形成显微孔洞以及小型撕裂,磁能得到释放并出现下降趋势。进入强化阶段后,法向磁感强度都发生下降,速度接近。当钢筋临近破坏时,钢筋变化速率较大,磁感强度发生激变。切向磁感强度在屈服阶段变化较为复杂,且在强化阶段的增加速率也并不一样,同时发现 ST -5 的切向磁感应强度较低,在弹性阶段末尾存在迅速下降趋势,存在奇异性,需要进一步试验研究分析其规律。

选取法向磁感强度变化曲线进行进一步分析,可以得到法向磁场到达峰值时的钢筋变形量与蚀坑尺寸之间的关系,如图 5 -66 所示。

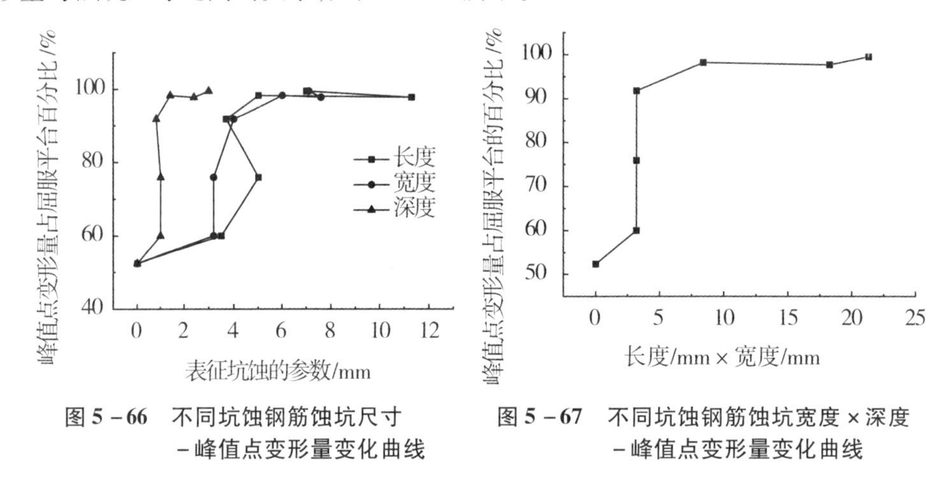

图 5 -66　不同坑蚀钢筋蚀坑尺寸 -峰值点变形量变化曲线

图 5 -67　不同坑蚀钢筋蚀坑宽度 × 深度 -峰值点变形量变化曲线

从图 5 -66 可以看出,存在峰值点变形量随蚀坑长度减小仍有增加的情况,可见当蚀坑较小时峰值点变形量主要受蚀坑宽度和深度的影响;蚀坑越大(如 ST -8、ST -9),在蚀坑长度和宽度都减小的情况下,峰值点变形量仍随蚀坑深度增加,可见峰值点变形量在蚀坑较大时主要是由蚀坑深度决定。可看出采用长度 × 深度作为指标能很好地体现峰值点变化量与蚀坑之间的关系。

5.3.4　坑蚀钢筋疲劳作用下磁信号分析

1. 循环加卸载试验结果及分析

对未锈蚀钢筋的力学性能观察可以发现,当钢筋的最大应力值到达极限应力的 70% 左右,会进入屈服阶段,进入屈服阶段后,钢筋会发生塑性变形,呈现较大且缓慢的增长。因此,先分析在循环荷载作用下钢筋屈服后在塑性变形下磁信号的变化规律,然后分析塑性变形下的钢筋在疲劳荷载过程中的磁场变形特性。

采用 2 根 Φ10 未锈蚀光圆钢筋进行试验。其中一根先被拉到极限荷载的 70% ,然后保持恒定,观察其磁场变化规律,待磁场稳定后进行荷载上限为 0.7、下限为 0.1 的循环加卸载试验。另外一根钢筋则直接进行循环加卸载,塑性变形较小,对比磁信号变化规律。

未锈蚀钢筋拉致屈服后恒定荷载下法向磁信号的变化规律(如图 5 -68 所示):钢筋在受到作用力时,磁场信号增大,没有出现反转点,在缓慢的塑性变形过程中,磁场先发生不规律地增加,然后降低。卸载时则会出现反转点,法向磁场信号发生激增,然后迅速降低。

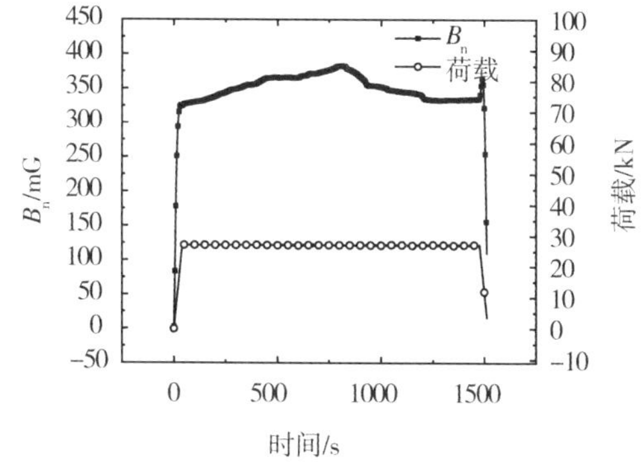

图5-68　塑性变形过程中的法向磁感强度变化规律

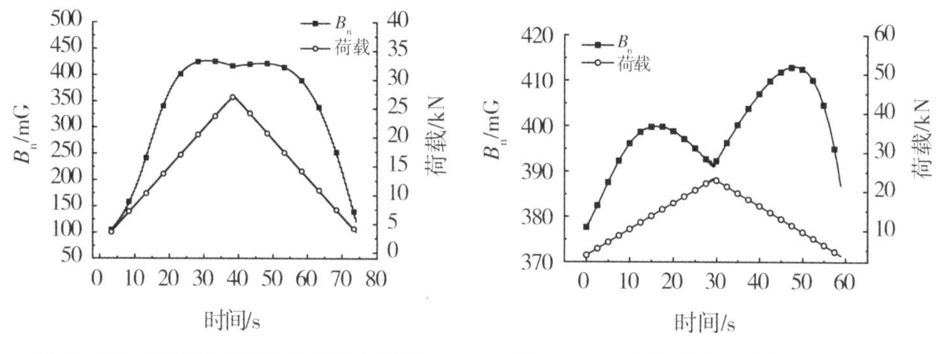

图5-69　法向磁感强度在塑性变形后循环荷载作用下的变化规律

图5-70　法向磁感强度在塑性变形前循环荷载作用下的变化规律

经过塑性变形后的钢筋在循环荷载作用下磁场变化约为321mG,在荷载最大时,下降幅值约为10mG,法向磁场下降并不明显。塑性变形前的钢筋在循环加卸载作用下,当力值到达最大值时,钢筋法向磁场下降约为10mG,但是由于整体法向磁场变化不明显,因此下降曲线较为明显。在经过20次循环加卸载,钢筋在卸载到荷载较小时,2根钢筋磁场和荷载仍呈现相似关系。

可以发现,在钢筋进入屈服阶段后,在塑性变形阶段,磁信号呈现先增大后减小非线性的无序发展过程。当塑性得到完全发展时,在一个循环荷载下,法向磁通变化量要远大于没有经过塑性变形的钢筋。因此,可以根据比较疲劳循环过程中力值到达最大值时结合磁感下降程度与磁感强度最大值来分析钢筋塑性变形发展的情况。总的来说,在较低速率荷载下,特别是当钢筋应力超过屈服强度,塑性得到完全发展的情况下,磁场变化规律不具有相似性。

2. 未锈蚀钢筋与坑蚀钢筋的磁信号

在疲劳过程中,坑蚀钢筋在非蚀坑处还没达到完整钢筋的破坏的应变时就发生了疲劳断裂,说明坑蚀附近的应变并不能完全反映坑蚀处钢筋的影响,单一监测坑蚀附近的应变不能有效预测疲劳损伤程度，导致高估坑蚀钢筋的疲劳寿命。

钢筋在疲劳荷载作用下内部磁畴结构会发生磁畴转动可逆磁化及磁畴壁移动的不可逆磁化。利用磁信号作为指标可从微观上了解钢筋疲劳损伤变化情况。未锈蚀钢筋 SF10 - 1 的法向磁感强度变化规律如图 5 - 71 所示。

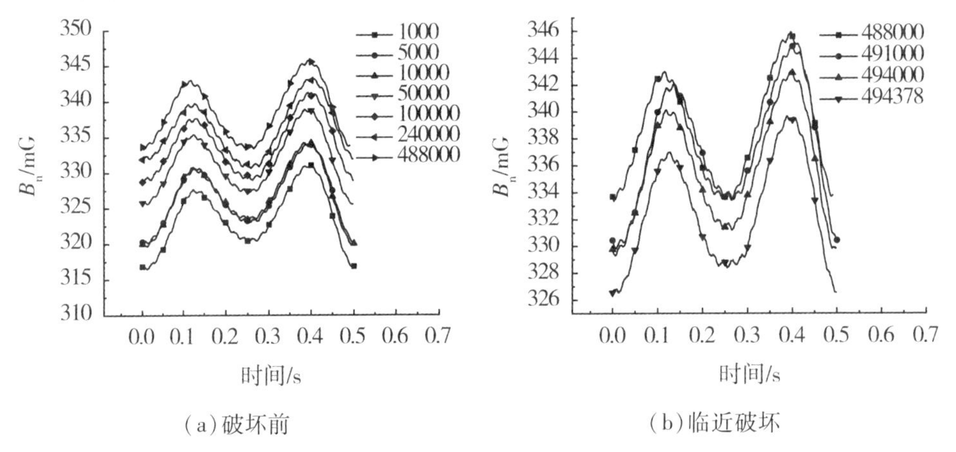

（a）破坏前　　（b）临近破坏

图 5 - 71　SF10 - 1 法向磁感强度时变曲线

未锈蚀钢筋的磁感强度时变曲线在疲劳过程中整体形状基本不变，但整体磁场强度会改变，选取法向磁场和切向磁场最大值和最小值，得到图 5 - 72、图 5 - 73。

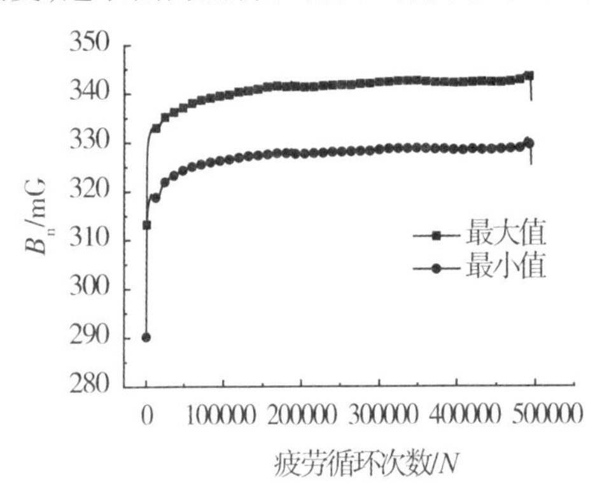

图 5 - 72　SF10 - 1 法向磁场变化规律

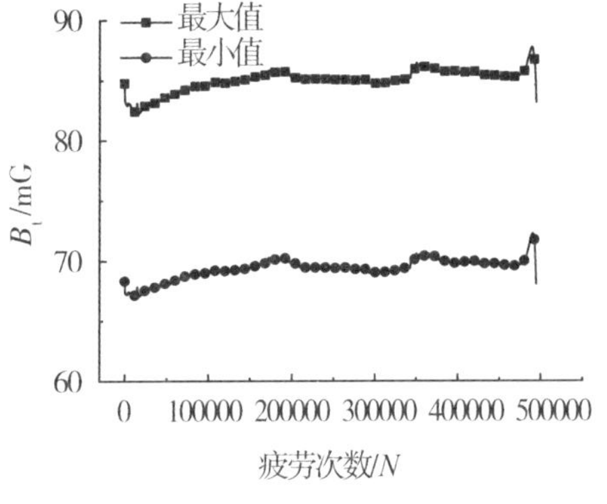

图 5 - 73　SF10 - 1 切向磁场变化规律

根据图 5 - 74 发现，在疲劳循环达到 75 次，即点 a 时，法向磁场最大值梯度和法向磁场最小值梯度达到相同水平，基本可以认为磁场同时增加或者减小。在疲劳循环 150 次时，即点 b 时基本重合，此时法向磁场最小值增加了27.8mG，最大值增加了 18.3mG，这是由于在疲劳过程前期，磁场时变曲线处于非稳定阶段，时变曲线形态尚未固定，在 75 次循环加载后，法向磁场最大值和最小值的增

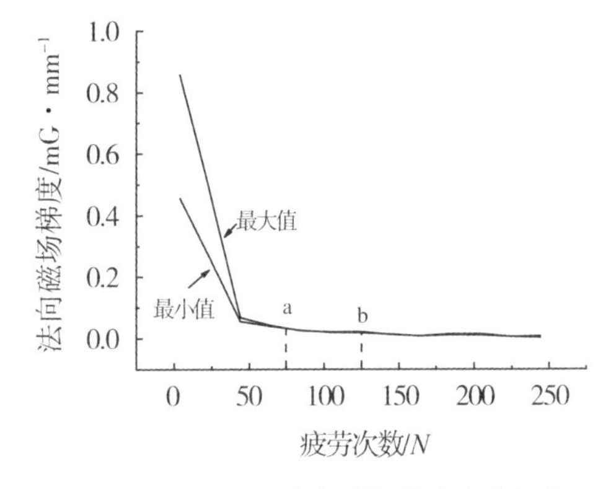

图 5 - 74　SF10 - 1 法向磁场梯度变化规律

量基本相同。在整个疲劳循环中,未锈蚀钢筋的法向磁信号缓慢增加,基本不变。切向磁信号变化不规则且较为剧烈,在破坏阶段法向磁信号和切向磁信号都会发生突变,迅速增加后突然降低,然后试件拉断。

坑蚀钢筋 SF10－2 的磁信号变化规律如图5－75、图5－76、图5－77所示。

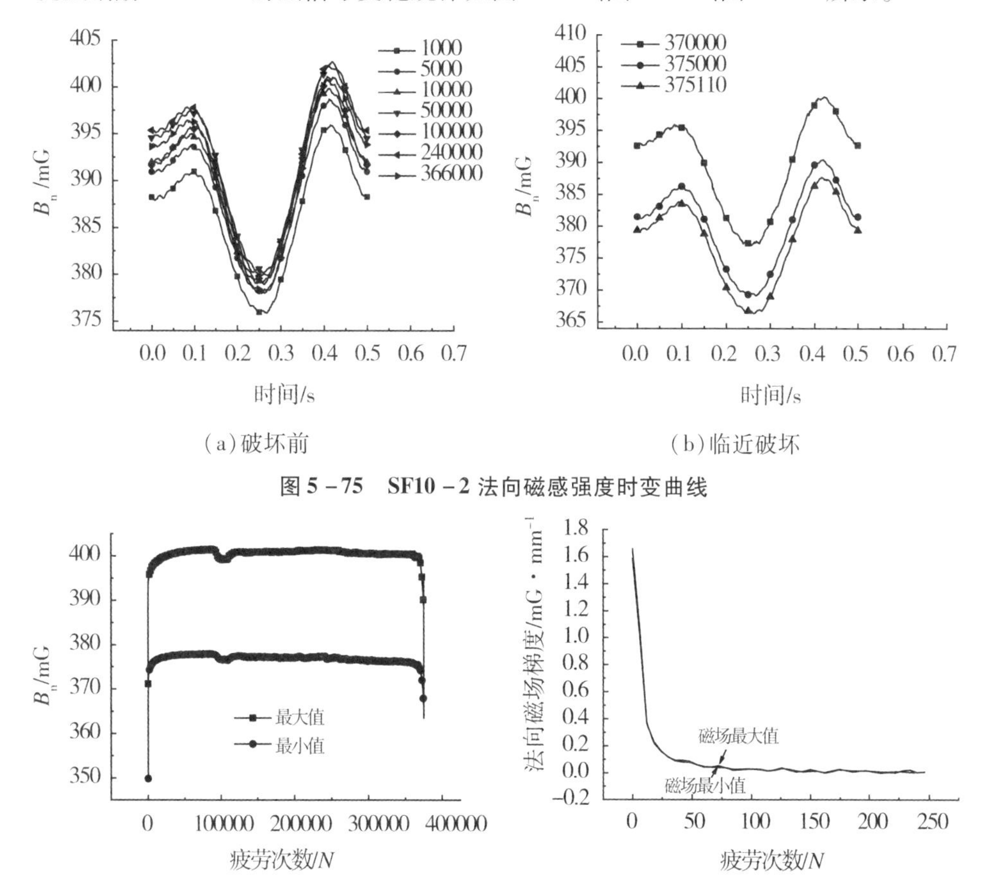

(a)破坏前　　(b)临近破坏

图5－75　SF10－2 法向磁感强度时变曲线

图5－76　SF10－2 法向磁场变化规律　　**图5－77　SF10－2 法向磁场梯度变化规律**

由于点蚀钢筋只在钢筋的某个截面有较大损失率,当疲劳荷载上限未超过钢筋屈服荷载时,大部分甚至全部点蚀钢筋仍处于弹性工作阶段,塑性变形发展较为缓慢。观察图5－72和图5－73可以发现,对于不同锈蚀情况的钢筋,疲劳过程中钢筋磁通量最大值和最小值两条曲线同时增大或减小,对比磁感强度曲线形状可以发现完整钢筋在整个疲劳寿命的过程中,磁感应发展过程比较缓慢,点蚀的钢筋磁化过程前期相对未锈蚀钢筋较快。对比图5－74和图5－77可以发现,在疲劳循环前期,坑蚀钢筋的法向磁场最大值梯度变化规律与最小值一致,与未锈蚀钢筋不同。在破坏阶段,磁感应曲线都会发生形状上的突然增大或减小,这与预制缺口试件的金属磁记忆压磁场扫描的结果类似。出现这种现象的原因可能是在坑蚀处,由于截面积的减小,应力增大,蚀坑处钢筋的不可逆磁化先达到饱和,缺口的存在加速了微裂纹的扩展,提前阻碍磁畴运动。

由于疲劳试验机夹持端为铁磁性材料,机器作动头产生的位移会引起一定的磁场影响。观察没有磁场补偿情况下的未锈蚀钢筋磁感强度时变曲线可以发现，在一个循环加载过程中，时变曲线一般具有 2 个波峰和 2 个波谷。分析破坏前的时变曲线（如图 5－78 所示）可以发现，当循环次数达到 484500 次，两个波谷差值会变逐渐变小，到达 488700 次时，波谷值相同，随后差值又逐渐变大，当疲劳次数到达 490900 次时，磁场发生突变，在 240 个循环过程中，磁场最小值由 329.091mG 增加到 329.540mG，然后磁场稳定，到达 492860 次时，波谷差又变为相同，之后磁感强度都迅速减小，到达破坏。当波形连续时，可以明显发现磁场信号的整体波形发生的变化，磁场补偿后如图 5－79 所示。

在一个疲劳循环中，当荷载最大时，磁场强度基本没发生变化，但是荷载较小时的磁场强度下降较为明显，与未补偿的规律相似，但不如未补偿的磁信号明显。观察点蚀钢筋的磁感强度时变曲线也可以发现类似规律，波谷差值接近且随后差值增大，通常伴随着整体磁场的增大或者减小。

总的来说，通过磁场检测可以发现在整个疲劳过程中，钢筋的磁感应强度呈现三阶段特性：第一阶段为增长阶段，根据钢筋坑蚀情况的不同会有所不同，对于存在坑蚀情况的钢筋，随着坑蚀形状的变大，所占比例相对减小；第二阶段为稳定阶段，磁场信号略有增加，磁场波形基本不发生改变；第三阶段为破坏阶段，磁场信号发生突然增加或者减小，并且伴随着波形的改变，这种变化可能可以作为预测材料破坏的一种标志。

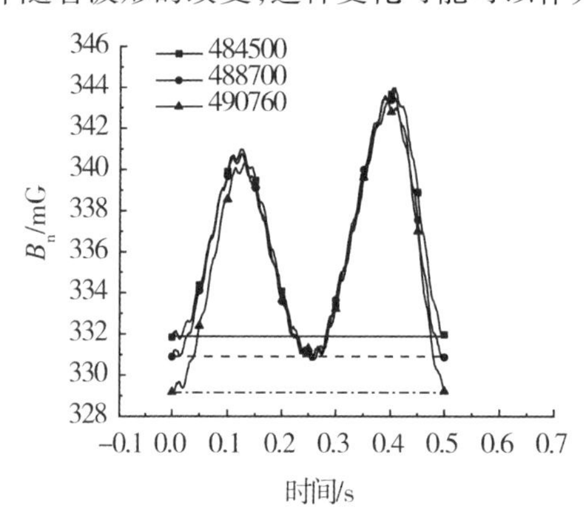

图 5－78　未补偿 SF10－1 试件破坏前阶段法向磁感强度时变曲线

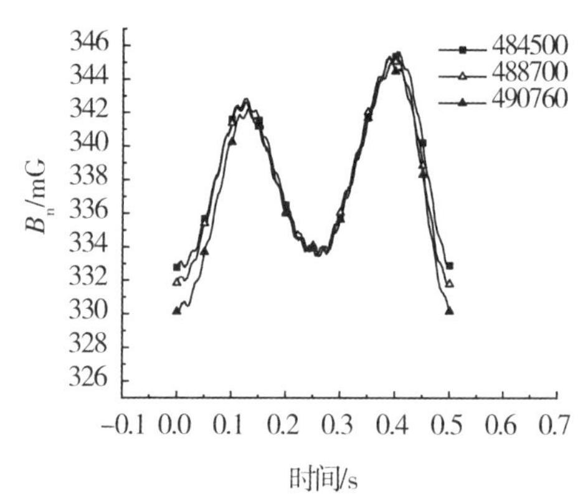

图 5－79　补偿后 SF10－1 试件破坏前阶段法向磁感强度时变曲线

3. 坑蚀钢筋疲劳过程时变曲线分析

对比图 5－71 和图 5－75 可以发现，法向磁场时变曲线形态存在差异，将所有光圆钢筋的时变曲线进行分析发现法向磁感强度和切向磁感强度曲线存在许多特征。SF10－3 的法向磁场和切向磁场时变曲线如图 5－80 所示。

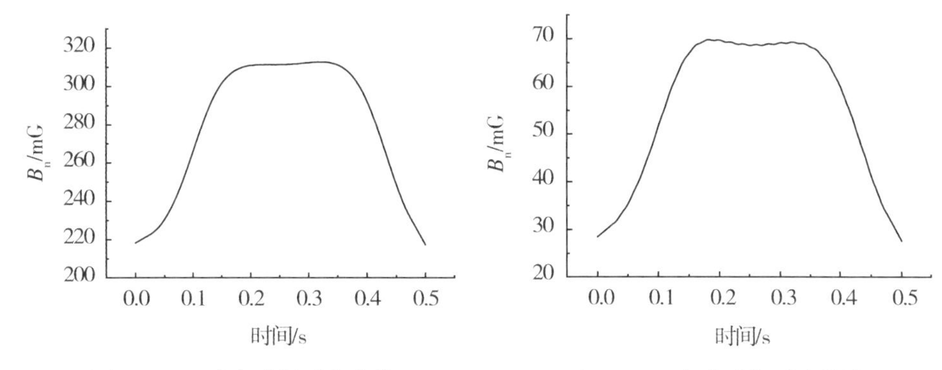

(a)SF10－3 法向磁场时变曲线　　(b)SF10－3 切向磁场时变曲线

图5－80　光圆钢筋法向与切向磁场时变曲线

坑蚀钢筋 SF10－3 蚀坑较小且疲劳寿命较长,观察发现磁感强度变化规律与图5－69相似,推测该段钢筋在生产和运输过程中已经存在较大的塑性变形,导致法向磁感强度曲线和切向磁感强度曲线与经过较大塑性变形的钢筋较为接近,而其余坑蚀光圆钢筋不存在这种情况。对于没有经过较大塑性变形的坑蚀钢筋法向磁感强度时变曲线主要存在2种波形,切向磁感强度时变曲线同样存在2种波形,如图5－81所示。

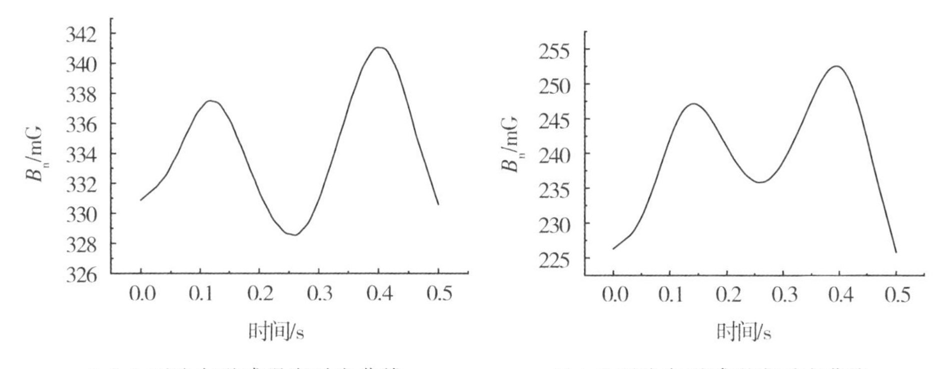

(a)Ⅰ型法向磁感强度时变曲线　　(b)Ⅱ型法向磁感强度时变曲线

图5－81　光圆钢筋法向磁场时变曲线

这两种法向磁感强度时变曲线的主要区别是当力值达到最大值时,法向磁信号是否达到最小值,如果达到最小值则为Ⅰ型,达不到最小值则为Ⅱ型。

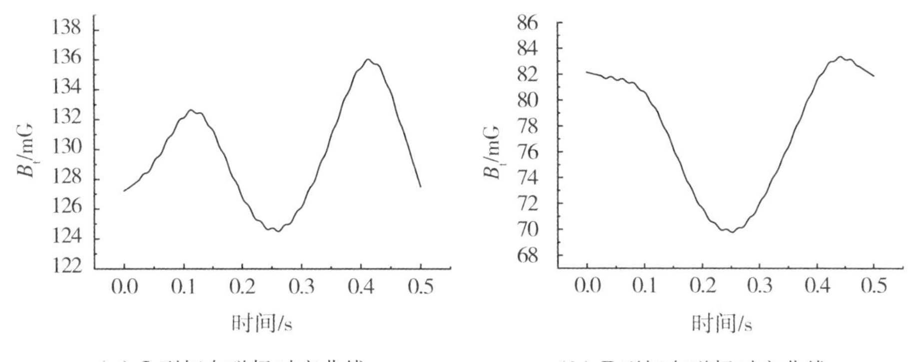

(a)Ⅰ型切向磁场时变曲线　　(b)Ⅱ型切向磁场时变曲线

图5－82　光圆切向磁场时变曲线

这两种切向磁感强度时变曲线的主要区别为在力值增加的过程中，切向磁信号是否有增加，如果有增加则为Ⅰ型，如果没有增加则为Ⅱ型。若磁感强度变化值明显小于图5-80所示的，可以断定这些钢筋塑性变形程度不明显。

在光圆钢筋疲劳循环过程中，除去个别钢筋，法向和切向磁场时变曲线形状基本不发生改变，但是整体会增加或者降低。随着锈蚀率的增大，4种波形交替出现，坑蚀钢筋的磁场时变曲线变化规律与坑蚀尺寸没有直接关系，可能的原因是①在疲劳荷载下蚀坑处的磁畴提早达到饱和，磁探头测量到的是坑蚀处的钢筋不可逆磁化过程叠加上非坑蚀处钢筋的磁畴不可逆变化过程。②钢筋可能存在内应力，且未经过退磁处理，磁化历史会对测量结果有所影响。③实际工程中预设的提离值过大，适当降低提离值可能会得到较好的试验结果。

4. 坑蚀钢筋疲劳过程中磁感强度变化规律

对SF10-7试件疲劳全过程进行观察分析可以发现，传统的应力-应变曲线与图5-49相似。而通过观察疲劳过程中的法向磁场可以发现明显的三阶段变化过程：第一阶段为快速增加阶段，第二阶段为平稳阶段，第三阶段为破坏阶段，这与传统的疲劳破坏三阶段相一致。而应力-应变曲线只有在最后几个循环出现明显上升，基本处于稳定，因此对于点蚀钢筋的疲劳过程，采用磁感强度信号进一步分析能较好地描述钢筋疲劳损伤发展的各个阶段。

在SF10-7试件疲劳循环过程中，我们通过观察法向磁场时变曲线可以发现法向磁场时变曲线存在变化，从Ⅰ型变为Ⅱ型后又逐渐变为Ⅰ型，如图5-83所示。

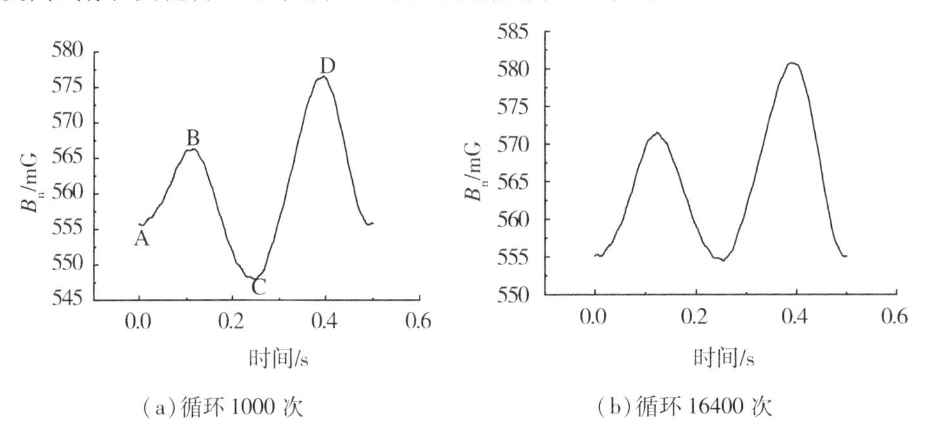

(a)循环1000次　　(b)循环16400次

图5-83　不同阶段Φ10点蚀钢筋法向磁场强度时变曲线

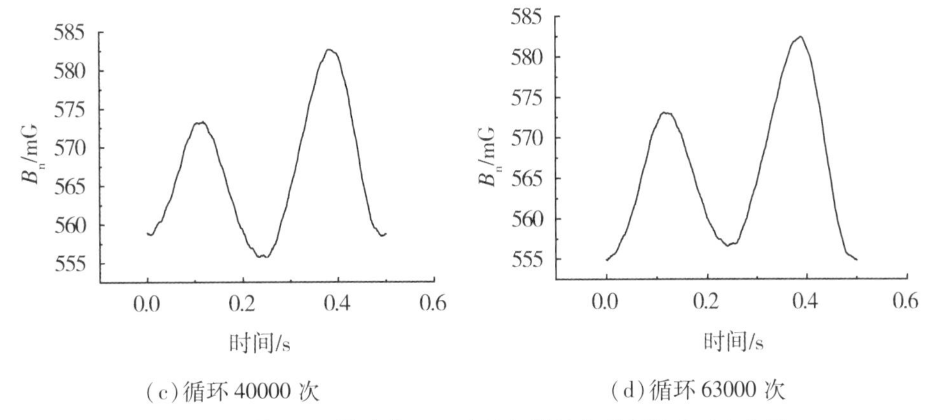

(c)循环 40000 次　　　　(d)循环 63000 次

图 5－83(续)　不同阶段 Φ10 点蚀钢筋法向磁场强度时变曲线

由图 5－83 可知,在疲劳过程中,法向磁场时变曲线会发生形态上的变化。发现当循环载荷达到极大值或极小值时,法向磁场强度都达到极小值点 A 和点 C,进一步分析根据法向磁感强度信号,定义 ΔB_1,如式(5－1)所示:

$$\Delta B_1 = B_{n0} - B_{n0.25} \tag{5-1}$$

式中 B_{n0}、$B_{n0.25}$ 分别代表法向磁场强度时变曲线中 0s 及 0.25s 时 B_n 的值。

根据不同阶段的 ΔB_1,可以得到图 5－84。

从图 5－84 中可以发现前期 ΔB_1 变化速率较快,呈现上下浮动,经过 20000 次循环后,浮动速率明显减小,在中后期基本处于平稳阶段,且在疲劳破坏前迅速降低,ΔB_1 达到负值,随后迅速增加,达到破坏。观察图 5－85 发现点蚀钢筋切向磁信号的最大值没有发生明显改变,而最小值变化明显。

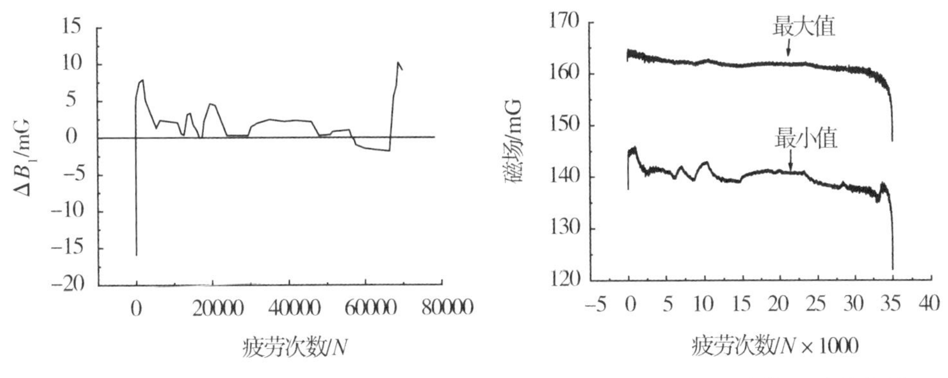

图 5－84　SF10－7 试件 ΔB_1 变化曲线　　　　**图 5－85　SF10－7 试件 B_t 变化曲线**

切向磁感强度曲线在前期的变化速率也要明显大于后期,这与法向磁感强度变化规律相似。对比图 5－84 和图 5－85 可以发现,ΔB_1 的变化规律基本和 B_t 变化规律一致。对于疲劳过程中磁感强度变化不明显的钢筋也有类似规律,对于 SF10－13 试件的法向磁感强度曲线计算得到 ΔB_1,如图 5－86 所示。

对比图 5－86 和图 5－87 可知,对于 SF10－13 试件,法向磁感强度时变曲线没有明显变化的点蚀钢筋,其切向磁感强度 B_t 变化规律与 ΔB_1 也具有较好的相似性,说明对于坑蚀钢筋疲劳过程中的磁信号，利用 ΔB_l 这个指标可以将钢筋法向和切向磁感强度联系到一起，但是其物理意义仍需要进一步研究。

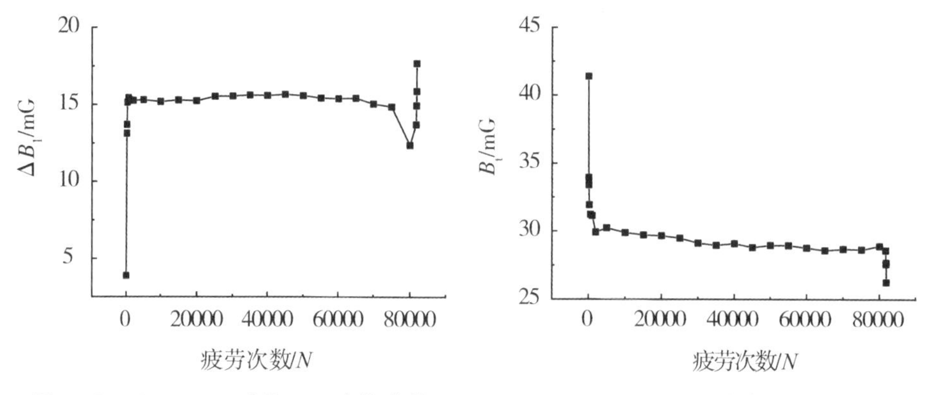

图 5－86　SF10－13 试件 ΔB_l 变化曲线　　**图 5－87　SF10－13 试件 B_t 变化曲线**

5. 疲劳作用下变形钢筋磁信号分析

与光圆钢筋类似，带肋钢筋同样存在相同的Ⅰ型和Ⅱ型法向与切向磁感强度时变曲线，但是对于部分变形钢筋存在Ⅲ型法向磁感强度时变曲线，如图 5－88 所示。对变形钢筋法向磁场时变曲线进行分析，为便于比较，均选取疲劳寿命 50% 时的法向磁感强度时变曲线和切向磁感强度时变曲线的幅值 ΔB 进行统计，如表 5－12 所示。

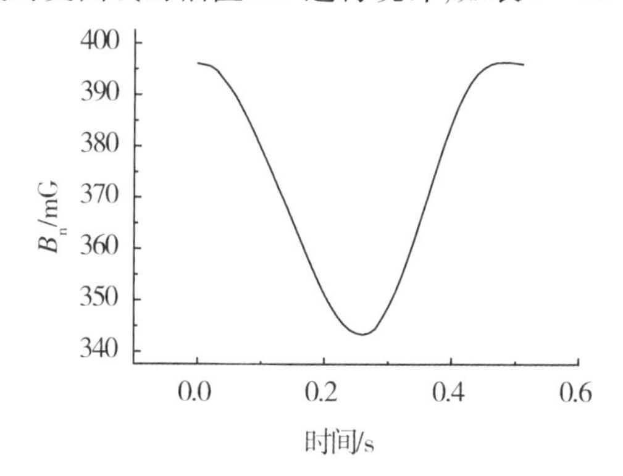

图 5－88　Ⅲ型法向磁场时变曲线

表 5－12　时变曲线幅值 ΔB 与时变曲线形状的关系

试件编号	法向磁场形状	ΔB_n/mG	切向磁场形状	ΔB_t/mG
SF14－1	Ⅲ型	60	Ⅰ型	10
SF14－2	Ⅲ型	50	Ⅱ型	40
SF14－3	Ⅱ型	30	Ⅰ型	30
SF14－4	Ⅲ型	70	Ⅰ型	10
SF14－5	Ⅲ型	70	Ⅰ型	14
SF14－6	Ⅱ型	30	Ⅰ型	30

续表

试件编号	法向磁场形状	ΔB_n/mG	切向磁场形状	ΔB_t/mG
SF14－7	Ⅲ型	45	Ⅱ型	60
SF14－8	Ⅲ型	45	Ⅰ型	30
SF14－9	Ⅲ型	80	Ⅰ型	20
SF14－10	Ⅰ型	30	Ⅰ型	35
SF14－11	Ⅲ型	40	Ⅱ型	55
SF14－12	Ⅱ型	40	Ⅰ型	35
SF14－13	Ⅲ型	80	Ⅰ型	25
SF14－14	Ⅲ型	60	Ⅱ型	50

从表5－12中发现，不同的波形对应不同的磁感强度幅值变化，当ΔB_n小于40mG时，法向磁感强度时变曲线主要以Ⅰ型和Ⅱ型为主；当ΔB_n大于40mG时，法向磁感强度时变曲线主要以Ⅲ型为主。对于切向磁感强度幅值ΔB_t也有相似规律，当ΔB_t小于35mG时，切向磁感强度时变曲线主要以Ⅰ型为主；当ΔB_t大于40mG时，切向磁感强度时变曲线主要以Ⅱ型为主。这种现象的产生包括几方面的原因：①钢筋在拉伸过程中的磁化存在不同，磁畴朝向基本与钢筋长度方向一致时，幅值变化就会较小，当磁畴朝向基本与钢筋截面方向一致时，幅值变化就会较大；②带肋钢筋在疲劳作用下的不同区域的钢筋磁化过程不一致；③在33mm提离值的情况下，检测到的磁场信号是整体信号，并不能单独反映坑蚀处在疲劳过程中的磁场变化规律，可以减小提离值，同时在蚀坑附近多设磁探头，对比分析不同探头位置检测到的磁信号变化规律。

5.4　坑蚀钢筋标准试件的高周疲劳损伤数值模拟与磁效应

5.4.1　理论模型

1.耦合损伤的弹塑性本构关系

连续损伤力学基于有效应力原理和应变等价性原理，提出了用于描述弹塑性疲劳损伤演化的计算公式。有效应力$\sigma^{\%}$是相对于代表性体元（RVE）的剩余承载面积的应力，其表达式为：

$$\sigma^{\%} = \frac{\sigma}{1 - D} \tag{5-2}$$

应变等价性原理指在有效应力的形式下材料的变形不受损伤的影响。因此，当用有效应力代替普通应力概念时，处于弹性范围内的损伤材料单轴或多轴的应变行为均可使用无损材料的本构关系表示，通式为：

$$\varepsilon_{ij}^{e}=\frac{1+\nu}{E}\times\frac{\sigma_{ij}}{1-D}-\frac{\nu}{E}\times\frac{\sigma_{kk}\delta_{ij}}{1-D} \tag{5-3}$$

式(5－3)即为耦合损伤的弹性本构关系，其中，ν 是材料的泊松比，σ_{ij} 和 ε_{ij} 分别是应力张量和应变张量，δ_{ij} 是 Kronecker 符号，其定义为：

$$\delta_{lm}=\begin{cases}1, l=r\\0, l\neq r\end{cases} \tag{5-4}$$

钢筋在侵蚀性环境作用下容易形成坑蚀，而蚀坑将引起应力集中效应。当钢筋受到较大荷载时，蚀坑附近的钢筋材料可能产生塑性变形。因此，在研究坑蚀钢筋疲劳特性时，应当考虑钢筋材料的塑性力学行为。在无损状态下，金属的屈服条件通常满足 Von－Mises 屈服条件，屈服函数表达式为：

$$F=(\sigma_{ij})_{eq}-Q \tag{5-5}$$

其中，下标 eq 代表取该应力状态的 Mises 等效应力；屈服强度 Q 表示屈服面的大小，为瞬时等效塑性应变 $\bar{\varepsilon}_{ij}^{p}$ 的函数，可由钢筋材料的单轴拉伸试验曲线获得，钢筋一般适用线性强化模型。

当材料发生损伤时，Chaboche[5－9,5－10] 在连续损伤力学框架内，基于等效应力概念和应变等价性原理，提出了损伤塑性模型，并得到了广泛应用。在小变形的情况下，总应变由两个部分组成，包括弹性应变和塑性应变：

$$\varepsilon_{ij}=\varepsilon_{ij}^{e}+\varepsilon_{ij}^{p} \tag{5-6}$$

屈服函数及含损伤的塑性流动法则为：

$$F=\left(\frac{\sigma_{ij}}{1-D}\right)_{eq}-Q \tag{5-7}$$

$$\dot{\varepsilon}_{ij}^{p}=\dot{\lambda}\frac{\partial F}{\partial\sigma_{ij}}=\frac{3}{2}\times\frac{\dot{\lambda}}{1-D}\frac{\left(\frac{\sigma_{ij}}{1-D}\right)_{dev}}{\left(\frac{\sigma_{kl}}{1-D}\right)_{eq}} \tag{5-8}$$

$$\dot{p}=\sqrt{\frac{2}{3}\dot{\varepsilon}_{ij}^{p}\cdot\dot{\varepsilon}_{ij}^{p}}=\frac{\dot{\lambda}}{1-D} \tag{5-9}$$

其中，下标 dev 表示取偏量应力分量，eq 表示取 Mises 等效应力，$\dot{\lambda}$ 为塑性乘数，$\dot{p}$ 为塑性应变累积率。

2. 疲劳损伤演化模型

为了描述疲劳损伤过程，重点是给出 D 的演化方程。Lemaitre 与 Chaboche 等[5－11] 提出了弹性条件下多轴应力状态的疲劳损伤演化方程，以 D_e 表示弹性疲劳损伤，其增量率形式的表达式为：

$$\dot{D}_{\mathrm{e}}=\frac{\mathrm{d}D_{e}}{\mathrm{d}N}=[1-(1-D)^{\beta+1}]^{\alpha}\cdot\left[\frac{A_{\mathrm{II}}}{M_{0}(1-3b_{2}\sigma_{\mathrm{H,mean}})(1-D)}\right]^{\beta} \tag{5-10}$$

式中,N 为循环次数,β、M_0 和 b_2 为材料常数。A_{II}为八面体剪应力的幅值:

$$A_{\mathrm{II}}=[3(S_{ij,\max}-S_{ij,\min})\cdot(S_{ij,\max}-S_{ij,\min})/2]^{\frac{1}{2}}/2 \tag{5-11}$$

其中,$S_{ij,\max}$和 $S_{ij,\min}$分别为一个载荷循环中偏应力张量分量的最大值和最小值,$\sigma_{\mathrm{H,mean}}$为平均静水应力,$\sigma_{\mathrm{H,mean}}=[\max(\mathrm{tr}(\sigma))+\min(\mathrm{tr}(\sigma))]/6$,其中,$\mathrm{tr}(\sigma)=\sigma_{11}+\sigma_{22}+\sigma_{33}$。参数 α 的表达式为:

$$\alpha=1-a<\frac{A_{\mathrm{II}}-\sigma_{10}(1-3b_{1}\sigma_{\mathrm{H,mean}})}{\sigma_{\mathrm{u}}-\sigma_{eq,\max}}> \tag{5-12}$$

式中,σ_{u} 为极限抗拉强度,σ_{10}为应力比为 -1 时的疲劳极限,a 和 b_1 为材料常数,$\sigma_{eq,\max}$是一次加载循环中 Mises 等效应力的最大值,运算符 < >的定义为:若 $x<0$,则 $<x>=0$;若 $x>0$,则 $<x>=x$。

对于塑性变形状态下的疲劳损伤演化,Lemaitre 等[5-12]提出了基于塑性应变的延性破坏损伤演化模型,该模型可以扩展应用到由塑性应变引起的增量疲劳损伤的计算中。以 D_{p} 表示塑性疲劳损伤,每个周期的损伤累积计算如下:

$$\dot{D}_{\mathrm{p}}=\frac{\mathrm{d}D_{\mathrm{p}}}{\mathrm{d}N}=\left[\frac{(\sigma_{\max}^{*})^{2}}{2ES(1-D)^{2}}\right]^{r}\Delta p \tag{5-13}$$

式中,$\sigma_{\max}^{*}$为一次加载循环中塑性阶段的损伤当量应力的最大值,S 与 r 为材料常数,Δp为一次循环中塑性应变的累积值。

总损伤值 D 的增量形式计算式为:

$$\dot{D}=\frac{\mathrm{d}D}{\mathrm{d}N}=\frac{\mathrm{d}D_{e}}{\mathrm{d}N}+\frac{\mathrm{d}D_{p}}{\mathrm{d}N} \tag{5-14}$$

式中,当材料处于弹性阶段的疲劳时,总损伤就是弹性损伤。以上几式即为考虑了弹塑性损伤的多轴疲劳损伤模型。由于损伤变量与应力 - 应变场相耦合,为了使用上述理论分析坑蚀钢筋疲劳特性,需要开展数值模拟研究。

5.4.2 钢筋单轴拉伸及疲劳试验

通过进行 HRB400 钢筋材料拉伸与疲劳性能试验以获取模型参数,采用通电加速锈蚀的方法获取坑蚀钢筋试件并进行疲劳试验,用以验证本文的疲劳有限元模拟并进行相关分析。

1. 试件设计与制作

钢筋的标准试验件由直径 20mm 的 HRB400 钢筋加工而成,其化学成分如表 5 - 13 所示。试件根据国家规范 GB/T 3075 - 2008[5-13]以及 GB/T 228.1 - 2010[5-14]的要求进行加工,具体尺寸见图 5 - 89。

表 5 - 13 HRB400 钢筋化学成分

化学成分	Fe	C	Mn	Si	S	P	V
w/%	97.8	0.19	1.34	0.53	0.014	0.028	0.040

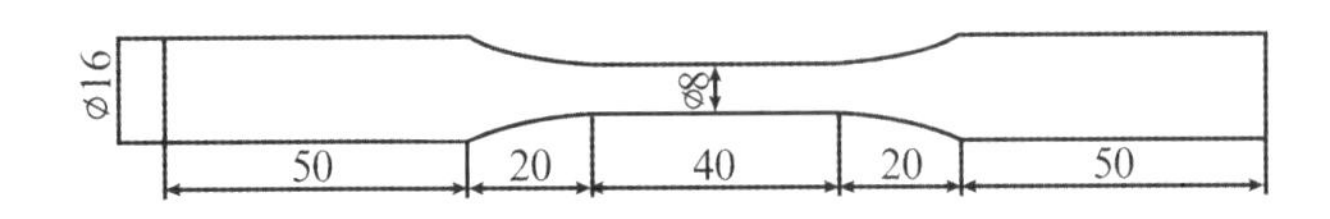

(a)试件尺寸

(b)试件

图 5 - 89 试件及尺寸(单位: mm)

采用通电加速锈蚀方法获取坑蚀钢筋试件,如图 5 - 90 所示。通过控制不同的初始椭圆尺寸与通电时间,获取不同蚀坑尺寸的锈蚀钢筋试件。

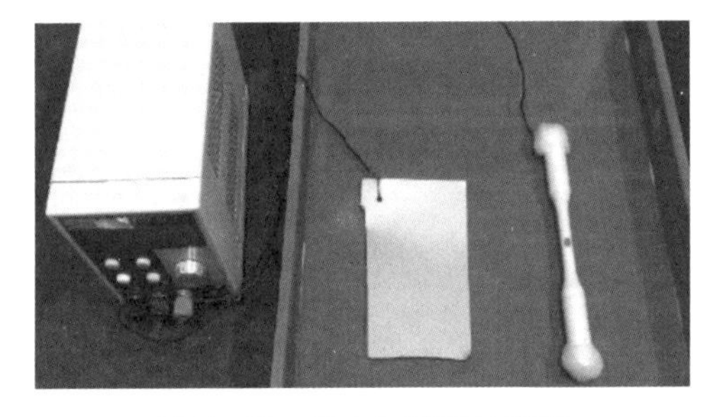

图 5 - 90 通电加速锈蚀装置

通电过程完成后取出试件,酸洗烘干并测量蚀坑形貌。钢筋锈蚀形貌及半椭球模型的几何参数如图 5 - 91 所示。锈蚀钢筋试件以 CF 编号命名,具体蚀坑尺寸在下文试验结果中列出,如表 5 - 15 所示。蚀坑深度为 d,椭球体沿钢筋轴向的长轴为 l,横向轴长度为 w,那么深宽比 R_w 的定义式为:

$$R_w = \frac{d}{w} \tag{5-15}$$

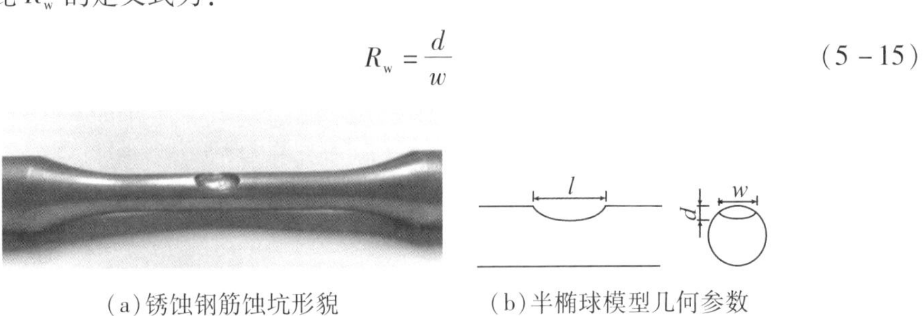

(a)锈蚀钢筋蚀坑形貌 (b)半椭球模型几何参数

图 5 - 91 锈蚀钢筋试件

2. 钢筋标准试件的拉伸试验

通过 HRB400 钢筋试件的单调拉伸试验获材料取屈服强度、极限强度等基本静力性能指标,试验装置如图 5－92 所示。

图 5－92　钢筋单轴拉伸试验

3. 钢筋的疲劳试验

疲劳加载装置和应变、磁信号的采集与记录装置及过程同上。采用 TC－1 型退磁仪时在试验前首先将试件做退磁处理,如图 5－93 所示。具体磁通门传感器布置如图 5－94 所示。

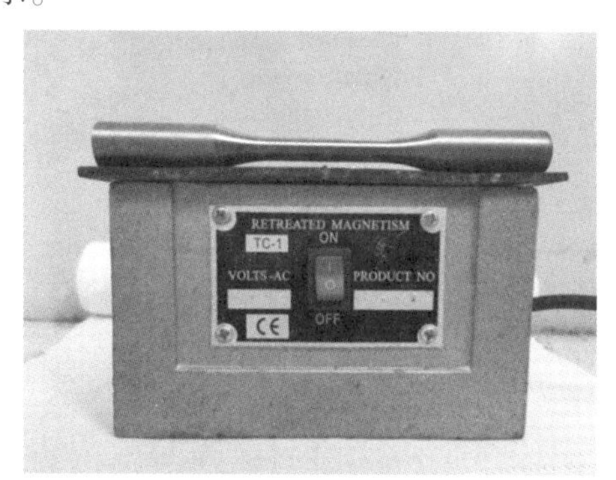

图 5－93　试件退磁

图 5－94　磁通门传感器布置

5.4.3　试验结果

1. 钢筋标准试件的高周疲劳寿命

钢筋标准试件具体试件分组、加载条件及寿命结果如表 5－14 所示。

表 5－14　钢筋标准试件的高周疲劳寿命

分组	最大应力 σ_{max}/MPa	平均应力 σ_m/MPa	试件编号	疲劳寿命 N_f/次	平均疲劳寿命 N_f/次
F1	240	0	F1－1	171328	135731
			F1－2	110659	
			F1－3	125208	
F2	230	0	F2－1	187534	209844
			F2－2	229725	
			F2－3	212272	
F3	220	0	F3－1	473267	387125
			F3－2	320359	
			F3－3	367748	
F4	210	0	F4－1	1372998	1288961
			F4－2	1204925	
F5	350	190	F5－1	298755	343720
			F5－2	376248	
			F5－3	356156	
F6	330	160	F6－1	525652	495711
			F6－2	445770	
			F6－3	515713	

2. 蚀坑尺寸及坑蚀钢筋疲劳寿命

对 12 个坑蚀钢筋试件进行了疲劳加载，具体试件的编号、蚀坑尺寸、加载条件和疲劳寿命试验结果如表 5－15 所示。

表 5－15　蚀坑尺寸及坑蚀钢筋疲劳寿命

编号	蚀坑尺寸			最大应力/MPa	应力比	疲劳寿命 N_f/次
	l/mm	w/mm	d/mm			
CF1	9.91	4.55	0.87	290	0.1	377408
CF2	9.83	4.53	0.85	210	0.3	881959
CF3	8.02	4.51	1.02	290	0.1	152656
CF4	7.93	4.45	1.09	210	0.3	694201
CF5	10.14	5.12	1.21	250	0.5	1087377
CF6	10.22	5.09	1.20	250	0.2	519138

续表

编号	蚀坑尺寸			最大应力/MPa	应力比	疲劳寿命 N_f/次
	l/mm	w/mm	d/mm			
CF7	8.75	5.21	1.36	230	0.3	569451
CF8	9.85	6.22	1.83	318	0.1	89861
CF9	10.03	7.41	2.37	318	0.1	91654
CF10	9.92	5.56	1.20	330	0.3	127474
CF11	10.11	7.23	1.96	350	0.2	31381

5.4.4 材料参数标定

1.耦合损伤的弹塑性本构关系的参数标定

在弹性阶段的损伤本构关系中,极限抗拉强度取实测值,杨氏模量 E 取 210000MPa,泊松比 ν 为 0.3[5-15]。根据 Basquin 公式外推的方法[5-16]计算钢筋在应力比 $R=-1$ 情况下的疲劳极限 σ_{10}。Basquin 公式的对数形式为:

$$\lg N_f = A\lg\sigma_a + B \tag{5-16}$$

其中,σ_a 为应力幅值,$\sigma_a=\sigma_{amx}-\sigma_m$,$A$ 和 B 为材料参数。将 F1 ~ F4 组的数据以对数坐标进行线性拟合,得 $S-N$ 曲线方程为 $\lg N_f=-16.62\lg\sigma_a+44.61$。取应力循环基数为 2×10^6 次,即可得到 $\sigma_{10}=205$MPa。

数值模拟研究中,有限元求解器处理的应力-应变场均为真实的应力应变,尤其在塑性阶段分析中,需要输入材料真实的应力-应变关系[5-17]。然而,在拉伸试验过程中,材料的截面积会发生变化,尤其是出现颈缩之后,截面积变化更快,因此试验获得的应力-应变并非真实的应力-应变,故首先对钢筋材料单轴拉伸试验曲线进行换算。

真实,应力表达式为:

$$\sigma=\frac{F}{A} \tag{5-17}$$

其中,A 为实际截面积,F 为远端荷载。同时假设试样拉伸至 L 时发生微小变化 dL,则有应变增量:

$$\mathrm{d}\varepsilon=\frac{\mathrm{d}L}{L} \tag{5-18}$$

上式两边从 L_0 到 L 积分可得真实应变值:

$$\varepsilon=\int_{L_0}^{L}\mathrm{d}L/L=\ln L-\ln L_0=\ln\frac{L}{L_0} \tag{5-19}$$

又因为 $L=\Delta L+L_0=L_0(1+\varepsilon_n)$,所以真实应变计算公式为:

$$\varepsilon = \ln(1 + \varepsilon_n) \tag{5-20}$$

试样在发生变形过程中假设体积是不变的，即 $A_0L_0 = AL$，所以有：

$$\sigma = (1 + \varepsilon_n)\sigma_n \tag{5-21}$$

由于 L1 ~ L3 试件静力拉伸性质基本相同，以下仅以 L1 为例。经过以上换算的钢筋真实应力 - 应变曲线关系如图 5 - 95 所示。

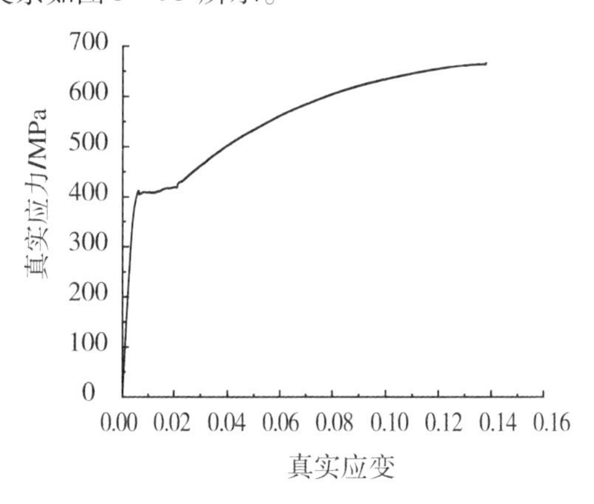

图 5 - 95　钢筋真实应力 - 应变曲线关系

通过拟合塑性阶段的强化曲线得到 HRB400 钢筋的强化模型。首先，提取塑性应变与应力关系如图 5 - 96 所示，对塑性应变 - 应力关系进行拟合，发现线性强化模型适宜于描述钢筋材料的屈服流动和强化阶段，如图 5 - 97 所示。塑性应变与应力关系表达式为：

$$\sigma = 2207.5\ \varepsilon_p + 418 \tag{5-22}$$

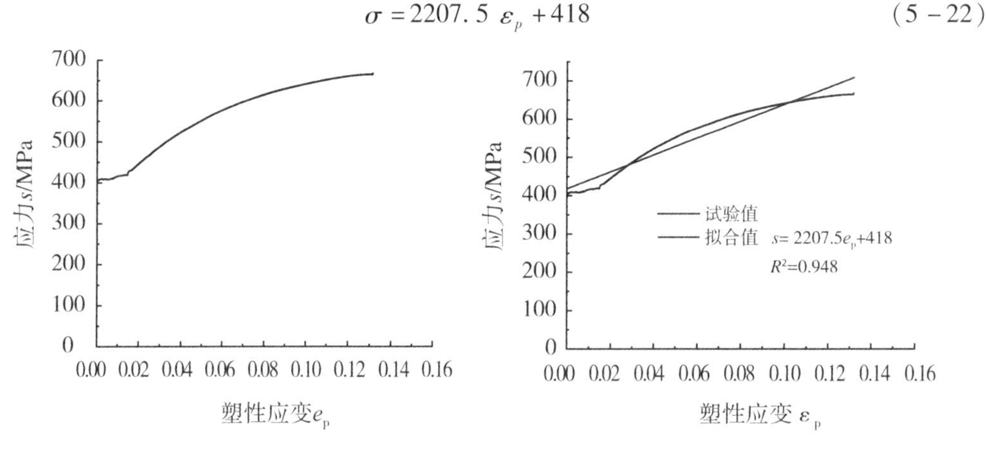

图 5 - 96　塑性应变与应力关系　　**图 5 - 97　线性强化模型拟合**

在复杂应力状态下，屈服强度 Q 表示屈服面的大小，为瞬时等效塑性应变$\bar{\varepsilon}_{ij}^{p}$的函数。等效塑性应变是描述材料单元形状的总体畸变的重要指标，而各学者对其定义略有不同[5-18]，其中，Hill[5-19]给出的定义应用最为广泛。等效塑性应变的增量形式为：

$$\mathrm{d}\,\bar{\varepsilon}_{ij}^{p} = +\sqrt{\frac{2}{3}}\{\mathrm{d}\varepsilon_{ij}^{p}\mathrm{d}\varepsilon_{ij}^{p}\}^{\frac{1}{2}} \tag{5-23}$$

对于强化阶段，根据对屈服面扩大和移动特征的不同假设，强化模型一般分为各向同性强化、随动强化和混合强化模型等。在实际工程中，钢筋混凝土结构构件往往具有较为明确的受拉区和受压区，出现反号交变应力的情况除地震情况外较少发生，而本书重点考虑结构承受长期反复荷载，故不考虑 Bauschinger 效应，认为材料硬化后仍保持各向同性。根据钢筋材料真实应力－应变曲线的塑性阶段拟合结果，单轴拉伸时钢筋材料为双折线模型，强化阶段是线性强化模型。在循环荷载作用下，取钢筋的弹塑性力学模型为各向同性线性强化模型，如图5－98所示。损伤材料的屈服函数和塑性流动中，Q 的表达式即由单轴拉伸曲线得到：

$$Q = 2207.5\ \bar{\varepsilon}_{ij}^{p} + 418 \tag{5-24}$$

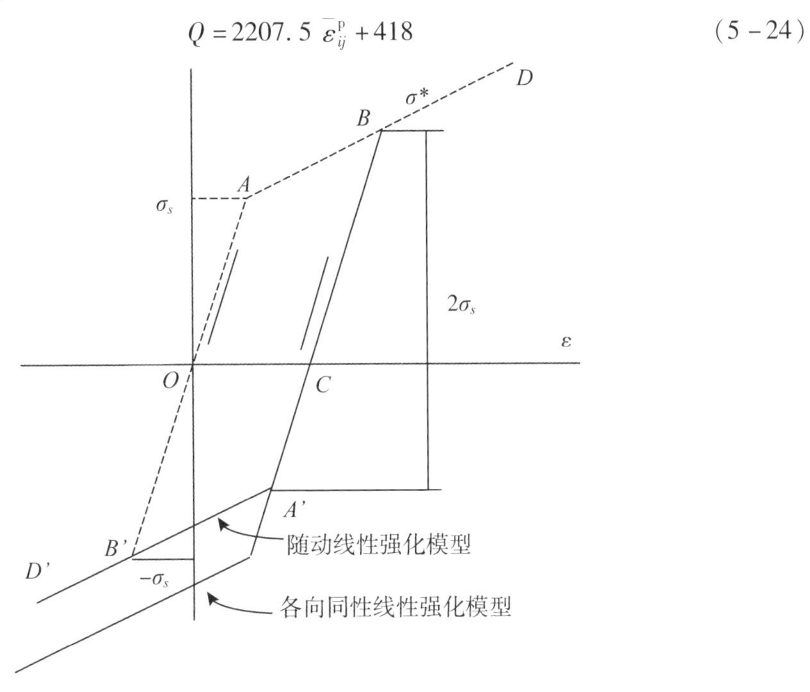

图5－98　钢筋的各向同性线性强化模型

2. 疲劳损伤演化模型的参数标定

在弹性疲劳损伤演化方程中，有 β、M_0、a、b_1 和 b_2 共5个参数待标定。将损伤演化方程式(5－10)以单轴应力形式积分，得到光滑试件在常幅疲劳荷载作用下的疲劳寿命表达式：

$$N_f = \frac{1}{1+\beta} \times \frac{1}{aM_0^{-\beta}} \times \frac{\langle \sigma_u - \sigma_{max} \rangle}{\langle \sigma_a - \sigma_{10}(1 - b_1\sigma_m) \rangle} \left[\frac{\sigma_a}{1 - b_2\sigma_m} \right]^{-\beta} \tag{5-25}$$

用表5－14中F1～F4的试验数据点可拟合得 β、$aM_0^{-\beta}$ 的值。将F5、F6两组不同应力均值的试验数据代入式(5－25)，可得到参数 b_1 和 b_2 的值。对于参数 a，采用 Zhang[5-20] 提出的数值方法求解。HRB400钢筋材料的弹性疲劳损伤演化模型材料参数的取值如表5－16所示。

表 5－16　HRB400 钢筋弹性疲劳损伤演化模型的参数取值

β	$aM_0^{-\beta}$	b_1	b_2	a	M_0
1.658	3.082E－9	0.00069	0.0000502	0.75	114292

在塑性疲劳损伤演化模型中，有 S、r 两个参数需要标定。为此，将式（5－13）以单轴应力状态表达式积分得到其包含疲劳寿命因素的积分式：

$$N_f=\frac{1}{2(2r+1)\Delta\varepsilon_{\mathrm{p}}}\left(\frac{2ES}{\sigma_{\max}^2}\right)^r \tag{5-26}$$

其中，疲劳寿命通过 Coffin－Manson 关系表示：

$$\frac{\Delta\varepsilon_{\mathrm{p}}}{2}=\varepsilon_f(2N_f)^p \tag{5-27}$$

其中，ε_f 和 p 是疲劳寿命与循环塑性幅值间的关系参数，通过等应变幅控制的材料低周疲劳试验获得[5-21]。另外，由前述钢筋材料的滞回本构模型可知：

$$\sigma_{\max}=k\left(\frac{\Delta\varepsilon_{\mathrm{p}}}{2}\right)+\sigma_y \tag{5-28}$$

联立上几式，代入不同应变幅值下的钢筋材料寿命，即可求解出参数 S、m 的值。关于 HRB400 钢筋材料的滞回性能，在钢筋混凝土结构抗震领域已有大量研究，试验数据丰富，相关参数可查阅文献获取[5-22]。HRB400 钢筋的塑性应变与应力关系参数 k、Coffin－Manson 关系参数 ε_f 和 p 以及求解联立方程得到的塑性疲劳损伤演化模型参数 S、r 取值见表 5－17。

表 5－17　HRB400 钢筋塑性疲劳损伤演化模型的参数取值

k	ε_f	p	S	r
2207.5	0.14001	－0.38656	4.3161	3.5231

5.4.5　有限元模型

在几何建模时，首先建立钢筋的三维圆柱模型和锈蚀部分的椭球模型，然后通过布尔切割运算，得到坑蚀钢筋的几何模型，如图 5－99 所示。

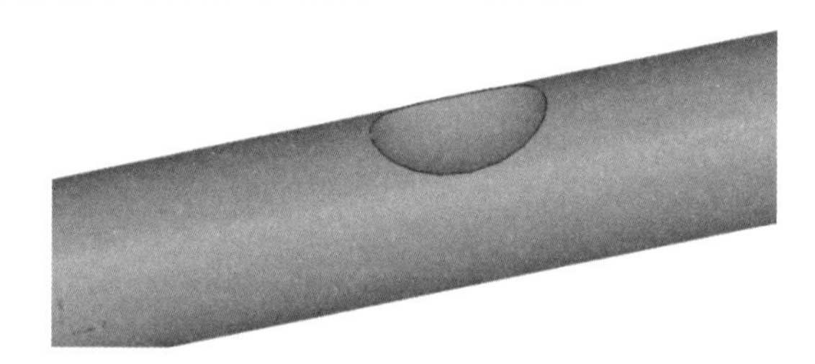

图 5－99　坑蚀钢筋几何模型

选用六面体网格进行有限元建模，使用前处理软件 Hypermesh 进行网格划分时，首先将坑蚀钢筋几何模型进行区域分割，以便于生成六面体网格，实体划分如图 5－100 所示。

其中,蚀坑附近区域的网格设置较密,以保证计算精度,网格尺寸控制在50~80μm。划分完成后的蚀坑附近网格及坑蚀钢筋整体网格模型如图5-101所示。单元类型为8节点六面体线性实体单元(C3D8)。材料属性调用上文所述的UMAT子程序。在第一个分析步中施加试验条件对应的定值轴向均布荷载,在后续分析步中最大值不变,符合试验条件的应力比的轴向循环应力。

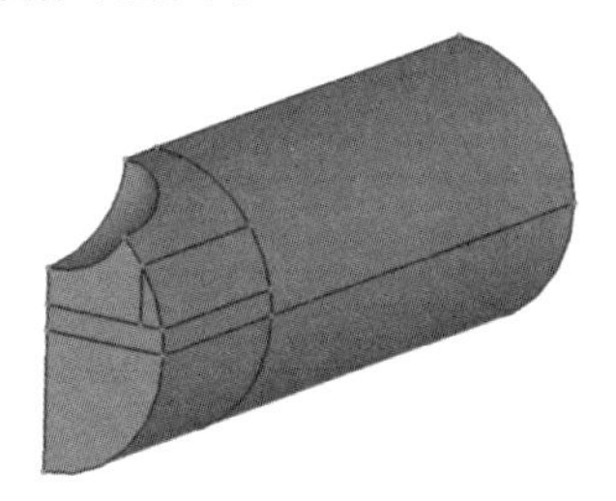
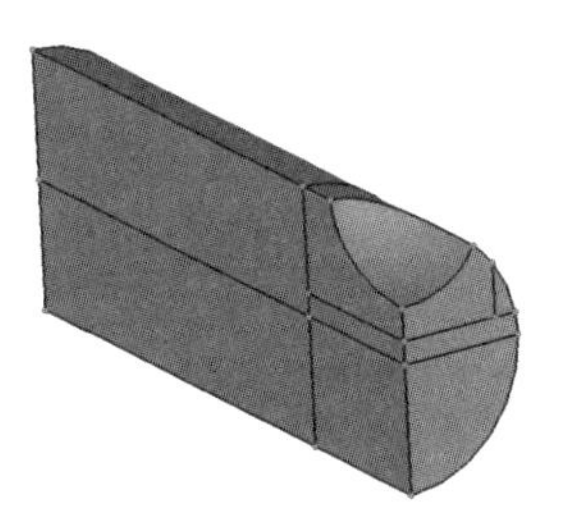

图5-100　坑蚀钢筋几何模型实体划分

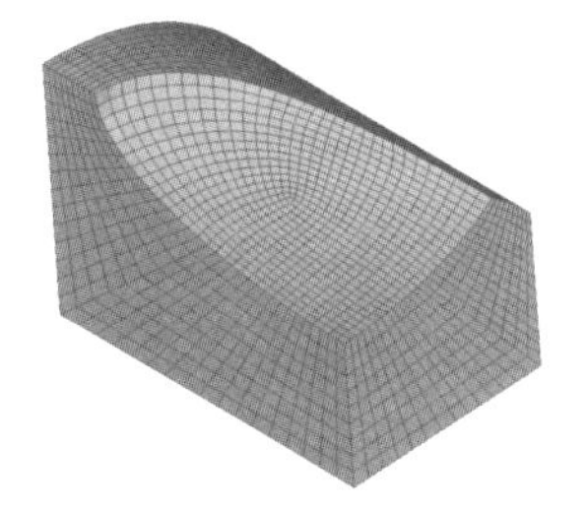
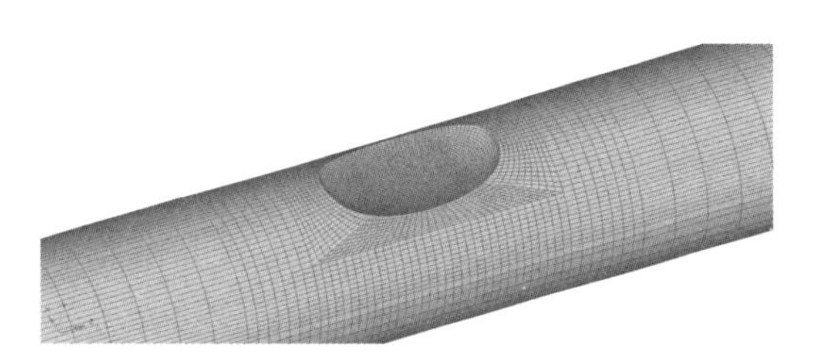

(a)蚀坑周围网格划分　　(b)坑蚀钢筋模型整体网格划分

图5-101　坑蚀钢筋有限元模型网格划分

本文采用上述建模方法,建立了试件CF1-CF11的有限元模型。为了补充验证,本文还收集了王珏[5-23]与Chen[5-24]等的部分试验数据,其中,应力比均为0.1,建立有限元模型进行数值模拟分析。文献中的钢筋试件坑尺寸、加载条件及疲劳寿命试验值如表5-18所示。

表5-18　文献中的试件及蚀坑尺寸及加载条件和疲劳寿命

文献作者	钢筋直径/mm	蚀坑深度/mm	蚀坑宽度/mm	最大荷载/kN	实测疲劳寿命/次
王珏[5-23]	14	1.60	6.00	63.54	39738
		1.30	5.00	54.46	62148
		2.00	7.00	63.54	25187
Chen[5-24]	8	1.71	7.67	11.40	670622
		2.70	7.66	11.40	338315
		1.28	7.63	16.00	201968

5.4.6　疲劳寿命预测结果与分析

将试验实测疲劳寿命与有限元模拟预测结果的数据对比绘制在对数坐标系下,如图

5 - 102 所示。

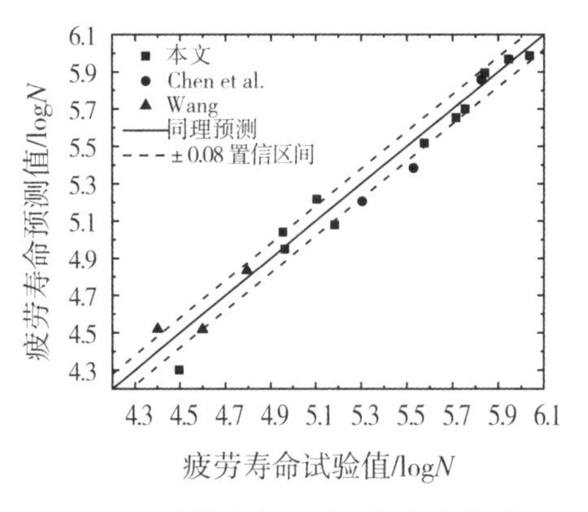

图 5 - 102　疲劳寿命预测值与试验值对比图

由图可见,对于不同蚀坑尺寸、不同应力水平、不同应力比的试验条件,弹塑性疲劳损伤模型均可以较好预测坑蚀钢筋疲劳寿命。另外,值得注意的是,损伤变量 D 达到 1 时,理论上是指钢筋材料裂纹达到宏观尺寸并快速扩展,但并不意味着试件立即断裂破坏,此方法预测疲劳寿命是偏于安全的。

5.4.7　坑蚀钢筋疲劳损伤和应力应变场演化规律

1. 基于弹塑性疲劳损伤模型的疲劳损伤演化分析

以 CF3 试件为例,由于蚀坑深宽比不大且荷载水平较低,蚀坑部位的钢筋材料处于弹性状态。图 5 - 103 为 CF3 试件在不同循环次数时损伤的分布。疲劳中期及前期的疲劳损伤值均很小。在疲劳中后期,损伤在蚀坑底部逐渐积累并扩展,直到达到疲劳寿命时,蚀坑底部损伤迅速升高到 1,并且范围扩展更大。

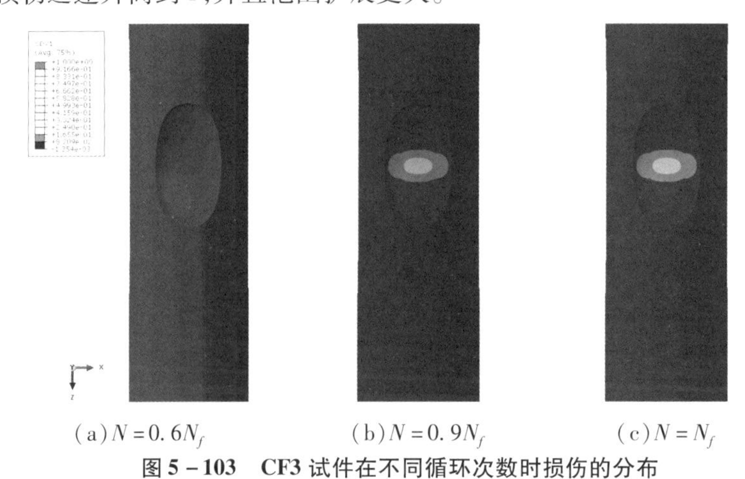

(a) $N = 0.6N_f$　　(b) $N = 0.9N_f$　　(c) $N = N_f$

图 5 - 103　CF3 试件在不同循环次数时损伤的分布

为了定量观察损伤的起始于发展,利用 ABAQUS 后处理中的路径功能,在蚀坑表面上定义沿蚀坑横向即 X 方向的路径(path),称为路径 X,如图 5 - 104 所示。以蚀坑一端的边沿为起点，路径上各个节点的位置以其距离起点的距离确定。

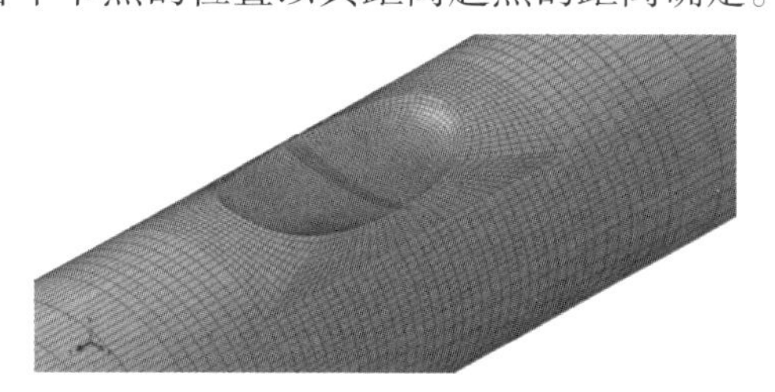

图 5－104　路径 X 的定义示意图

提取不同循环次数下沿路径的损伤分布值，如图 5－105 所示。由图可知，直到疲劳中期，损伤值均很小，疲劳中后期损伤迅速累积，蚀坑底部增长最快，周围区域损伤值也有所升高。

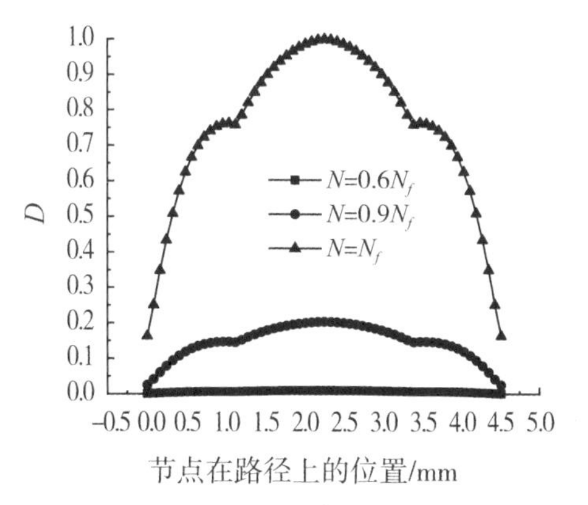

图 5－105　不同循环次数下 CF3 试件沿 X 路径的损伤分布

提取损伤增长最快节点的损伤值随循环次数的变化，以循环次数为横坐标，损伤值为纵坐标绘图，如图 5－106 所示。可以看出，连续损伤力学给出的疲劳损伤演化具有明显的非线性，疲劳中前期损伤累积缓慢，而在疲劳末期疲劳损伤迅速累积。在弹性状态下，弹性损伤值等于总损伤值。

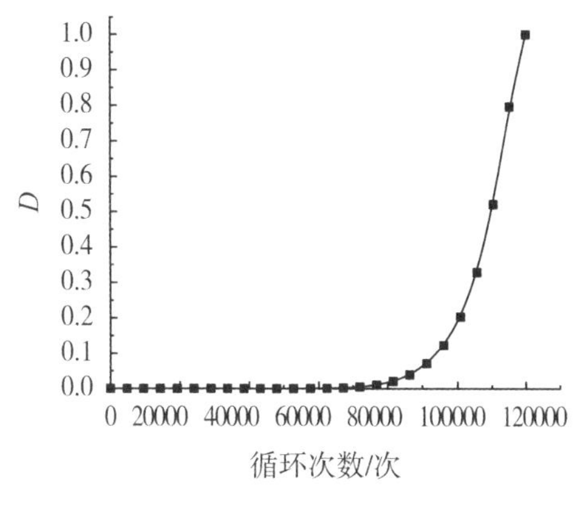

图 5－106　损伤值随循环次数的演化

CF7 试件在蚀坑处是处于弹性应力状态，但损伤分布与 CF3 试件有所不同。图 5－107是不同循环次数下 CF7 试件的损伤演化云图。由图可知，在疲劳中前期，损伤值较小,而在疲劳中后期,疲劳损伤在沿横向的蚀坑侧壁处起始并累积。在疲劳后期,蚀坑侧壁处有对称的两点,形成损伤最大值。

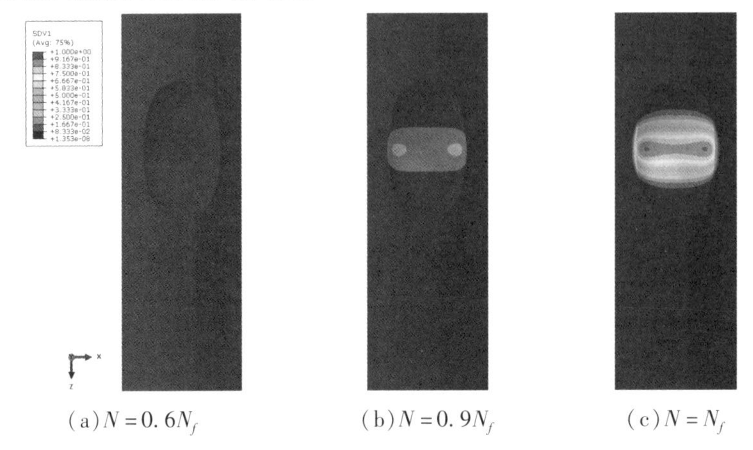

(a) $N=0.6N_f$　　(b) $N=0.9N_f$　　(c) $N=N_f$

图 5-107　CF7 试件在不同循环次数时损伤的分布

提取沿横向 X 路径的损伤分布,如图 5-108 所示。可见,疲劳损伤在疲劳中后期快速累积扩展,在蚀坑底部两侧位置形成最大值点。

CF7 试件损伤最大值点的损伤值随循环次数的演化如图 5-109。其余各个试件均有类似的损伤演化曲线,下文不再赘述。

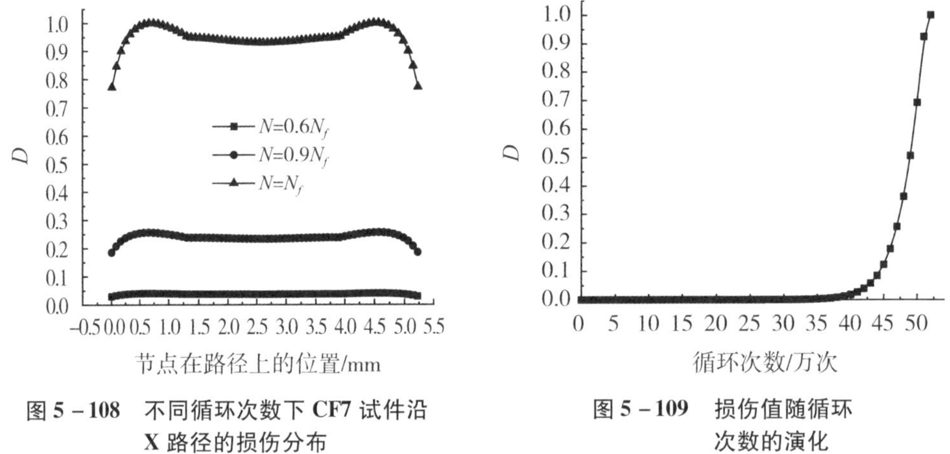

图 5-108　不同循环次数下 CF7 试件沿 X 路径的损伤分布

图 5-109　损伤值随循环次数的演化

当蚀坑深宽比较大或外荷载较大时,蚀坑处的钢筋材料将进入塑性变形状态。以 CF8 试件为例,图 5-110 为该试件在疲劳寿命前期($0.3N_f$)、疲劳寿命中期($0.6N_f$)以及疲劳寿命末期($0.9N_f$、N_f)时损伤的分布云图。在疲劳初期,坑蚀钢筋疲劳损伤值很小;到疲劳中期时,疲劳损伤沿蚀坑横向呈条带状分布,开始产生;到疲劳末期,疲劳损伤集中在蚀坑横向轴线位置累积加剧。为了定量观察损伤分布及其变化规律,同样定义沿蚀坑表面横向的 X 路径。通过 ABAQUS 后处理 Visualization 模块提取不同疲劳阶段沿 X 路径的损伤值分布,其中横坐标为节点距离路径起点的距离。

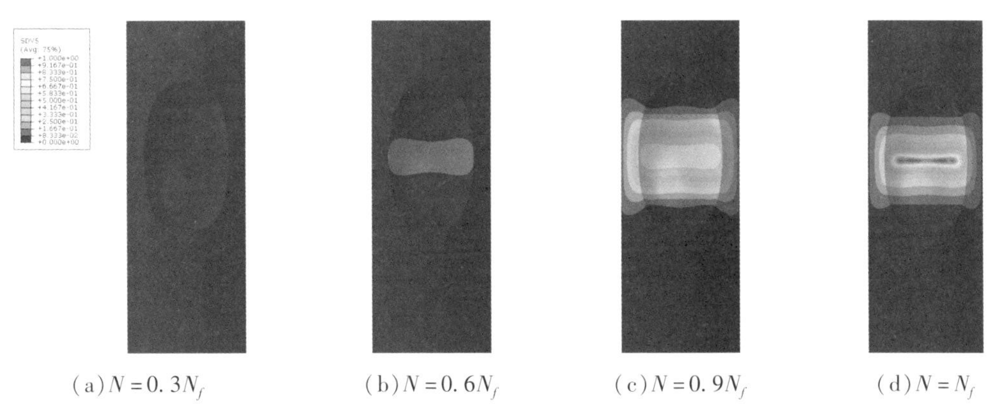

(a) $N=0.3N_f$　(b) $N=0.6N_f$　(c) $N=0.9N_f$　(d) $N=N_f$

图5-110　CF8试件在不同循环次数时损伤的分布

由图5-111可知，PF1蚀坑处的疲劳损伤从前期到末期，在蚀坑底部和蚀坑壁附近分布较为均匀。疲劳中前期的损伤值较低，疲劳末期的损伤值骤然加剧，最危险点的损伤值达到1，宏观疲劳裂纹形成，试件即将迅速断裂破坏。

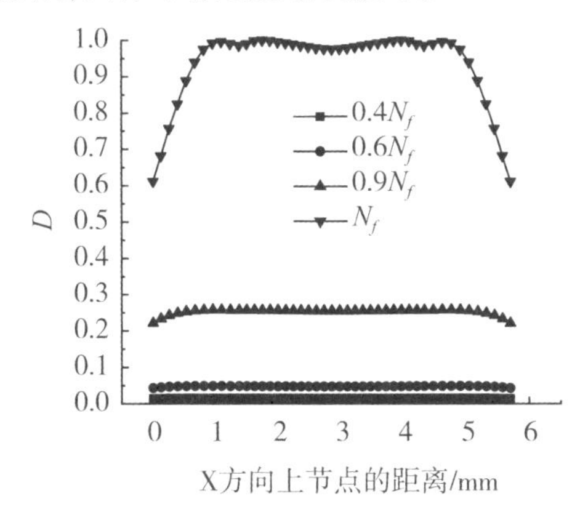

图5-111　不同循环次数下CF8试件沿X路径的损伤分布

对于CF9试件，图5-112为试件在疲劳寿命前期(0.3N_f)、疲劳寿命中期(0.6N_f)以及疲劳寿命末期(0.9N_f、N_f)时、损伤场的分布云图。

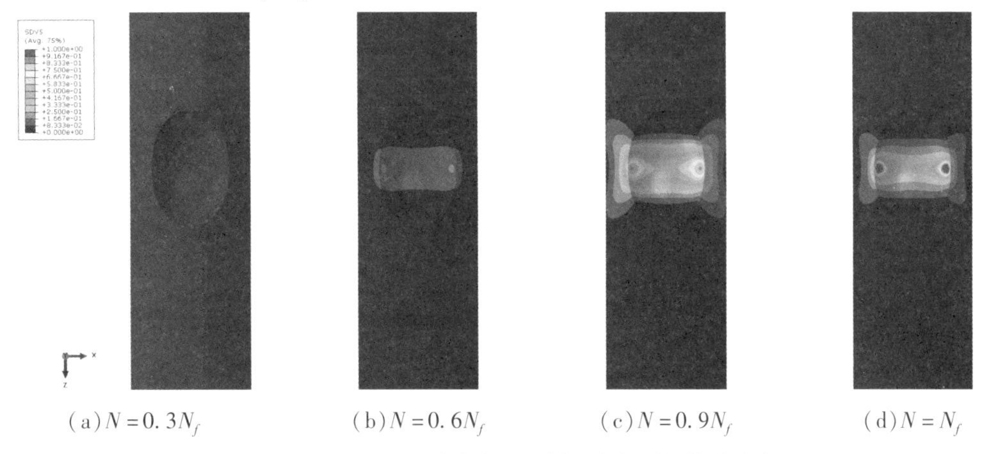

(a) $N=0.3N_f$　(b) $N=0.6N_f$　(c) $N=0.9N_f$　(d) $N=N_f$

图5-112　CF9试件在不同循环次数时损伤的分布

在疲劳初期,坑蚀钢筋疲劳损伤值很小;到疲劳中期,疲劳损伤沿蚀坑横向呈条带状分布,并在蚀坑边沿附近明显显示出损伤集中;到疲劳末期,疲劳损伤集中在蚀坑边沿处位置,集中在一点附近累积加剧。不同疲劳阶段沿路径的损伤值分布,如图 5-113。由图可知,CF9 蚀坑处的疲劳损伤在蚀坑边沿部位有显著的集中发生与累积。疲劳中前期的损伤值较低,疲劳末期的损伤值骤然加剧,最危险点集中在蚀坑边沿处,损伤值先达到 1。以 CF8 试件为例,提取损伤最大点的总损伤值、累积弹性损伤值、累积塑性损伤值随循环次数的变化,分析疲劳热点处的损伤演化规律,如图 5-114 所示。

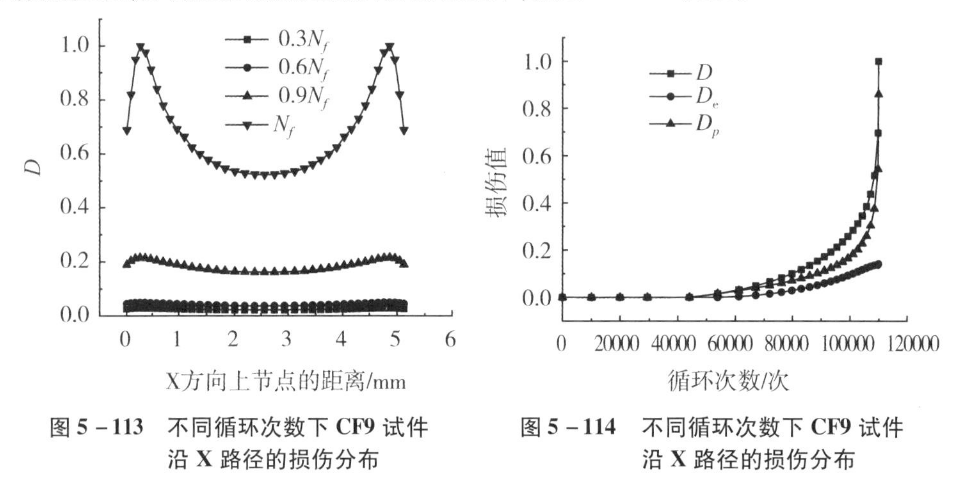

图 5-113 不同循环次数下 CF9 试件沿 X 路径的损伤分布

图 5-114 不同循环次数下 CF9 试件沿 X 路径的损伤分布

由图 5-114 可知,在弹塑性疲劳损伤过程中,疲劳危险点的损伤值在前期缓慢发展,而在疲劳末期迅速累积升高。塑性疲劳损伤占据主导,弹性疲劳损伤在总损伤中占比较小。弹塑性疲劳损伤模型表现出明显的非线性损伤累积特征。

2. 疲劳损伤分布与应力-应变集中分布的对应特征

在弹塑性分析中,蚀坑处应力集中与应变集中的概念及分布特征均不相同。通过对坑蚀钢筋损伤分布和应力-应变集中分布的对比研究,说明疲劳损伤热点位置与应力-应变集中分布的对应特征,进一步解释疲劳热点形成的力学原理。

图 5-115 是 CF3 试件的损伤分布与应力场分布的对比图。试件蚀坑处于弹性状态,损伤集中在蚀坑底部,应力集中也出现在蚀坑底部。为了定量观察,定义蚀坑横向 X 路径,提取沿 X 路径的各个节点损伤值和应力值,绘制对比图 5-116。可见损伤热点与应力最集中点具有明显的位置对应关系。

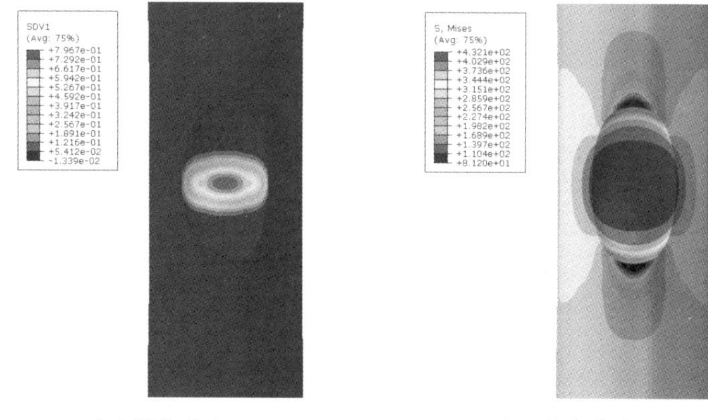

(a)损伤分布　　(b)应力分布

图 5－115　CF3 试件损伤分布与应力分布图

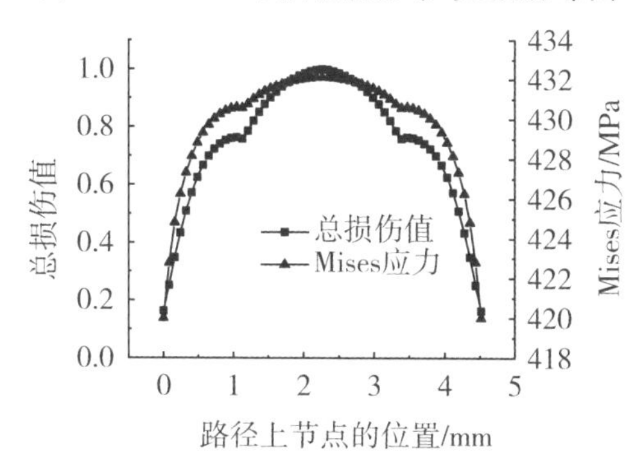

图 5－116　CF3 沿 X 路径的各个节点损伤值和应力值

图 5－117 是 CF7 试件的损伤分布与应力场分布的对比图。试件蚀坑处于弹性状态，而损伤集中发生在蚀坑侧壁处，应力集中出现在蚀坑底部。沿 X 路径各个节点损伤值和应力值如图 5－118 所示。损伤热点的位置同样对应于应力最集中点。

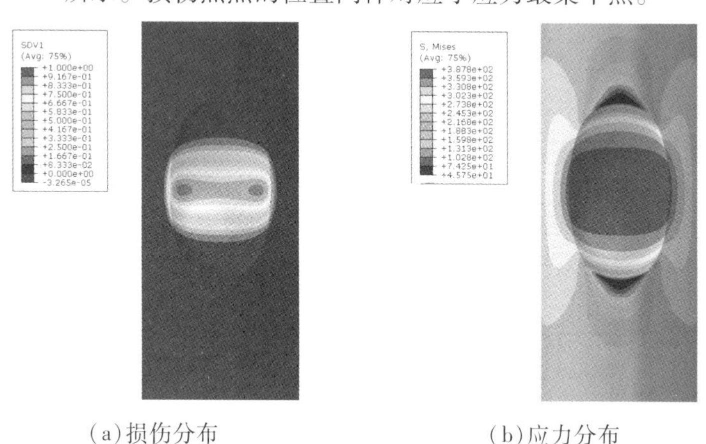

(a)损伤分布　　(b)应力分布

图 5－117　CF7 试件损伤分布与应力分布图

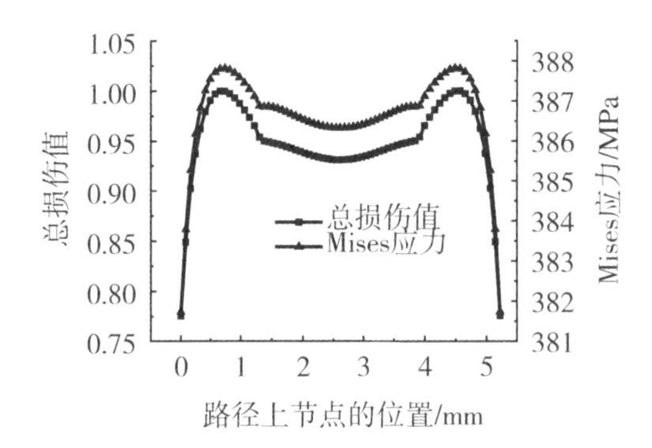

图 5－118　CF7 沿 X 路径的各个节点损伤值和应力值

对于蚀坑处达到塑性变形状态的坑蚀钢筋试件，CF8 的损伤分布如图 5－119(a)所示，图 5－119(b)为 CF8 试件的等效塑性应变分布图。根据上文分析，塑性变形时应当考虑应变集中的分布，又由损伤演化分析可知，塑性损伤占损伤的主要部分。因此，如图 5－120所示，损伤热点分布与等效塑性应变的集中位置具有明显相关性。

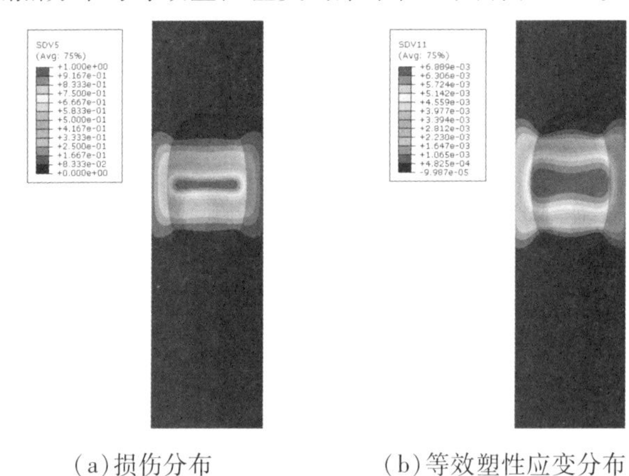

(a)损伤分布　　(b)等效塑性应变分布

图 5－119　CF8 试件损伤分布与等效塑性应变分布图

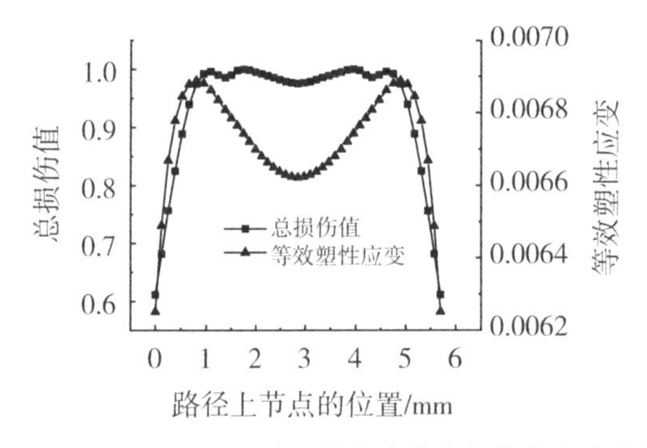

图 5－120　CF8 沿 X 路径的各个节点损伤值和应力值

CF9 的损伤分布如图 5－121(a)所示，图 5－121(b)为 CF9 试件的等效塑性应变分布图。如图 5－122 所示，损伤热点分布与等效塑性应变的集中位置具有明显相关性。

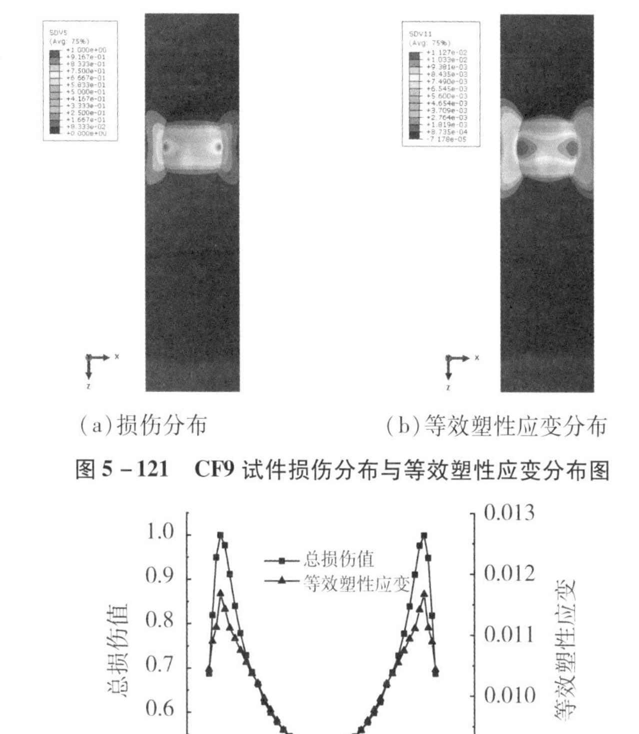

(a)损伤分布　　(b)等效塑性应变分布

图5-121　CF9试件损伤分布与等效塑性应变分布图

图5-122　CF9沿X路径的各个节点损伤值和应力值

蚀坑引起弹性应力集中进而降低钢筋疲劳寿命，而塑性状态下的塑性应变集中则造成了钢筋的塑性疲劳损伤。事实上，塑性状态下的疲劳原理是塑性应变的累积，而不仅仅受应力状态的影响。在弹性阶段，应力集中是疲劳损伤产生的原因，而塑性阶段则是由塑性应变集中主导。

3. 疲劳荷载作用下钢筋蚀坑处应力应变场的演化

基于损伤力学的疲劳损伤演化法讨论应力应变场在疲劳荷载作用下的演化，为了研究方便，取$\sigma_{eq,max}$为指标研究应力场的演化，$\sigma_{eq,max}$是指一个周期内Mises等效应力的最大值。

图5-123是CF3试件在不同循环次数时$\sigma_{eq,max}$的分布。可以看出，在损伤集中发展的蚀坑底部处，应力由疲劳中前期的较高值432MPa逐渐降低到接近0MPa，预示着疲劳宏观裂纹形成。图5-124是沿蚀坑横向X路径的$\sigma_{eq,max}$分布随循环次数的变化，显示出疲劳初期应力值较为均匀地分布在蚀坑范围内，而疲劳作用下蚀坑底部的应力快速下降。

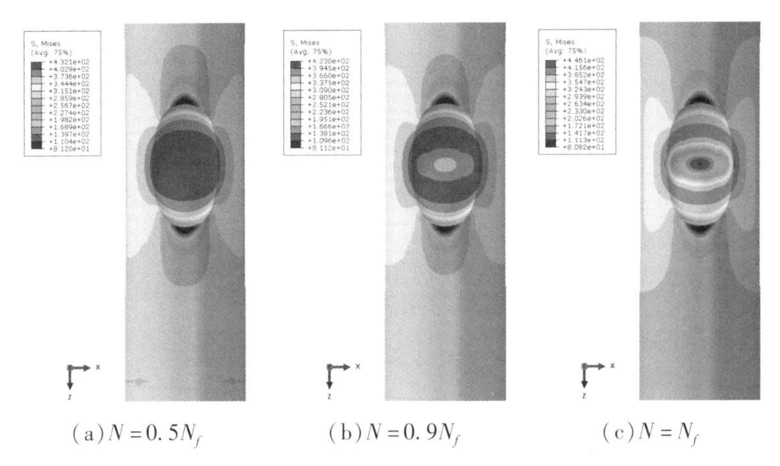

(a) $N=0.5N_f$　　　(b) $N=0.9N_f$　　　(c) $N=N_f$

图 5－123　CF3 试件在不同循环次数时应力的分布

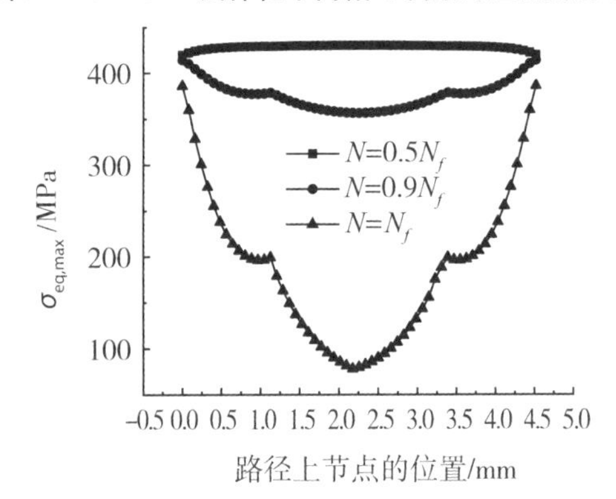

图 5－124　CF3 试件在不同循环次数时应力沿 X 路径的分布

图 5－125 为 CF3 试件损伤最大点处的 $\sigma_{eq,max}$ 随循环次数的演化，疲劳中前期的应力值均较大，而在疲劳后期则迅速下降。

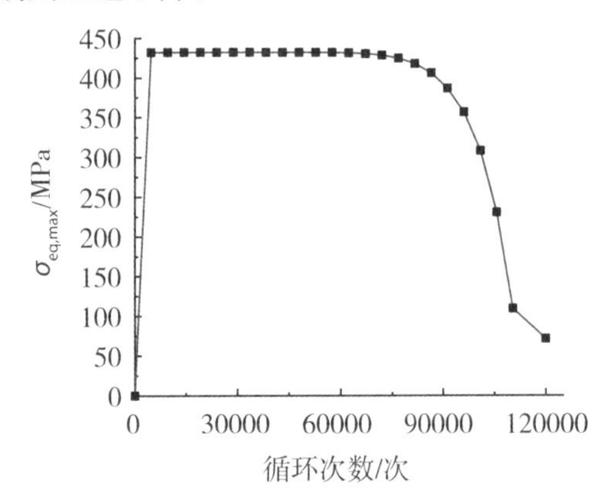

图 5－125　CF3 试件损伤最大点处的 $\sigma_{eq,max}$ 随循环次数的演化

图 5－126 为 CF8 试件在疲劳寿命前期（$0.3N_f$）、疲劳寿命中期（$0.6N_f$）及疲劳寿命末期（N_f）时，一次循环中 Mises 应力最大值 $\sigma_{eq,max}$ 的分布云图。

在疲劳初期，$\sigma_{eq,max}$ 的分布特征是在蚀坑表面较为均匀分布，这与损伤起始时分布位置是不一致的。在疲劳中后期，损伤的累积演化导致材料性能逐渐退化，损伤最大处的应力降低，意味着将形成宏观裂纹，其起始位置位于蚀坑边沿。

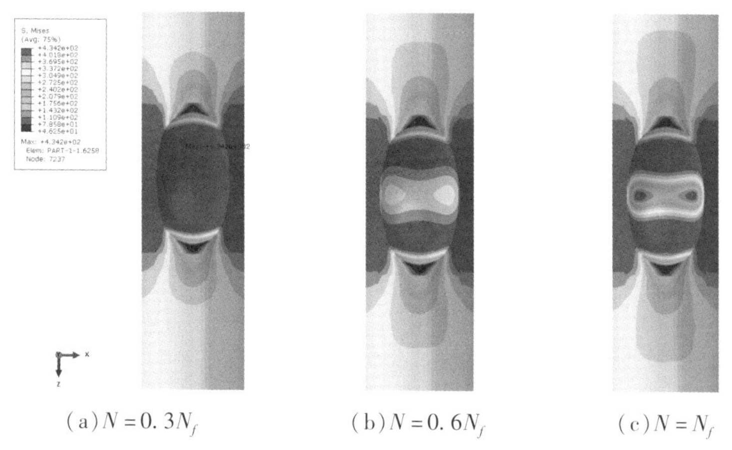

(a) $N=0.3N_f$　　(b) $N=0.6N_f$　　(c) $N=N_f$

图5-126 CF8在不同循环次数时 $\sigma_{eq,\max}$ 的分布

图5-127为CF8试件在疲劳寿命前期（$0.3N_f$），以及疲劳寿命末期（N_f）时，等效塑性应变分布的云图。可以看出，等效塑性应变的分布从疲劳前期到末期均呈带状，与损伤分布相对应，塑性发展范围逐渐增大。

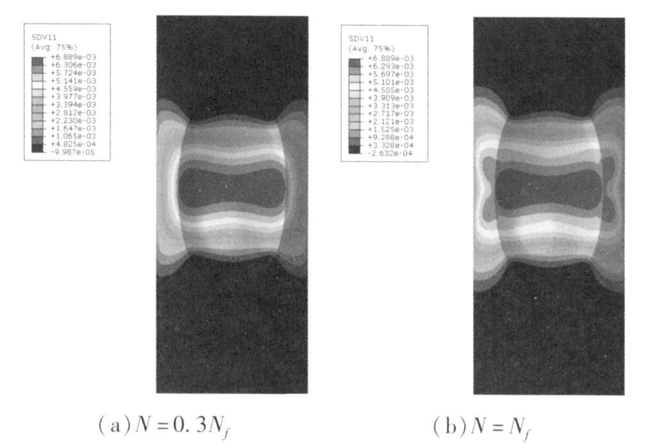

(a) $N=0.3N_f$　　(b) $N=N_f$

图5-127 CF9试件在不同循环次数时等效塑性应变的分布

5.4.8 基于压磁效应的坑蚀钢筋疲劳损伤分析

1. 法向磁感强度演变

根据坑蚀钢筋疲劳压磁试验中测得的不同循环次数下坑蚀钢筋法向磁感强度 B_n 数据，绘制残余磁感强度随疲劳荷载次数的变化，如图5-128所示。同前文一致，钢筋标准件的磁感应强度也呈现三阶段特征[5-25]：第一阶段在疲劳前期磁感强度快速上升；第二阶段为稳定阶段，磁感强度随循环次数增加而略有升高；第三阶段在疲劳寿命末期，磁感强度突然增加，可作为预警疲劳断裂的标志。

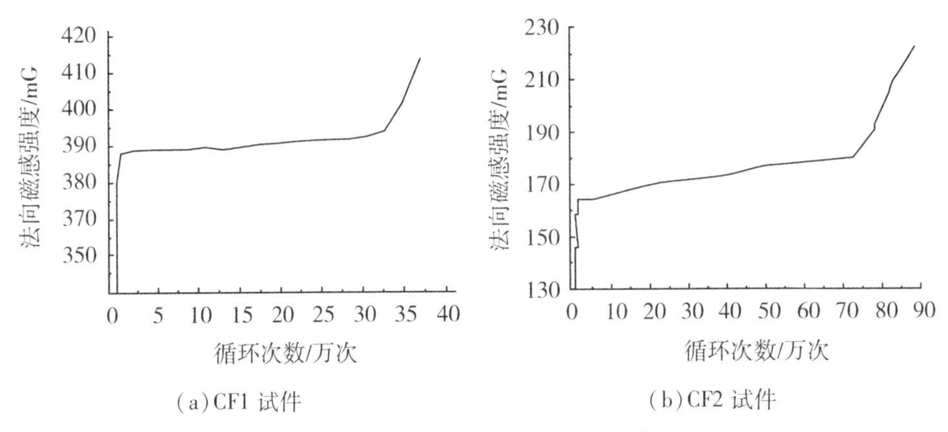

(a) CF1 试件　　(b) CF2 试件

图 5－128　法向残余磁感强度随循环次数的变化

在疲劳寿命初期，由于应力致磁化和初始损伤的萌生，法向磁感强度快速增加；在第二阶段初期，在循环应力作用下，全部的钉扎点被逐渐克服，材料达到无滞后的磁化状态，磁感应强度在疲劳第二阶段基本保持不变；最后，由于疲劳裂纹扩展，裂纹尖端漏磁效应更明显，在疲劳寿命末期磁感应强度迅速上升，对应着试件的断裂破坏。

2. 压磁滞回曲线演变

图 5－129 是试件 CF10 在不同疲劳阶段的法向磁感强度－应变滞回曲线。

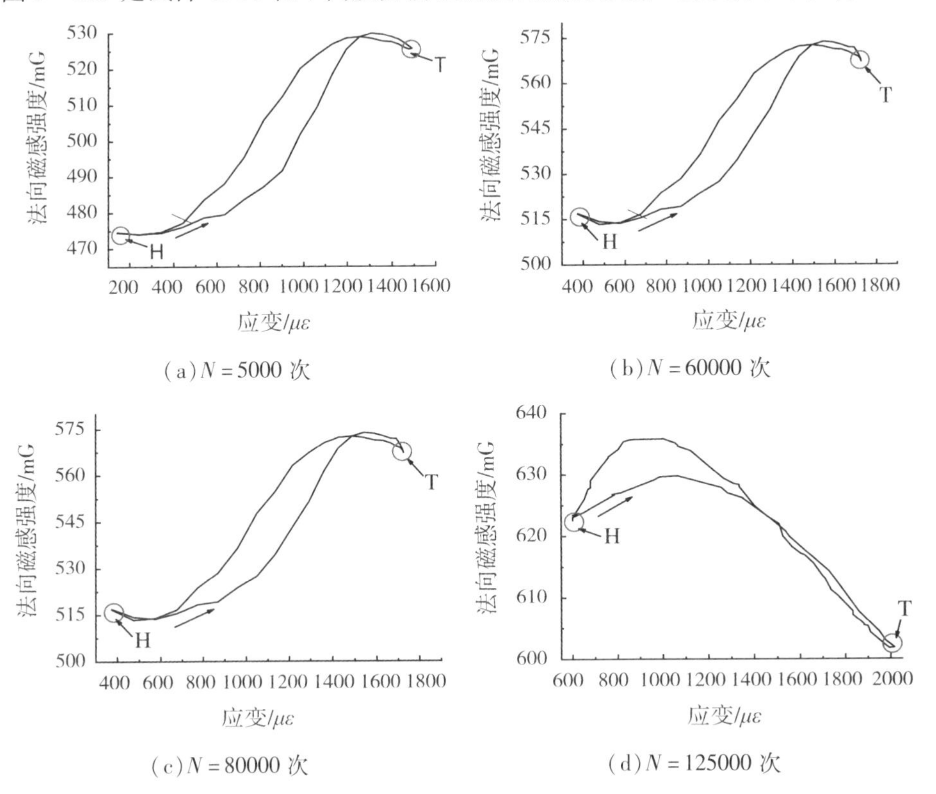

(a) $N=5000$ 次　　(b) $N=60000$ 次

(c) $N=80000$ 次　　(d) $N=125000$ 次

图 5－129　CF10 试件在不同循环次数时法向磁感强度应变滞回曲线

可以看出,法向磁感强度在应变达到峰值后并未立刻减小,而是继续增大至峰值后才开始减小,存在滞后性。疲劳中期阶段的磁感强度的增减以可逆磁化为主,无明显增大,而在接近疲劳寿命时,滞回曲线整体顺时针转动,并发生明显的畸变。这是因为,在疲劳末期时裂纹尖端塑性区域明显发展,塑性变形会引起位错密度的累积,随着塑性变形的增加,位错不断增值而形成位错缠结和位错胞,形成的钉扎点将阻碍畴壁的运动。随着塑性的增加,磁化强度越来越小,因此,特征点 T 对应的磁感强度值低于 H 点值。

图5-130是CF10试件在疲劳中期 $N=50000$ 次和疲劳末期 $N=125000$ 次时的磁感强度在一个循环内的时变曲线。可以看出,在疲劳破坏之前,磁感强度时变曲线发生了显著畸变,这也导致了法向磁感强度应变滞回曲线的畸变。因此,磁感强度的时变曲线变化也可以预警疲劳破坏,说明压磁信号能较好地反映疲劳损伤累积。

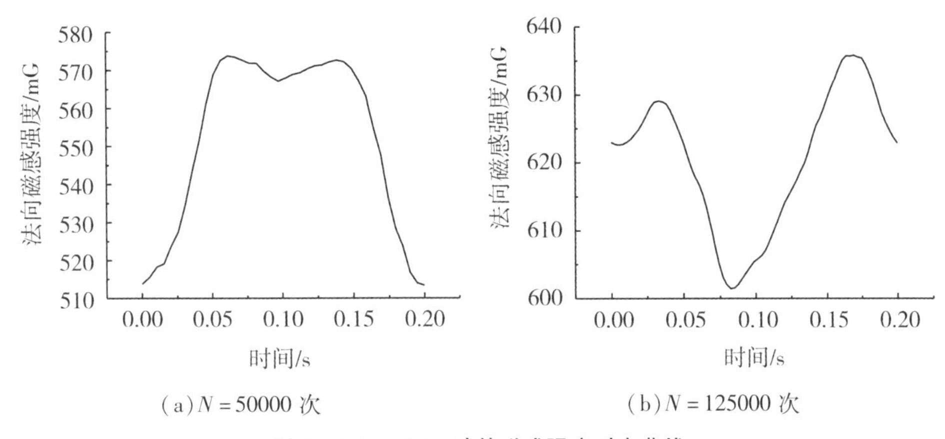

(a) $N=50000$ 次　(b) $N=125000$ 次

图5-130　CF10试件磁感强度时变曲线

3. 法向磁感强度的变幅与疲劳损伤发展速率的关系

取疲劳中期即 $N=0.5N_f$ 时一次循环内的 ΔB 值为研究对象。图5-131是CF2和CF7试件压磁磁感强度在单个循环内的时变曲线,CF2的 $\Delta B=9.08\text{mG}$,CF7的 $\Delta B=18.89\text{mG}$。可以看出,ΔB 值较小的试件的疲劳寿命也较高,即疲劳损伤发展较慢。

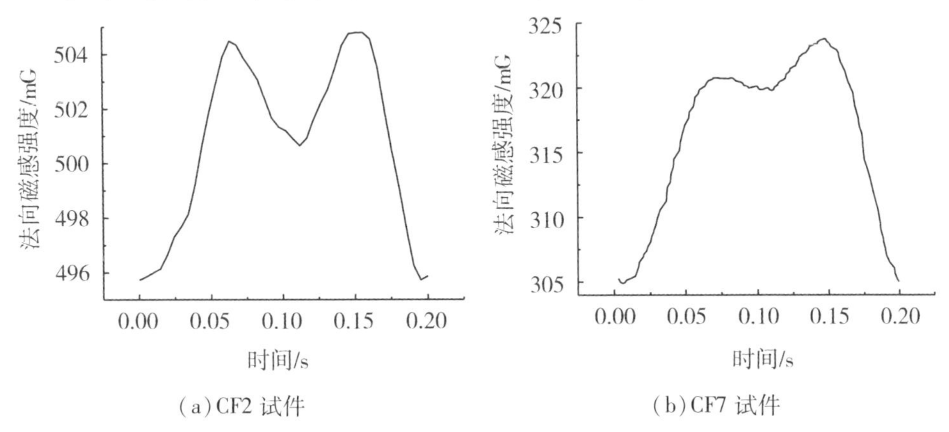

(a) CF2试件　(b) CF7试件

图5-131　CF2与CF7试件压磁磁感强度在单个循环内的时变曲线

当蚀坑较深而荷载水平较高时，蚀坑处的钢筋材料应力水平较高，ΔB 值将显著增大，试件的损伤发展速率加快。图 5－132 是 CF10 和 CF11 试件压磁磁感强度在单个循环内的时变曲线，CF10 的 $\Delta B=60.54\text{mG}$，CF11 的 $\Delta B=175.82\text{mG}$。而这两个试件疲劳寿命也较低，意味着每个循环下疲劳损伤的发展较快。因此，压磁信号可用于判别钢筋的锈蚀状况。

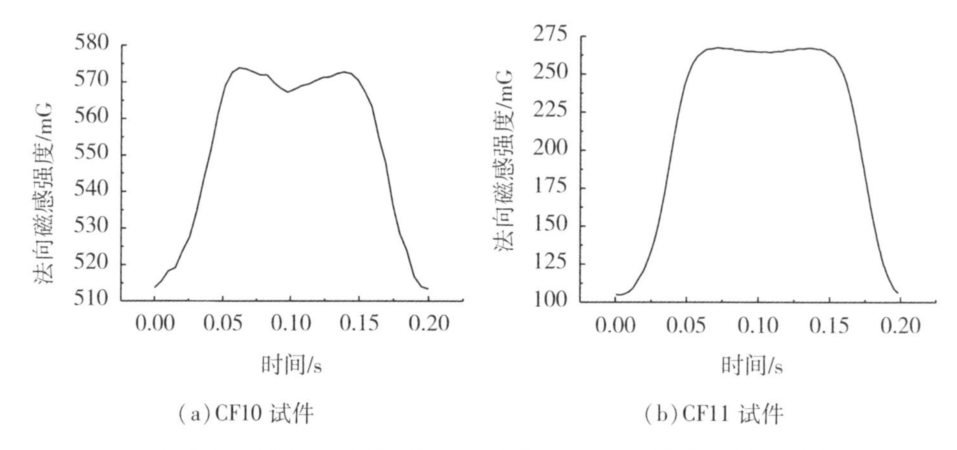

(a) CF10 试件　(b) CF11 试件

图 5－132　CF10 与 CF11 试件压磁磁感强度在单个循环内的时变曲线

为了便于比较分析，表 5－19 列出了具有代表性的试件的试验条件，包括蚀坑深宽比和荷载大小，试验疲劳寿命以及循环次数为 $N=0.5N_f$ 时 ΔB 值的分析结果。由表 5－19 可以看出，ΔB 值越大，试件的疲劳寿命越小。

表 5－19　蚀坑深宽比、荷载水平与法向磁感强度变幅

编号	蚀坑尺寸			R_w	疲劳寿命 N_f/次	ΔB/mG
	l/mm	w/mm	d/mm			
CF2	9.83	4.53	0.85	0.188	881959	9.08
CF4	7.93	4.45	1.09	0.245	694201	17.32
CF7	8.75	5.21	1.36	0.261	569451	18.89
CF8	9.85	6.22	1.83	0.294	89861	162.57
CF10	9.92	5.56	1.20	0.215	127474	60.54
CF11	10.11	7.23	1.96	0.271	31381	175.82

将上述试件基于连续损伤力学疲劳损伤模型的数值分析结果的损伤演化曲线作对比，如图 5－133 所示。其中，为了便于比较，将疲劳寿命归一化，即以相对疲劳寿命为横坐标。可以看出，在疲劳中期阶段，相同的相对寿命时，CF8、CF10、CF11 的损伤值较大，而 CF2、CF4 与 CF7 的损伤值较小，这说明 CF8、CF10 和 CF11 的疲劳损伤发展速度快于 CF2、CF4 与 CF7。而从磁信号变幅可知，前三者的磁信号变幅 ΔB 值显著高于后三者。因此，可将磁感强度变幅 ΔB 作为反映疲劳损伤发展速度快慢的一个无损检测指标。

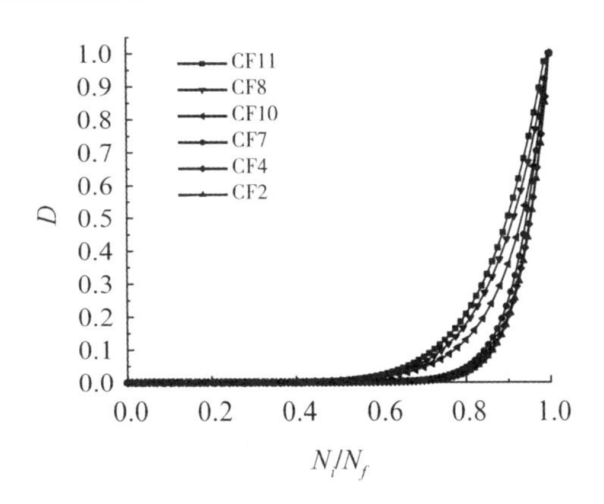

图 5－133　试件的疲劳损伤演化曲线

4. 钢筋坑蚀对压磁效应表征疲劳损伤的影响

连续损伤力学中的疲劳损伤变量分布与蚀坑处的应力集中或塑性应变集中有着密切的联系。前文指出，基于压磁效应的法向磁感强度变幅与疲劳损伤发展速率相关。由于钢筋蚀坑处形成应力集中，局部应力场的不均匀分布将改变钢筋在疲劳荷载作用下的压磁信号特征。即坑蚀不仅降低了钢筋的疲劳力学性能，而且影响了磁能累积过程，从而为基于压磁信号评价锈蚀对钢筋疲劳性能的影响提供可能性。塑性应变将影响磁化过程，而上文详细分析了蚀坑处的塑性应变集中状况，压磁信号能够表征蚀坑影响下的钢筋塑性疲劳损伤。蚀坑处的应力应变集中现象不仅使局部应力应变的值增大，而且使循环荷载下局部应力应变的幅值增大。对比试验结果与数值模拟结果可知，蚀坑处应力应变的变化幅值与磁感强度幅值具有相关性。

表 5－20 是 CF2、CF4、CF7 试件在疲劳中期时，一次加载循环中，外荷载最小值、外荷载最大值分别对应的应力云图及蚀坑处最大应力处的应力变化幅值。

表 5－20　试件蚀坑处的应力变幅与磁感强度变幅

试件	循环荷载最小值对应的应力分布	循环荷载最大值对应的应力分布	蚀坑处应力变幅 $\Delta\sigma$/MPa	磁感强度变幅 ΔB/mG
CF2	S, Mises (Avg: 75%) +9.387e+01 +8.752e+01 +8.117e+01 +7.481e+01 +6.846e+01 +6.211e+01 +5.576e+01 +4.940e+01 +4.305e+01 +3.670e+01 +3.034e+01 +2.399e+01 +1.764e+01	S, Mises (Avg: 75%) +3.129e+02 +2.917e+02 +2.706e+02 +2.494e+02 +2.282e+02 +2.070e+02 +1.859e+02 +1.647e+02 +1.435e+02 +1.223e+02 +1.011e+02 +7.997e+01 +5.880e+01	219.03	9.08

续表

试件	循环荷载最小值对应的应力分布	循环荷载最大值对应的应力分布	蚀坑处应力变幅 $\Delta\sigma$/MPa	磁感强度变幅 ΔB/mG
CF4	S, Mises (Avg: 75%) +1.027e+02 +9.572e+01 +8.877e+01 +8.182e+01 +7.487e+01 +6.793e+01 +6.098e+01 +5.403e+01 +4.708e+01 +4.013e+01 +3.319e+01 +2.624e+01 +1.929e+01	S, Mises (Avg: 75%) +3.421e+02 +3.190e+02 +2.958e+02 +2.727e+02 +2.495e+02 +2.264e+02 +2.032e+02 +1.800e+02 +1.569e+02 +1.337e+02 +1.106e+02 +8.744e+01 +6.429e+01	239.4	17.32
CF7	S, Mises (Avg: 75%) +1.163e+02 +1.078e+02 +9.924e+01 +9.069e+01 +8.214e+01 +7.359e+01 +6.504e+01 +5.648e+01 +4.793e+01 +3.938e+01 +3.083e+01 +2.228e+01 +1.372e+01	S, Mises (Avg: 75%) +3.878e+02 +3.593e+02 +3.308e+02 +3.023e+02 +2.738e+02 +2.453e+02 +2.168e+02 +1.883e+02 +1.598e+02 +1.313e+02 +1.028e+02 +7.425e+01 +4.575e+01	271.5	18.89

由试验条件可知，CF2、CF4 外荷载条件为最大应力 210MPa，应力比 0.3，而两者蚀坑处最大应力的变化幅值分别是 219MPa 与 239.4MPa，故蚀坑深宽比增大使得应力变化幅值增大。蚀坑的应力集中效应在放大了局部应力的同时，还对蚀坑处应力幅值有放大作用。对比不同试件可知，$\Delta\sigma$ 大的试件，其 ΔB 值也较大，说明磁感强度幅值 ΔB 能够反映蚀坑的应力集中效应。$\Delta\sigma$ 较大的试件的疲劳寿命较低，这与传统 $S-N$ 法的结论一致。

表 5-21 是 CF8、CF10、CF11 试件在疲劳中期时，一次加载循环中蚀坑处的塑性应变云图及蚀坑处最大塑性应变幅值 $\Delta\varepsilon_p$。$\Delta\varepsilon_p$ 越大的试件，其 ΔB 值也越大，说明磁感强度幅值 ΔB 能够反映蚀坑的应变集中效应。较大的试件的疲劳寿命较低，这与传统 $\varepsilon-N$ 法的结论一致。

表 5－21　试件蚀坑处的塑性应变幅与磁感强度变幅

试件	塑性应变云图	蚀坑处塑性应变幅 $\Delta\varepsilon_p$	磁感强度变幅 ΔB/mG
CF8	PEEQ (Avg: 75%) +6.889e-03 +6.314e-03 +5.740e-03 +5.166e-03 +4.592e-03 +4.018e-03 +3.444e-03 +2.870e-03 +2.296e-03 +1.722e-03 +1.148e-03 +5.740e-04 +0.000e+00	6.89×10^{-3}	162.57
CF10	PEEQ (Avg: 75%) +7.036e-04 +6.450e-04 +5.863e-04 +5.277e-04 +4.691e-04 +4.104e-04 +3.518e-04 +2.932e-04 +2.345e-04 +1.759e-04 +1.173e-04 +5.863e-05 +0.000e+00	7.036×10^{-4}	60.54
CF11	PEEQ (Avg: 75%) +4.216e-02 +3.864e-02 +3.513e-02 +3.162e-02 +2.810e-02 +2.459e-02 +2.108e-02 +1.757e-02 +1.405e-02 +1.054e-02 +7.026e-03 +3.513e-03 +0.000e+00	4.21×10^{-2}	175.82

因此，压磁信号指标 ΔB 能够反映蚀坑处应力应变幅的大小，从而表征蚀坑处的应力集中程度，可定性用于评估坑蚀钢筋的疲劳损伤发展速率及寿命。

参考文献

[5 - 1] GONZALEZ J A, ANDRADE C, ALONSO C, et al. Comparison of rates of general corrosion and maximum pitting penetration on concrete embedded steel reinforcement. Cement and Concrete Research, 1995, 25(2): 257 - 264.

[5 - 2] 干伟忠, 金伟良, 高明赞. 混凝土中钢筋加速锈蚀试验适用性研究. 建筑结构学报, 2011, 32(2): 41 - 47.

[5 - 3] 曾严红, 顾祥林, 张伟平, 等. 混凝土中钢筋加速锈蚀方法探讨. 结构工程师, 2009, 25(1): 101 - 105.

[5 - 4] TAMPER A, KHALED A. Effectiveness of impressed current technique to simulate corrosion of steel reinforcement in concrete. Journal of Materials in Civil Engineering, 2003, 15(1): 41 - 47.

[5 - 5] 中华人民共和国建设部. 金属轴向疲劳试验方法(GB3075 - 82). 北京: 中国建筑工业出版社, 1982.

[5 - 6] APOSTOLOPOULOS C A, DEMIS S, PAPADAKIS V G. Chloride - induced corrosion of steel reinforcement - mechanical performance and pit depth analysis. Construction & Building Materials, 2013, 38(2): 139 - 146.

[5 - 7] 曾华. 锈蚀钢筋疲劳断裂性能研究. 长沙: 中南大学, 2014.

[5 - 8] 范颖芳, 周晶. 考虑蚀坑影响的锈蚀钢筋力学性能研究. 建筑材料学报, 2003(3): 248 - 252.

[5 - 9] CHABOCHE J L. Time - independent constitutive theories for cyclic plasticity. Int J Plast, 1986, 2 : 149 - 188.

[5 - 10] CHABOCHE J L. A review of some plasticity and viscoplasticity constitutive theories. Int J Plast, 2008, 24: 1642 - 1693.

[5 - 11] LEMAITRE J, CHABOCHE J. Mechanics of solid materials. Cambridge, UK: Cambridge University Press, 1994.

[5 - 12] LEMAITRE J, DESMORAT R. Engineering damage mechanics. New York: Springer, 2006.

[5 - 13] 中华人民共和国国家质量监督检验检疫总局, 中国国家标准化管理委员会. GB/T 3075—2008 金属材料 疲劳试验 轴向力控制方法. 北京: 中国标准出版社, 2008.

[5 - 14] 中华人民共和国国家质量监督检验检疫总局, 中国国家标准化管理委员会. GB/T 228.1 - 2010 金属材料拉伸试验第 1 部分: 室温试验方法. 北京: 中国标准出版社, 2011.

[5-15] LIANG J, NIE X, MASUD M, et al. A study on the simulation method for fatigue damage behavior of reinforced concrete structures. Engineering Structures, 2017, 150: 25-38.

[5-16] SCHIJVE J. Fatigue of structures and materials. 2nd edition. Dordrecht: Springer, 2009: 144-145.

[5-17] 石亦平. ABAQUS 有限元分析实例详解. 北京:机械工业出版社,2006.

[5-18] 丁祥,张广清,王芝银. 关联 Drucker-Prager 条件下等效塑性应变系数. 应用力学学报,2017,34(1):1-7.

[5-19] HILL R. The mathematical theory of plasticity. Oxford: Oxford University Press, 1950.

[5-20] ZHANG T, MCHUGH P E, LEEN S B. Finite element implementation of multiaxial continuum damage mechanics for plain and fretting fatigue. International Journal of Fatigue, 2012: 44.

[5-21] 罗云蓉,王清远,于强,等. HRB400 Ⅲ级抗震钢筋的低周疲劳性能. 钢铁研究学报,2015,27(06):35-39.

[5-22] 张耀庭,赵璧归,李瑞鸽,等. HRB400 钢筋单调拉伸及低周疲劳性能试验研究. 工程力学,2016,33(4):121-129.

[5-23] 王珏. 基于压磁的坑蚀钢筋受拉特性试验研究. 杭州:浙江大学,2016.

[5-24] CHEN J, DIAO B, HE J, et al. Equivalent surface defect model for fatigue life prediction of steel reinforcing bars with pitting corrosion. International Journal of Fatigue, 2018, 110: 153-161.

[5-25] 张军. 基于压磁效应的钢筋混凝土结构疲劳性能试验研究. 杭州:浙江大学,2017.

第6章　锈蚀钢筋混凝土梁的疲劳与磁效应演化

6.1　引　言

锈蚀钢筋混凝土梁在疲劳荷载作用下会由于钢筋突然的疲劳断裂而发生无预兆的脆性破坏,具有极大的危险性[6-1]。在氯盐侵蚀下,钢筋锈蚀通常从蚀坑处开始,并且在自然环境中缓慢增大。前述研究表明,钢筋蚀坑底部会产生应力集中;在循环荷载下,裂纹通常在钢筋应力集中程度最大处萌生并持续扩展,最终引起混凝土构件的疲劳失效。

在疲劳荷载作用下,锈蚀钢筋混凝土梁容易在钢筋的蚀坑处发生破坏[6-2,6-3],混凝土和界面粘结损伤也会影响疲劳寿命[6-4]。然而,目前的疲劳损伤研究方法难以表征蚀坑造成的截面应力重分布和梁的初始损伤,而且传统的应变、裂缝和刚度等指标难以准确描述构件疲劳损伤机制。基于前述研究,压磁信号可作为一种简单有效的无损检测方法来表征钢筋混凝土材料以及构件的疲劳损伤过程和揭示构件的微观损伤机理,并对可能出现的疲劳断裂失效提前预警。

笔者首先通过电化学加速锈蚀在主筋跨中位置处制作不同深度的蚀坑,并浇筑钢筋混凝土梁,之后在室温下进行梁的常幅疲劳试验。分析传统宏观损伤指标,如应变和挠度等与包括压磁信号和磁场分布信号的弱磁信号在疲劳过程中的演化规律,研究蚀坑对混凝土构件疲劳性能的影响机理。建立了含蚀坑的混凝土梁分离式精细化的疲劳损伤寿命预测模型,讨论了混凝土和钢筋蚀坑的疲劳损伤演化特性,比较了相同名义应力下梁内坑蚀钢筋和空气中坑蚀钢筋的疲劳寿命。最后分析了梁内坑蚀钢筋的应力状态和截面应力重分布对梁疲劳寿命的影响。

6.2　锈蚀钢筋混凝土梁疲劳损伤机理

通过建立锈蚀钢筋混凝土梁的有限元模型,基于连续介质损伤力学的方法进行数值模拟,结合已有文献研究锈蚀钢筋混凝土的疲劳损伤机理。

6.2.1 疲劳损伤演化模型

1. 钢筋疲劳损伤演化模型

Lemaitre 与 Chaboche 等[6-5]提出弹性下多轴应力状态的钢筋疲劳损伤演化方程，以 D_e 表示弹性疲劳损伤，其增量表达式为：

$$\dot{D}_e=\frac{\mathrm{d}D_e}{\mathrm{d}N}=[1-(1-D)^{\beta+1}]^{\alpha}\cdot\left[\frac{A_{\mathrm{II}}}{M_0(1-3b_2\sigma_{\mathrm{H,mean}})(1-D)}\right]^{\beta} \tag{6-1}$$

式中，N 为循环次数，β、M_0 和 b_2 为材料常数。A_{II} 为八面体剪应力的幅值：

$$A_{\mathrm{II}}=[3(S_{ij,\max}-S_{ij,\min})\cdot(S_{ij,\max}-S_{ij,\min})/2]^{\frac{1}{2}}/2 \tag{6-2}$$

其中，$S_{ij,\max}$ 和 $S_{ij,\min}$ 分别为一个载荷循环中偏应力张量分量的 max 和 min 值，$\sigma_{H,\mathrm{mean}}$ 为平均静水应力，$\sigma_{H,\mathrm{mean}}=[\max(\mathrm{tr}(\sigma))+\min(\mathrm{tr}(\sigma))]/6$，其中，$\mathrm{tr}(\sigma)=\sigma_{11}+\sigma_{22}+\sigma_{33}$。参数 α：

$$\alpha=1-a\left\langle\frac{A_{\mathrm{II}}-\sigma_{10}(1-3b_1\sigma_{\mathrm{H,mean}})}{\sigma_{\mathrm{u}}-\sigma_{\mathrm{eq,max}}}\right\rangle \tag{6-3}$$

其中，σ_{u} 为极限抗拉强度，σ_{10} 为应力比为 -1 时的疲劳极限，a 和 b_1 为材料常数，$\sigma_{eq,\max}$ 为一次加载循环中 Mises 等效应力的最大值。运算符 $\langle\ \rangle$ 的定义为：若 $x<0$，则 $\langle x\rangle=0$；若 $x>0$，则 $\langle x\rangle=x$。

Lemaitre 等提出了基于塑性应变的延性破坏损伤演化模型，由塑性应变引起的增量疲劳损伤的计算中，以 D_p 表示塑性疲劳损伤，其增量表达式为：

$$\dot{D}_p=\frac{\mathrm{d}D_p}{\mathrm{d}N}=\left[\frac{(\sigma_{\max}^{*})^2}{2ES(1-D)^2}\right]^{r}\Delta p \tag{6-4}$$

其中，$\sigma_{\max}^{*}$ 为一次循环中塑性阶段损伤最大的当量应力，S 与 r 为材料常数，Δp 为一次循环中塑性应变累积。

总损伤值 D 的增量表达式为：

$$\dot{D}=\frac{\mathrm{d}D}{\mathrm{d}N}=\frac{\mathrm{d}D_e}{\mathrm{d}N}+\frac{\mathrm{d}D_p}{\mathrm{d}N} \tag{6-5}$$

基于张昉[6-6]的研究，对钢筋材料参数进行调整，调整幅度小于5%，钢筋材料的弹塑性疲劳损伤模型的参数取值如表6-1与表6-2所示。

表6-1　钢筋弹性疲劳损伤演化模型中的参数取值

β	M_0	b_2	b_1	α
1.5	114292	0.0000502	0.00069	0.75

表6-2　钢筋塑性疲劳损伤演化模型中的参数取值

k	ε_f	p	S	r
2207.5	0.14001	−0.38656	4.3161	3.5231

2. 混凝土疲劳损伤演化模型

Mai[6-7]提出了一种适用于多轴应力状态的混凝土疲劳损伤方程，以 D 表示疲劳损伤，其增量表达式为：

$$\dot{D}=\frac{\mathrm{d}D}{\mathrm{d}N}=\frac{\frac{1}{S(\varepsilon)}}{\frac{r}{1-D}-r'(D)\ln(1-D)}h(f)\left\langle\frac{\partial S(\varepsilon)}{\partial\varepsilon}:\dot{\varepsilon}\right\rangle^{+} \tag{6-6}$$

式中 $r(D)$、$S(\varepsilon)$和 $h(f)$的表达式为：

$$r(D)=r_1(1-D)^{r_2}+r_3 \tag{6-7}$$

$$S(\varepsilon)=\mu\{(\langle\varepsilon_1\rangle)^2+(\langle\varepsilon_2\rangle)^2+(\langle\varepsilon_3\rangle)^2\}+\frac{1}{2}\lambda(\langle\varepsilon_1+\varepsilon_2+\varepsilon_3\rangle)^2 \tag{6-8}$$

$$f=\frac{(1-D)^{r(D)}S(\varepsilon)}{W} \tag{6-9}$$

其中 r_1、r_2 和 r_3 是材料常数，W 是大于 0 的材料常数，λ 和 μ 是拉梅参数，$\{\varepsilon_i\}_{i=1,2,3}$ 为主应变。运算符$\langle\ \rangle^{+}$定义为$\langle x\rangle^{+}=\frac{1}{2}\{x+|x|\}$。$h(f)$的定义为：若 $0\leqslant f\leqslant\alpha$，$h(f)=\alpha^{n_1}\left(\frac{f}{\alpha}\right)^{n_2}$；若 $\alpha\leqslant f\leqslant 1$，$h(f)=f^{n_1}$，其中 α 为函数过渡点。

基于 Mai[6-7]的研究对混凝土材料参数进行调整，调整幅度小于 5%，混凝土材料的弹塑性疲劳损伤模型的参数取值如表 6-3 所示。

表 6-3　HRB400 钢筋塑性疲劳损伤

类型	m_1	m_2	m_3	n_1	n_2	α	W
受压	0	0	0.667	24	7	0.625	1.331×10^{-4}
受拉	6	0.7	1.3	22	10	0.9	1.5×10^{-3}

6.2.2　锈蚀钢筋混凝土梁有限元模型

1. 材料子程序算法

在 6.2.1 节提出的钢筋混凝土理论模型中，损伤场与应力应变场相互影响，总损伤值 D 在疲劳循环中非线性累积，需要借助算法程序。利用 ABAQUS 软件的 UMAT 子程序模块定义材料属性，用于有限元法分析。该模块是 ABAQUS 提供给用户定义自己的材料属性的 Fortran 程序接口，使用户能使用 ABAQUS 材料库中没有定义的材料模型[6-8]。

锈蚀钢筋混凝土梁疲劳损伤模型的算法流程如下：

(1)定义参数初始值。其中，钢筋和混凝土损伤均设定为 0。

(2)调用求解器求解式(5-7)计算得到全部积分点的应力历程。

(3)求解式(6-1)与(6-4)。该模型采用跳跃式的算法:假设在 ΔN 次循环内,损伤、应力与应变场不变[6-9]。在确保精度下加快程序的运算速度,取 ΔN 的值为总寿命的1%。计算钢筋和混凝土的损伤增量,其中,钢筋弹性损伤累积值为:$D_{e(i+1)}=D_{e(i)}+(dD_e/dN)_{(i)}\cdot\Delta N$,钢筋塑性损伤累积值为:$D_{p(i+1)}=D_{p(i)}+(dD_p/dN)_{(i)}\cdot\Delta N$,相加得到钢筋的总损伤累计值;混凝土的损伤累计值为 $D_{(i+1)}=D_{(i)}+(dD/dN)_{(i)}\cdot\Delta N$。更新循环次数,$N_{(i+1)}=N_{(i)}+\Delta N$。

(4)判断钢筋蚀坑底部是否有积分点 D 值达到1。如果判断为是,程序停止,输出 $N(i+1)$ 为疲劳寿命。如果判断为否,更新钢筋和混凝土的弹性模量 $E(i+1)=E(i)\cdot[1-D(i+1)]$,重复步骤(2)和(3),直到有积分点 D 值达到1。

流程图的算法思路如图6-1所示。

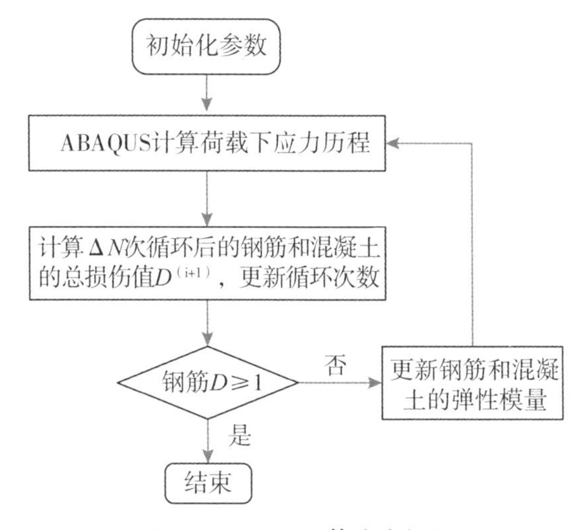

图6-1　UMAT算法流程图

2. 有限元模型

坑蚀钢筋三维圆柱实体模型的建立过程和5.4节相同,选用六面体网格对混凝土梁进行对称性二分之一建模[6-10]。划分完成后的蚀坑附近网格及钢筋和混凝土梁的网格模型如图6-2所示。单元类型为8节点六面体线性实体单元(C3D8)。

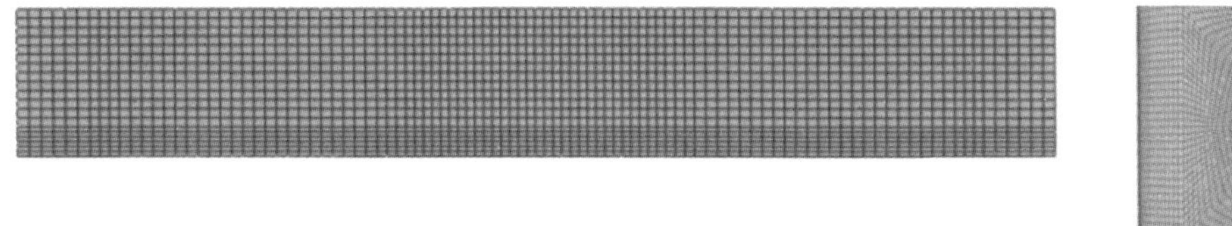
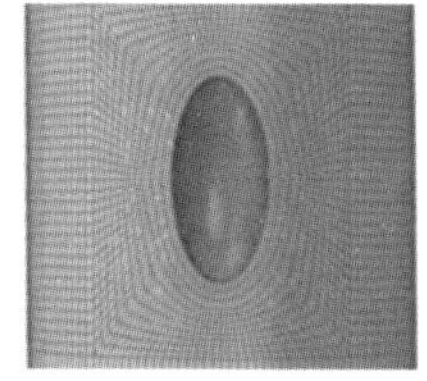

图6-2　钢筋混凝土梁有限元模型的网格划分

对架立筋和箍筋采用线性桁架单元(T3D2),通过"嵌入区域"方式与梁建立约束关系。简化梁的粘结作用,坑蚀钢筋与混凝土梁通过Tie方式建立约束。在梁有限元模型两端分别设置固定和滚动铰支座。材料属性调用上文所述的 UMAT 子程序。在第一个分析步中在加载点的垫块处施加试验条件对应的定值均布荷载，在后续分析步中施加最大值不变，符合试验条件的应力比的循环应力。

6.2.3　疲劳预测结果与结果分析

参考 Jian[6-11]提出的简易坑蚀模型和 Sun 提出的锈蚀率与最大腐蚀深度的关系：$d = 1.6954D(1-\sqrt{1-\rho_m})+0.64186$（其中，$d$ 为最大腐蚀深度，D 为钢筋直径，ρ_m 为锈蚀率）。以 Sun[6-12]的试验为例，梁的配筋图、加载方式与蚀坑位置如图 6-3 所示。设置 3 组不同锈蚀率的钢筋混凝土梁进行有限元模拟，锈蚀率、蚀坑尺寸、加载参数及文献试验结果的疲劳寿命如表 6-4 所示。

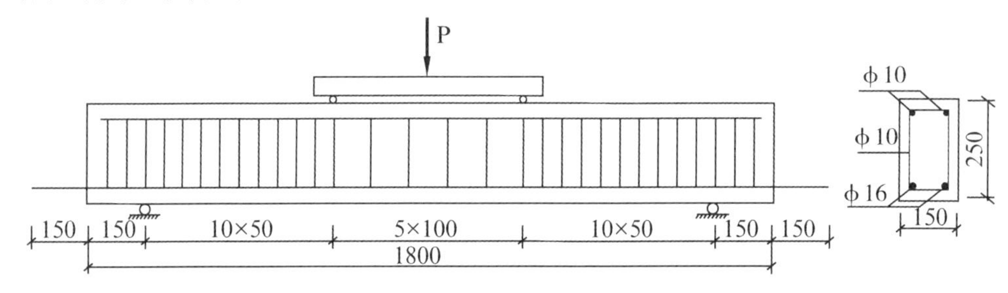

图 6-3　试验梁尺寸、配筋和加载方式

表 6-4　锈蚀钢筋混凝土梁钢筋蚀坑尺寸与参考文献试验结果

编号	锈蚀率/%	蚀坑尺寸			疲劳上限值/kN	应力比	疲劳寿命
		l/mm	w/mm	d/mm			
PM1	5.9	5.816	2.908	1.454	70	0.43	1874366
PM2	8.9	7.508	3.754	1.877	70	0.43	907444
PM3	10.5	8.420	4.210	2.105	70	0.43	663477

1. *疲劳寿命*

获得锈蚀钢筋混凝土梁的疲劳寿命预测值，将试验结果与 Sun[6-12]基于断裂力学法提出的混凝土钢筋腐蚀疲劳寿命预测方法进行了比较。此外，为了探究构件中的坑蚀钢筋与空气中的轴拉钢筋的区别，将两者的疲劳寿命进行对比。通过 ABAQUS 数值模拟方法测得试验跨中钢筋的初始截面应力为 17.9MPa ~ 179.8MPa，Sun 的锈蚀试验梁跨中钢筋的初始截面应力为 72.0MPa ~ 167.4MPa。应用张昉[6]提出的轴拉钢筋疲劳模型预测了在空气中受到相同初始应力幅的轴拉坑蚀钢筋的疲劳寿命。这些疲劳寿命的比较如表 6-5 所示，连续介质损伤力学模型预测锈蚀钢筋混凝土梁与试验吻合性最好，断裂力学法也有不错的吻合性。在相同的应力幅下，构件中坑蚀钢筋的疲劳寿命要远小于空气中坑蚀钢筋。

表 6 - 5　疲劳寿命对比

组别	试验疲劳寿命	模拟疲劳寿命	断裂力学法	轴拉钢筋疲劳寿命
CF0	302676	297500	281681	456250
CF1	187684	187500	192403	289500
CF1.5	159124	156500	175271	249500
CF2	155008	140500	153806	206900
CF2.5	128006	125900	136240	160700
CF3	77765	77100	81351	115500
PM1	1874366	1820000	1984266	2740000
PM2	907444	914000	1076465	1250000
PM3	663477	624000	707194	832000

2. 跨中挠度

提取钢筋混凝土梁载疲劳第三阶段前受到疲劳上限值时的相对挠度，即一次循环下挠度相对初始挠度的差值，对比结果如图 6 - 4 与图 6 - 5 所示。模拟的相对挠度与试验基本吻合，有较小差别，可能是由于混凝土和钢筋的材料属性有误差。随着蚀坑深度增大，或者钢筋的锈蚀率增大，相同循环阶段时相对挠度累积值也越大。以 CF1.5 为例，梁的跨中挠度累积是非线性的，在循环第一阶段，相对挠度迅速增加；在循环第二阶段时，相对挠度呈增长趋势，但是增长速率大幅度放缓。

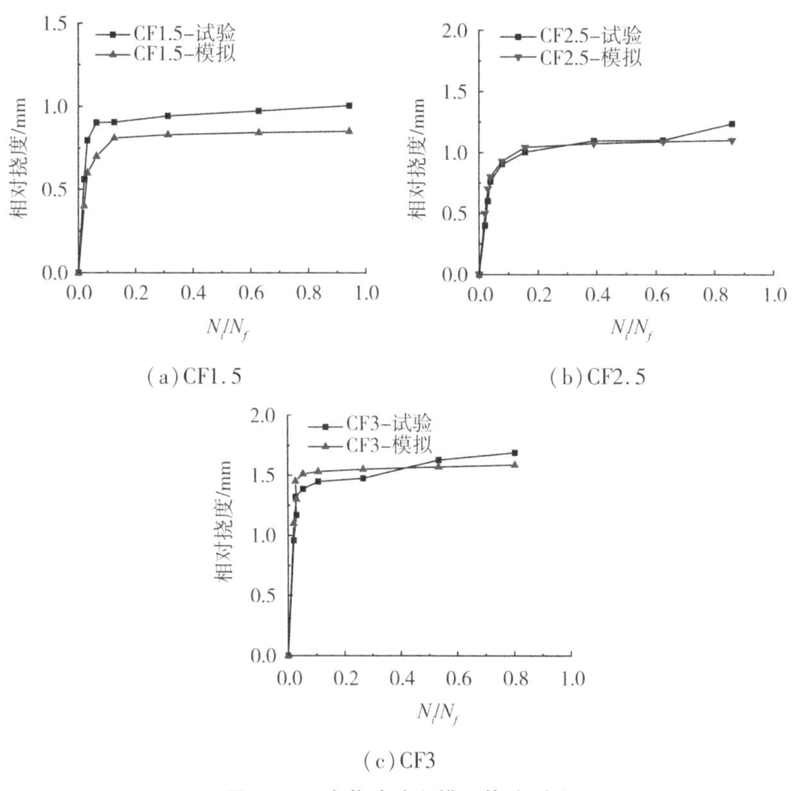

(a) CF1.5　　(b) CF2.5

(c) CF3

图 6 - 4　疲劳试验和模拟挠度对比

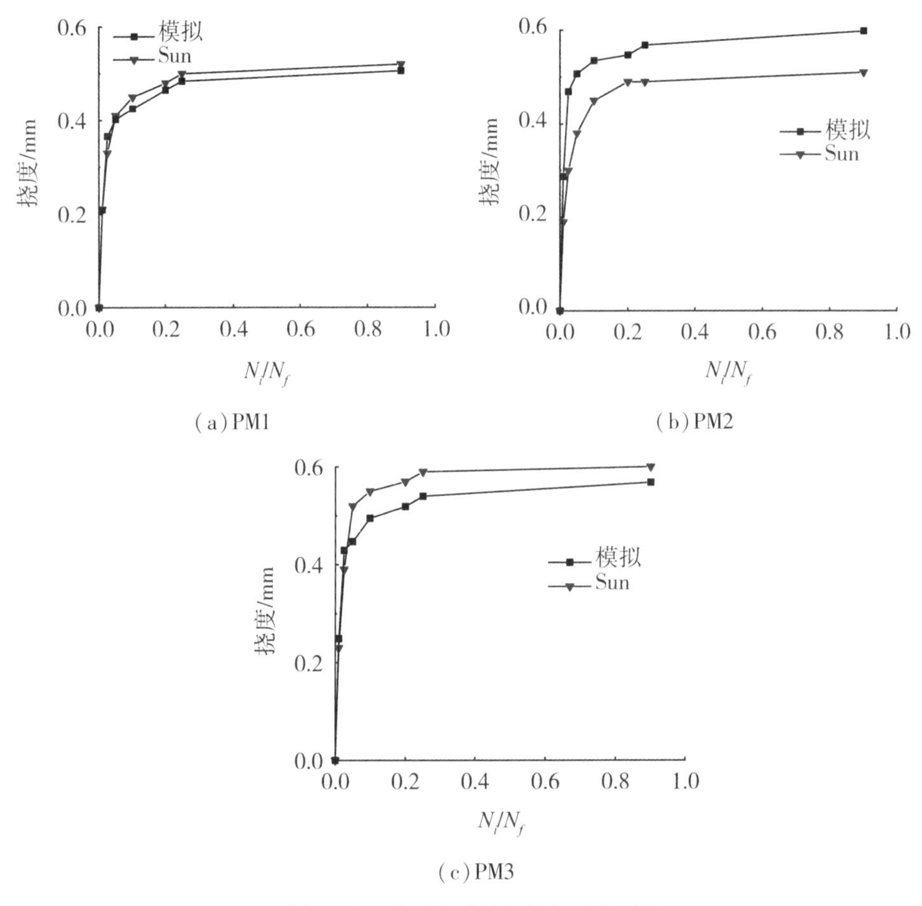

(a) PM1　　(b) PM2　　(c) PM3

图 6-5　文献中试验和模拟挠度对比

6.2.4　混凝土疲劳损伤和应力场演化

1. 混凝土疲劳损伤演化

图 6-6 与图 6-7 显示了有限元计算得到的 CF2 和 PM3 混凝土梁 1/2 纵截面的损伤分布演化情况。从图中可以看出，在疲劳循环第一阶段时，混凝土梁损伤分布变化较大，有两个主要的变化：

(1) 对于梁受拉区来说，在循环刚开始时，受拉区损伤区域上升，提取了经过初始 5 次循环内受拉区顶部混凝土实体单元的损伤，发现损伤迅速到 1，表示梁在几个循环内，混凝土受拉区顶部疲劳退化，受拉区不断向上发展，在试验中表现为疲劳循环初始时裂缝快速向上发展。

(2) 对于混凝土受压区来说，在循环开始时纯弯段受压区顶部都出现损伤，从加载区域向跨中逐渐减小。

在疲劳第二阶段时，梁损伤分布变化基本稳定，纯弯段受压区顶部靠近加载区域损伤有所发展，支座处的损伤略有发展。

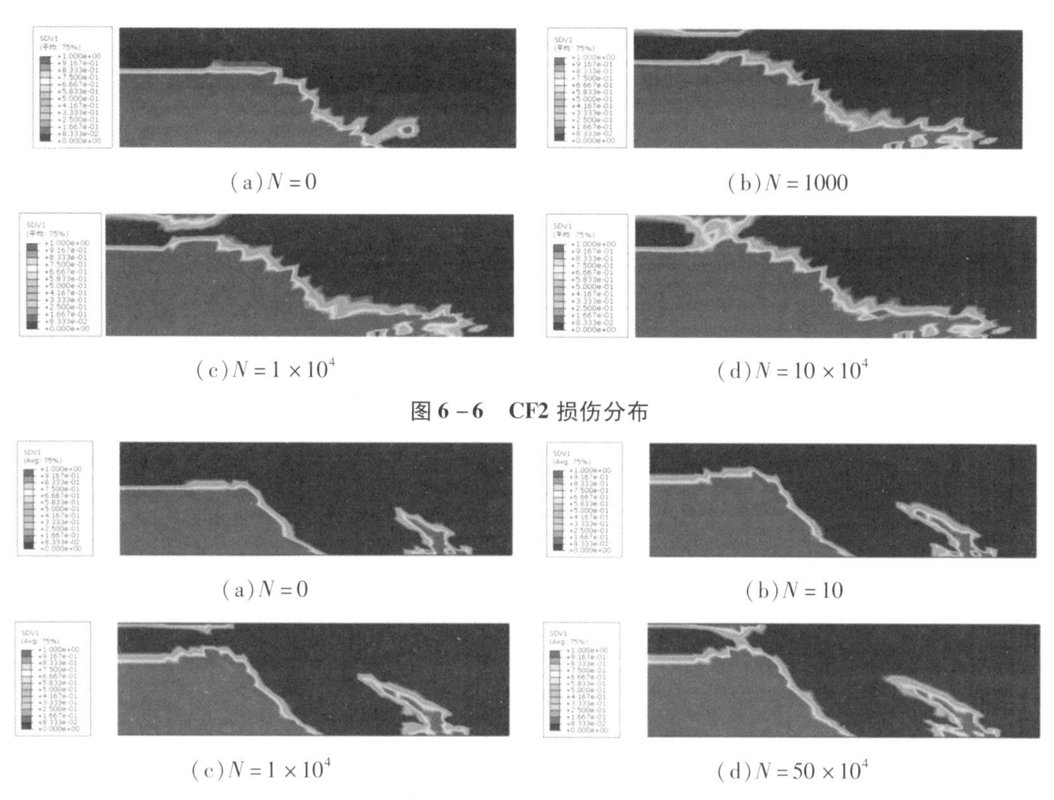

(a) $N=0$　(b) $N=1000$

(c) $N=1\times10^4$　(d) $N=10\times10^4$

图6-6 CF2损伤分布

(a) $N=0$　(b) $N=10$

(c) $N=1\times10^4$　(d) $N=50\times10^4$

图6-7 PM3损伤分布

2. 混凝土应力场演化

图6-8与图6-9为CF2和PM3在疲劳初期与后期一次循环内Mises应力最大值的分布。梁的混凝土梁应力分布演化规律与梁的损伤演化规律一致。随着疲劳发展，混凝土梁在疲劳初期应力分布演化比较明显，中后期梁的应力分布几乎不再变化。在应力分布上表现为：在循环第一阶段，混凝土梁跨中受压区高度减小，混凝土梁中性轴上移；跨中受压区顶部应力下降，应力沿高度方向的最大值从顶部移到中部，发生了应力重分布，Zanuy的研究[6-13]证实了这个现象。

对于CF2试件来说，在疲劳第二阶段时，相较第一阶段，沿梁长度方向受压区的中部应力疲劳退化现象明显，靠近加载区域的部位应力较大，在第二阶段中应力分布稳定。PM3也有类似的规律，但其靠近加载区域的应力小于中部。造成这种差异的原因是本文试验相对于Sun的试验，纯弯段缺少架立钢筋。

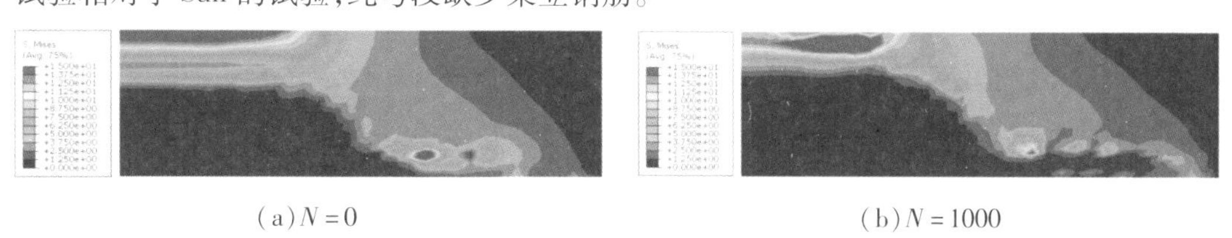

(a) $N=0$　(b) $N=1000$

图6-8 CF2最大Mises应力分布

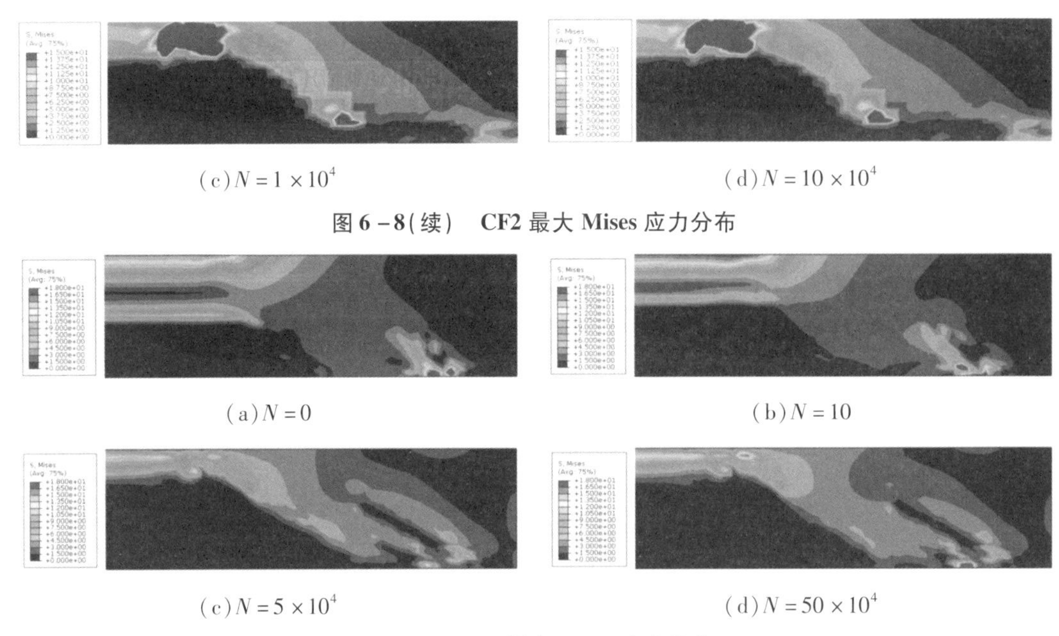

(c) $N=1\times10^4$　　(d) $N=10\times10^4$

图 6－8（续）　CF2 最大 Mises 应力分布

(a) $N=0$　　(b) $N=10$

(c) $N=5\times10^4$　　(d) $N=50\times10^4$

图 6－9　PM3 最大 Mises 应力分布

6.2.5　钢筋疲劳损伤和应力场演化

1. 钢筋损伤演化

PM1 和 CF3 梁中钢筋和轴拉钢筋的蚀坑处损伤演化如图 6－10 与图 6－11 所示。两者的疲劳早期损伤值很低，疲劳中后期可以观察到损伤的累积。梁内钢筋的疲劳损伤主要集中在蚀坑的底部，在疲劳后期逐渐扩展到损伤区的周围区域。此外，梁中钢筋蚀坑周围也发生疲劳损伤，损伤面积较小，主要集中在钢筋纵向方向的蚀坑附近，没有明显的扩展趋势，主要是疲劳过程中蚀坑与混凝土之间的磨损所致。轴拉钢筋的疲劳损伤呈条状分布，损伤集中在蚀坑边沿处。其中，PM2 与 PM1 的损伤演化与 PM1 相似。

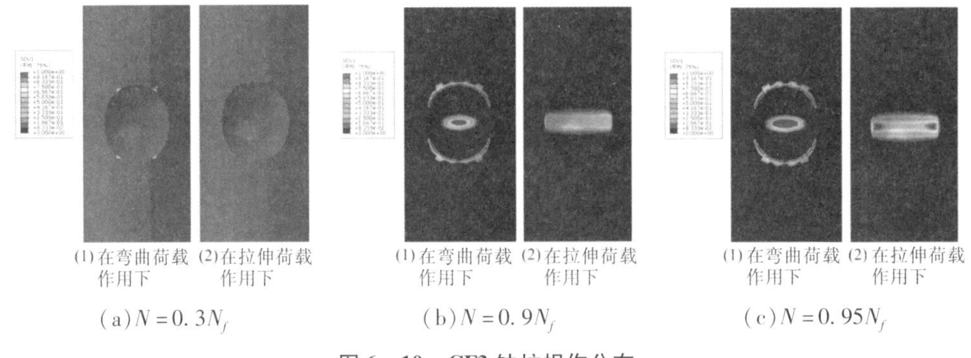

(1) 在弯曲荷载作用下　(2) 在拉伸荷载作用下

(a) $N=0.3N_f$　　(b) $N=0.9N_f$　　(c) $N=0.95N_f$

图 6－10　CF3 蚀坑损伤分布

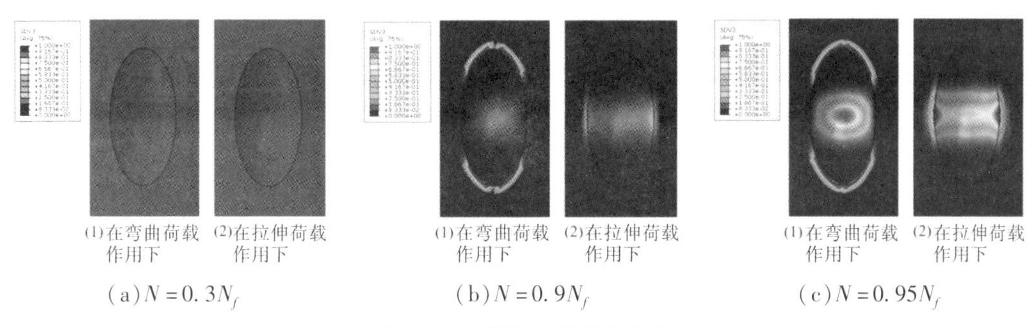

图6-11 PM1 蚀坑损伤分布

CF1 梁中钢筋和轴拉钢筋的蚀坑处损伤演化如图6-12所示。其中,梁中钢筋蚀坑底部的损伤演化与 CF3 和 PM1 有差别。CF1 梁中钢筋虽然损伤集中发生在蚀坑底部区域,但最大值并没有发生在蚀坑底部正中。

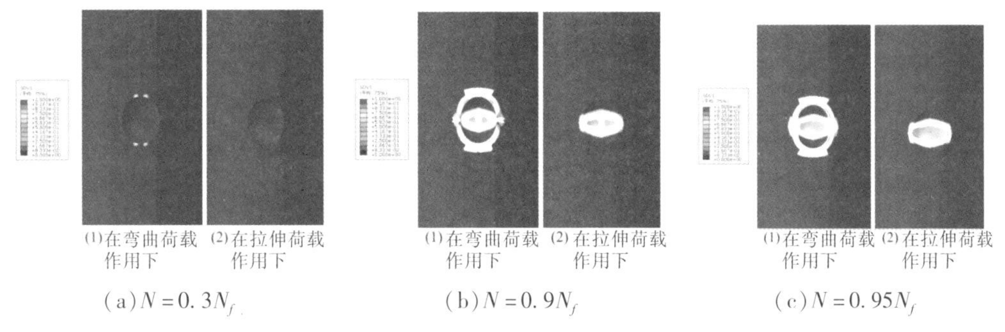

图6-12 CF1 蚀坑损伤分布

提取蚀坑横向方向的损伤值,具体路径如图6-13所示,节点的相对位置定义为距图中起点的长度和图中红线方向尺寸的比值。

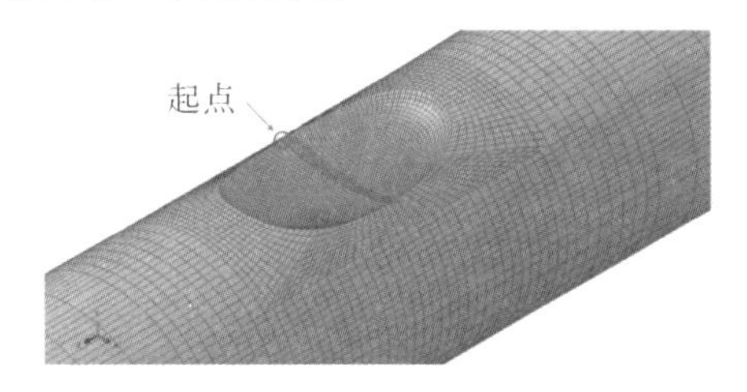

图6-13 蚀坑横向的定义示意图

提取 $N=0.8N_f$ 次循环时 CF1、CF1.5 与 CF2 损伤在路径上的分布,如图6-14所示。轴拉钢筋比梁中钢筋的损伤稍大,主要区别为损伤最大值对应的节点相对位置不同。梁中钢筋损伤最大值比轴拉钢筋更靠近路径上的中点,而且随着蚀坑深度的增加,这种趋势更加明显。CF3 与 PM1-3 的模拟结果也佐证了这种趋势。

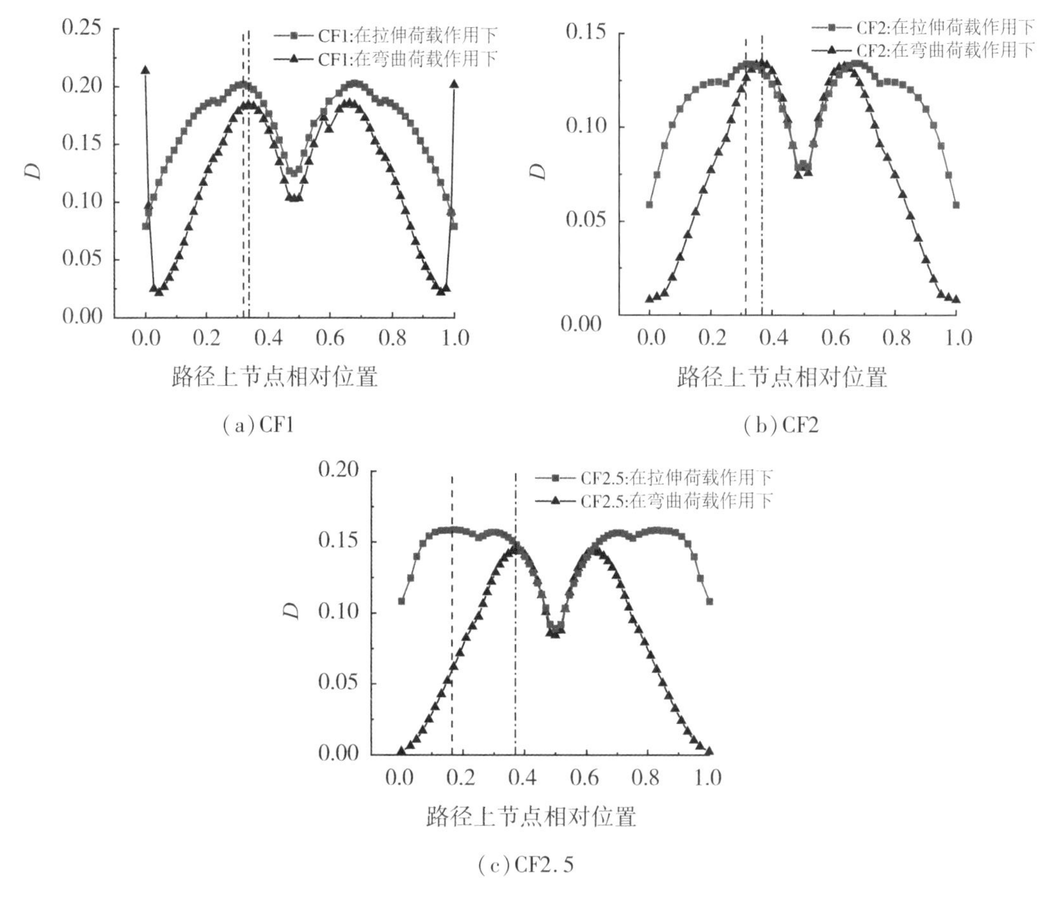

(a) CF1

(b) CF2

(c) CF2.5

图 6－14　$N=0.8N_f$ 时沿路径的损伤分布

提取了蚀坑底部节点损伤值随循环次数的变化，如图 6－15 所示。疲劳累积规律是非线性的，在疲劳初期损伤值较低，但在疲劳后期损伤迅速累积，梁中钢筋的损伤发展速度快于轴向受拉钢筋。

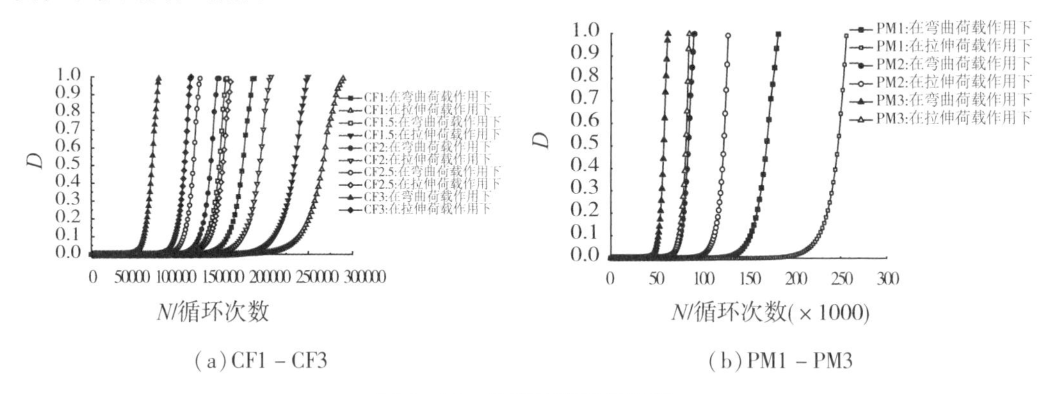

(a) CF1－CF3

(b) PM1－PM3

图 6－15　蚀坑疲劳损伤演化

2. 钢筋应力场演化

CF3 与 PM1 一次疲劳循环中蚀坑处最大 Mises 应力的分布如图 6－16 与图 6－17 所示。在相同位置，钢筋混凝土梁中的钢筋应力大于轴向受拉钢筋中的钢筋应力。在疲劳的初始阶段，应力集中在蚀坑底部区域[6－14]。随着损伤的累积，材料的弹性模量逐渐减小，疲劳后期出现应力重分布。梁内锈蚀钢筋坑底部应力先卸至较低值，而受轴向拉力的锈蚀钢筋坑边缘附近应力先卸载。

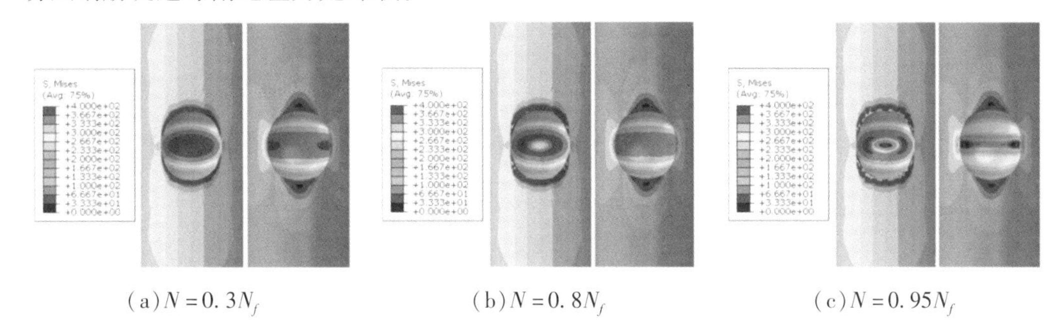

(a) $N=0.3N_f$　(b) $N=0.8N_f$　(c) $N=0.95N_f$

图 6－16　CF3 钢筋蚀坑最大 Mises 应力分布

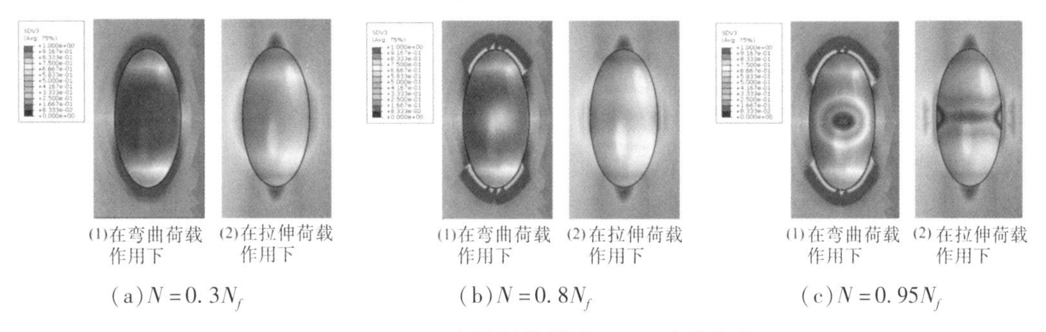

(a) $N=0.3N_f$　(b) $N=0.8N_f$　(c) $N=0.95N_f$

图 6－17　PM1 钢筋蚀坑最大 Mises 应力分布

6.2.6　坑蚀钢筋在混凝土梁中的疲劳特性分析

根据第 6.2.3 节，钢筋混凝土梁中钢筋的疲劳寿命明显短于承受轴向循环力的钢筋。在最大弯矩区，裂缝从梁底开始，在疲劳早期受疲劳载荷作用向上扩展，形成新的弯曲裂纹[6－15]。从连续介质损伤力学的角度看，受拉区损伤面积迅速扩大，跨中挠度迅速增大，这与梁内钢筋应力的变化密切相关。刚度在早期循环中表现出快速下降，随后随着加载循环的增加逐渐下降[6－16]。挠度的增大使混凝土梁的应变增大，在受拉钢筋与混凝土之间的化学粘附力和静摩擦力的影响下，裂缝间钢筋的应变趋于与混凝土相同，这导致梁中的钢筋应力在疲劳初始阶段增加。如图 6－18 所示，在疲劳的初始阶段，梁中的钢筋经历了应力的快速增加，随后的应力变化趋势与轴向受拉钢筋一致。钢筋混凝土梁中的钢筋应力激增导致提前出现裂纹，缩短了裂纹萌生阶段的寿命，从而导致疲劳寿命的降低[6－17]。因此，无法根据梁的静态应力状态计算梁的疲劳寿命。

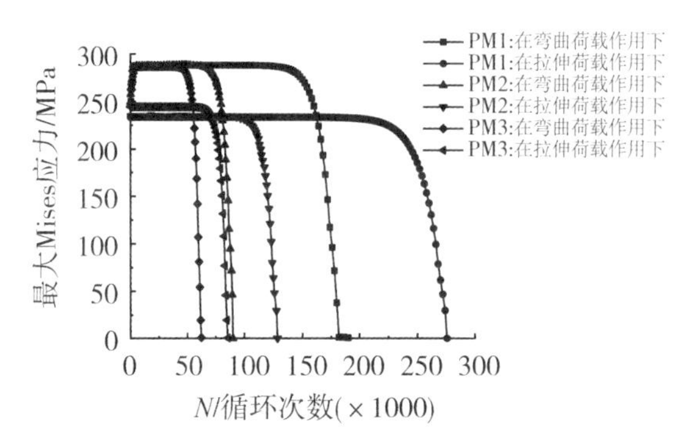

图 6－18　蚀坑底部的最大 Mises 应力演化

1. 受压区混凝土应力重分布

在疲劳荷载作用下,混凝土的内力会重新分配[6-18],混凝土受压区的疲劳退化也会导致构件的变形增大[6-19]。提取了 CF3 与 PM1 梁受压区不同高度混凝土的最大 Mises 应力演化。如图 6－19 所示,混凝土的最大应力出现在疲劳开始前的顶部,并逐渐向下减小。在疲劳早期,受压区混凝土应力首先增大,主要是由于受压区高度降低,此时混凝土受压区应力最大值在最顶部。在进行了一定次数的循环后,由于混凝土应力的增加,受压区出现较大的疲劳退化。由前几节分析可知,应力增大,损伤累积加快,顶部应力最大值损伤发展较快,应力退化显著,受压区最大应力向下移动。疲劳中后期应力分布基本稳定,应力有轻微的疲劳退化。

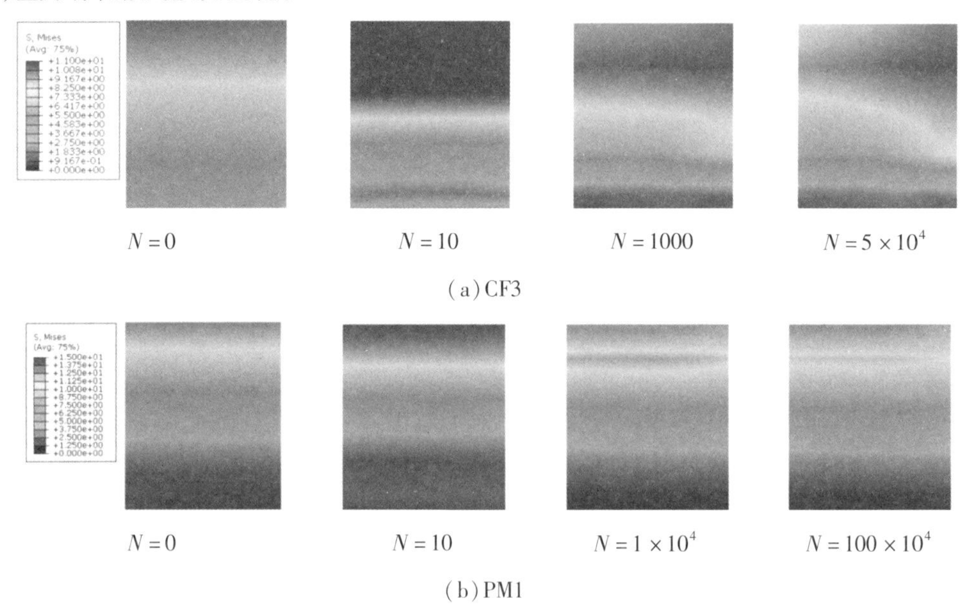

图 6－19　PM1 混凝土梁最大 Mises 应力沿截面高度分布演化

提取了 PM2 距离蚀坑 15cm 处横截面的混凝土受压区顶部应力与钢筋截面顶部和底部的应力,如图 6－20 所示。随着混凝土顶部应力的下降,钢筋截面的最大与最小应力增加。循环次数为10次时纯弯曲截面应力为190.1MPa,循环次数为10000次时截面应力为211.7MPa,提高了11.4%。在疲劳荷载作用下,受压区混凝土应力重分布,受压区高度减小,截面力臂减小。钢筋的拉应力不断增加,以保持平面截面的力平衡[6-13]。

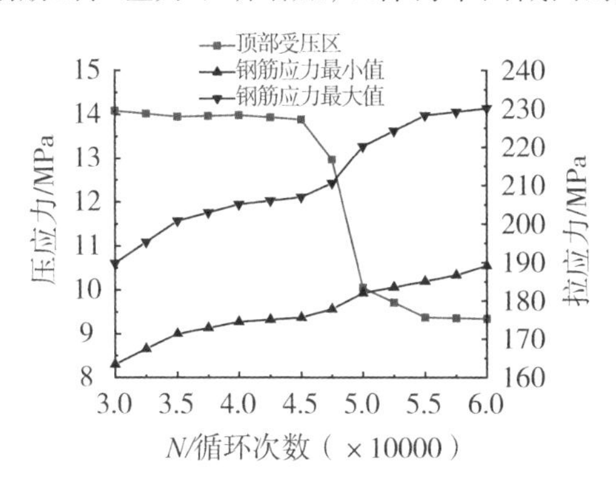

图6-20　蚀坑底部的最大Mises应力演化

2. 钢筋微弯曲

钢筋微弯曲作用也增加了钢筋底部蚀坑附近的应力,以PM2有限元计算结果为例,选取了钢筋锈蚀坑处及附近的截面。如图6-21所示中的红线是指沿Z轴从截面顶部到底部的路径。路径上最大Mises应力的演化图如图6-21(a)所示。从如图6-21(a)与图6-21(b)可以看出,蚀坑处钢筋截面底部和顶部的应力差较大,最大Mises应力在腐蚀坑附近迅速增大,最大值出现在蚀坑底部附近。靠近腐蚀坑的钢筋截面位于蚀坑相应的水平位置,Mises应力呈现最小值;远离蚀坑的钢筋截面应力呈现直线上升趋势,三个不同位置的应力积分相同。相反,由于蚀坑的存在,在弯矩作用下,坑附近发生应力重分布,受拉钢筋底部的应力大于数值计算的应力。如图6-21所示,梁内坑底受拉钢筋的初始应力值略高于坑底轴向受拉钢筋的初始应力值,主要是数值计算中忽略了钢筋直径。因此,不能简单地将钢筋视为具有均匀应力分布的材料。

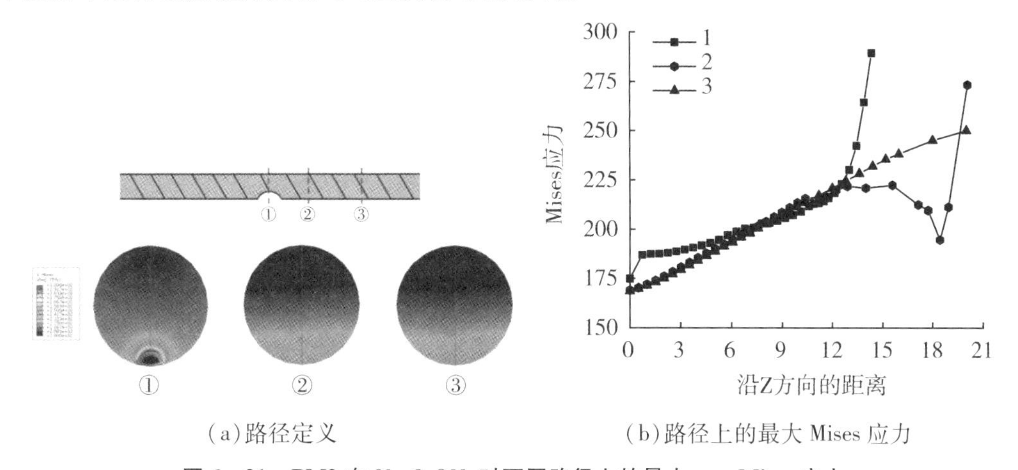

图6-21　PM2在$N=0.9N_f$时不同路径上的最大von Mises应力

6.3　锈蚀钢筋混凝土梁疲劳与磁效应

6.3.1　试验设计

混凝土强度等级 C30,水灰比等混凝土材料参数如表 6 – 6 所示。

表 6 – 6　混凝土材料参数

水灰比	单位立方混凝土组分/kg				砂率/%
	水	水泥	砂	石	
0.55	210	382	651	1157	36

以《混凝土结构设计规范》(GB 50010)[6-20]作为依据,设计试验梁的详细尺寸信息如图 6 – 22 所示。钢筋的力学性能如表 6 – 7 所示。

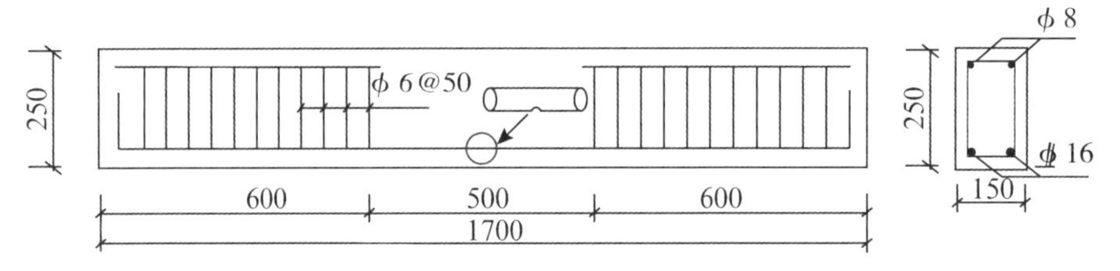

图 6 – 22　试验梁设计示意图

表 6 – 7　钢筋材料参数

强度等级	屈服强度/MPa	极限强度/MPa	弹性模量/MPa	密度/kg · m^{-3}	泊松比
HRB400	465	612	1.95×10^5	7800	0.3
HPB300	300	495	2.06×10^5		

通过电化学加速锈蚀,在受拉纵向钢筋中间制作不同大小的蚀坑,如图 6 – 23 所示。通电完成后,取出锈蚀钢筋(如图 6 – 24 所示),酸洗烘干,测量蚀坑尺寸。

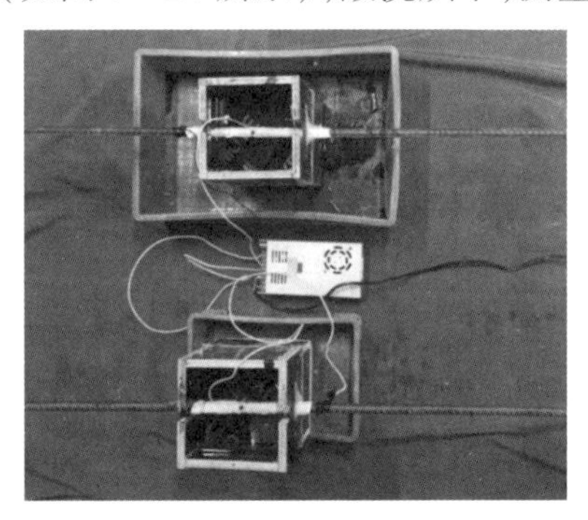

图 6 – 23　通电加速锈蚀装置

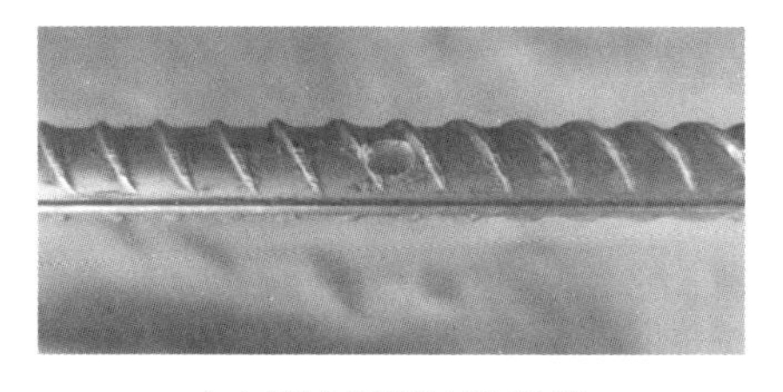
(a)锈蚀钢筋蚀坑形貌

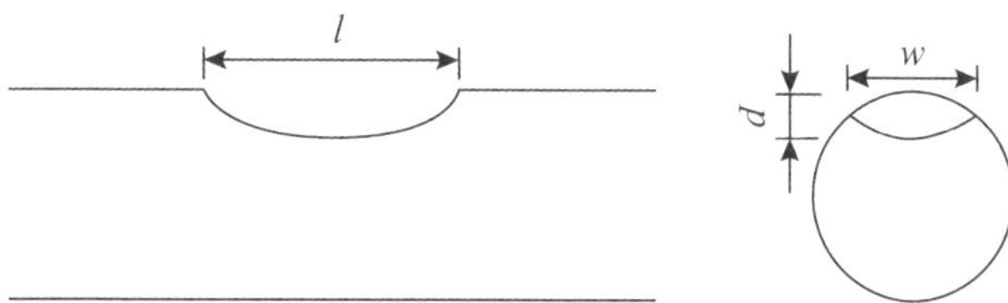

(b)半椭球模型几何参数

图6-24　锈蚀钢筋试件

振捣密实后在蚀坑处垂直插入1mm厚的铝片进行预制裂缝,试件成型后拆除木板并取出铝片,养护28天,如图6-25所示。根据试验梁的蚀坑大小及是否疲劳加载进行分组,如表6-8所示,通电锈蚀后的蚀坑尺寸如表6-9所示。

表6-8　试验梁分组信息

编号	数量	试验梁编号	是否存在蚀坑	是否疲劳加载	试验目的
A	1	SL0	否	否	试验梁静力性能
B	1	CF0	否	是	未锈蚀梁疲劳性能
C	5	CF1;CF1.5;CF2;CF2.5;CF3	是	是	锈蚀梁疲劳性能

表6-9　锈蚀梁蚀坑尺寸

编号	蚀坑尺寸1			蚀坑尺寸2		
	l/mm	w/mm	d/mm	l/mm	w/mm	d/mm
CF 1	5.7	4.2	0.91	5.9	5.2	1.03
CF1.5	9.1	6.5	1.29	6.7	6.1	1.37
CF 2	9.5	8.4	1.81	8.4	8.2	1.91
CF2.5	12.1	9.1	2.32	10.2	9.1	2.35
CF 3	10.6	11.1	3.1	11.5	10.9	2.95

(a)钢筋笼

(b)预制裂缝

(c)洒水养护

图6-25　试验梁浇筑与养护

试验梁的加载布置如图6-26所示。对未锈蚀梁进行静力加载,测得试验梁极限荷载F_u为118kN,取最大应力水平为$0.6F_u$,应力比为0.1,试验参数及疲劳寿命如表6-10所示。当试验梁循环次数达到0、0.5万、1万、2万、5万、10万、15万、20万、50万次时停机测量参数。在卸载到 0 和加载到 70KN 时沿着检测线移动磁探头检测磁场分布,采用应力集中磁检测仪进行记录,如图 6 – 27 所示。

图 6 – 26　试验梁及磁探头安装

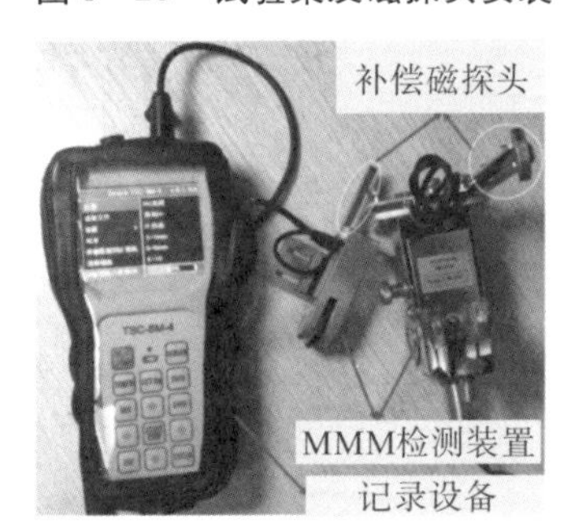

(a)应力集中磁检测仪

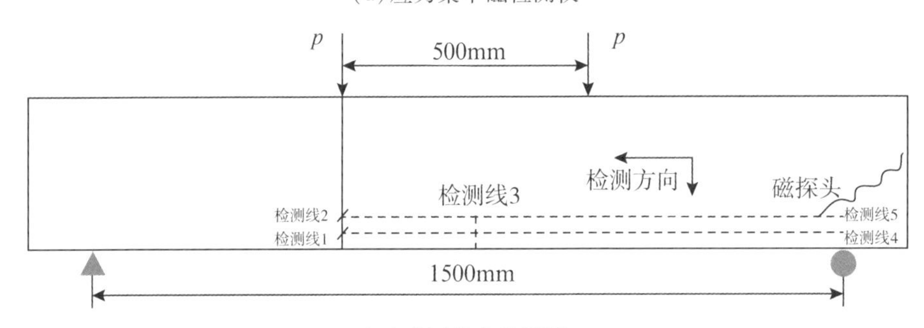

(b)磁场分布检测线

图 6 – 27　剩余磁场分布检测布置

表 6 – 10　试验参数及疲劳寿命

编号	蚀坑 d_{max}/mm	疲劳上限	疲劳下限	疲劳寿命	破坏模式
CF 0	0	$0.6F_u$	$0.06F_u$	302676	受弯破坏
CF 1	1.03			187684	
CF1.5	1.37			159124	
CF 2	1.91			155008	
CF2.5	2.35			128006	
CF 3	3.1			77765	

6.3.2　试验结果分析

1. 破坏形态

试验梁的破坏形态如图6-28所示。试验梁的破坏形态为主筋突然发生断裂的弯曲疲劳破坏,钢筋断裂位置形成一条宽度显著的主裂缝。

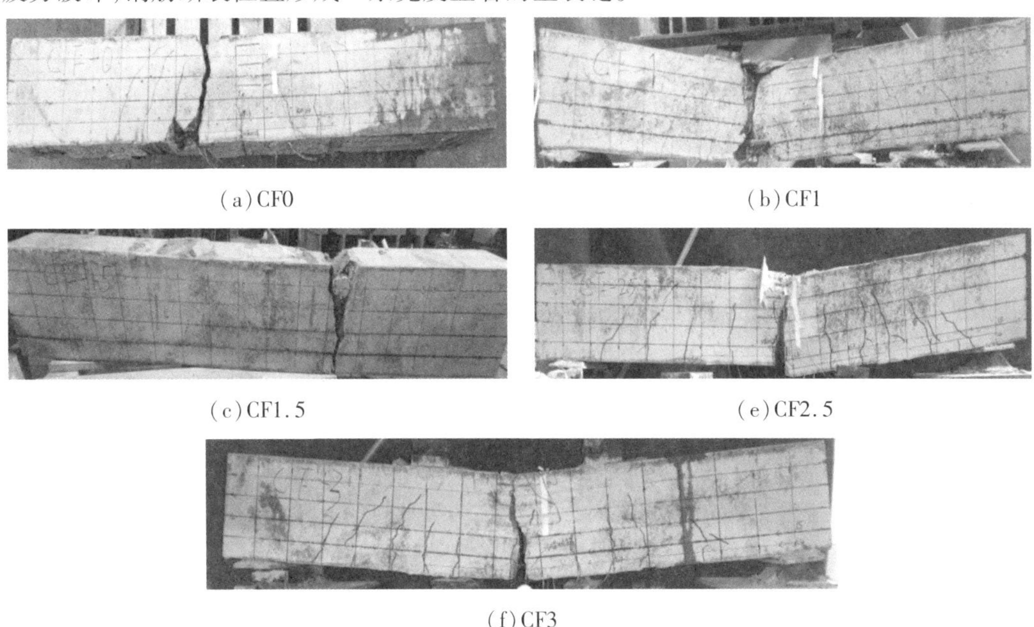

(a)CF0　(b)CF1

(c)CF1.5　(e)CF2.5

(f)CF3

图6-28　试验梁的破坏形态

2. 裂缝发展

经过一轮拟动力循环加载之后,预制初始裂缝、受弯裂缝和斜裂缝均已产生。经过疲劳加载5000次,少量新裂缝产生,受弯裂缝向上延伸,斜裂缝向加载点处延伸,发展迅速;疲劳加载1万次,疲劳裂缝继续延伸;疲劳加载至2万次,观察到裂缝发展缓慢;疲劳加载5万次后,裂缝延展基本停止,可以认为疲劳荷载下裂缝发展基本稳定。在疲劳加载中可以观察到受弯段形成了一条明显的宽度最大的主裂缝。疲劳破坏时主裂缝显著变宽,钢筋在主裂缝处突然发生脆性断裂。

3. 混凝土应变

图6-29为不同循环次数下截面顶部混凝土应变与荷载之间的关系曲线。试验结果表明,混凝土应变曲线发展规律相似,在疲劳循环次数一定时,受压区纵向压应变随荷载的增加呈斜率逐渐减小的非线性增长;在相同的荷载作用下,随着疲劳循环次数的增加压应变逐渐增大;随着蚀坑的增加,压应变有变小的趋势。

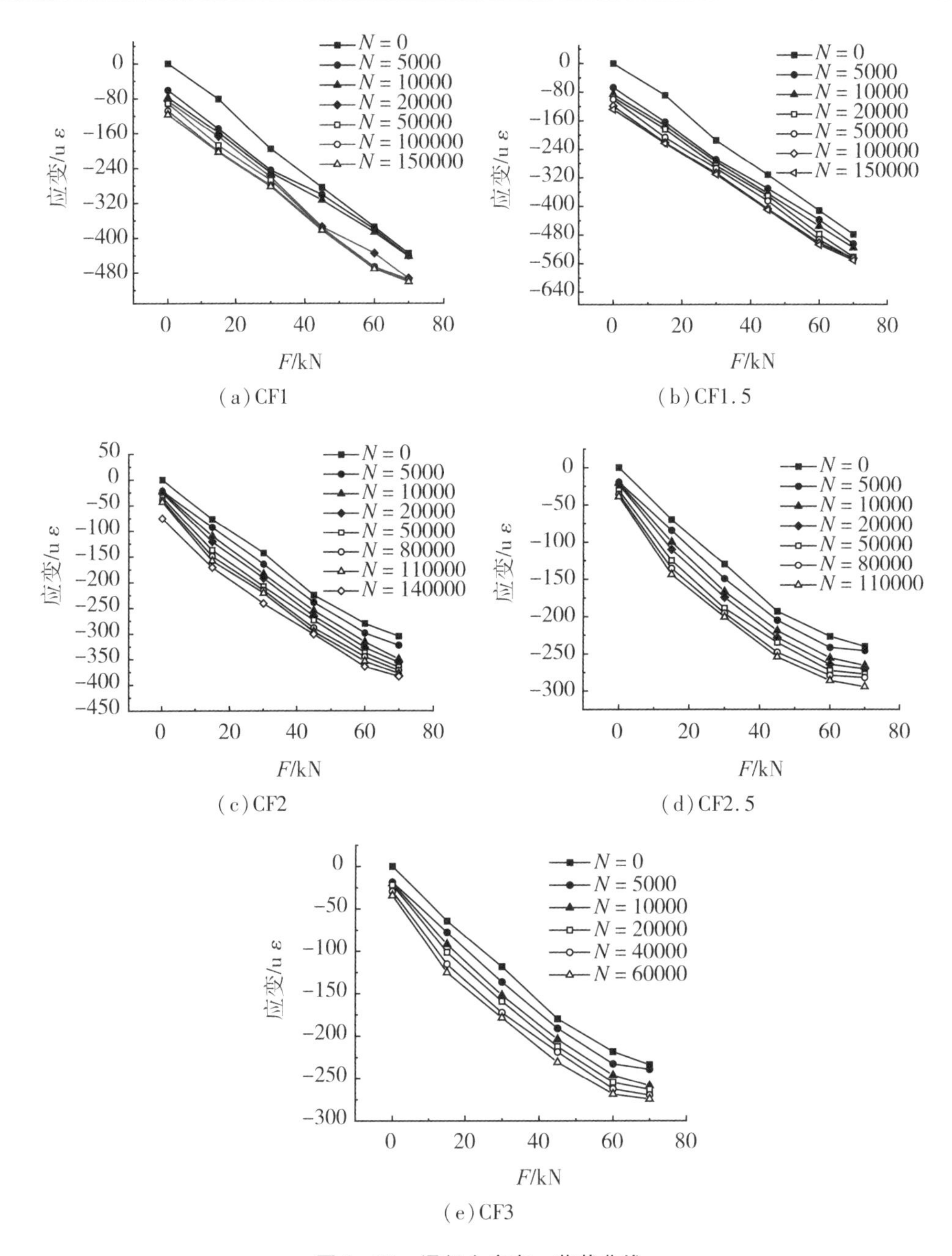

(a) CF1　(b) CF1.5　(c) CF2　(d) CF2.5　(e) CF3

图 6－29　混凝土应变－荷载曲线

4. 挠度

跨中挠度的三阶段变化规律如图 6－30 所示。在循环次数为 1 万次时，跨中挠度快速增长；跨中挠度缓慢增长，可以认为试验梁开始逐渐进入第二阶段，该阶段试验梁结构性能稳定，第二阶段占疲劳寿命较长；直到第三阶段瞬时破坏时，挠度在有限的循环次数内迅速发展，试验梁脆性破坏。

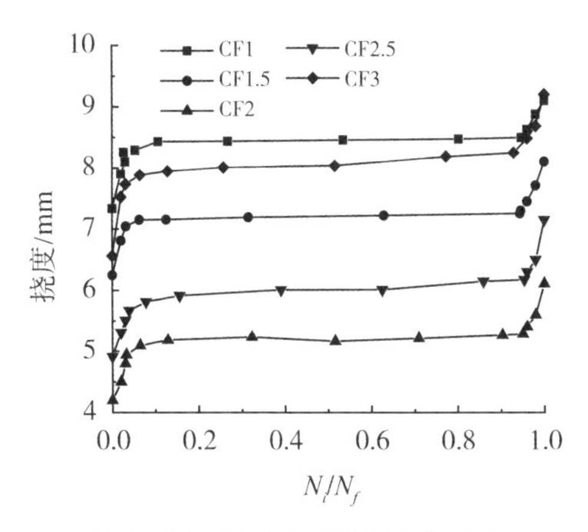

图6－30　挠度循环进程中的变化

5. 钢筋断面分析

为了分析钢筋表面的坑蚀对混凝土梁疲劳性能的影响,将混凝土梁断面处的钢筋取出进行观察。以CF2.5与CF3的钢筋疲劳断口为例,如图6－31所示。观察图6－31(b)与图6－32(d),疲劳断口在蚀坑底部。观察图6－31(a)与图6－31(c),摆在每张图中右侧的钢筋断面平整,颜色较浅,是梁中发生疲劳断裂钢筋的断面;而每张图中左侧的钢筋断面剪切唇较大,颜色较深。造成同根试验梁中内部两根钢筋断裂的现象存在差异的原因,是蚀坑尺寸存在细微差异,而导致两者发生断裂在时间轴上有先后顺序。当试验梁在循环荷载下时,梁中每根钢筋的蚀坑处都萌生了裂纹,在其中一侧钢筋发生疲劳断裂的瞬间,另一侧钢筋疲劳裂纹即将发展到裂纹扩展区,但此时由于只有一根钢筋承受外荷载,应力幅激增,在外部观察到的现象为试验梁的两根钢筋都发生断裂。

钢筋的断面位于蚀坑处,而且断面基本平整;钢筋断口呈现扇形状,形态不同的区域以蚀坑处为核心扩散,表明裂纹源区就是蚀坑。其中,红线虚线圈出来的部位为裂纹扩展区,呈整体扩散状,对应混凝土梁疲劳的第二阶段;其他部分为瞬断区,对应钢混凝土梁疲劳的第三阶段。

试验梁受到高周疲劳荷载,在第二阶段时,疲劳裂纹处的钢筋疲劳断口被挤压摩擦,可以观察到裂纹扩展区非常光滑,呈细晶状;而瞬断区较为粗糙,呈结晶状,其中蚀坑深度越大,瞬时破断区的占比越高,钢筋疲劳断口最顶端并不平整,断口边缘因钢筋最后发生了脆性断裂,形成剪切唇。

(a)CF2.5梁中钢筋断口

(b)CF2.5疲劳断口拼接

图6－31　钢筋疲劳断口

(c)CF3 梁中钢筋断口　(d)CF3 疲劳断口拼接

图 6－31(续)　钢筋疲劳断口

6.3.4　混凝土梁中坑蚀钢筋的压磁信号演变规律

1. 时变曲线演化

提取 CF2.5 试件循环周期内不同阶段的法向和切向磁感应强度，如图 6－32 与图 6－33所示。当应力达到极大值时，磁感应强度没有达到峰值。其中，法向时变曲线的极值点只在第一阶段发生移动，而切向时变曲线极值点在第三阶段发生倒转。第一阶段时，时变曲线形态还未固定，法向时变曲线改变较大，切向时变曲线也有变动；第三阶段时，法向和切向时变曲线的幅值明显增大。

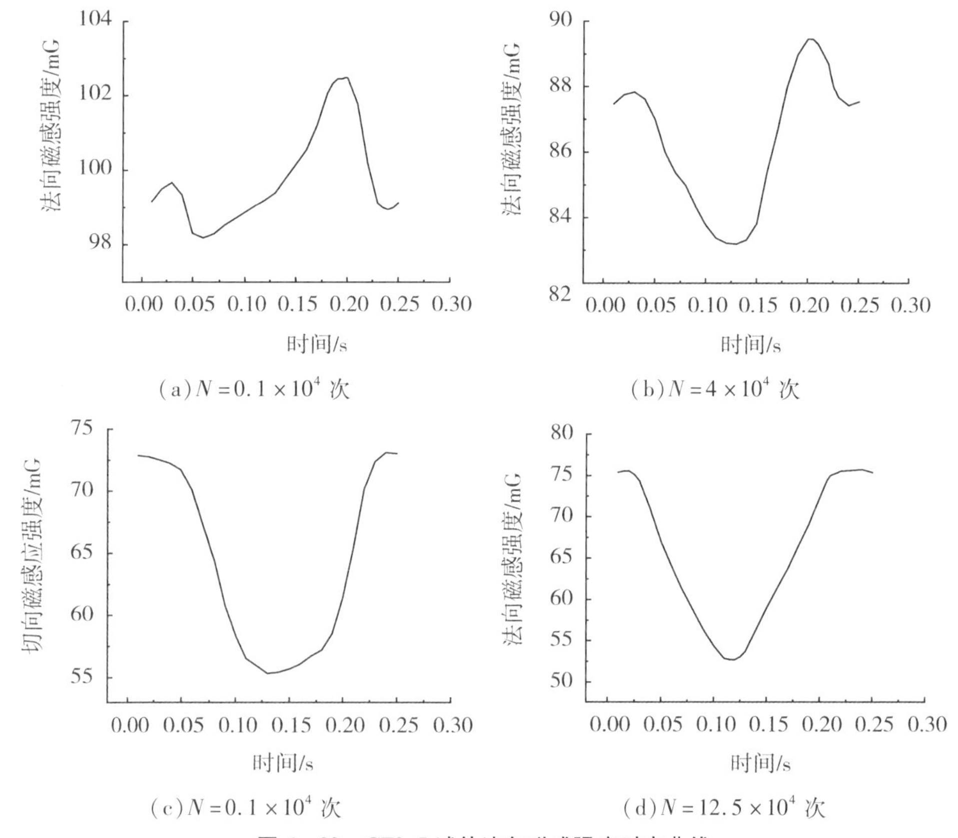

(a)$N=0.1\times10^4$ 次　(b)$N=4\times10^4$ 次

(c)$N=0.1\times10^4$ 次　(d)$N=12.5\times10^4$ 次

图 6－32　CF2.5 试件法向磁感强度时变曲线

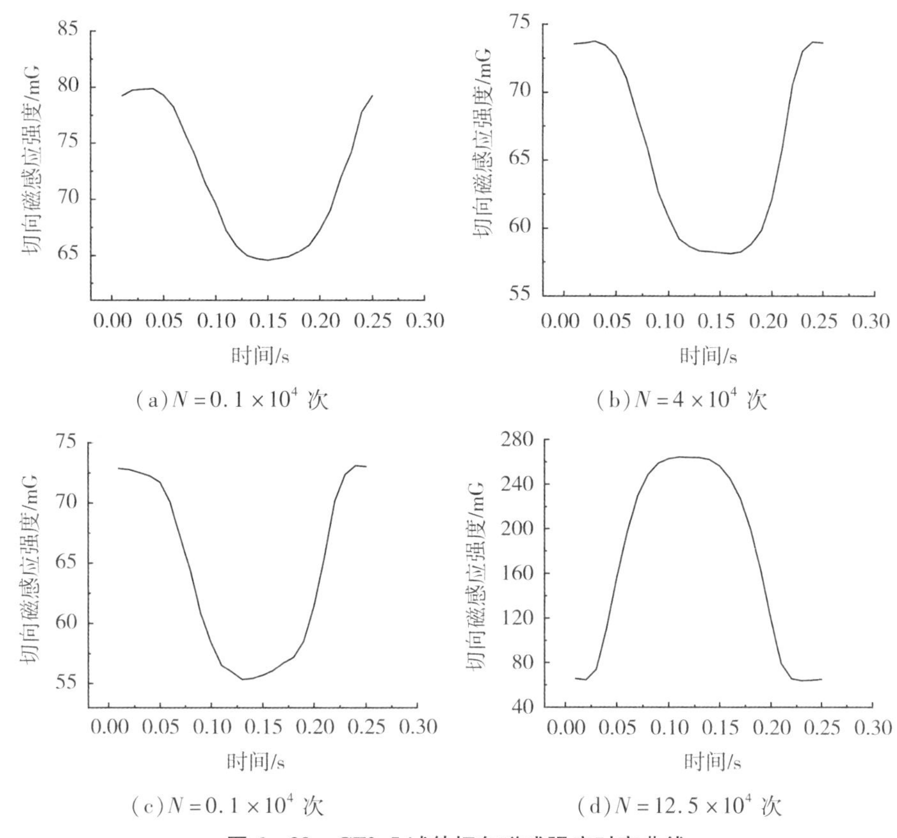

图6－33　CF2.5试件切向磁感强度时变曲线

2. 压磁滞回曲线演化

图6－34是试件CF3在不同循环次数下的法向磁感应强度－应力滞回曲线，疲劳过程中滞回曲线在不同阶段发生了显著畸变，滞回曲线最高点和最低点倒转。压磁滞回曲线特征点H点值在疲劳前期从410.97mG下降到375.87mG，而T点值从395.4mG下降到389.742mG；在疲劳中期时滞回曲线趋于稳定，H点值基本不变，T点值有小幅度下降；而在疲劳末期H点值与T点值迅速上升，其中H点值上升速度显著。

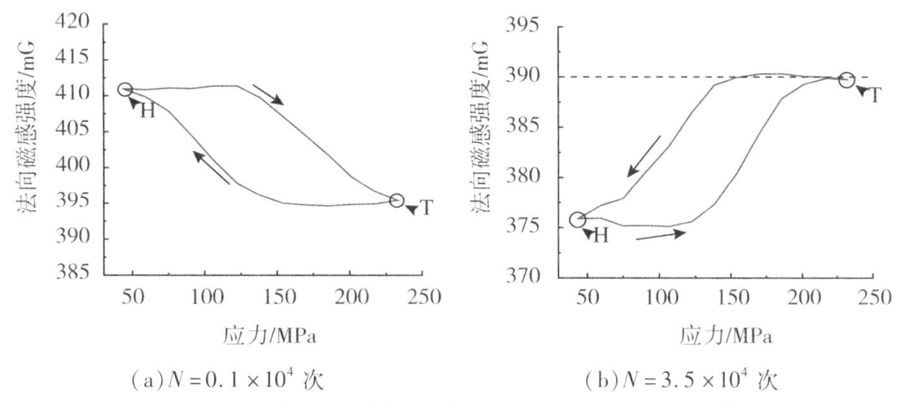

图6－34　CF3试件在不同循环次数时法向磁感应强度－应变滞回曲线

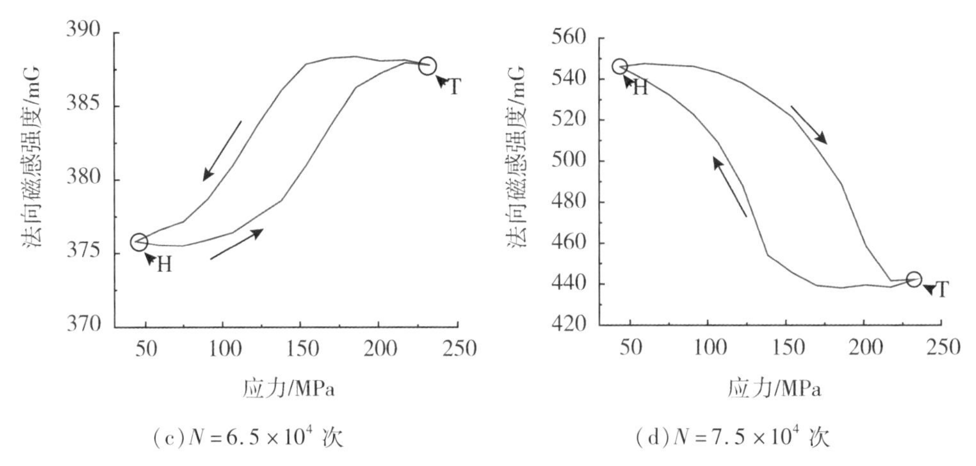

(c) $N=6.5\times10^4$ 次　　(d) $N=7.5\times10^4$ 次

图 6－34(续)　CF3 试件在不同循环次数时法向磁感应强度－应变滞回曲线

记录了整个疲劳过程中法向压磁信号随应力的变化，其中 CF2.5 和 CF3 试件的法向磁感应－应力滞回曲线演变如图 6－35 所示。其中，CF3 试件的法向磁感应－应力滞回曲线在循环次数 69900 次前缓慢移动，这对应钢筋蚀坑处稳定裂纹扩展阶段。随后在 1000 个循环内，滞回曲线快速上升，具体表现为 71110 次循环时 H 点值突增，对应钢筋蚀坑处裂纹不稳定阶段开始，随后，到破坏之前滞回曲线逐渐饱满。两个试件的滞回曲线都有明显的畸变，可以预测构件从第二阶段进入到第三阶段的循环次数。

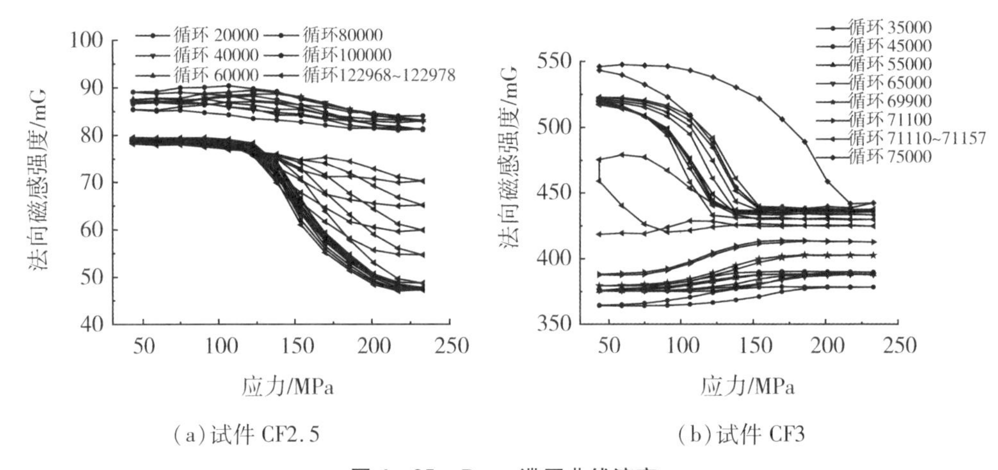

(a) 试件 CF2.5　　(b) 试件 CF3

图 6－35　$B-\sigma$ 滞回曲线演变

图 6－36 是 CF2.5 试件和 CF3 试件的滞回曲线面积在循环进程中的演变，三阶段特征明显。梁中钢筋的磁化状态在第二阶段稳定，滞回曲线面积稳定；临近破坏时，磁信号受到蚀坑处裂纹的漏磁场影响，滞回曲线面积加速变化。

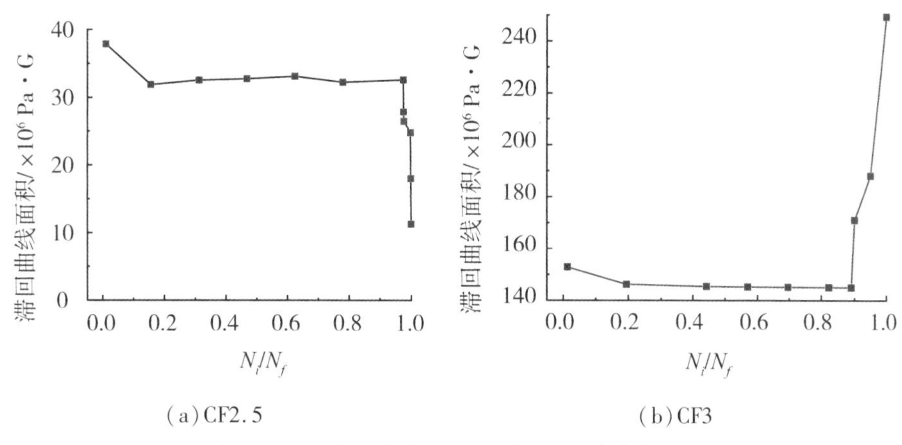

(a) CF2.5　　(b) CF3

图6-36　滞回曲线面积随循环进程演变曲线

3. 磁感应强度幅值的演化

如图6-37所示，CF2.5试件的法向磁感应强度幅值和切向磁感应强度幅值随疲劳循环次数的演变呈现明显的三阶段特征。在疲劳前期，磁感应强度幅值迅速增加，法向增加到大约6.0mG，切向增加到16.5mG；在疲劳中期，磁感应强度幅值基本稳定，呈现缓慢的下降趋势，第二阶段占整个疲劳周期较大比重，其中法向增大了大约1mG，切向下降了大约1.5mG；在疲劳后期，磁感应强度幅值迅速增加，预示着构件即将破坏，其中法向和切向的磁感应强度幅值突变点相同。

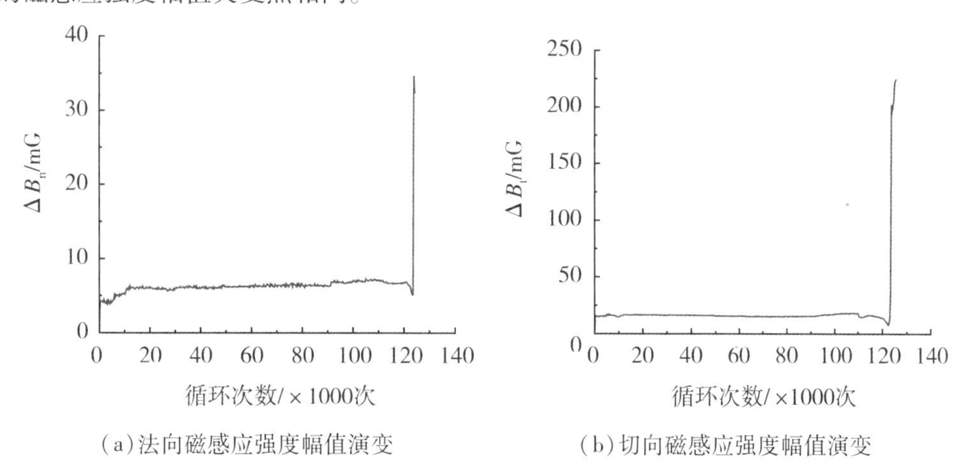

(a) 法向磁感应强度幅值演变　　(b) 切向磁感应强度幅值演变

图6-37　磁感应强度幅值随循环次数的变化

不同试件的法向磁感应强度幅值随循环次数的变化曲线如图6-38所示。在循环进程初期，混凝土受拉区顶部疲劳退化和混凝土受压区顶部发生应力重分布，钢筋应力突变导致压磁信号也产生突变；在循环进程第二阶段，在疲劳荷载下，钢筋克服钉扎点，磁感应强度幅值的变化趋于稳定；在循环进程后期，钢筋裂纹快速扩展，混凝土裂缝宽度增大，蚀坑处漏磁效应明显，法向磁感应强度幅值突变反映了构件的疲劳失效。蚀坑深度越深的试件法向磁感应强度幅值越大，但趋势不显著，受到试件浇筑、蚀坑位置、内部钢筋位置肋,以及试验操作等因素影响。

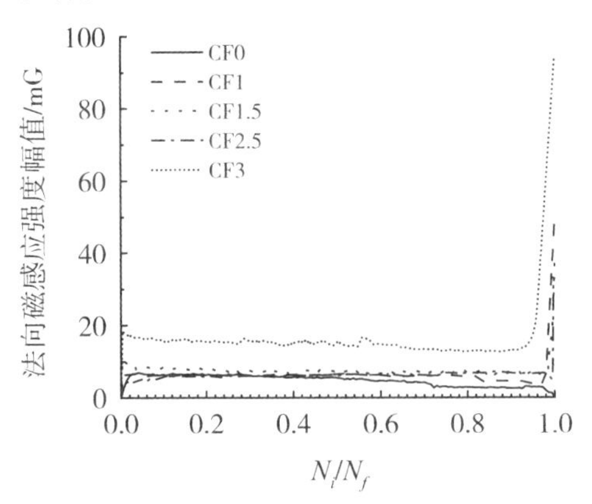

图 6-38　法向磁感应强度幅值随循环进程变化曲线

基于法向磁感强度幅值定义以下损伤变量 $D_{\Delta B_n}$[6-21]:

$$D_{\Delta B_n} = \frac{\sum_{i=1}^{n} |\Delta B_{ni} - \Delta B_{ni-1}|}{\sum_{i=1}^{N_f} |\Delta B_{ni} - \Delta B_{ni-1}|} \tag{6-10}$$

不同试件的 $D_{\Delta B_n}$ 随在疲劳进程中的演变曲线如图 6-39 所示,在数值模拟中蚀坑底部损伤演变如图 6-40 所示。$D_{\Delta B_n}$ 在第一阶段和第二阶段较为稳定,在临近第三阶段时迅速增长,当 $D_{\Delta B_n=1}$ 时,构件在蚀坑处发生疲劳断裂。

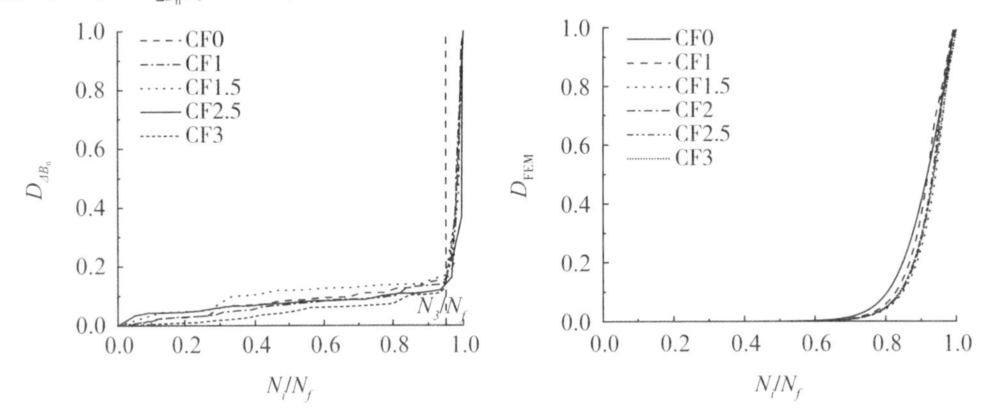

图 6-39　法向磁感强度幅值表征疲劳损伤的演变曲线

图 6-40　CDM 模型蚀坑底部疲劳损伤演变曲线

6.3.5　混凝土梁疲劳过程中的磁场分布信号

在疲劳卸载到 0 和加载到最大值 70kN 时,分别测量不同蚀坑深度的钢筋混凝土梁在疲劳三阶段的沿检测线的磁场分布信号,研究磁场分布随钢筋疲劳损伤的演化规律,以及蚀坑对混凝土梁内钢筋疲劳损伤演化的影响。

图 6-41 和图 6-42 给出了梁 CF2.5 和 CF3 卸载到 0kN 时刻停机检测的沿检测线

L1 剩余磁场分布切向 H_{px} 和法向分量 H_{py} 在不同循环次数下的变化曲线，可以看出，切向磁场分量和法向磁场分量的分布在疲劳过程中的曲线形态一致，这说明在疲劳过程中并没有新的横向荷载裂缝产生，疲劳过程中的损伤主要表现为裂缝宽度的缓慢增加和钢筋裂纹的稳定扩展与应力的缓慢演化，这也可以从整体曲线数值的相对变化看出。对于法向磁场分布而言，经过一定循环次数的疲劳荷载之后，曲线相对于未施加疲劳荷载时的曲线而言有明显变化，之后形态保持稳定，这说明横向裂缝的出现对法向磁场强度的影响更大。

具体而言，对于 CF2.5 切向剩余磁场分布曲线，其幅值变化并不明显，但是整体随着疲劳进程呈现向左下侧移动的趋势，而 CF3 梁则大约呈现了沿着顺时针转动的趋势；对于 CF2.5 和 CF3 而言，整个曲线关于跨中大致为中心对称，各曲线交叉点的位置对应跨中蚀坑位置处，这受到构件裂缝位置偏差、周围铁磁材料、移动检测路径长度和偏移的误差等的影响。

法向剩余磁场分布曲线随着疲劳进程整体呈现上升的趋势，对于 CF2.5 和 CF3 来说，在跨中蚀坑位置处曲线均存在一个极小值，可以帮助判断横向裂缝位置；对于蚀坑较大的梁来说，疲劳后期的磁场分布曲线变化更为明显，其整体变化斜率和幅值明显增加。

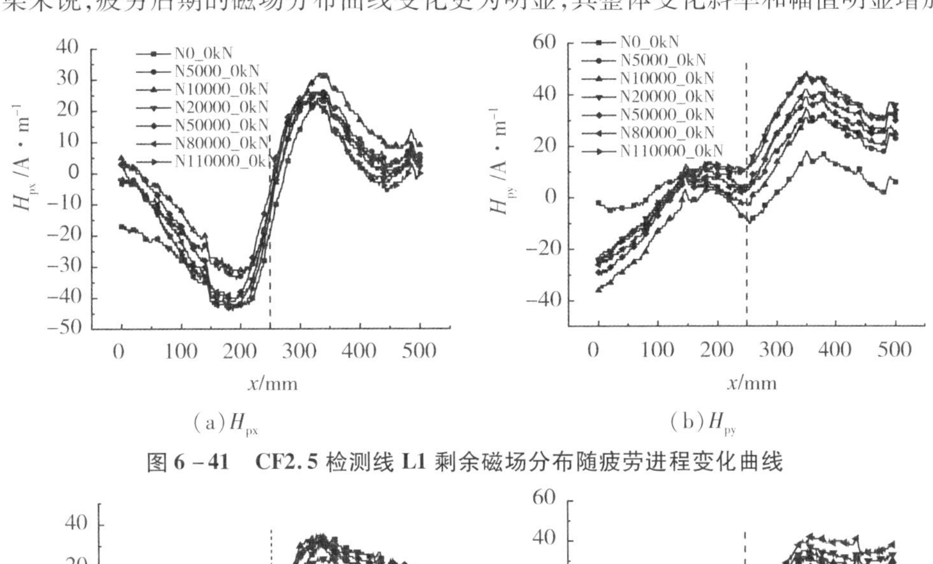

图 6-41　CF2.5 检测线 L1 剩余磁场分布随疲劳进程变化曲线

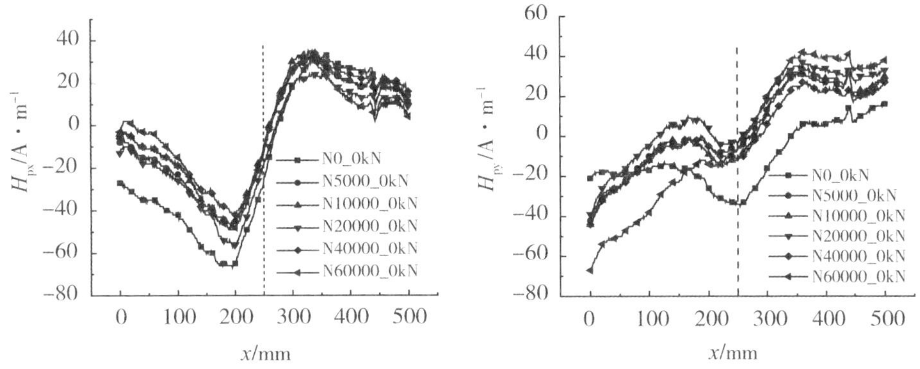

(a) H_{px}　(b) H_{py}

图 6-42　CF3 检测线 L1 剩余磁场分布随疲劳进程变化曲线

总体而言，无论是切向或是法向磁场分布曲线均能帮助判断横向荷载裂缝的大概位置,而法向磁场分布相比于切向磁场分布来说对疲劳损伤的演化更加敏感,但是两者均可在一定程度上反映疲劳损伤演化的进程。

为了进一步探究切向磁场和法向磁场随循环疲劳进程的演化规律,定义一系列特征值,如检测线上各点的磁场强度绝对值之和 $H_{px,sum}$、$H_{py,sum}$,以及检测路径上的平均磁场强度 $H_{px,ave}$、$H_{py,ave}$。此外,定义磁场分布曲线梯度值如式(6-13)所示,进而计算检测路径上梯度绝对值之和 $G_{px,sum}$、$G_{py,sum}$ 和平均值 $G_{px,ave}$、$G_{py,ave}$。

$$H_{px,sum} = \sum_{i=1}^{\overline{N}} |H_{px,i}|, H_{py,sum} = \sum_{i=1}^{\overline{N}} |H_{py,i}| \tag{6-11}$$

$$H_{px,ave} = H_{px,sum}/\overline{N}, H_{py,ave} = H_{py,sum}/\overline{N} \tag{6-12}$$

$$G = \Delta H_p/\Delta x \tag{6-13}$$

$$G_{px,sum} = (\Delta H_{px}/\Delta x)_{sum}, G_{py,sum} = (\Delta H_{py}/\Delta x)_{sum} \tag{6-14}$$

$$G_{px,ave} = G_{px,sum}/\overline{N}, G_{py,ave} = G_{py,sum}/\overline{N} \tag{6-15}$$

式中,$\overline{N}$为检测路径上检测点的个数,此处为 501;ΔH_p 为相邻两点的磁场强度之差;Δx 为检测间距,此处为 1mm。

将 CF1 - CF3 梁的平均磁场强度 $H_{px,ave}$、$H_{py,ave}$ 以及梯度平均值 $G_{px,ave}$、$G_{px,ave}$ 随疲劳进程的演化特征总结,如图 6-43 所示。

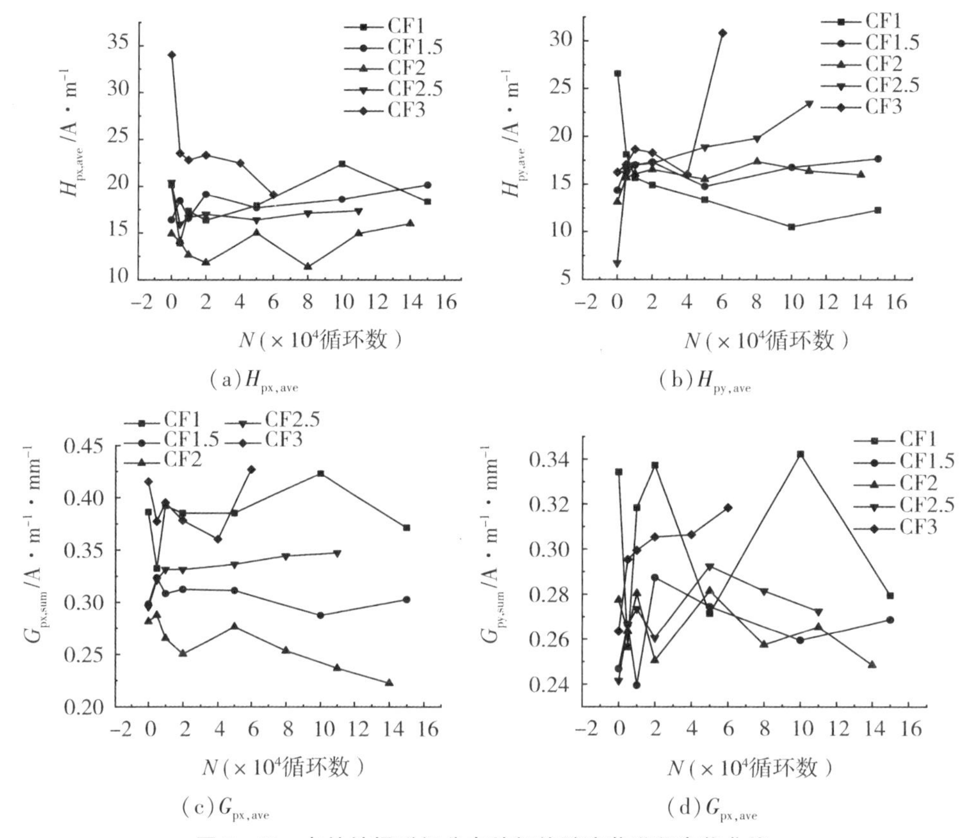

图 6-43　各坑蚀梁磁场分布特征值随疲劳进程变化曲线

由图 6 - 43 可知，当蚀坑较浅时，各特征值在疲劳过程中的变化规律较为杂乱，并不明显，蚀坑深度较大时，疲劳后期各特征值变化较明显；从数值上看，蚀坑越大的梁在疲劳过程中各特征值均较大，整体曲线向上移。

综上所述，通过检测梁表面磁场分布，可以判断裂缝的位置，该部位的钢筋在腐蚀环境下也容易出现局部蚀坑。结合不同疲劳循环下的磁场分布曲线形态以及特征值的演化规律，可以大致判别受蚀坑尺寸影响的疲劳损伤的程度和阶段。

参考文献

[6 - 1] 孙俊祖，黄侨，任远. 疲劳加载下锈蚀钢筋混凝土梁抗弯刚度的试验研究. 华南理工大学学报（自然科学版），2015，43(8)：113 - 118.

[6 - 2] RANIA A，KHALED S，TIM T. Fatigue flexural behavior of corroded reinforced concrete beams repaired with CFRP sheets. Journal of Composites for Construction，2011，15(1)：42 - 51.

[6 - 3] ZHANG W P，YE Z W，GU X G，et al. Assessment of fatigue life for corroded reinforced concrete beams under uniaxial bending. Journal of Structural Engineering，2017，143(7)：04017048.

[6 - 4] LI F，QU Y X，WANG J H. Bond life degradation of steel strand and concrete under combined corrosion and fatigue. Engineering Failure Analysis，2017，80(1)：186 - 196.

[6 - 5] LEMAITRE J，CHABOCHE J. Mechanics of solid materials. Cambridge：Cambridge University Press，1994.

[6 - 6] 张昉，金伟良，张军，等. 基于连续介质损伤力学的坑蚀钢筋高周疲劳寿命与损伤分析. 建筑材料学报，2020，24(2)：8.

[6 - 7] MAI S H，FI L，FORET G，et al. A continuum damage modeling of quasi - static fatigue strength of plain concrete. International Journal of Fatigue，2012，37(1)：79 - 85.

[6 - 8] 张群. 基于细观机制的土石混合体边坡稳定性研究. 武汉：长江科学院，2012.

[6 - 9] ZHAN Z，MENG Q，HU W，et al. Continuum damage mechanics based approach to study the effects of the scarf angle，surface friction and clamping force over the fatigue life of scarf bolted joints. International Journal of Fatigue，2017，102(1)：59 - 78.

[6 - 10] 韩程宇. 平面磨削有限元仿真及磨削建模 GUI 平台开发. 郑州：郑州大学，2019.

[6 - 11] HOU J，SONG L. Numerical investigation on stress concentration of tension steel bars with one or two corrosion pits. Advances in Materials Science & Engineering，2015，1(2015)：1 - 7.

[6 - 12] SUN J Z，HUANG Q，REN Y. Performance deterioration of corroded RC beams and

reinforcing bars under repeated loading. Construction & Building Materials,2015,96(1):404 - 415.

[6 - 13] ZANUY C, ALBAJAR L, FUENTE P. Sectional analysis of concrete structures under fatigue loading. Aci Structural Journal,2009,106(5):667 - 677.

[6 - 14] NAKAMURA S, SUZUMURA K. Experimental study on fatigue strength of corroded bridge wires. Journal of Bridge Engineering,2013,18(3):200 - 209.

[6 - 15] WANG L, LI C, YI J. An experiment study on behavior of corrosion RC beams with different concrete strength. Journal of Coastal Research,2015,73(1):259 - 264.

[6 - 16] LU Y, TANG W, LI S, et al. Effects of simultaneous fatigue loading and corrosion on the behavior of reinforced beams. Construction and Building Materials,2018,181(1):85 - 93.

[6 - 17] BASTIDAS - ARTEAGA E, BRESSOLETTE P, CHATEAUNEUF A, et al. Probabilistic lifetime assessment of RC structures under coupled corrosion - fatigue deterioration processes. Structural Safety,2009,31(1):84 - 96.

[6 - 18] WU J, DIAO B, XU J, et al. Effects of the reinforcement ratio and chloride corrosion on the fatigue behavior of RC beams. International Journal of Fatigue, 2020, 131(7):105299.

[6 - 19] ZANUY C, MAYA L F, ALBAJAR L, et al. Transverse fatigue behaviour of lightly reinforced concrete bridge decks. Engineering Structures, 2011, 33 (10): 2839 - 2849.

[6 - 20] 中国建筑科学研究院. 混凝土结构设计规范(GB50010—2010). 北京:中国建筑工业出版社,2011.

[6 - 21] ZHANG J, JIN W L, MAO J H, et al. Determining the fatigue process in ribbed steel bars using piezomagnetism. Construction and Building Materials, 2020, 239(1):117885.

第7章　混凝土结构疲劳损伤分析新方法

7.1　引　言

基于前述研究可知，无论是从材料层面还是构件层面，疲劳损伤过程中的磁信号均有三阶段变化规律，对应着钢筋疲劳裂纹扩展的三阶段变化规律，因此，可通过分析疲劳过程中压磁信号的变化，找出能够表征疲劳发展的特征参数，建立其和基于断裂力学表征的裂纹扩展特征参数如裂纹长度之间的定量关系，从而可通过无损检测到的压磁信号对钢筋的疲劳裂纹过程进行定量评估，从而基于断裂力学方法进行寿命预测。

进行 HRB400 钢筋制作的标准紧凑拉伸（CT）试样和坑蚀钢筋标准件的疲劳裂纹扩展试验，在疲劳过程中分别测量压磁信号和剩余磁场分布，对压磁信号和剩余磁场分布的特征参数与裂纹长度，以及应力强度因子进行试验标定，得到了较好的定量关系；随后，基于文献对上一章中锈蚀钢筋混凝土梁内部钢筋的疲劳裂纹扩展过程进行预测，并结合所测的压磁信号和磁场分布，同样对坑蚀钢筋的疲劳长度和应力强度因子进行标定。

7.2　基于磁参数的钢材疲劳裂纹扩展参数计算

本节的研究思路如图 7 - 1 所示，在进行 CT 试样疲劳裂纹扩展试验的同时，依据规范通过引伸计反算得到钢筋的实时裂纹扩展长度，并通过磁探头全程实时监测裂纹扩展过程中宏观压磁信号的变化，分析压磁场的信号如时变曲线和压磁滞回曲线的演化规律，并建立压磁场的特征值以定量描述裂纹尖端应力场的演化，基于断裂力学得到裂纹扩展过程中的裂纹尖端的应力强度因子变幅 ΔK，对两者进行标定，得到压磁场特征值定量表征 ΔK 的表达式；开展另外一组相同试样的裂纹扩展试验，通过引伸计监控裂纹扩展进程，在相应的裂纹扩展增量后，停机离线检测 CT 试样裂纹表面剩余磁场分布，分析法向和切向磁场分布的演化规律并建立其特征值，得到磁场分布特征值定量描述疲劳裂纹长度的表达式。基于 Paris 断裂力学公式（7 - 1），对裂纹稳定扩展阶段的数据点进行计算并拟合，得到材料常数 C 和 m，基于压磁信号特征值标定的 ΔK 代入式（7 - 1）从而预测裂纹扩展速率 da/dN；通过磁场分布特征值评估实时的裂纹长度，获取初始裂纹尺寸 a_0，临界裂纹尺寸 a_c 可通过断裂韧度 K_{1C} 反算进行估计，或者通过试验获取，一般为定值，对试验结果影响较小,见式(7-22)。结合式(7-1)和(7-19)得到式(7-21),从而预测已知的裂纹长度区间内裂纹扩展寿命 N_P。

$$\frac{\mathrm{d}a}{\mathrm{d}N}=C(\Delta K)^m \tag{7-1}$$

$$\Delta K=Y\Delta\sigma\sqrt{\pi a} \tag{7-2}$$

$$N_P=\int\frac{\mathrm{d}N}{\mathrm{d}a}\mathrm{d}a=\int_{a_0}^{a_c}\frac{1}{C(\Delta K)^m}\mathrm{d}a=\int_{a_0}^{a_c}\frac{1}{C(Y\Delta\sigma\sqrt{\pi a})^m}\mathrm{d}a \tag{7-3}$$

$$a_c=\frac{K_{\mathrm{IC}}^2}{\pi Y^2\sigma_{\max}^2} \tag{7-4}$$

式中,C 和 m 为与材料性能和加载条件应力比及频率有关的常数;Y 为形状因子,和裂纹体的形状、位置以及试样的尺寸有关;$\Delta\sigma$ 为应力变幅;$\sigma_{\max}$ 为应力上限;a 为疲劳裂纹长度。

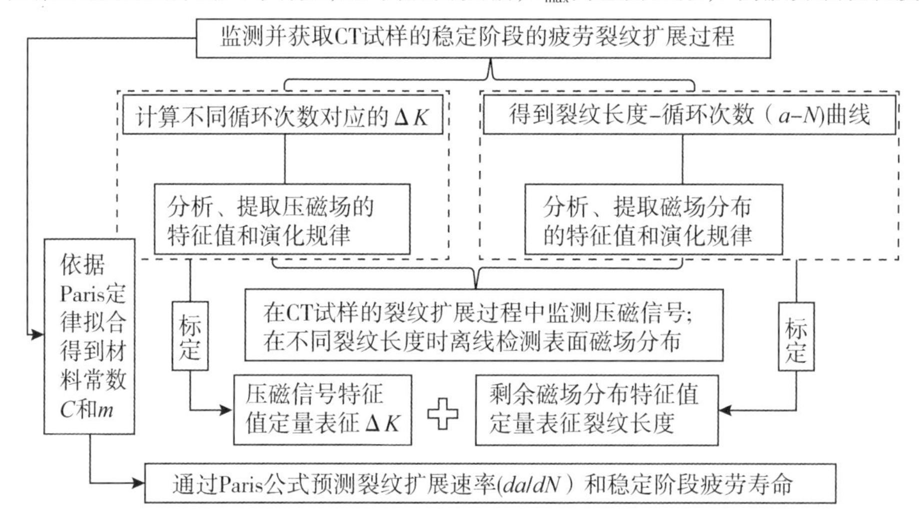

图 7-1　研究路线图

7.2.1　试验设计

采用 40mm 的 HRBE400 钢筋制作 CT 试样,钢筋材料组成及性能如表 7-1 和 7-2 所示。CT 试样沿着钢筋径向采用线切割的方式制作,其尺寸如图 7-2 所示,保证 CT 试样处于平面应力状态[7-1]。

表 7-1　HRB400E 钢筋化学成分

化学成分	C	Si	Mn	P	S	Ceq
w/%	0.24	0.50	1.51	0.022	0.025	0.52

表 7-2　HRB400E 钢筋力学性能

屈服强度	极限强度	杨氏模量	延伸率
465MPa	616MPa	210GPa	22%

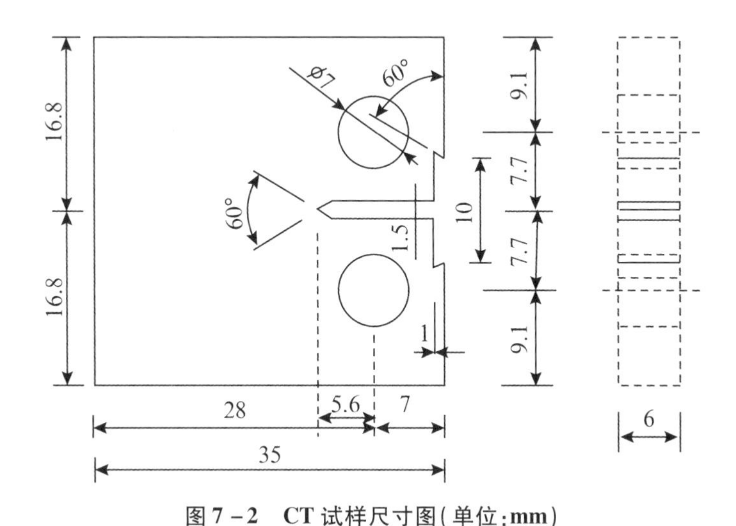

图7-2　CT试样尺寸图(单位:mm)

在室温下进行Ⅰ型疲劳裂纹扩展试验,波形为正弦,频率为5Hz,应力比分别为0.1、0.2、0.3、0.4和0.5。最大荷载始终保持为6kN。采用25个CT试样,分为PE、MMM和RF三组,如表7-3所示。其中,PE组和MMM组是用来通过试验结果对疲劳裂纹扩展参数和弱磁场特征参数进行标定建立定量关系的,而RF组试样则通过独立试验来验证上述定量关系的有效性。

表7-3　试验分组和试样编号

分组	应力比	试样编号	分组	应力比	试样编号	分组	应力比	试样编号
PE	0.1	PE0.1-1	MMM	0.1	MMM0.1	RF	0.1	RF0.1
		PE0.1-2						
		PE0.1-3						
	0.2	PE0.2-1		0.2	MMM0.2		0.2	RF0.2
		PE0.2-2						
		PE0.2-3						
	0.3	PE0.3-1		0.3	MMM0.3		0.3	RF0.3
		PE0.3-2						
		PE0.3-3						
	0.4	PE0.4-1		0.4	MMM0.4		0.4	RF0.4
		PE0.4-2						
		PE0.4-3						
	0.5	PE0.5-1		0.5	MMM0.5		0.5	RF0.5
		PE0.5-2						
		PE0.5-3						

在试验过程中,通过引伸计监测裂纹开口位移反算裂纹扩展长度,如图 7 - 3(a)所示。依据规范通过降 K 法在 CT 试样的缺口处预制至少 0.25W 长度的疲劳裂纹(W 为 CT 试样的宽度),以保证缺口形状不影响后续疲劳裂纹的稳定扩展。之后,进行常幅疲劳裂纹扩展试验,并实时监测压磁场的变化。试验加载、测量和采集装置同上,如图 7 - 3(a)所示。所有的试样均在试验前被退磁处理,如图 7 - 3(b)所示。

在停机后将试样取下沿着预先设定的检测线方向检测试验表面的剩余分布,测量仪器为应力集中磁检测仪,如图 7 - 4 所示。

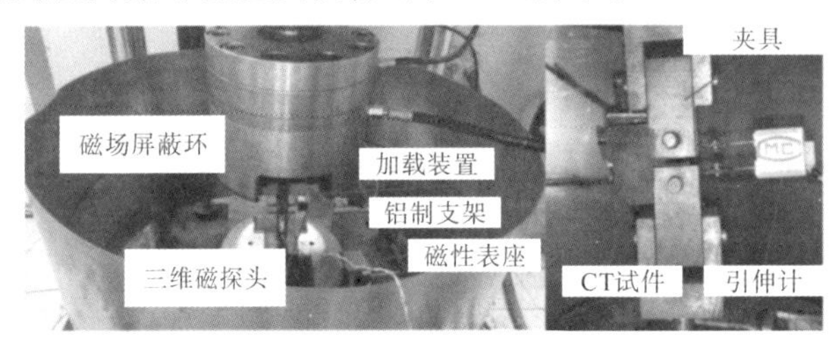

(a)PE 组试验布局

(b)CT 试样退磁过程

图 7 - 3　PE 组试验

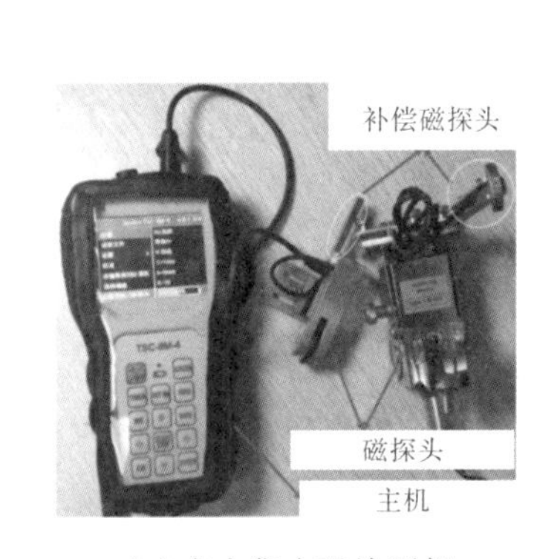

(a)应力集中磁检测仪

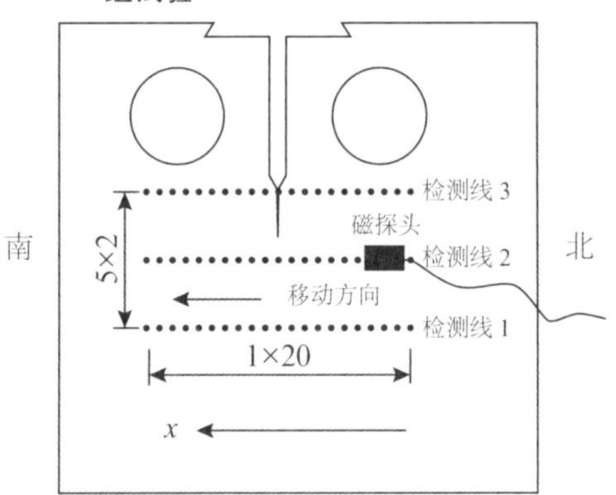

(b)预设检测线

图 7 - 4　MMM 组试验

对于 CT 试样,规范给出了应力强度因子变幅的 ΔK 的计算公式:

$$\begin{aligned}\Delta K &= \frac{\Delta P}{T\sqrt{W}}g(a/W) \\ &= \frac{\Delta P}{T\sqrt{W}} \cdot \frac{(2+\alpha)(0.886+4.64\alpha-13.32\alpha^2+14.72\alpha^3-5.6\alpha^4)}{(1-\alpha)^{3/2}}\end{aligned} \tag{7-5}$$

式中,$\alpha = a/W$,T 为 CT 试样的厚度,ΔP 为外加荷载的范围。

7.2.3　裂纹扩展速率结果

图 7 - 5 给出了试验得到的 PE 组不同应力比下的 da/dN 和 ΔK 在对数坐标下的关系。对于每一个应力比,分别计算三组试样的疲劳裂纹扩展速率数据点的中值,从整体上探究应力比对裂纹扩展速率的影响。

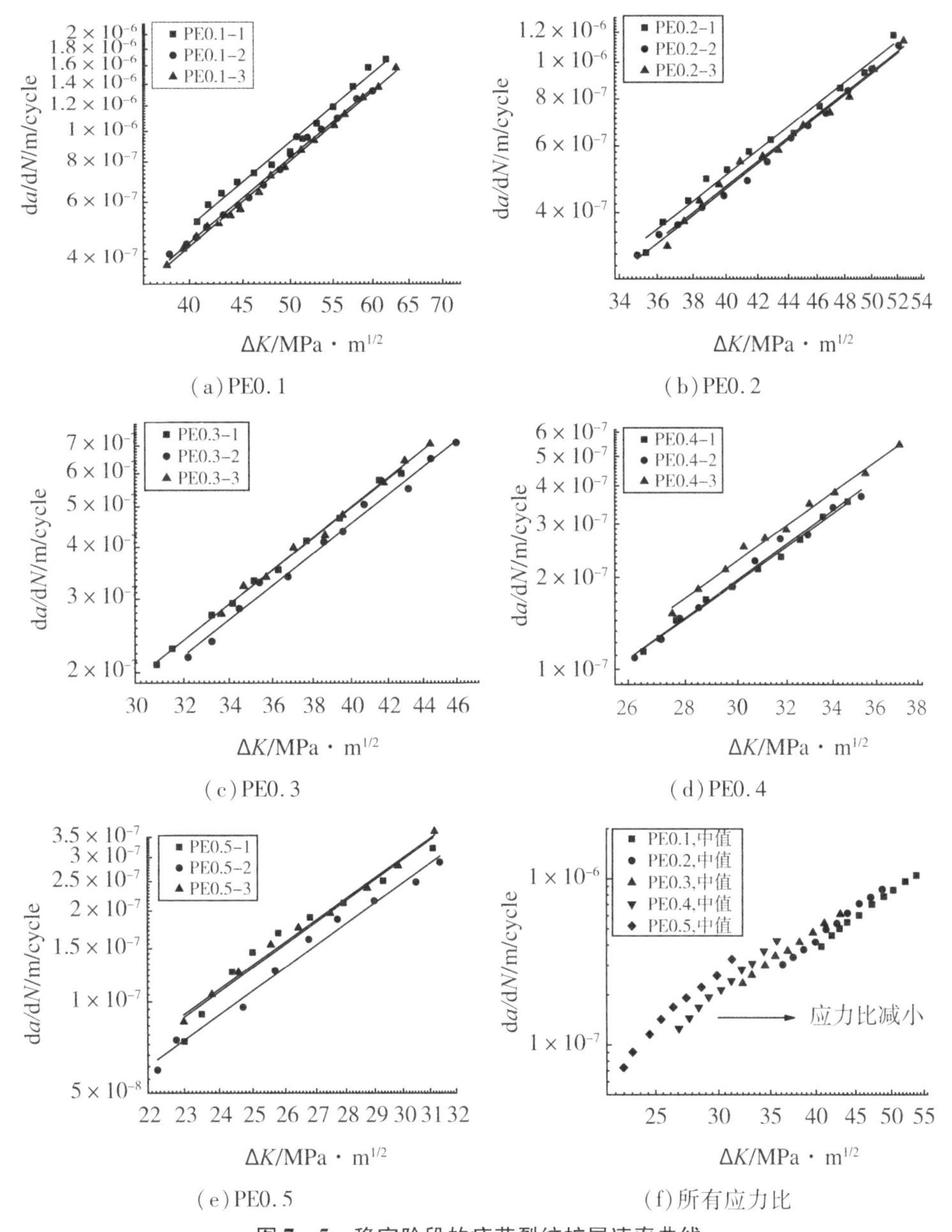

(a) PE0.1　(b) PE0.2

(c) PE0.3　(d) PE0.4

(e) PE0.5　(f) 所有应力比

图7－5　稳定阶段的疲劳裂纹扩展速率曲线

在稳定疲劳裂纹扩展阶段采用式(7－1)对试验所得数据点在对数坐标进行拟合可得 C 和 m 的试验值,结果如图7－5(a～e)和表7－4。

表7－4　PE组CT试样的疲劳裂纹扩展参数 C 和 m 的拟合结果

样本	$\log C$	$\log C$ 平均值	m	m 平均值
PE0.1－1	－10.662	－10.7163	2.7236	2.7344
PE0.1－2	－10.720		2.7290	
PE0.1－3	－10.767		2.7505	

续表

样本	logC	logC 平均值	m	m 平均值
PE0.2 - 1	-11.282	-11.3307	3.1101	3.1269
PE0.2 - 2	-11.378		3.1476	
PE0.2 - 3	-11.332		3.1230	
PE0.3 - 1	-11.559	-11.5833	3.2803	3.2880
PE0.3 - 2	-11.586		3.2736	
PE0.3 - 3	-11.605		3.3101	
PE0.4 - 1	-12.770	-12.7953	4.1006	4.1349
PE0.4 - 2	-12.887		4.1839	
PE0.4 - 3	-12.729		4.1201	
PE0.5 - 1	-13.218	-13.2193	4.5286	4.5132
PE0.5 - 2	-13.281		4.5186	
PE0.5 - 3	-13.159		4.4924	

如图 7 - 5 所示，随着应力比的增加，裂纹扩展速率曲线沿着 da/dN 和 ΔK 减小的方向移动。在给定的 ΔK 下，裂纹扩展速率随着应力比的增加而上升，这是由于裂纹尖端的裂纹闭合效应。如表 7 - 4 所示，m 随应力比增加而上升，而 C 随着应力比增加而减小[7-2]。

7.2.3 压磁信号特征参数的分析

1. 磁感应强度时变曲线

图 7 - 6 表示出了试样 PE0.3 - 1 在稳定阶段和失稳扩展阶段的切向磁感应强度（B_t）的时变演化曲线。

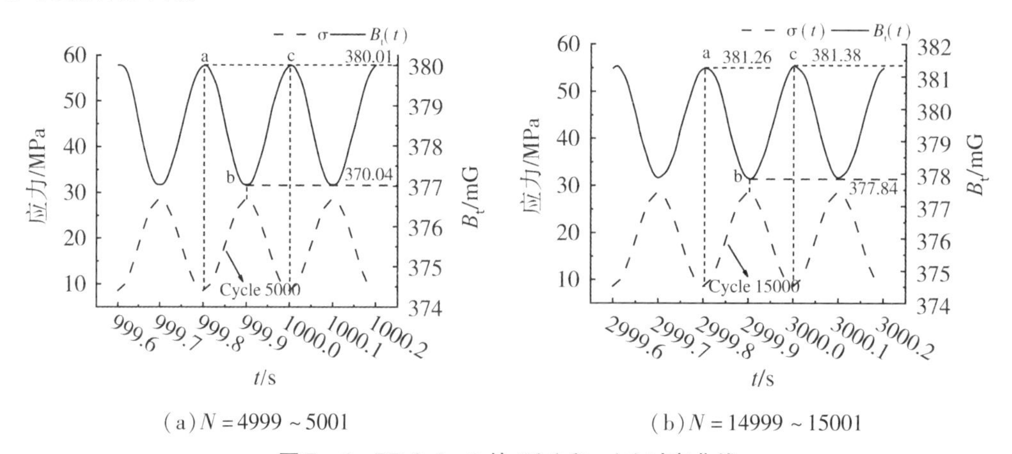

(a) $N=4999\sim5001$　　(b) $N=14999\sim15001$

图 7 - 6　PE 0.3 - 1 的 $B(t)$ 和 $\sigma(t)$ 时变曲线

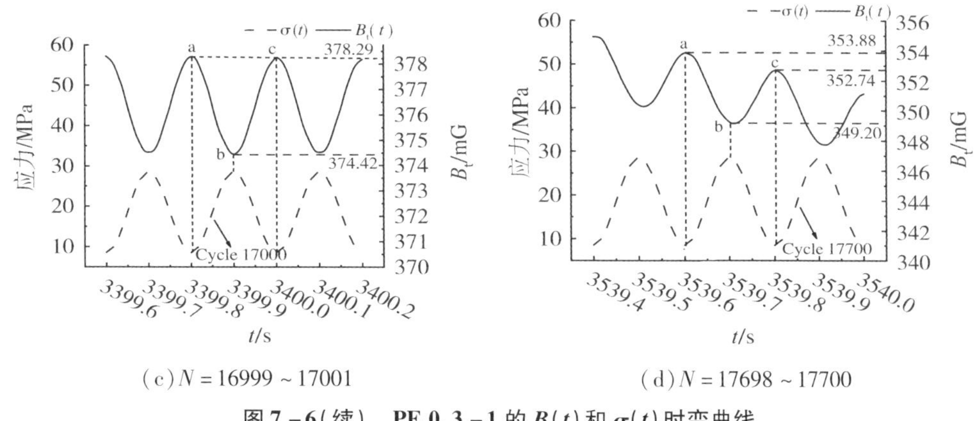

(c) $N=16999\sim17001$　　(d) $N=17698\sim17700$

图7-6(续)　PE 0.3-1的$B(t)$和$\sigma(t)$时变曲线

根据PE0.3-1的疲劳裂纹扩展部分的试验结果分析可知，前16000次循环处于裂纹稳定扩展阶段，而16000~17700次循环则属于失稳扩展阶段。如图7-6所示，根据曲线的形态特征，在单个循环的时变曲线中定义了若干个特征点。其中，a和c分别表示单个循环的起点和终点，b则表示最大应力对应的点。由图可知，在本试验中，a和c点也恰好对应循环应力的下限值。相应地，定义a和c点处的磁感应强度B_{ta}和B_{tc}为单个循环的剩余磁感应强度。可以发现，在大部分裂纹扩展阶段中，B_{ta}和B_{tc}均基本相等，说明了不可逆磁感应强度的循环增量为0，即试样达到无滞后磁化状态[7-3,7-4]。而在最后几个循环内，B_{ta}和B_{tc}呈现明显的差异，这可能是因为最后阶段宏观失稳裂纹扩展导致试样整体刚度迅速降低，实际的疲劳荷载无法达到设定的名义疲劳荷载水平。而且，除了最后几个循环之外，时变曲线的形态基本保持不变，数值略有上升。但是，能够明显看到在16999~17001次循环时，各特征点的磁感应强度相比于裂纹稳定扩展阶段（比如N在14999~15001）时明显下降，说明裂纹扩展的速率有明显变化，已经进入失稳扩展阶段。在17698~17700次循环，曲线急速下降，预示试样即将发生疲劳断裂。

2. 压磁滞回曲线

根据时变曲线，可得到试样在疲劳裂纹扩展阶段的磁感应强度随外加应力的变化（$B-\sigma$滞回曲线），如图7-7所示。

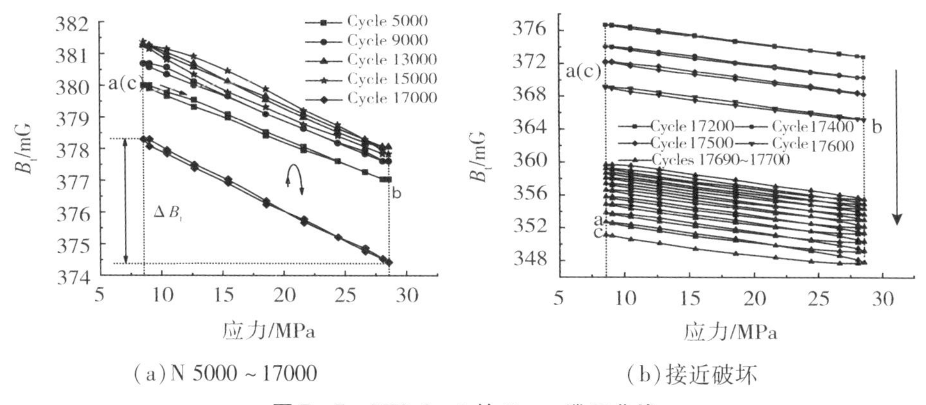

(a) N 5000~17000　　(b)接近破坏

图7-7　PE0.3-1的$B-\sigma$滞回曲线

由图 7－7 可知，在至少 15000 次循环之内，$B-\sigma$ 滞回曲线缓慢上移，这也对应着 Paris 区域的稳定裂纹扩展阶段。然后，滞回曲线在 2000 次循环之内迅速下降，标示着裂纹扩展到临界裂纹长度，失稳扩展阶段开始。之后，曲线下降速率快速增加，在最后 10 个循环之内尤其明显。

$B-\sigma$ 滞回曲线在裂纹扩展阶段的特征值 B_{ta}、B_{tb} 和 ΔB_t 的演化规律如图 7－8 所示。此外，采用文献[7－5]中所定义的基于磁感应强度的损伤变量 D_B 来描述裂纹扩展过程中的损伤累积。

$$D_B = \frac{\sum_{i=1}^{n} |B_i - B_{i-1}|}{\sum_{i=1}^{N_p} |B_i - B_{i-1}|} \tag{7-6}$$

式中，N_p 为试样从预制裂纹长度到最终断裂对应的裂纹扩展寿命。

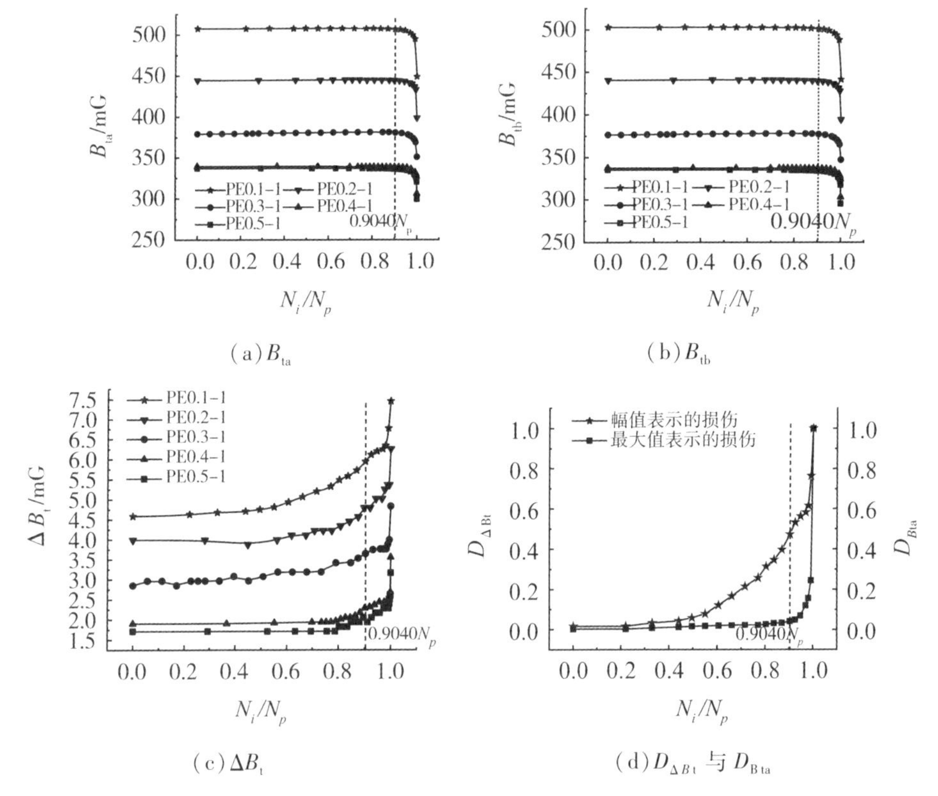

(a) B_{ta}　　(b) B_{tb}

(c) ΔB_t　　(d) $D_{\Delta Bt}$ 与 D_{Bta}

图 7－8　滞回曲线特征值的演化规律，以 PE0.1－1 为例

* $D_{\Delta Bt}$ 和 D_{Bta} 分别表示基于 ΔB_t 和 B_{ta} 所定义的损伤变量。

如图 7－8(a) 和 (b) 所示，对于所有的应力比，B_{ta} 和 B_{tb} 在稳定裂纹扩展阶段均基本保持不变。然而，ΔB_t 在稳定阶段逐渐增加，并且其增长率随着应力比的减小而上升。所有特征值均在失稳扩展阶段发生剧烈变化，此时，试样接近断裂破坏，这种现象在文献[7－5]中也有所体现。此外，B_{ta}、B_{tb} 和 ΔB_t 的时变曲线随着应力范围的增加而上升，如图

7－8(a～c)所示。如图7－8(d)所示，在Paris区域，基于ΔB_t定义的损伤变量较B_{ta}对于裂纹扩展更加敏感，说明ΔB_t更加适合描述疲劳损伤的累积。还有一点，对于不同应力比和不同特征值下的演化曲线，第二阶段和第三阶段即裂纹稳定扩展和失稳扩展阶段之间的过渡点大致在$0.9040N_p$处，可帮助预测试样疲劳寿命。

7.2.4 剩余磁场分布的特征参数分析

1. 剩余磁场分布在Paris区域的演化规律

以检测线3为代表研究疲劳过程中切向(H_{px})和法向磁场强度(H_{py})以及各自的梯度值的演化规律。退磁前后沿检测线3的切向和法向磁场强度分布如图7－9所示。图中经过退磁处理，沿着检测线3的切向和法向磁场分布曲线变得更加平缓，数值也显著下降。因此，退磁的效果明显，能够保证后续的磁场测量结果的可靠性。

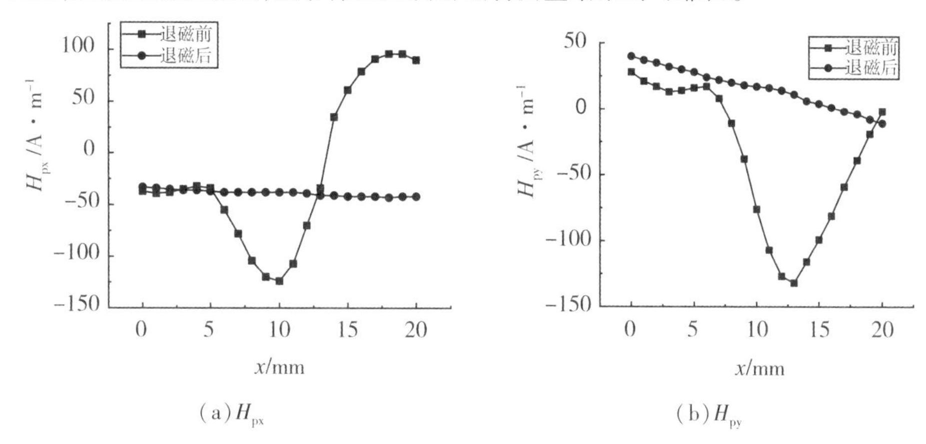

(a)H_{px} (b)H_{py}

图7－9 退磁前后磁场分布的对比

在Paris区域，对应不同裂纹长度下的切向和法向磁场分布曲线如图7－10和图7－11所示。

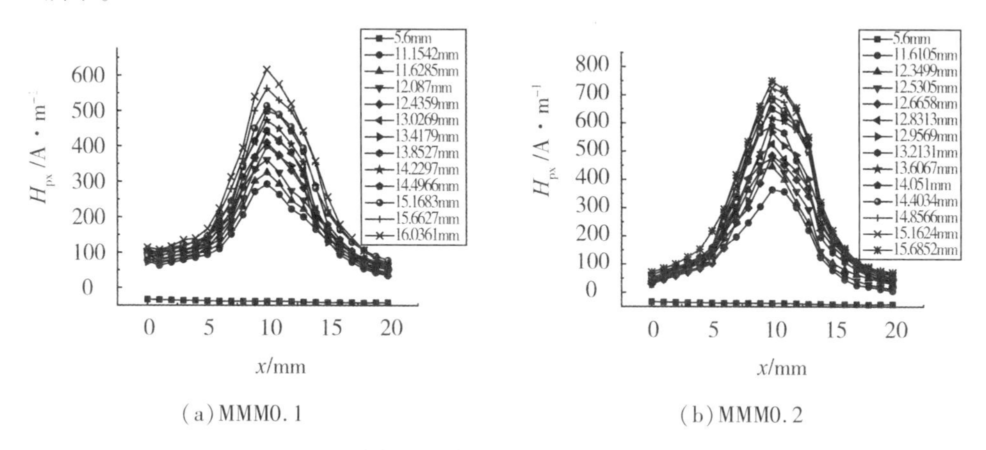

(a)MMM0.1 (b)MMM0.2

图7－10 对应不同裂纹长度的切向磁场分布曲线

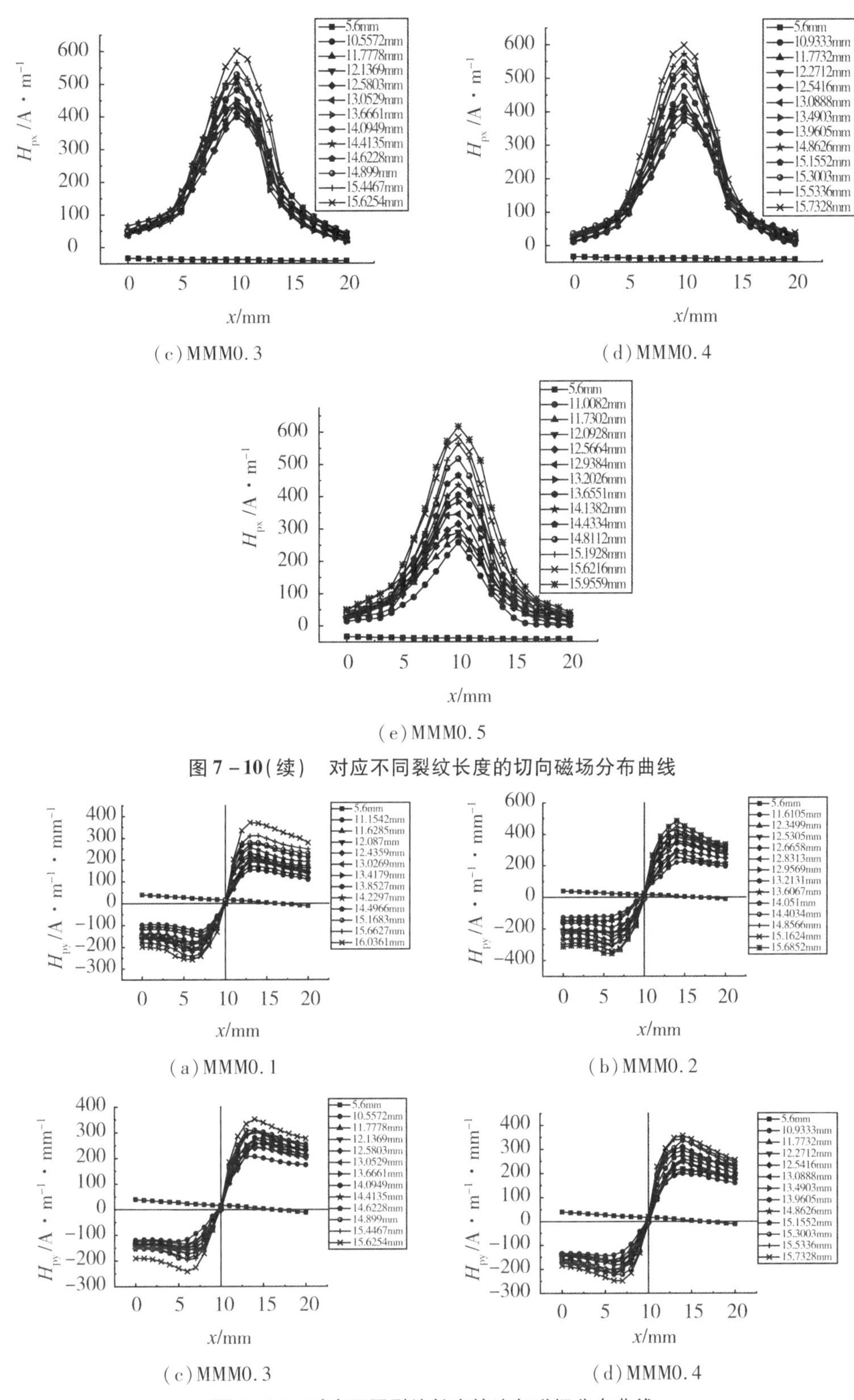

(c) MMM0.3　　(d) MMM0.4

(e) MMM0.5

图 7 - 10 (续)　对应不同裂纹长度的切向磁场分布曲线

(a) MMM0.1　　(b) MMM0.2

(c) MMM0.3　　(d) MMM0.4

图 7 - 11　对应不同裂纹长度的法向磁场分布曲线

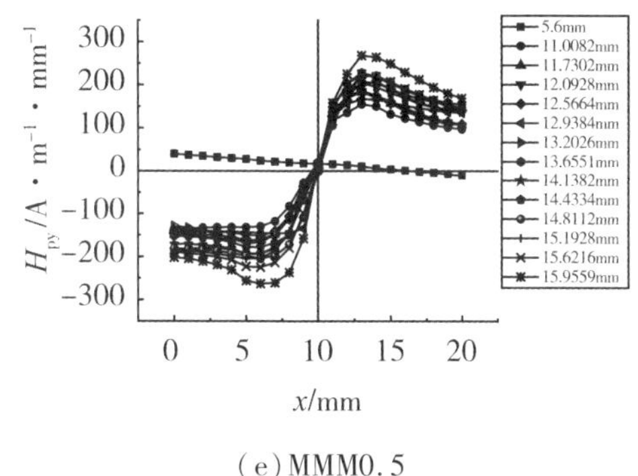

(e) MMM0.5

图7-11(续) 对应不同裂纹长度的法向磁场分布曲线

如图所示,和裂纹长度为5.6mm对应的无应力状态相比,磁场分布曲线在试样在应力作用下发生裂纹扩展之后发生显著变化。具体来说,随着裂纹稳定扩展的进行,切向磁场分布曲线呈现稳定的上移。然而,法向磁场分布曲线在 $x>10$mm 的部分上升而在 $x<10$mm 的部分下降。进一步地,在检测线中点 $x=10$mm 即裂纹所在位置处,切向磁场强度有最大值,而法向磁场强度分布曲线在此处相交且改变极性,存在极大值。上述试验结果符合磁偶极子模型的理论推导结果[7-6]。然而,可以看到法向磁场分布曲线在交点处并不一定为0,这是因为测量误差和周围磁场的干扰导致的。

2. 法向磁场强度梯度值

类似于6.3.4节,采用法向磁场强度梯度值(G)来描述法向磁场强度分布,图7-12给出了梯度值的分布曲线。如图7-12所示,在 $x=10$mm 中点处即裂纹所在位置处,梯度分布曲线也存在最大值。此外,对于所有的分布曲线来说,在裂纹两侧大致对称的两个位置处,存在两个极大值。

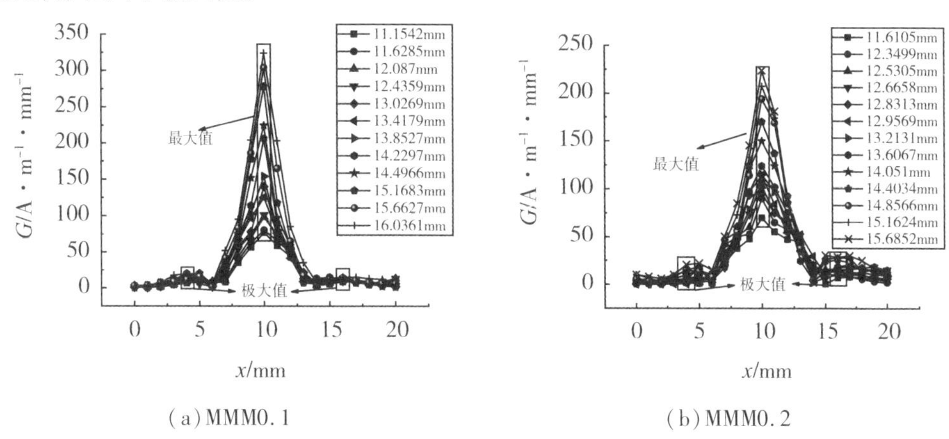

(a) MMM0.1 (b) MMM0.2

图7-12 对应不同裂纹长度下的梯度值分布曲线

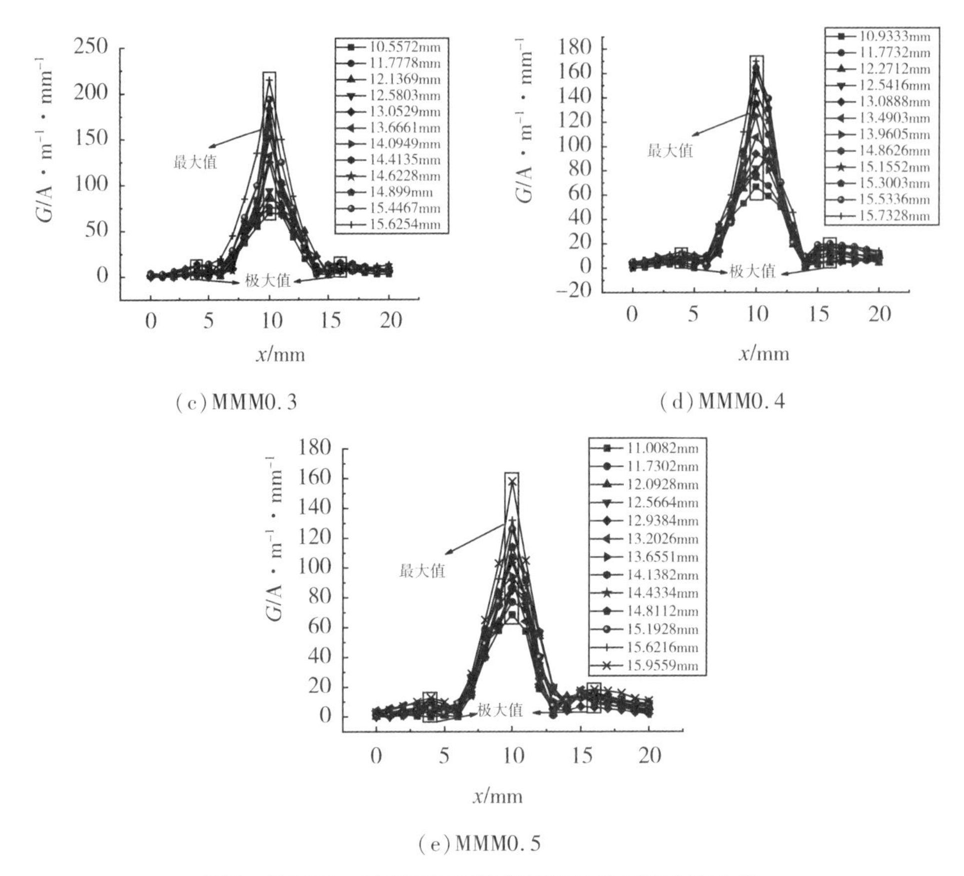

(c) MMM0.3　　(d) MMM0.4

(e) MMM0.5

图 7－12(续)　对应不同裂纹长度下的梯度值分布曲线

如图 7－13 所示,梯度最大值的增加速率随着外加应力范围的增加而显著增加。此外,在相同的裂纹长度下,随着应力比的下降,梯度最大值明显增加。可以看到,梯度最大值在裂纹扩展过程中对外加应力具有敏感性,能够作为剩余磁场分布的特征参数,这在文献中也有所证实[7-7]。

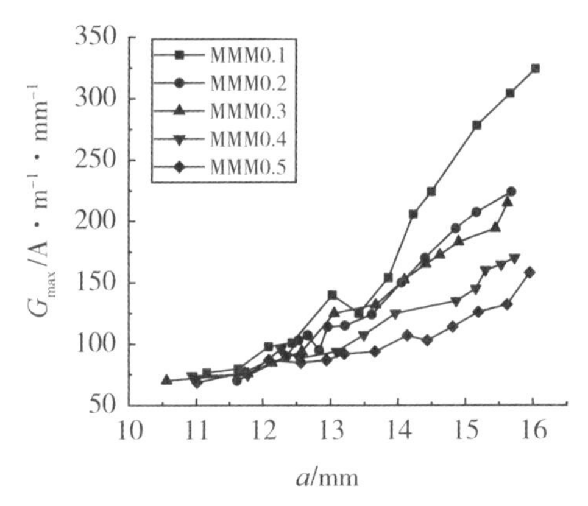

图 7－13　不同应力比下最大梯度值随裂纹长度的演化规律

7.2.5　弱磁场在裂纹扩展过程中的演化机理

根据磁机械效应,铁磁体内部磁畴的自发磁化方向在外加应力作用下会发生改变,趋向与外加应力方向平行[7-8],如图7-14所示。因此,在外加应力和地磁场的共同作用下,单个磁畴的磁弹性能改变,磁化强度增强[7-9]。在无损伤均质铁磁体内,应力致磁化在材料内部是均匀的,即各处的磁化程度完全相同。在弹性状态下,外加应力导致的磁场强度(即 H_σ)可按照下式计算:

$$H_\sigma = \frac{3\sigma}{2\mu_0} \times \frac{\mathrm{d}\lambda}{\mathrm{d}M} \tag{7-7}$$

式中,σ 为外加应力,μ_0 为真空磁导率,λ 为磁致伸缩系数,M 为磁化强度。

因此,有效磁感应强度 H_{eff} 可表示为:

$$H_{\mathrm{eff}} = H_{\mathrm{g}} + \alpha M + H_\sigma = H_{\mathrm{g}} + \alpha M + \frac{3\sigma}{2\mu_0} \times \frac{\mathrm{d}\lambda}{\mathrm{d}M} \tag{7-8}$$

式中,H_g 为地磁场,α 为反映材料中磁矩对磁化强度 M 结合能力的无量纲量。

因为磁致伸缩一定关于 $M=0$ 对称,所以磁致伸缩系数可以用一个简单的级数展开:

$$\lambda = \sum_{i=0}^{\infty} \gamma_i(\sigma) M^{2i} \tag{7-9}$$

式中,$\gamma_{\mathrm{i}}(\sigma)$ 的 Taylor 级数展开为:

$$\gamma_i(\sigma) = \gamma_i(0) + \sum_{n=1}^{\infty} \frac{\sigma^n}{n!} \gamma_i^n(0) \tag{7-10}$$

对于铁单晶,忽略式(7-8)的常数项并取 $i=2$ 可以得到 λ 的近似值,将 λ 代入式(7-8)得到 H_{eff}:

$$\lambda = \gamma_1(\sigma) M^2 + \gamma_2(\sigma) M^4 \tag{7-11}$$

$$H_{\mathrm{eff}} = H + \alpha M + \frac{3\sigma}{\mu_0}[(\gamma_1 + \gamma'_1\sigma)M + 2(\gamma_2 + \gamma'_2\sigma)M^3] \tag{7-12}$$

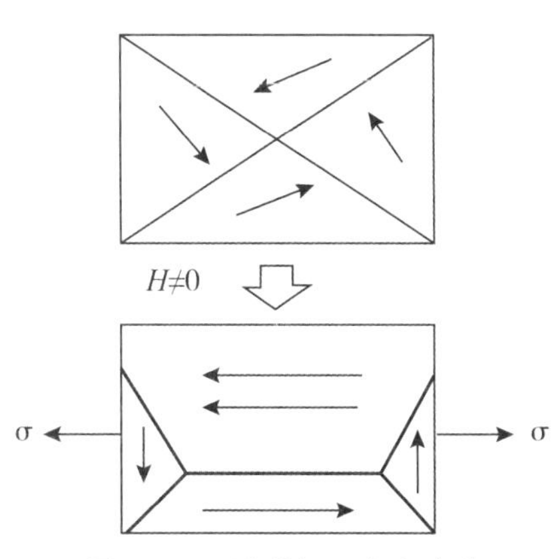

图7-14　地磁场下应力致磁畴重定向示意图

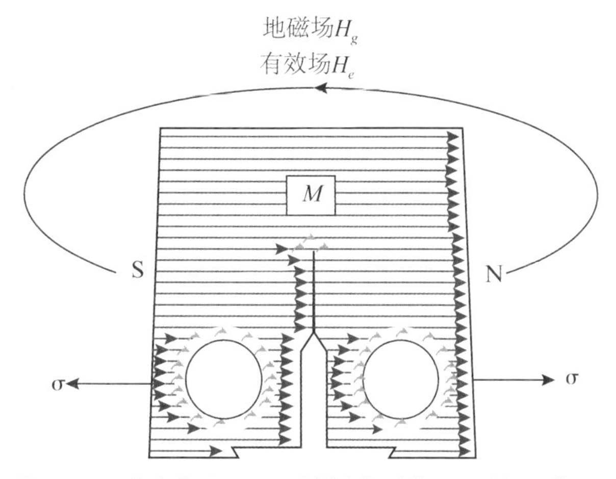

图7-15　应力作用下CT试样内部磁化及压磁场示意图;深色箭头表示远端应力下内部的均匀磁化;浅色箭头表示局部集中应力场下的非均匀磁化

然而,由于试样自身形状以及应力作用下出现的疲劳裂纹,导致试样存在应力集中区域,在应力作用下这些区域的磁化强度不均匀,如图 7 – 15 所示。对于 PE 组来说,磁感应强度由有效场决定,见下式:

$$B = \mu_0 \mu_r H_e \tag{7-13}$$

式中,μ_r 为受外加应力影响的试样相对磁导率。

具体地,随着裂纹不断稳定扩展,应力强度因子在远场应力作用下增加,说明裂纹尖端的应力场在逐渐增强。由于裂纹尖端在扩展过程中发生微观塑性变形,根据压磁效应,此处的磁畴结构排列会改变。因此,相应的局部磁化增强,根据式(7 – 12),有效场会增加。因此,根据式(7 – 13),裂纹扩展处于 Paris 区域时,磁感应强度呈现稳定累积的增长规律。而且,随着应力比的减小,应力幅值增加,导致在相同的裂纹长度下应力强度因子范围增加,如图 7 – 16 所示。在最终的疲劳裂纹扩展阶段,裂尖附近的应力场演化随着裂纹的失稳扩展迅速加剧,导致磁感应强度的剧烈增加。这造成最终阶段的压磁信号发生加速畸变,但是最终畸变的形式(变大或变小)和材料的磁化特性、磁探头与试样的相对位置及裂纹体的类型有关。

此外,由于疲劳裂纹的存在,磁导率在相应位置处会减小。磁化的连续性被破坏,导致此处的磁阻增大。磁荷累积,此处磁极反转,导致裂纹附近产生漏磁场(H_L)[7-10],如图 7 – 16 所示。

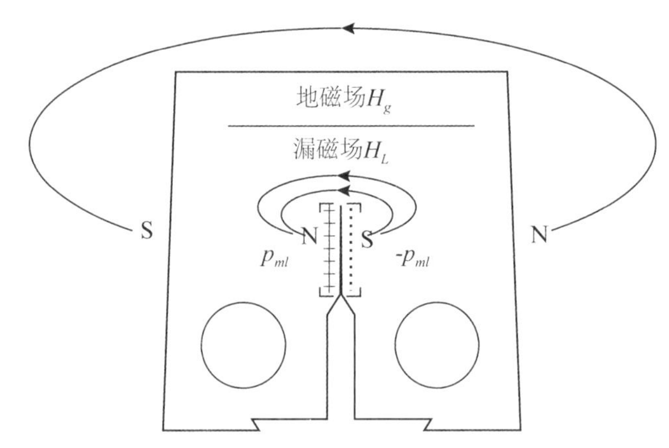

图 7 – 16　CT 试样在无应力状态下的漏磁场示意图

此处,应力导致的磁导率变化如下:

$$\mu = \mu_1 (1 + cH_g / \mu_1)(t_0 + t_1 |\sigma_r|^r e^{s|\sigma_r|}) \tag{7-14}$$

式中,μ_1 为铁磁性材料的初始磁导率,c 为材料特性相关的参数,σ_r 为实际应力,t_0、t_1、r 和 s 是和外部应力的方向与大小有关的常数。

根据磁偶极子模型,某一空间点的漏磁场强度可以被确定,主要和裂纹体表面的磁荷密度(ρ_{ml})、裂纹体的尺寸(长度 a 和深度 T)以及空间点相对裂纹体的位置坐标(如 x_0、y_0、z_0)有关:

$$H_L = f(\rho_{ml}, a, T, x_0, y_0, z_0, K) \tag{7-15}$$

式中，ρ_{ml} 和磁化强度在带磁荷表面的法向上的投影相等。

因此，给定疲劳裂纹表面上磁荷密度的分布，便可以从理论上确定剩余磁场分布，如 2.4.4 节和 1 节所述。而且，由于裂尖应力集中导致局部塑性区，晶格发生了不可逆的变化，磁畴结构被破坏，在塑性应变处形成不可逆的磁畴固定节点。在应力撤销之后，铁磁体磁化状态的不可逆变化仍然会被保留。由于地磁场的影响已经通过应力集中磁检测仪中的补偿磁探头进行了消除，可以认为探测到的剩余磁场分布（H_p）基本上是由漏磁场 H_L 决定的。详细来说，磁荷随着裂纹的稳定扩展发生稳定累积，由式（7-15）、式（7-50）和式（7-51）可知，漏磁场强度也会稳定增加。此外，随着应力幅值的增加，磁导率降低，磁化强度上升，磁荷密度增加，而且相同疲劳阶段的裂纹长度增加，最终导致漏磁场的增加，如图 7-13 所示。

如上所述，磁感应强度的变化依赖于裂纹尖端的非均匀应力场，而应力强度因子可定量表征非均匀应力场。此外，应力强度因子和能量释放率有明确的定量关系，是因为应力能的释放一部分体现为表面能的增加，即裂纹扩展产生新的表面。同时，微观应变的发生导致磁场能量也发生改变，体现为裂纹扩展过程中的压磁信号的改变[7-11,7-12]。因此，能够建立压磁特征参数（此处为 ΔB_t）和应力强度因子（ΔK）的关系。此外，剩余磁场分布取决于漏磁场，在给定的检测线和提离值下与裂纹长度相关。因此，能够建立剩余磁场分布特征参数（此处为 G_{max}）和疲劳裂纹长度（a）的关系。如果能够获得压磁场和实时的剩余磁场分布，那么就能够定量确定裂纹扩展速率和裂纹长度，便可以评估剩余裂纹扩展寿命。

7.2.6　裂纹扩展参数和弱磁场特征参数的定量关系

1. ΔK 和 ΔB_t 的关系

基于上述分析，可在 Paris 区域建立 ΔB_t 和 ΔK 的关系，如图 7-17 所示。

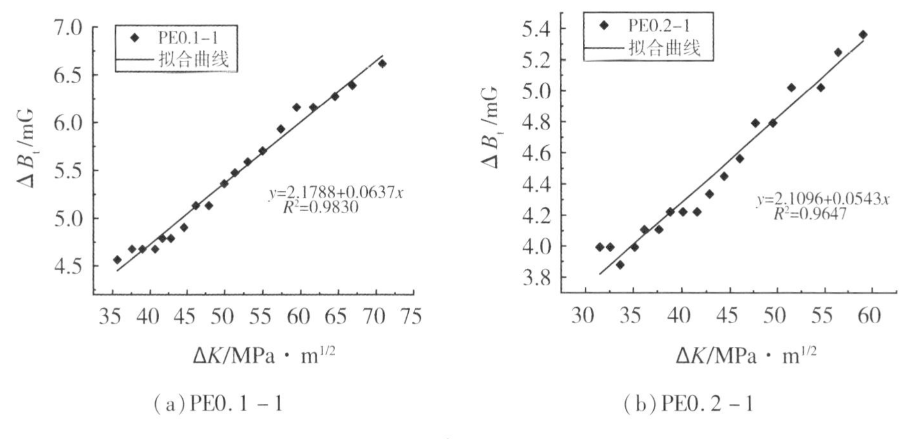

（a）PE0.1-1　　（b）PE0.2-1

图 7-17　Paris 区域内 ΔB_t 和 ΔK 之间的关系

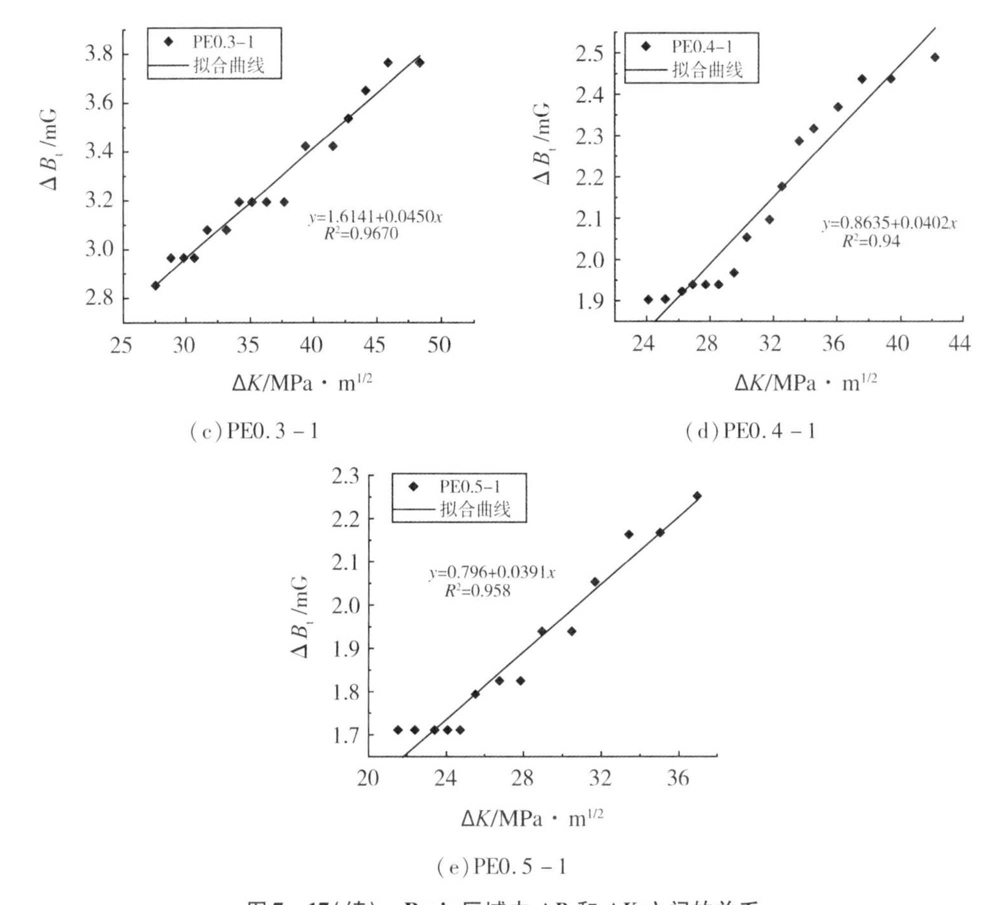

(c) PE0.3 - 1　　　　(d) PE0.4 - 1

(e) PE0.5 - 1

图 7 - 17(续)　Paris 区域内 ΔB_t 和 ΔK 之间的关系

可以看到,ΔB_t 和 ΔK 之间呈现较好的线性关系,可表达成下式:

$$\Delta B_t = b + k\Delta K \tag{7-16}$$

式中,截距 b 反映了初始状态,如预制裂纹长度和提离值;斜率 k 和材料类型与外加荷载大小有关。b 和 k 的数值总结于表 7 - 5 中。

表 7 - 5　拟合结果中的 b 和 k 值

样本	b	k	R^2
PE0.1 - 1	2.1788	0.0637	0.9830
PE0.2 - 1	2.1096	0.0543	0.9647
PE0.3 - 1	1.6141	0.0450	0.9670
PE0.4 - 1	0.8635	0.0402	0.9400
PE0.5 - 1	0.0796	0.0391	0.9580

由表 7 - 5 可知,斜率 k 随着外加应力范围的增加而增加,说明较大的应力范围会导致 ΔB_t 的增加速率更快。主要原因是较大的应力范围导致应力强度因子增加,导致裂纹扩展速率增加,最终导致裂纹尖端应力场的持续加速强化。作为压磁场特征值,ΔB_t 随着

稳定裂纹扩展阶段应力场的演化呈现较高的增长率。因此，如果能够获取 ΔB_t 的演化规律，可定量描述 Paris 区域的裂纹扩展行为。

2. a 和 G_{max} 的关系

同样地，在 Paris 区域建立 G_{max} 和 a 的关系，如图 7－18 所示。

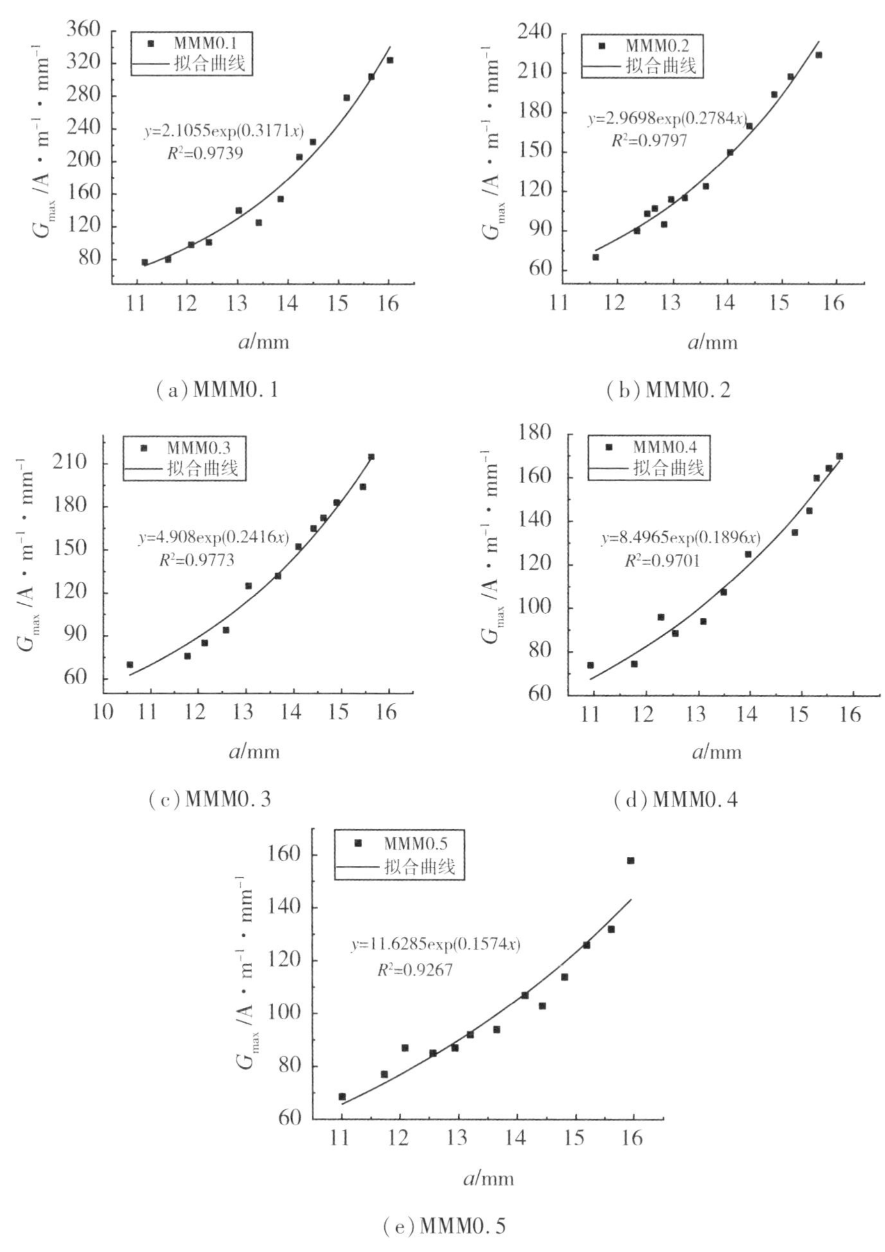

(a) MMM0.1　(b) MMM0.2　(c) MMM0.3　(d) MMM0.4　(e) MMM0.5

图 7－18　Paris 区域 G_{max} 和 a 之间的关系

可以看出，G_{max} 和 a 的关系趋向于指数型，可采用下式进行数据拟合：

$$G_{max}=p\exp(qa) \tag{7－17}$$

式中，系数 p 和 q 受许多因素的影响，如材料类型、测量位置以及外加荷载的类型和大小等。将图 7－18 中的拟合结果中的 p 和 q 值汇总于表 7－6 中。

表 7－6　拟合结果中的 p 和 q 值

样本	p	q	R^2
MMM0.1	2.1055	0.3171	0.9739
MMM0.2	2.9698	0.2784	0.9797
MMM0.3	4.9080	0.2416	0.9773
MMM0.4	8.4965	0.1896	0.9701
MMM0.5	11.6285	0.1574	0.9267

可以看到，q 值随着应力范围的增加而增加，说明 G_{max} 在较高的应力范围下呈现更加明显的变化。这个结果与 PE 组类似，因为裂纹扩展速率随着应力范围增加而增加，从而导致疲劳裂纹表面的磁荷加速累积，并最终导致漏磁场的加速增加。作为剩余磁场分布的特征参数，G_{max} 的变化趋势和漏磁场类似，表现为 q 值的增加。因此，如果能获得 G_{max} 的数值，则在 Paris 区域内可定量获取实时的裂纹长度，从而帮助预测剩余裂纹扩展寿命。

7.2.7　弱磁场和裂纹扩展参数的敏感性分析

根据试验结果和磁探头的探测精度，对于 PE 法来说，选取 0.2mG 的 ΔB_t 变化值作为最小检测间隔。而且，为了能够反映裂纹长度微小的变化，选取 0.25mm 的增量作为 MMM 法的最小检测间隔，在每个间隔内分别计算 ΔG_{max}。基于 ΔB_t 和 a 在 Paris 区域的总变化量，将裂纹稳定扩展阶段均匀分为若干个区间。接着，将 0.2mG 的 ΔB_t 的变化量代入图 7－17，获取 ΔK 的平均最小增量值，如图 7－19 所示。由于 G_{max} 和 a 之间的关系为指数型，G_{max} 的平均最小增量随着 a 的增加而变化。因此，根据图 7－18 中的拟合结果计算不同区间对应的 G_{max} 的增量，如图 7－20 所示。

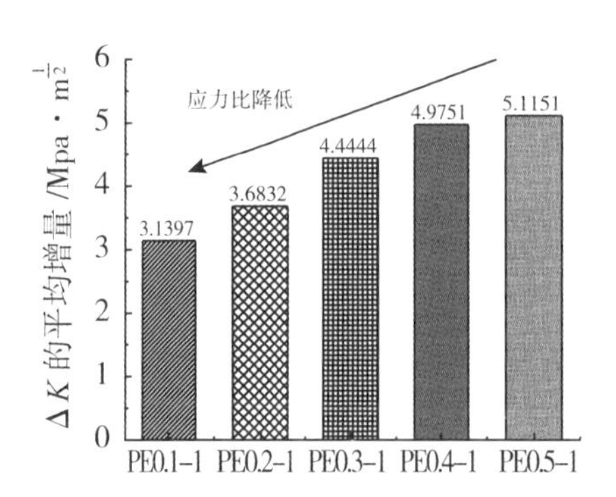

图 7－19　不同应力比相应于 ΔB_t 的 0.2mG 增量的 ΔK 的平均增量

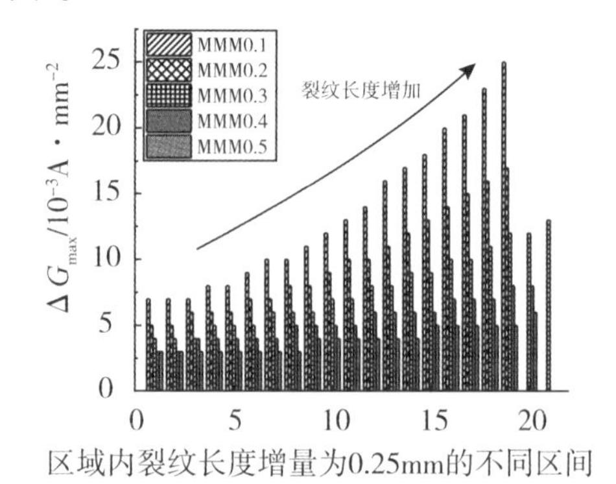

图 7－20　各应力比下不同 0.25mm 裂纹长度区间的 G_{max} 的增量变化

如图 7 – 19 所示，ΔK 的平均增量值随着应力比的下降而减小，这是因为裂尖应力场增强，导致压磁场出现更加明显的变化。相似地，如图 7 – 20 所示，G_{max} 在每个 a 区间的增量随着裂纹长度的增加而增加，这是因为较快的裂纹扩展速率促进了漏磁场的增加。此外，在相同的疲劳阶段，ΔG_{max} 随着应力比的减小而上升，这是因为应力范围增加导致内部非均匀磁化程度增强，磁荷密度因此增加。

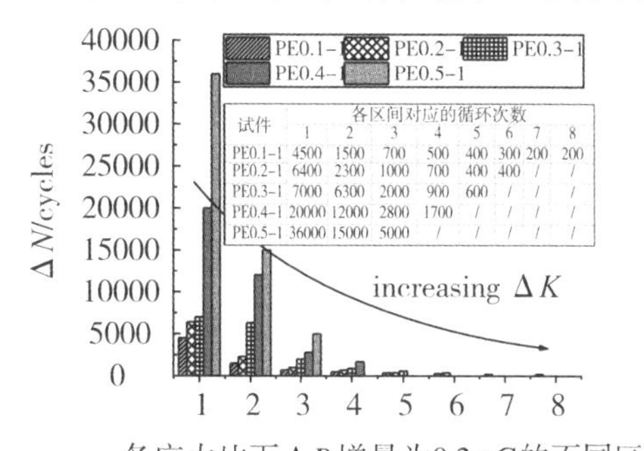

图 7 – 21　各应力比下各 0.2mG 增量对应的 ΔN 的变化趋势

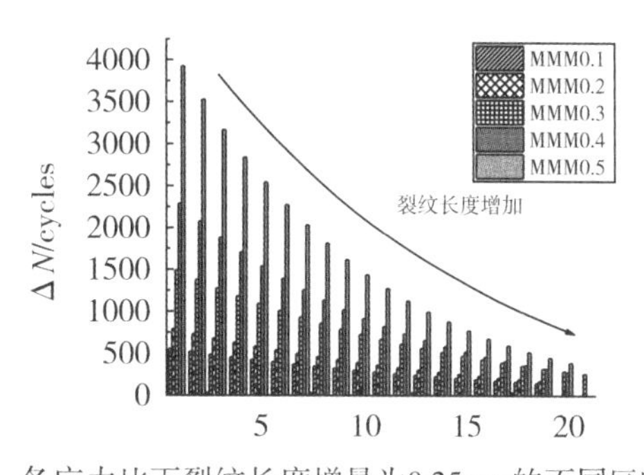

图 7 – 22　各应力比下各 0.25mm 裂纹长度增量区间对应的 ΔN 的变化趋势

对于 PE 组和 MMM 组，由于稳定裂纹扩展阶段裂纹扩展速率是不断增加的，划分的各区间所对应的循环次数增量均不断变化。如图 7 – 21 和图 7 – 22 所示，随着 ΔK 和 a 的增加，所有应力比下各区间对应的循环次数增量均下降。此外，在相同的区间内，疲劳循环次数随着应力比的下降而下降，这是因为裂纹扩展速率增加了。图 7 – 21 中的表格给出了在 Pairs 区域监测压磁场的最小循环次数间隔。此外，结合图 7 – 20 和图 7 – 22，不同应力比下 ΔN 和 ΔG_{max} 在各区间的对应关系能够为采用 MMM 法评估疲劳裂纹扩展进程提供指导。

7.2.8　基于线弹性断裂力学的预测模型及其在混凝土结构中的应用

根据式(7 – 3)，可得裂纹长度自 a_0 到临界裂纹长度 a_c 之间的裂纹扩展寿命 N_p，忽略最后的失稳扩展寿命。试验得到的临界裂纹长度随着应力比有一定变化，但是影响很小，可以忽略，均按照 16mm 计算。基于上述建立的定量关系，进行几组验证试验，如表 7 – 7 所示。在试验开始前后，记录初始裂纹长度 a_1 和最终裂纹长度 a_2，C 和 m 通过试验结果进行拟合。在裂纹长度 a_1 和 a_2 时分别测试剩余磁场分布，通过特征值 G_{max} 基于 2 节的公式得到裂纹长度的预测值。此外，在裂纹扩展过程中记录压磁场，提取 ΔB_t 的变化规律，根据 1 节的公式得到 ΔK 的预测值，如图 7 – 23 所示。基于预测的 ΔK，给定 N_p 和 a_1，可通过多段积分累加得到最终的裂纹长度 a_2。

$$a_2 = a_1 + \sum_{0}^{N_p} C(\Delta K)^m \Delta N \tag{7-18}$$

式中，在 N_p 的每段积分区间内近似认为 ΔK 是不变的，ΔN 的划分可参考图 7 – 21。

通过 MMM 法和 PE 法预测的最终裂纹长度 a_2 和试验结果之间的对比如图 7－24 所示。将由 MMM 和 PE 两种方法得到的 a_1 和 a_2 之间进行积分，得到的预测疲劳裂纹扩展寿命和试验结果之间的对比如图 7－25 所示。

表 7－7　预测结果和试验结果

试样编号	试验结果					MMM 法预测结果		PE 法预测的 a_2	预测疲劳寿命	
	a_1 /mm	a_2 /mm	log$C$	m	Cycles	a_1 /mm	a_2 /mm		MMM 法	PE 法
RF0.1	10.7118	14.2684	－10.7264	2.7448	5895	11.8673	15.6214	15.3952	4386	6804
RF0.2	10.7409	15.2158	－11.3278	3.1194	9188	9.4625	14.3968	16.8452	14185	10249
RF0.3	10.5632	14.5136	－11.5892	3.3083	13085	11.3146	15.6783	14.6521	10623	13295
RF0.4	10.7785	16.3657	－12.8045	4.1285	23249	10.8377	16.7554	15.1057	22928	21704
RF0.5	10.4879	17.2638	－13.2247	4.5217	43079	9.9583	15.6647	16.5842	53340	42527

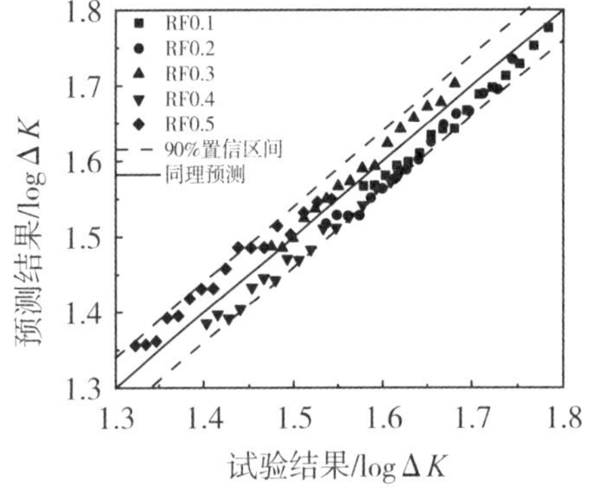

图 7－23　预测的 ΔK 和试验结果之间的对比

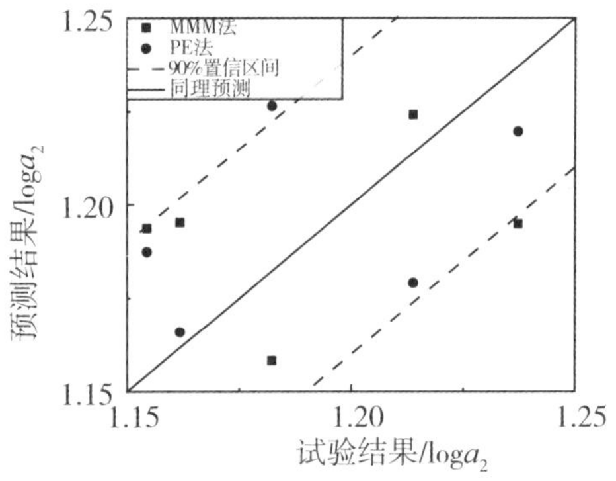

图 7－24　两种方法预测的裂纹长度和试验结果的对比

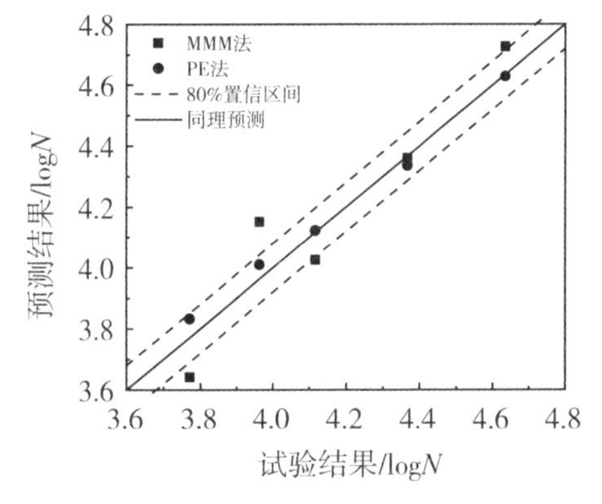

图 7－25　裂纹扩展寿命的预测值和试验结果的对比

如图 7－23 和图 7－24 所示，在对数坐标上将 ΔK 和 a_2 的预测值和试验值进行对比，可以发现大部分数据点落在 90% 的置信区间内，证明了预测的裂纹扩展参数和试验结果之间有较好的吻合性。如图 7－25 所示，MMM 法和 PE 法预测的裂纹扩展寿命和试验结果之间有80%的置信度，也证实了所建立的定量关系的可行性。基于上述讨论，所提出的定量关系能够为确定应力强度因子和实时裂纹扩展长度提供一种有效的方法。进一步地，也能够对特定服役时刻的裂纹长度和剩余裂纹扩展寿命进行预测。

7.3　坑蚀钢筋标准试件的裂纹扩展参数计算

前述的标准紧凑拉伸试件的疲劳试验证实了疲劳裂纹扩展参数和压磁信号以及剩余磁场分布之间有一定的联系，可通过检测疲劳过程中的弱磁信号的演化，判别材料的疲劳裂纹扩展速率和预测裂纹扩展寿命。可是，在实际结构中，钢筋的形状和实际受力状态与CT试件不一致，而且实际混凝土结构中的钢筋会在横向荷载裂缝处出现局部锈蚀坑，蚀坑的存在会加速钢筋的疲劳断裂。因此，针对腐蚀疲劳作用下的混凝土结构的疲劳损伤演化，有必要针对坑蚀钢筋的疲劳裂纹扩展和弱磁信号的演化特征之间的联系进行研究。

7.3.1　坑蚀钢筋疲劳试验

钢筋材料的化学成分和材料性能参数、钢筋蚀坑的电化学加速制作过程与疲劳压磁的试验装置同5.4节。试验设置和分组如表7-8所示。

表7-8　试验分组和试样编号

<table>
<tr><th>分组</th><th>应力上限/MPa</th><th>应力比</th><th>试样编号</th><th>蚀坑尺寸($l\times w\times d$)/mm×mm×mm</th><th>蚀坑尺寸参数/$d\cdot w^{-1}$</th><th>临界裂纹尺寸 a_c</th><th>疲劳试验寿命</th><th>理论预测寿命</th><th>误差/%</th></tr>
<tr><td rowspan="3">FA</td><td rowspan="12">398</td><td rowspan="3">0.02</td><td>FA-1</td><td>7.05×5.87×0.51</td><td>0.0869</td><td>2.56</td><td>63361</td><td>61326</td><td>3.21</td></tr>
<tr><td>FA-2</td><td>7.98×5.68×0.74</td><td>0.1303</td><td>2.51</td><td>60091</td><td>56352</td><td>6.22</td></tr>
<tr><td>FA-3</td><td>8.86×6.03×1.03</td><td>0.1708</td><td>2.42</td><td>31142</td><td>30542</td><td>1.93</td></tr>
<tr><td rowspan="3">FB</td><td rowspan="3">0.10</td><td>FB-1</td><td>7.89×5.48×0.67</td><td>0.1223</td><td>2.81</td><td>107878</td><td>100952</td><td>6.42</td></tr>
<tr><td>FB-2</td><td>7.21×5.58×0.75</td><td>0.1344</td><td>2.75</td><td>93867</td><td>95655</td><td>1.90</td></tr>
<tr><td>FB-3</td><td>7.51×5.97×0.94</td><td>0.1575</td><td>2.63</td><td>79241</td><td>74073</td><td>6.52</td></tr>
<tr><td rowspan="3">FC</td><td rowspan="3">0.20</td><td>FC-1</td><td>8.05×5.22×0.47</td><td>0.0900</td><td>2.95</td><td>255030</td><td>213816</td><td>16.16</td></tr>
<tr><td>FC-2</td><td>8.31×5.67×0.75</td><td>0.1323</td><td>2.88</td><td>159359</td><td>162947</td><td>2.25</td></tr>
<tr><td>FC-3</td><td>8.07×6.24×1.07</td><td>0.1715</td><td>2.76</td><td>137744</td><td>119380</td><td>13.33</td></tr>
<tr><td rowspan="3">FD</td><td>0.02</td><td>FD-1</td><td>7.94×5.31×0.52</td><td>0.0979</td><td>2.56</td><td>66315</td><td>62203</td><td>6.20</td></tr>
<tr><td>0.10</td><td>FD-2</td><td>8.53×5.26×0.74</td><td>0.1407</td><td>2.76</td><td>96320</td><td>92431</td><td>4.04</td></tr>
<tr><td>0.20</td><td>FD-3</td><td>8.61×5.61×1.02</td><td>0.1818</td><td>2.74</td><td>127968</td><td>140125</td><td>9.50</td></tr>
</table>

注：* a_c 为临界裂纹尺寸，可由坑蚀钢筋疲劳断面断裂区域和整个截面之比测量估算得到，对预测结果的影响较小。

在疲劳过程中采用三维磁探头实时测量压磁场 B 的演化，而且每隔一定的循环沿着检测线测量剩余磁场分布，测量线和方向如图7-26所示，磁探头的提离值为1mm，检测间距为 1mm。

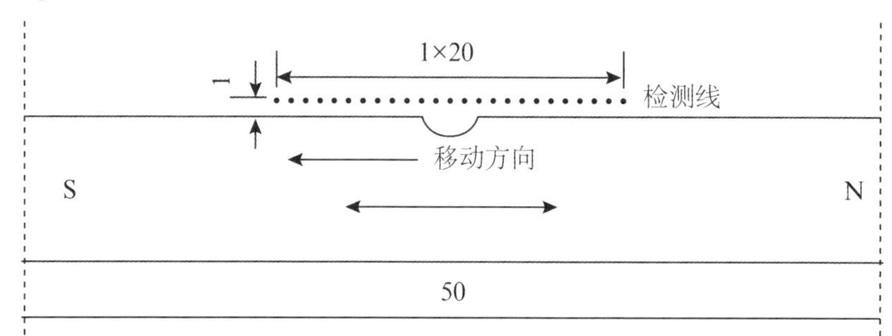

图 7－26 剩余磁场分布的测量设置

7.3.2 坑蚀钢筋疲劳裂纹扩展模型

钢筋表面半椭圆形蚀坑尖端处的应力强度因子 ΔK 可表示如下[7－13]：

$$\Delta K = Y\Delta\sigma\sqrt{\pi\left(a + d\left\{1 - \exp\left[-\frac{a}{d}(K_t^2 - 1)\right]\right\}\right)} \tag{7－19}$$

式中，$Y = G(0.752 + 1.286\beta + 0.37Y_1^3)$，$G = 0.92\left(\frac{2}{\pi}\right)\sec\beta\left(\frac{\tan\beta}{\beta}\right)^{1/2}$，$Y_1 = 1 - \sin\beta$，$\beta = \frac{\pi a}{2D}$，$d$ 为蚀坑深度，K_t 为应力集中系数[7－14]，其定义式为：

$$K_t = \frac{\sigma_0}{\sigma_n} \tag{7－20}$$

式中，σ_0 为蚀坑底部的实际应力值，σ_n 为该截面的名义应力，为剩余截面面积的均布应力值。

通过引入了 EIFS 的概念来研究长裂纹的扩展过程（如图 7－28 所示）。EIFS 不是物理裂纹尺寸，而是通过使用长裂纹扩展模型预测疲劳寿命，避免使用短裂纹扩展建模带来的困难，并在长裂纹增长分析中使用了等效初始缺陷尺寸[7－15]，如图 7－27 所示。因此，可通过积分式(7－21)预测疲劳寿命，其中忽略了不稳定疲劳裂纹扩展阶段：

$$N = \int_{a_i}^{a_c} \frac{1}{C(\Delta K - \Delta K_{\mathrm{th}})^m}\mathrm{d}a \tag{7－21}$$

式中，a_i 为初始裂纹长度。

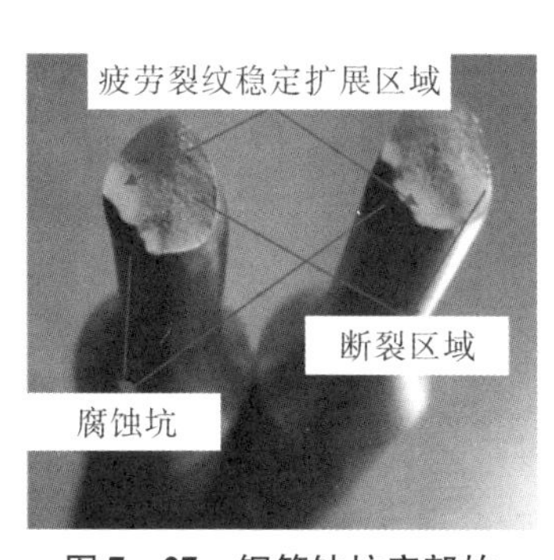

图7-27 钢筋蚀坑底部的疲劳断裂

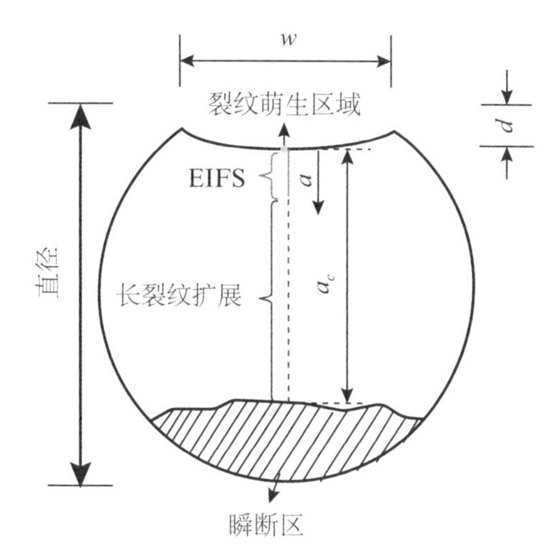

图7-28 引入EIFS概念的坑蚀钢筋疲劳裂纹扩展示意图

EIFS 可表达式为[7-16]：

$$a_i = \frac{1}{\pi}\left(\frac{\Delta K_{th}}{\Delta\sigma_f Y}\right) \tag{7-22}$$

式中，$\Delta\sigma_f$ 为坑蚀钢筋的疲劳极限，可用下式估算[7-17]：

$$\Delta\sigma_f = \frac{0.65\sigma_u + 14.48}{K_t} \tag{7-23}$$

式中，σ_u 为极限强度。

疲劳裂纹扩展公式中的 Paris 参数 C 和 m 可通过文献获取，如表7-9所示。

表7-9 文献中 HRB400 的裂纹扩展参数 C 和 m[7-18]

R	C	m	ΔK_{th}/MPa · $m^{1/2}$
0.02	1.81×10^{-11}	2.66	10.53
0.10	1.52×10^{-11}	2.77	9.67
0.20	1.23×10^{-11}	2.84	8.13
0.30	1.02×10^{-11}	2.92	7.12

基于上述的理论分析，便可以进行蚀坑底部疲劳裂纹的二维扩展过程分析。PE组各试件的裂纹扩展过程如图7-29所示。对于相似的蚀坑尺寸，应力比越小，疲劳裂纹扩展速率越高，疲劳寿命越低。可见，基于断裂力学的二维蚀坑尺寸扩展模型可有效预测坑蚀钢筋的裂纹扩展过程。

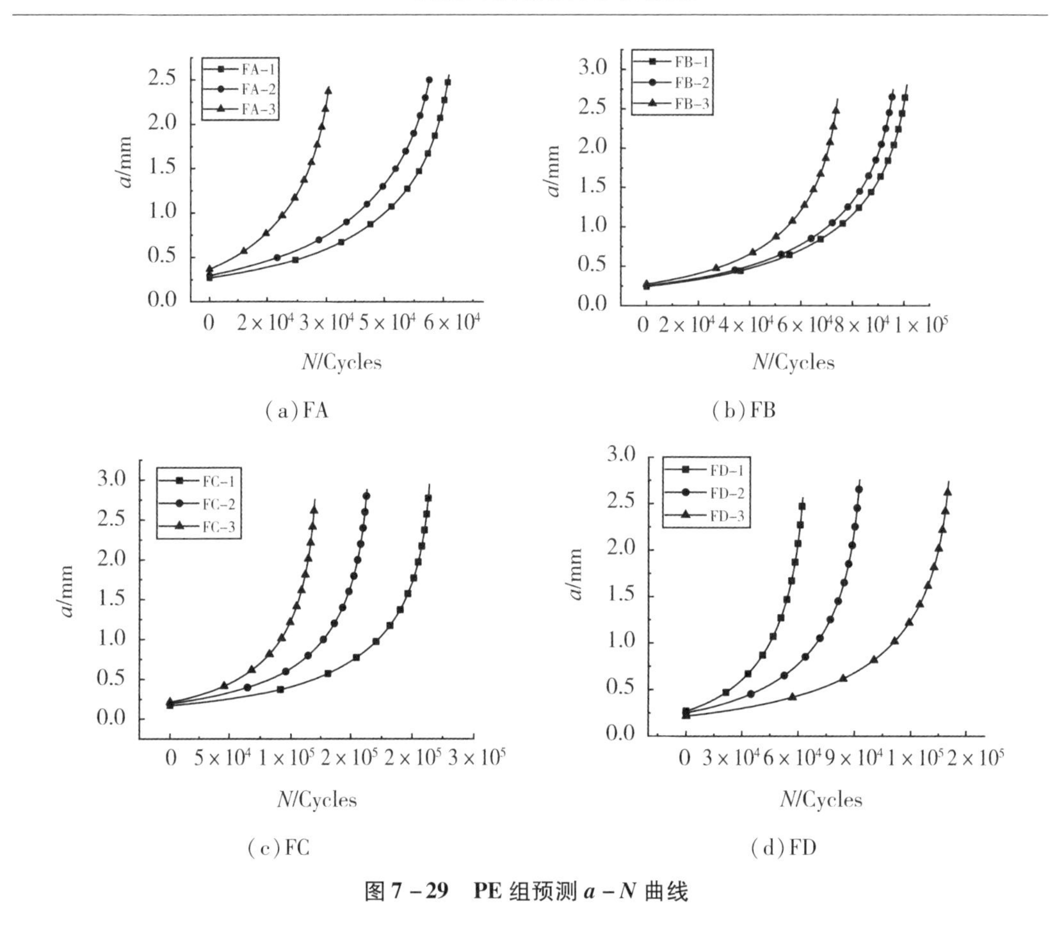

(a) FA　　(b) FB

(c) FC　　(d) FD

图 7-29　PE 组预测 $a-N$ 曲线

7.3.5　压磁信号演化规律分析

1. 磁感应强度时变曲线

在疲劳试验之前，对坑蚀钢筋标准件进行退磁，同 5.4 节。基于磁信号检测结果，选取规律较好的切向磁感应强度 B_t 进行研究。以 FA-3 试件为例，研究在疲劳三阶段（初始损伤累积、裂纹稳定扩展和临近疲劳破坏）的应力 σ 和 B_t 的时变演化特征。

如图 7-30 所示，在 $B(t)$ 时变曲线上定义若干个特征点，其中 a 和 f 为循环的起点和终点，b 和 d 为极大值，c 和 e 为极小值。在初始调节阶段（即 N 1 ~ 3），由于塑性应变和位错堆积迅速增加，$B_t(t)$ 曲线的形状发生了明显的变化，与稳定疲劳裂纹扩展阶段的曲线形态不同。随后，内部位错的增长变得稳定，疲劳裂纹稳定扩展，内部磁化过程逐渐趋于稳定。因此，在整个疲劳稳定扩展阶段中 $B_t(t)$ 时变曲线保持不变。此外，在整个稳定疲劳裂纹扩展阶段，B_{ta} 和 B_{tf} 值相等，说明不可逆磁感应强度的循环增量为零，这表明进入了无滞后磁化状态[7-19]。总的来说，$B_t(t)$ 时变曲线的主要变化为特征点值的逐渐增加。在临界疲劳断裂 31139 ~ 31141 次循环过程中，特征点 c、d、e 处的磁感应值均出现不同程度的增量，如图 7-30 所示，表明试件临近疲劳失效。

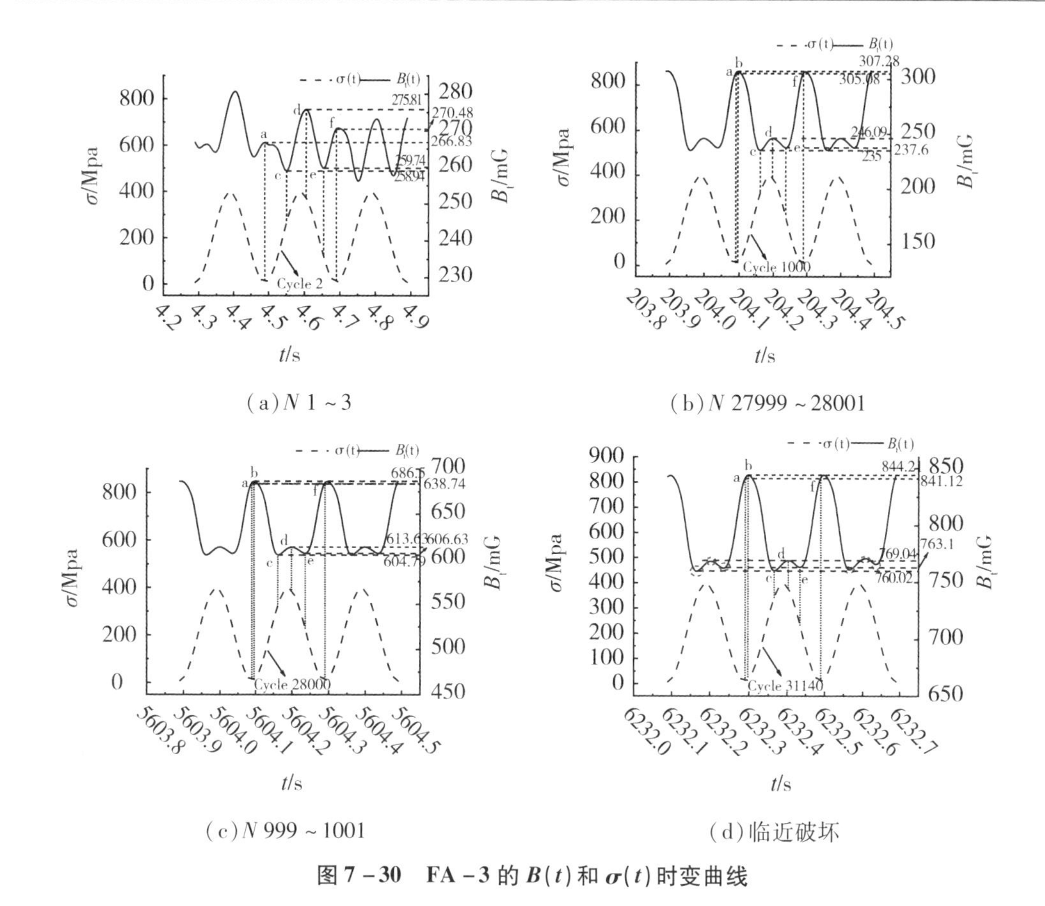

(a) N 1 ~ 3　　(b) N 27999 ~ 28001

(c) N 999 ~ 1001　　(d) 临近破坏

图 7 – 30　FA – 3 的 $B(t)$ 和 $\sigma(t)$ 时变曲线

2. 压磁滞回曲线

图 7 – 31 为试件 FA – 3 整个疲劳阶段的压磁应力（即 $B-\sigma$）滞回曲线。滞回环的形态在大部分疲劳阶段基本保持一致，直到最终失效。此外，$B-\sigma$ 滞回曲线随着裂纹的稳定扩展而逐渐上升，而 30000 次疲劳循环后，由于长裂纹的不稳定扩展，$B-\sigma$滞回环的上升速率增大。当达到临界疲劳裂纹尺寸时，压磁信号开始出现异常，表明试样即将失效。

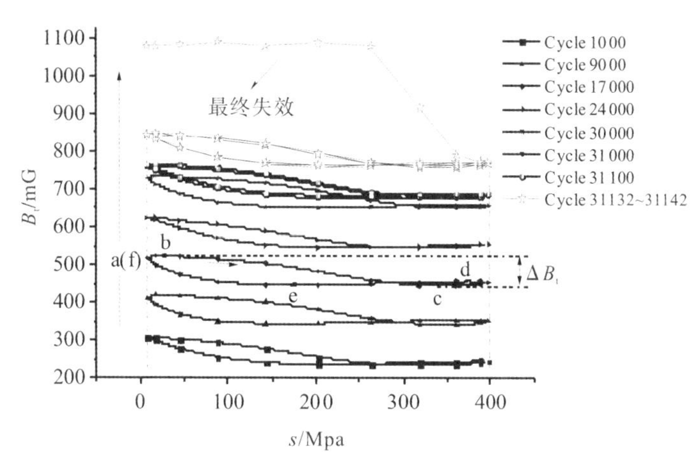

图 7 – 31　FA – 3 的压磁滞回曲线

选择图 7 – 31 中的磁感应强度变化范围 ΔB_t 作为 $B-\sigma$ 滞回曲线的特征参数，同样引入文献[7 – 5]中提出的损伤变量 $D_{\Delta B}$ 来表征疲劳过程中损伤的累积过程：

$$D_{\Delta B} = \sum_{i=1}^{n} |\Delta B_i - \Delta B_{i-1}| / \sum_{i=1}^{N_p} |\Delta B_i - \Delta B_{i-1}| \tag{7-24}$$

如图 7－32 所示，ΔB_t 和 $D_{\Delta B_t}$的演化与各试件的疲劳过程均呈现三阶段演化规律。但 FB－3 试样 $D_{\Delta B_t}$的演化规律与其他试样略有不同，主要是由于其疲劳周期检测间隔较宽，导致连续性规律不好。总之，ΔB_t 可以定量地描述疲劳损伤的增加。可以看出，坑深越大，R 越低，磁感应强度越大，这是由于应力幅值越大，磁化强度越大。坑深越大，R 越低，磁感应增加的速度越慢，这也反映在 $D_{\Delta B_t}$的演化曲线的斜率上。这是因为不断增长的塑性应变可能阻碍了磁畴壁的运动，从而降低了磁化强度的增加速率。通过以上讨论，ΔB_t 适用于表征长疲劳裂纹稳定扩展的损伤演化规律。

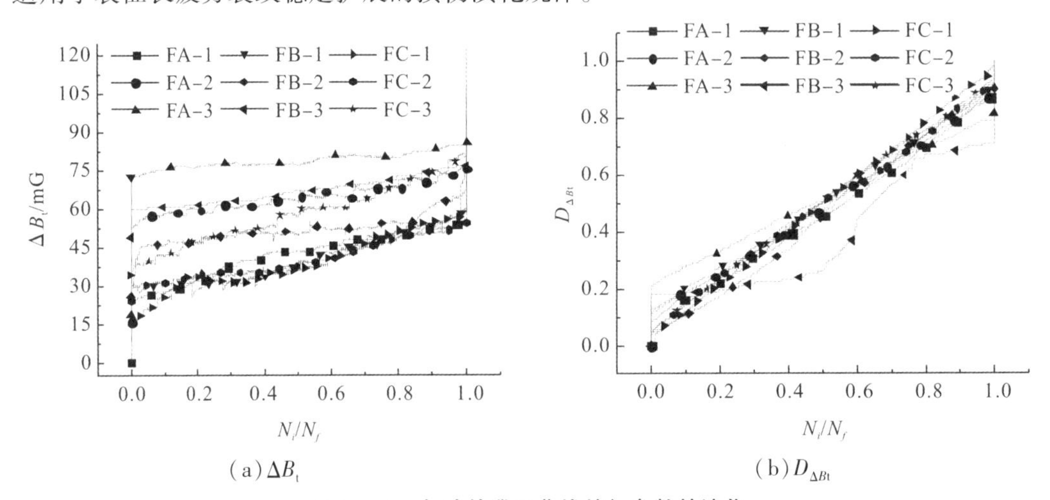

(a) ΔB_t　　(b) $D_{\Delta Bt}$

图 7－32　各试件滞回曲线特征参数的演化

7.3.4　剩余磁场分布分析

1. 剩余磁场分布演化规律

以 A 组为例，解释不同疲劳周期对应的 H_{px} 和 H_{py} 在疲劳寿命期间的分布演变，结果如图 7－33 和图 7－34 所示。

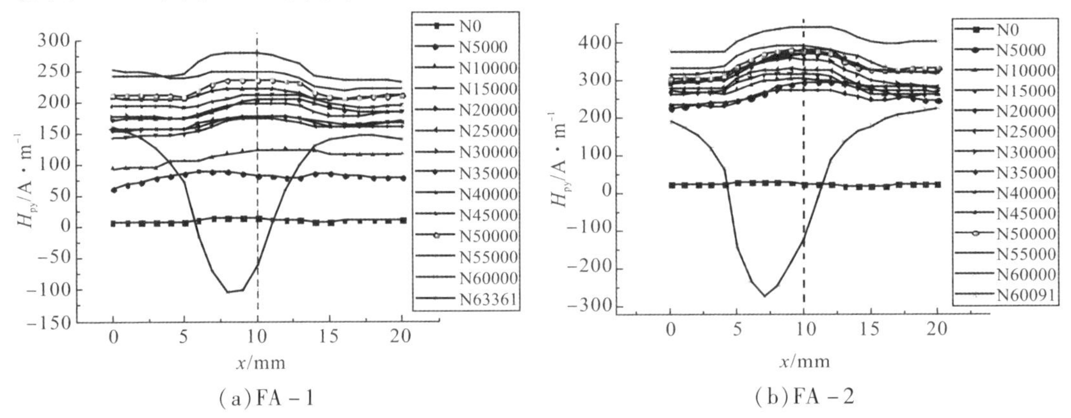

(a) FA－1　　(b) FA－2

图 7－33　A 组试件不同疲劳周期下 H_{px} 分布曲线

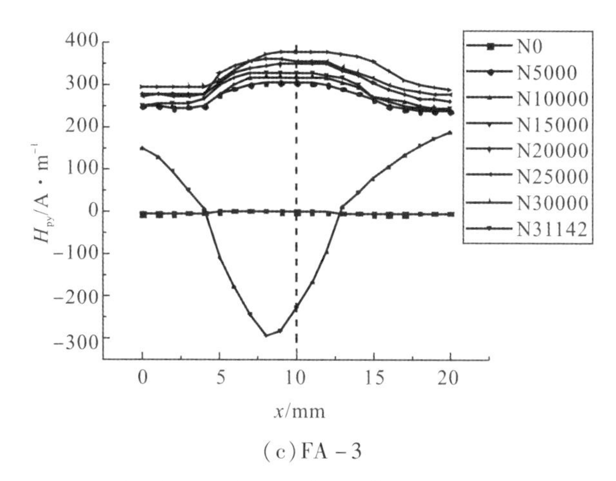

(c)FA－3

图7－33(续)　A组试件不同疲劳周期下H_{px}分布曲线

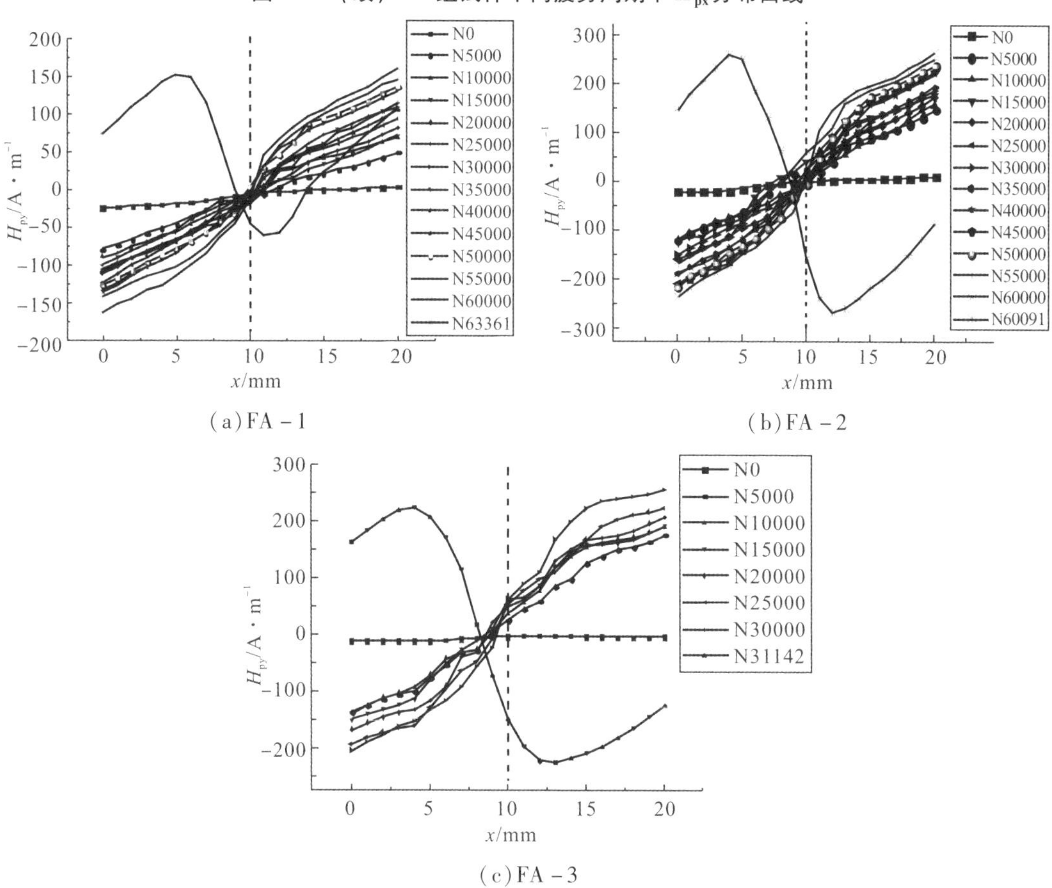

(a)FA－1　(b)FA－2

(c)FA－3

图7－34　A组试件不同疲劳周期下H_{py}分布曲线

可以看出,在腐蚀坑位置附近,H_{px}分布曲线有最大值,而H_{py}分布曲线经过零点,这与金属磁记忆理论是一致的[7－20,7－21]。然而,由于电化学预腐蚀操作过程和金属磁记忆信号检测过程中存在不可避免的误差,因此分布曲线特征值并没有精确地对应于蚀坑的中心,也就是理论上的蚀坑深度最大处。在疲劳裂纹稳定扩展阶段,H_{px}曲线稳定上升而H_{py}

曲线逐渐逆时针旋转。如文献[7－22]所述，H_{px}和H_{py}曲线也出现了明显的逆转，表明在腐蚀坑位置出现了疲劳断裂。

2.法向分量梯度值分析

采用法向磁场强度分布曲线梯度值G作为剩余磁场分布的特征值，G的定义见式（6－13）。图7－35为A组试件在疲劳裂纹稳定扩展过程中G分布曲线的演变过程。与H_{px}和H_{py}分布曲线相比，G分布曲线的最大值（即G_{max}）更准确地表明了坑所在的位置，即应力集中最严重区域。

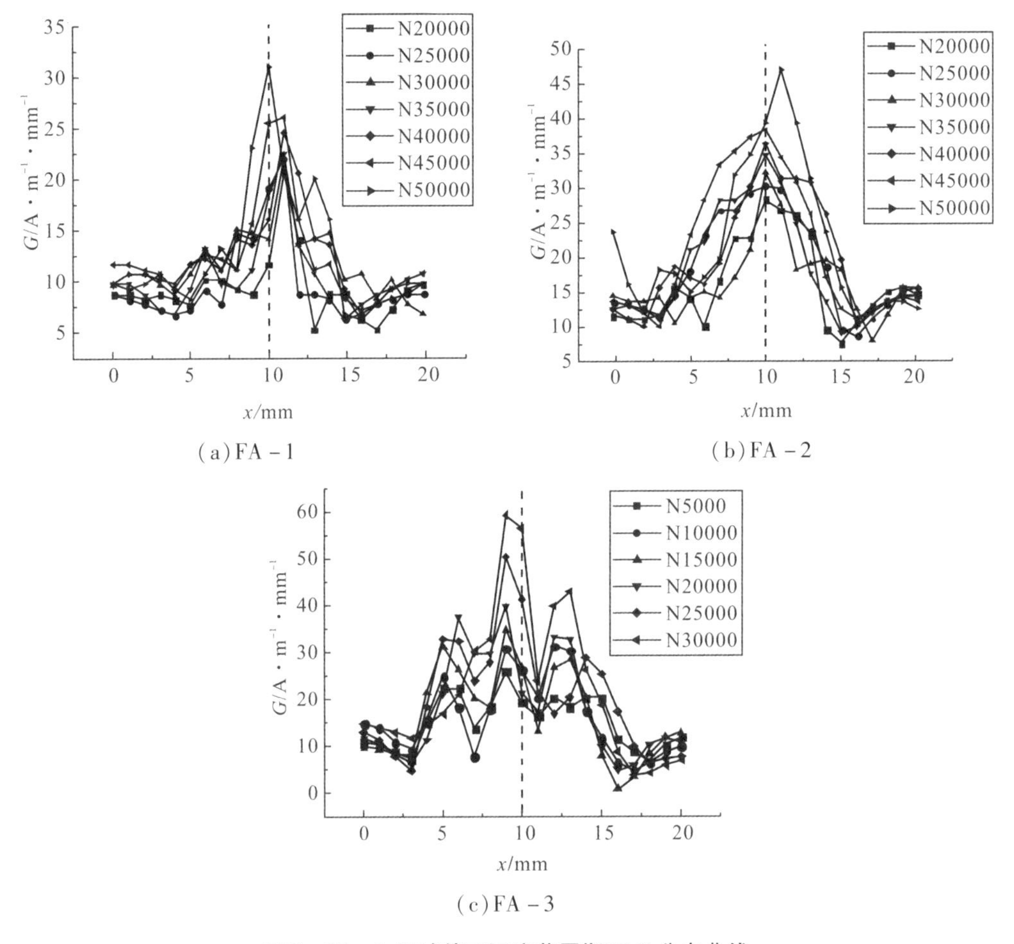

图7－35　A组试件不同疲劳周期下G分布曲线

提取图7－35中所有试件的G_{max}值，得到其随裂纹长度a的演化规律，如图7－36所示。与ΔB_t的变化趋势相反，蚀坑深度越大，R越低，G_{max}值越大，变化率越大。这主要是因为G_{max}主要受漏磁场的影响取决于疲劳裂纹的大小和发展。坑越深，R越低，疲劳裂纹扩展速率越高。因此，G_{max}作为剩余磁场分布的特征参数，反映了坑蚀钢筋的疲劳裂纹扩展行为。

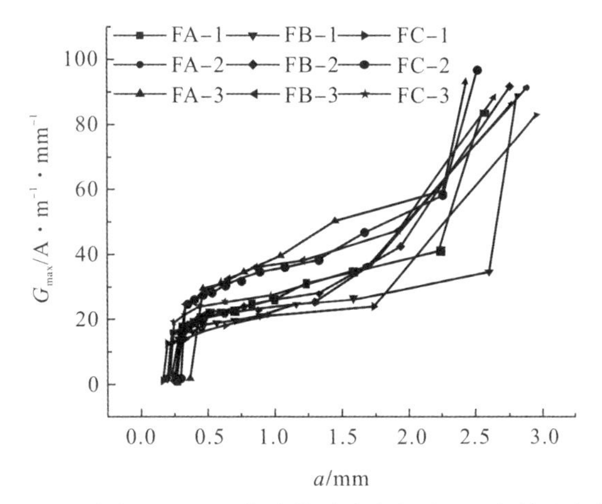

图7-36 不同应力比下G_{max}在疲劳裂纹稳定扩展阶段的分布曲线演化

7.3.5 坑蚀钢筋疲劳裂纹扩展过程中的弱磁场演化机理

在外加应力作用下,铁磁材料磁畴的自发磁化方向倾向于与应力方向平行,这称为磁机械效应[7-23]。磁弹性能增加以抵消部分应力能的增加,使得总能量最低,根据磁弹性效应,在地磁场和周期载荷$\Delta\sigma$的共同作用下,剩余磁感应强度变化量随之增大[7-24]。对于坑蚀钢筋而言,由于存在局部应力集中,总的磁化强度M应包括均匀磁化强度M_1和应力集中区域塑性变形引起的非均匀磁化强度M_2[7-25]。图7-37为应力作用下点蚀钢筋的压磁场示意图。

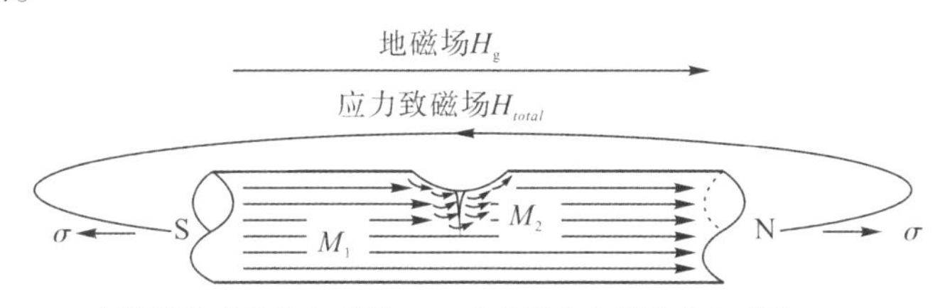

图7-37 应力作用下点蚀钢筋的压磁场示意图

总的有效磁场强度H_{total}可表示为[7-26]:

$$H_{total}=H_e+H_\sigma^e+H_\sigma^p=H_g+\beta M+H_\sigma^e+H_\sigma^p=H_g+\beta(M_1+M_2)+H_\sigma^e+H_\sigma^p \tag{7-25}$$

式中:H_e为由于施加应力而产生的有效磁场强度;H_g为地磁场;β为单个磁矩对磁化强度M的耦合强度;H_σ^e为弹性变形引起的磁场强度;H_σ^p为由塑性变形引起的磁场强度。

$$B=\mu_0\mu_r H_{total}=\mu H_{total} \tag{7-26}$$

其中,μ_0为真空磁导率,μ为实际磁导率。

一般情况下,非均匀磁化强度M_2可表示为相对磁导率μ_r的单调函数,如式(7-27)所示。μ_r随疲劳裂纹尖端塑性变形的增大而逐渐减小[7-27]。

$$M_2=\chi H_g=(\mu/\mu_0-1)H_g=(\mu_r-1)H_g \tag{7-27}$$

其中,χ为应力集中区域的磁化率。

因此，非均匀磁化强度 M_2 随着塑性变形的增大而减小，塑性变形阻碍了畴壁的运动。但考虑到小范围塑性区远远小于大范围弹性区，总磁场仍然随着疲劳裂纹的扩展而逐渐增大。同时，由于塑性变形变化缓慢，稳定疲劳裂纹阶段 μ_r 的下降相对较小。因此，根据式(7-26)，地磁场 H_g 下的磁感应强度 B 在第二阶段表现稳定。在最终阶段，当试件接近疲劳断裂时，宏观疲劳裂纹发生失稳扩展，漏磁显著增加，占据主导，导致压磁信号发生异常变化。异常的压磁信号与磁探头的空间位置、断裂位置、材料特性和加载条件密切相关[7-28,7-29]。

试件在疲劳过程中卸载后，缺陷处区域固定节点的不可逆重定向仍然会保留。磁荷在应力集中区域累积，导致内部形成新的磁源[7-30]，如图 7-38(a)所示。磁导率的降低导致了一个与由试样内部磁化引起的总磁场强度 H_{total} 方向相反的漏磁场(H_L)。基于带磁偶极子理论，可以从理论上根据公式确定某一空间点的漏磁场[7-31]，这主要与磁荷密度(即 ρ_{ml})和 M_2 有关[通过式(7-28)相联系]；缺陷几何形状(例如 l、w、d 和 a)；空间点的坐标。

$$\rho_{ml}=\mu_0(M_1-M_2) \tag{7-28}$$

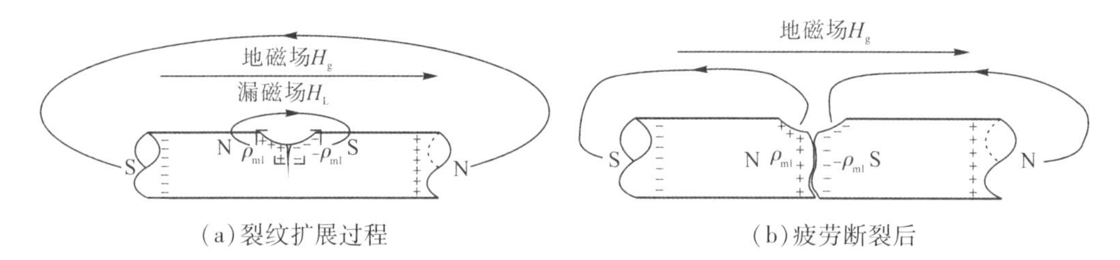

(a)裂纹扩展过程　　(b)疲劳断裂后

图 7-38　无应力下钢筋剩余磁场示意图

在特定的地磁场，探测到的剩余磁场强度(即 H_p)主要依赖于漏磁场 H_L。在疲劳裂纹稳定扩展过程中，由于非均匀磁化强度 M_2 的缓慢降低，磁荷密度整体呈现稳定的累积，剩余磁场强度稳定上升。在疲劳裂纹稳定扩展过程中，沿应力方向的剩余磁场分布的法向分量和切向分量在缺陷区显示出过零点和最大值。然而，由于疲劳裂纹的不稳定扩展，塑性变形急剧变化，磁荷密度迅速增加，M_2 急剧下降。此外，如图 7-38(b)所示，试件疲劳断裂后，由于整个磁体断裂成了两个单独的磁体，因此测量的剩余磁场分布曲线也出现明显的反转。此外，应力能的突然释放，导致裂纹表面磁荷的突然积累，G_{max} 也出现了明显的增加[7-32,7-33]。

7.3.6　疲劳裂纹扩展参数与弱磁信号特征值的定量关系

由以上讨论可知，压磁场强度依赖于疲劳裂纹尖端的非均匀应力场，这是由应力强度因子定量确定的，说明 ΔB_t 与 ΔK 之间存在潜在的关系。此外，剩余磁场强度主要和漏磁场相关，而漏磁场主要与疲劳裂纹长度有关。同样，G_{max} 和 a 之间的关系也可以确定。

如图 7-39 所示，ΔB_t 与 ΔK 的关系是在疲劳裂纹稳定扩展阶段建立的，其中，ΔK 的变化由疲劳裂纹长度确定，裂纹长度增量 Δa 为 0.1mm。

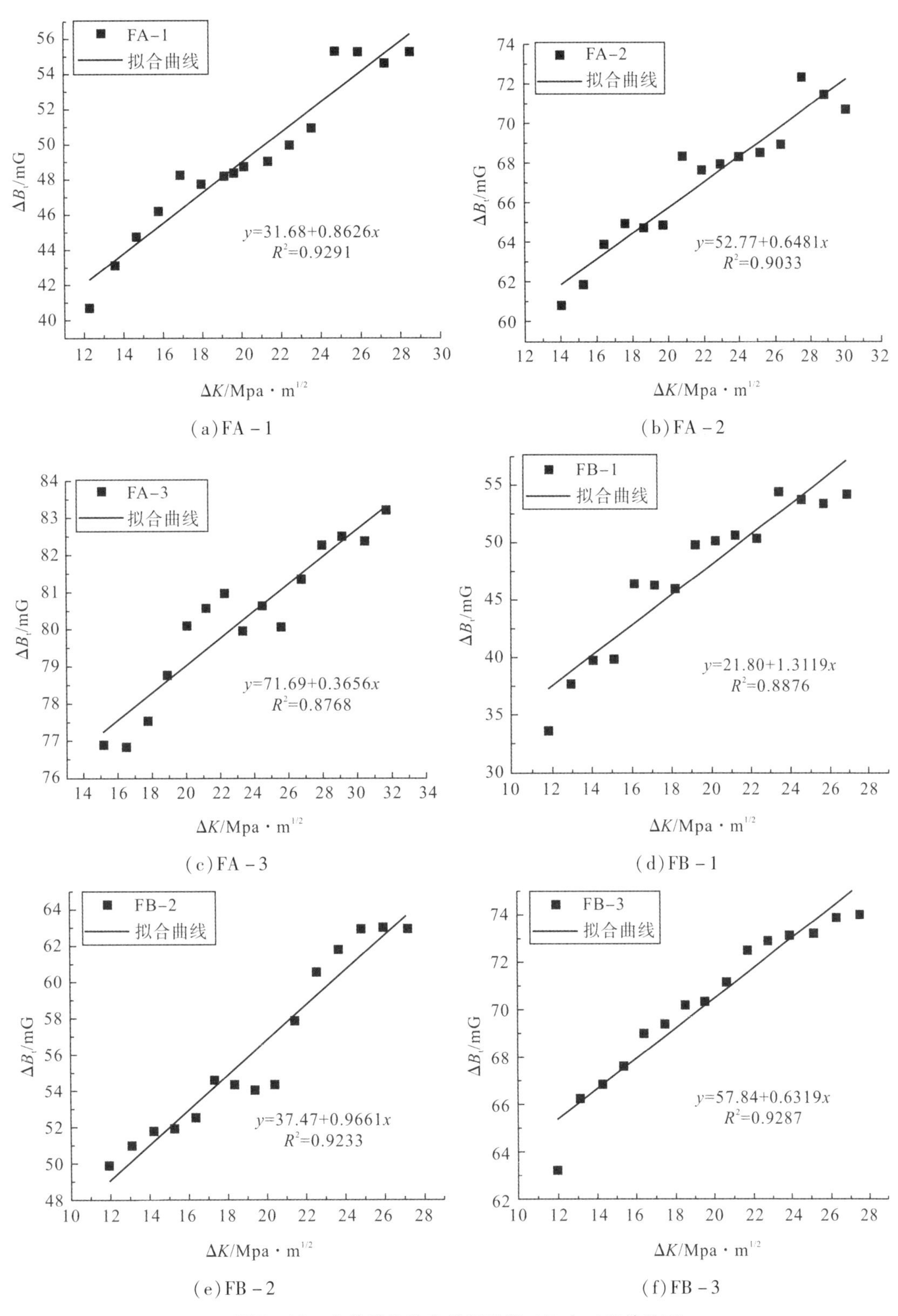

图 7-39　疲劳裂纹稳定扩展阶段 ΔB_t 与 ΔK 的关系

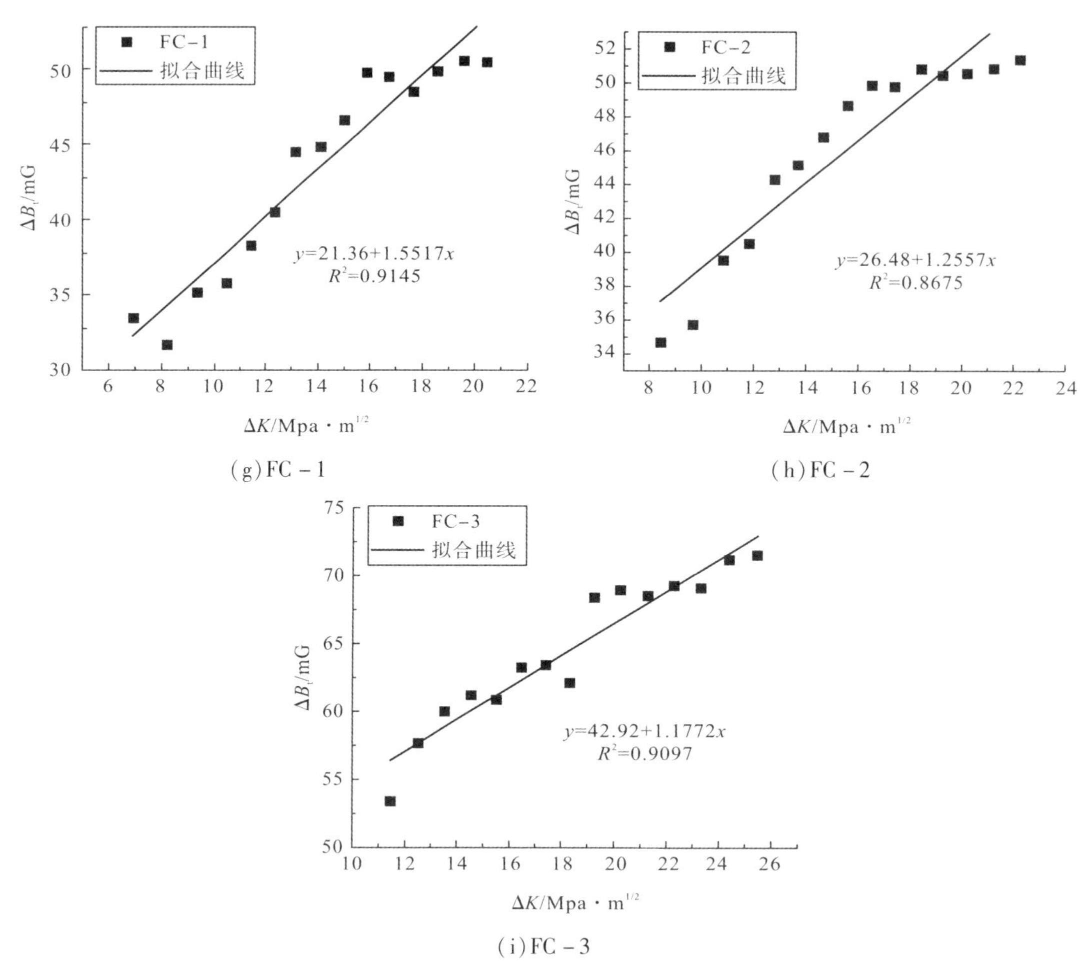

(g) FC - 1　　(h) FC - 2

(i) FC - 3

图 7 - 39(续)　疲劳裂纹稳定扩展阶段 ΔB_t 与 ΔK 的关系

可以看出,ΔB_t 与应力强度因子范围 ΔK 呈较强的线性关系,可将其描述为:

$$\Delta B_t = b + k \cdot \Delta K \tag{7-29}$$

其中,截距 b 和斜率 k 与周围初始磁场、材料类型、载荷条件及提离值有关。表 7 - 10 为 b 和 k 值的拟合结果。

表 7 - 10　b 和 k 值的拟合结果

样本	b	k	R^2
FA - 1	31.68	0.8626	0.9291
FA - 2	52.77	0.6481	0.9033
FA - 3	71.69	0.3656	0.8768
FB - 1	21.80	1.3119	0.8876
FB - 2	37.47	0.9661	0.9233
FB - 3	57.84	0.6319	0.9287
FC - 1	21.36	1.5517	0.9145
FC - 2	26.48	1.2557	0.8675

续表

样本	b	k	R^2
FC-3	42.92	1.1772	0.9097

图7-40为所有试件的 G_{max} 与 a 的标定关系。

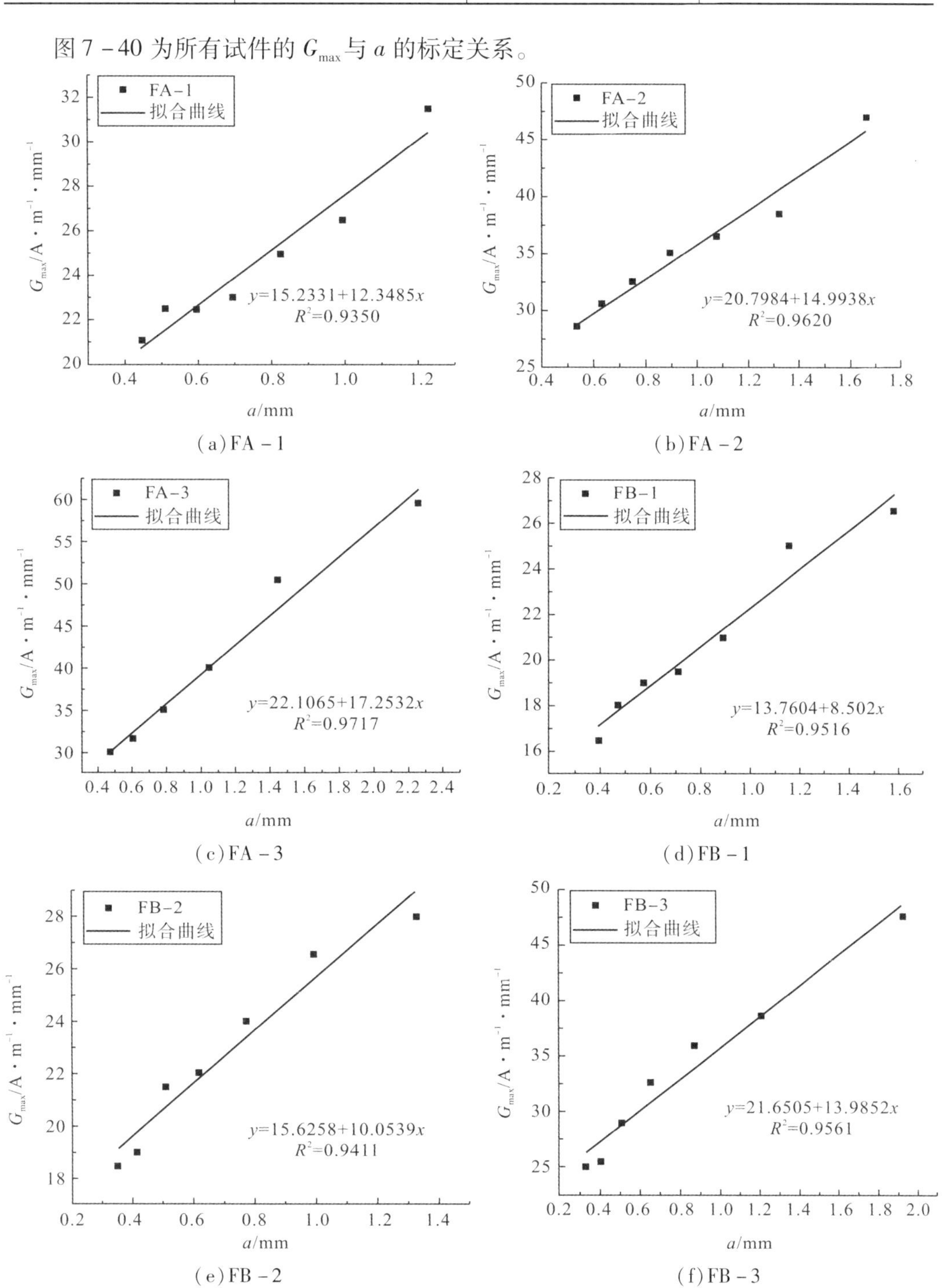

图7-40　疲劳裂纹稳定扩展阶段 G_{max} 与 a 的关系

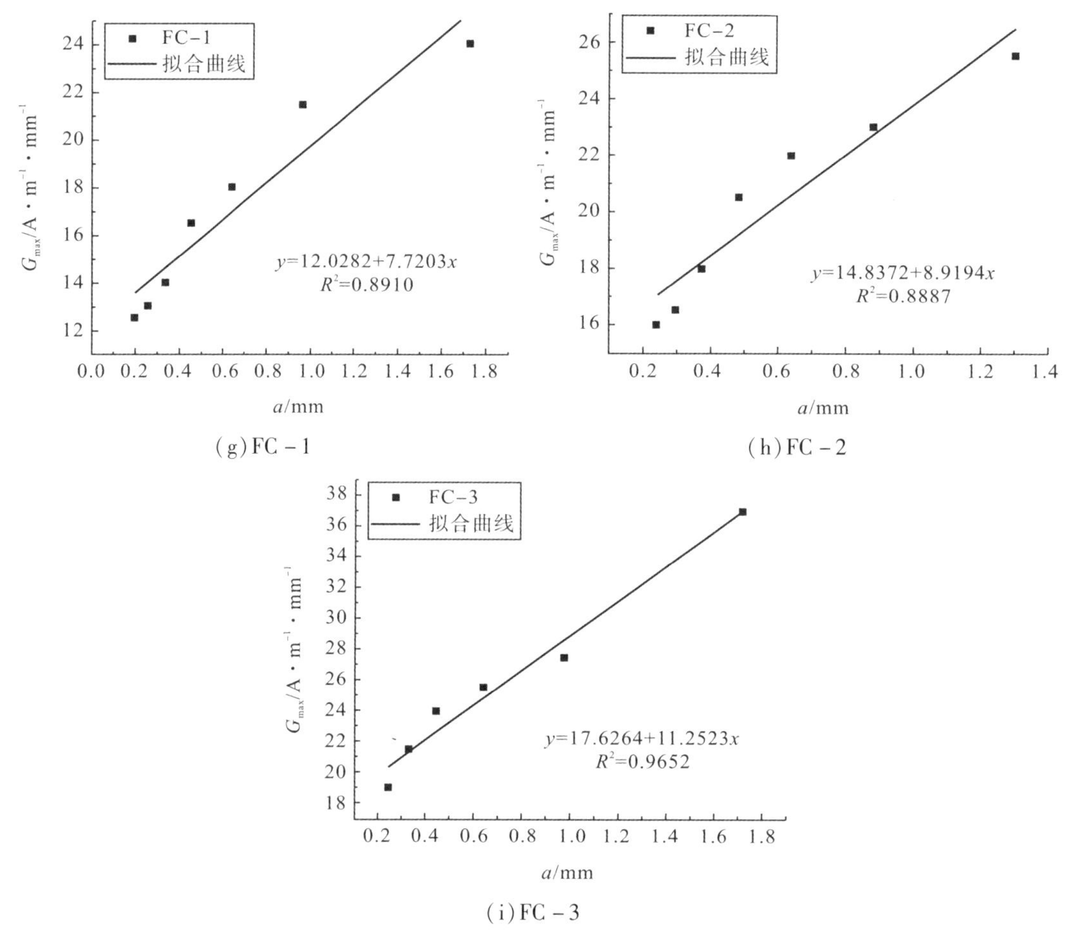

(g) FC－1　　(h) FC－2

(i) FC－3

图 7－40(续)　疲劳裂纹稳定扩展阶段 G_{max} 与 a 的关系

可以看出，G_{max} 与裂纹长度 a 有很好的线性关系，同样可表示为：

$$G_{max} = p + q \cdot a \tag{7-30}$$

其中，系数 p 和 q 受各种因素的影响，如材料类型、测量位置和荷载条件，如表 7－11 所示。

表 7－11　p 和 q 值的拟合结果

样本	p	q	R^2
FA－1	15.2331	12.3485	0.9350
FA－2	20.7984	14.9938	0.9620
FA－3	22.1065	17.2532	0.9717
FB－1	13.7604	8.502	0.9516
FB－2	15.6258	10.0539	0.9411
FB－3	21.6505	13.9852	0.9561
FC－1	12.0282	7.7203	0.8910
FC－2	14.8372	8.9194	0.8887
FC－3	17.6264	11.2523	0.9652

7.3.7 试验验证

为了验证上述提出的定量关系，选取了三个 R 值下的三个独立试件进行实验，结果如表7－12所示。通过前述坑蚀钢筋疲劳裂纹扩展模型得到分别对应 $0.1N_f$ 和 $0.8N_f$ 的初始裂纹长度 a_1 与最终裂纹长度 a_2，其中 N_f 为预测疲劳寿命。在 $0.1N_f$ 和 $0.8N_f$ 两个特定循环测量剩余磁场分布，根据图7－40的 a 和 G_{max} 之间的关系预测 a_1 和 a_2。根据图7－39中 ΔK 与 ΔB_t 的关系，从 $0.1N_f$ 和 $0.8N_f$ 期间检测到的压磁信号中提取 ΔB_t 计算 ΔK。然后，在给定 ΔN（如 $0.7N_f$）的情况下，通过对式（7－31）进行多段积分得到 a_1 和 a_2，其中 ΔK 在每个小的 ΔN 段内可视为常数以方便计算。

$$a_2 = a_1 + \int_{0.1N_f}^{0.8N_f} C(\Delta K - \Delta K_{th})^m dN \tag{7-31}$$

将基于MMM和PE方法的预测关系得到的疲劳裂纹长度 a_1 和 a_2 与基于疲劳裂纹扩展模型的试验结果进行对比，如图7－42所示。可定量估计 $a_1 \sim a_2$（即 ΔN_p）的疲劳裂纹扩展寿命为：

$$\Delta N_p = \int_{a_1}^{a_2} 1/C(\Delta K - \Delta K_{th})^m da \tag{7-32}$$

其中，a_2 由式（7－31）计算得到。

此外，基于疲劳裂纹扩展模型的试验结果与基于MMM和PE方法预测的 $a_1 \sim a_2$ 的疲劳寿命对比如图7－43所示。

如图7－41和图7－42所示，利用所提出的关系对 ΔK 和疲劳裂纹长度 a 的预测结果与试验结果均吻合较好。根据图7－43，预测的 $a_1 \sim a_2$ 的疲劳寿命与基于疲劳裂纹扩展模型的试验结果的误差均在20%以内。因此，结合MMM和PE方法，可以通过所提出的定量关系确定点蚀钢筋的 ΔK 和 a。在此基础上，可基于线弹性断裂力学方法对裂纹扩展寿命进行恰当的评估。

表7－12　基于MMM和PE方法的预测结果与基于FCG模型的试验结果比较

试样编号	基于疲劳裂纹扩展模型的试验结果			MMM法预测结果		PE法预测的 a_2	MMM法和PE法预测的疲劳寿命
	a_1/mm	a_2/mm	Cycles	a_1/mm	a_2/mm		
FD－1	0.3139	1.2217	43542	0.2699	1.1166	1.0191	49638
FD－2	0.2901	1.1354	64702	0.3104	1.2877	1.3747	68583
FD－3	0.2496	1.0381	98088	0.2771	0.9127	1.0866	89260

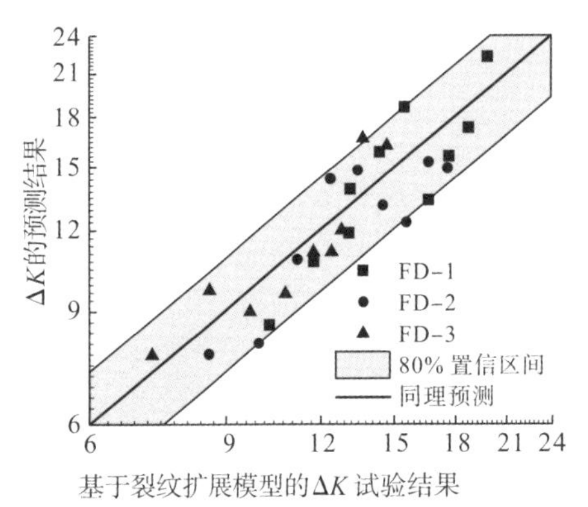

图 7-41　ΔK 预测值与基于疲劳裂纹扩展模型的试验结果对比

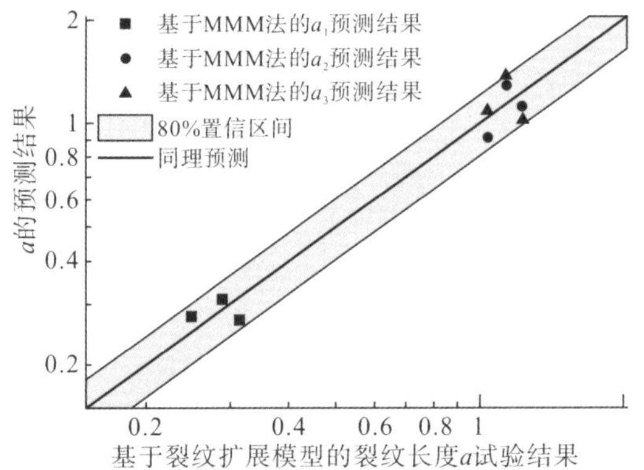

图 7-42　疲劳裂纹长度 a_1 和 a_2 的预测值与基于疲劳裂纹扩展模型的试验结果对比

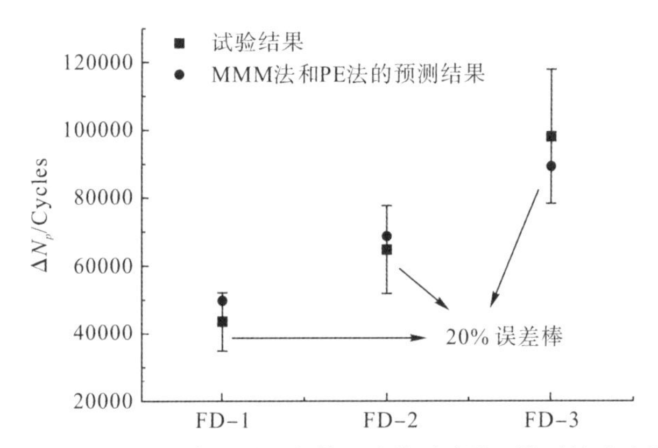

图 7-43　疲劳裂纹扩展寿命预测值与基于疲劳裂纹扩展模型的试验结果的比较

7.4　坑蚀钢筋混凝土梁的裂纹扩展参数计算

通过 6.3 节的试验所测得的压磁信号研究锈蚀钢筋疲劳裂纹扩展参数和压磁信号特征参数之间的定量关系，结合 7.3 节的坑蚀钢筋疲劳裂纹扩展模型，可分别根据式(7-19)与(7-21)预测疲劳裂纹扩展速率和疲劳寿命，其中这里仅使用简化的二维分析来描述疲劳裂纹扩展行为。

通过 ABAQUS 有限元模型来计算 K_t，其中 σ_0、σ_n 均以 Mises 等效应力值计算。Paris 公式描绘的是疲劳裂纹扩展的第二阶段，则以 $0.5N_f$ 循环下钢筋的应力状态来计算 K_t。以试件 CF2.5 与 CF3 为例，其蚀坑处截面的应力分布如图 7-44 所示。其中，$K_{t\,(\mathrm{CF2.5})}=1.40$，$K_{t\,(\mathrm{CF3})}=1.45$。

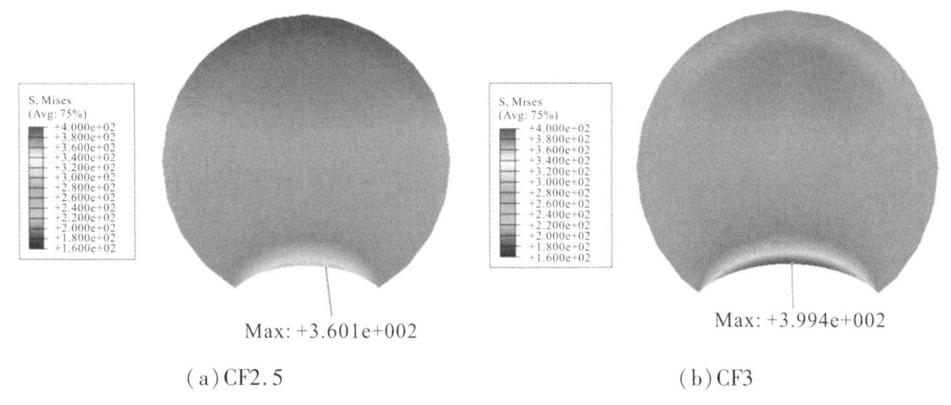

(a)CF2.5　　(b)CF3

图7－44　蚀坑处钢筋截面Mises应力分布

基于上述分析，建立 ΔB 和 ΔK 之间的关系是合理的，如图7－45所示。

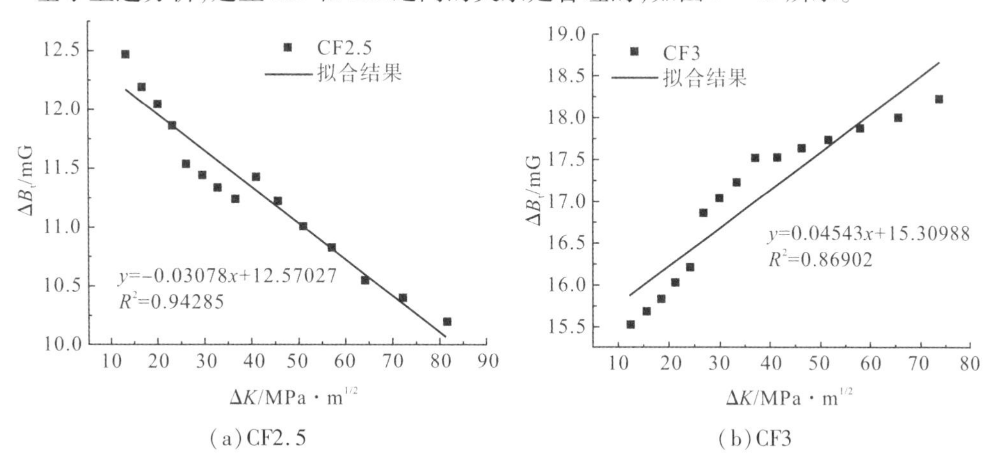

(a)CF2.5　　(b)CF3

图7－45　疲劳第二阶段 ΔB_t 与 ΔK 的关系

可以看出，ΔB_t 与应力强度因子范围有良好的线性关系，可以用下式表达：

$$\Delta B_t = b + k\Delta K \tag{7-33}$$

其中，截距 b 与初始状态有关，斜率 k 受蚀坑深度的影响。

根据断裂力学基本公式，通过上述实时测量标定的 ΔK 可计算此时的裂纹扩展速率 da/dN，但是若要预测疲劳寿命，在通过材料断裂韧度计算出临界裂纹尺寸的基础上，还需要知道当前的裂纹尺寸，这可以根据剩余磁场分布特征值的演化规律来进行反算评估。对于不同的梁，剩余磁场分布在疲劳过程中的演化规律并不一致，各特征值的实际测量数据效果也不一致，因此，可能需要选取不同的特征值对裂纹长度进行定量表征。如图7－46所示，对于在跨中纵向钢筋蚀坑处发生疲劳断裂的CF2.5和CF3梁来说，通过比较选取了相应的剩余磁场分布特征值对疲劳裂纹长度进行定量表征，其中CF2.5和CF3的 $a-N$ 曲线可根据前述分析得到。

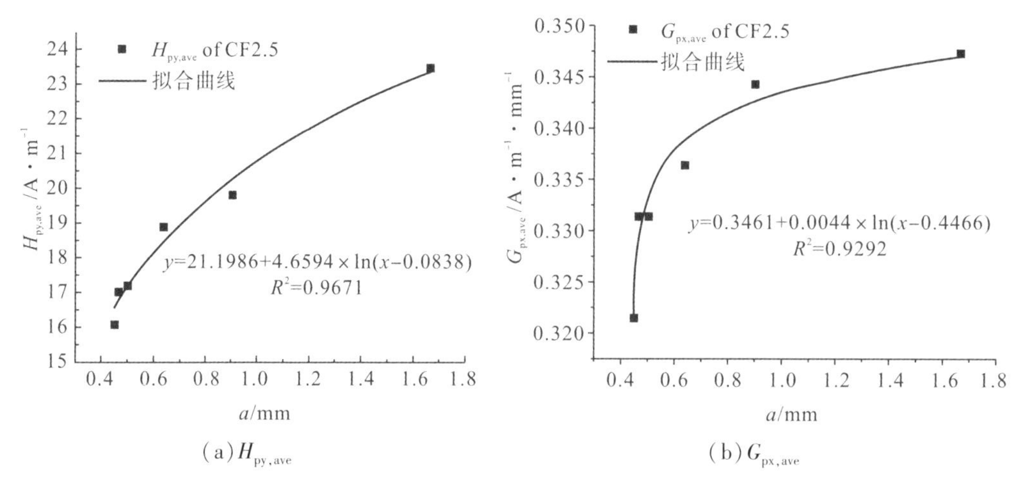

图 7－46　CF2.5 疲劳第二阶段的裂纹长度和剩余磁场分布特征值的关系

由图 7－46 和图 7－47 可见，对于 CF2.5 和 CF3 梁的疲劳裂纹长度的表征，可采用不同的剩余磁场分布特征值以达到较好的拟合效果，这主要和每次试验的梁的离散性、试验参数的波动、检测条件的变化和仪器的自身误差有关系。此外，还可以看出蚀坑尺寸较大时的磁场分布梯度值随疲劳裂纹扩展的变化速率有所增加，但是磁场分布平均值 $H_{px,ave}$ 却随着疲劳裂纹扩展呈现降低的趋势，这主要是因为蚀坑尺寸的增大而导致应力集中和应力强度因子的增大，进而引起蚀坑处塑性变形的累积，位错密度增加，阻碍这部分区域磁畴壁的重定位运动，使得材料无滞后磁化状态的磁化过程受阻，内部磁化强度减小，在地磁场下，外部的有效磁场减小，此时的漏磁场也并不明显，造成检测到的表面磁场呈现降低的趋势。

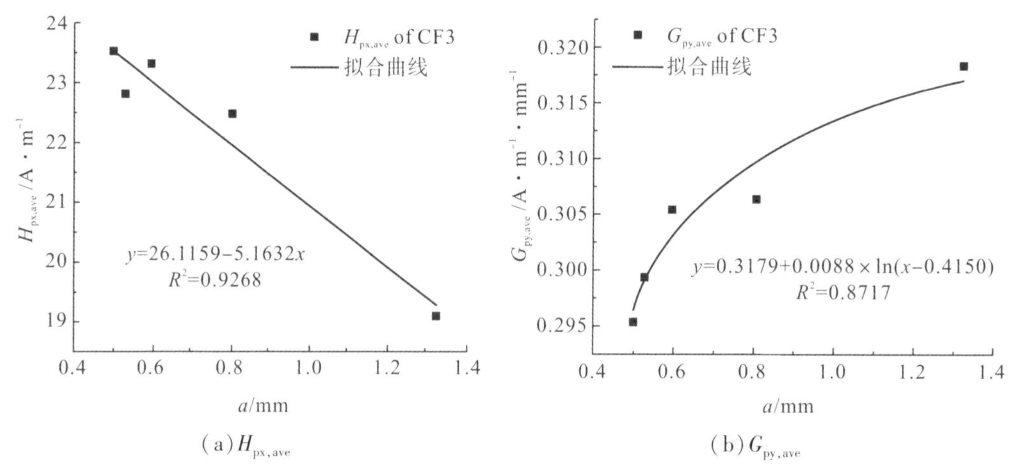

图 7－47　CF3 疲劳第二阶段的裂纹长度和剩余磁场分布特征值的关系

根据上述分析，可总结根据剩余磁场分布和压磁方法评估实际腐蚀疲劳混凝土结构的疲劳裂纹扩展进程和评估剩余裂纹扩展寿命的具体操作步骤。在坑蚀钢筋混凝土的疲劳过程中，可以先通过钢筋探测仪确定保护层厚度和钢筋所在位置，在混凝土结构交变疲劳较为严重的部位或构件表面基于保护层厚度划定多条检测线，相隔一定的疲劳循环次数沿检测线进行磁场分布的检测(在无车辆荷载的时候,可以视为无疲劳应力作用,仅有自重作用),获取横向裂缝的大致位置,通过磁场分布特征值的变化判断锈蚀率或裂纹尺寸(将蚀坑等效为表面初始裂纹);在横向裂缝处锈蚀率最大的部位,实时测量此处的压磁信号,基于压磁信号的演化规律计算应力强度因子和判断疲劳裂纹扩展速率。综上所述,通过磁场分布评估裂纹尺寸,通过钢筋断裂韧度计算临界裂纹尺寸,通过压磁信号评估裂纹扩展速率,基于断裂力学的方法可评估至构件钢筋断裂的剩余疲劳裂纹扩展寿命。

参考文献

[7-1] ASTM E647-15.2015. Standard test method for measurement of fatigue crack growth rates. West Conshohocken:ASTM International.

[7-2] MA Y F,GUO Z Z,WANG L,et al. Effects of stress ratio and banded microstructure on fatigue crack growth behavior of HRB400 steel bar. J Mater Civ Eng,2018,30(3):04017314.

[7-3] BIRSS R R,FAUNCE C A,ISAAC E D. Magnetomechanical effects in iron and iron-carbon alloys. J Phys D:Appl Phys,1971,4(7):1040-1048.

[7-4] LI L,JILES D C. Modeling of the magnetomechanical effect:application of the Rayleigh law to the stress domain. J Appl Phys,2003,93(10):8480-8482.

[7-5] ZHANG J,JIN W L,MAO J H,et al. Determining the fatigue process in ribbed steel bars using piezomagnetism. Constr Build Mater,2020,239:117885.

[7-6] JILES D C. Review of magnetic methods for nondestructive evaluation(Part 2). NDT Int,1990,23(2):83-92.

[7-7] HUANG H,JIANG S,LIU R,et al. Investigation of magnetic memory signals induced by dynamic bending load in fatigue crack propagation process of structural steel. J Nondestruct Eval,2014,33(3):407-412.

[7-8] SABLIK M J,JILES D C. Coupled magnetoelastic theory of magnetic and magnetostrictive hysteresis. IEEE T Magn,1993,29(4):2113-2123.

[7-9] JILES D C,ATHERTON D L. Theory of the magnetisation process in ferromagnets and its application to the magnetomechanical effect. J Phys D: Appl Phys,1984,17(6):1265.

[7-10] EDWARDS C,PALMER S B. The magnetic leakage field of surface-breaking cracks. J Phys D:Appl Phys,1986,19(4):657-673.

[7-11] BROWN W F. Theory of magnetoelastic effects in ferromagnetism. J Appl Phys,2004,36(3):994-1000.

[7-12] JILES D C,ATHERTON D L. Theory of ferromagnetic hysteresis. Journal of Magnetism

and Magnetic Materials,1986,61(1 -2):48 -60.

[7 -13] LIU Y,MAHADEVAN S. Fatigue limit prediction of notched components using short crack growth theory and an asymptotic interpolation method. Engineering Fracture Mechanics,2009,76(15):2317 -2331.

[7 -14] YANG Z. Stress and strain concentration factors for tension bars of circular cross -section with semicircular groove. Engineering Fracture Mechanics,2009,76(11):1683 -1690.

[7 -15] MAKEEV A,NIKISHKOV Y,ARMANIOS E. A concept for quantifying equivalent initial flaw size distribution in fracture mechanics based life prediction models. International Journal of Fatigue,2007,29(1):141 -145.

[7 -16] HADDAD M,TOPPER T H,SMITH K N. Prediction of non propagating cracks. Engineering Fracture Mechanics,1979,11(3):573 -584.

[7 -17] JHAMB I C,MACGREGOR J G. Effect of surface characteristics on fatigue strength of reinforcing steel. Fatigue of Concrete,1974.

[7 -18] GUO Z,MA Y,WANG L,et al. Experimental study on fatigue crack growth behavior of HRB400 reinforcing bar. China Civil Engineering Journal,2018,51(7):04017314.

[7 -19] LI L,JILES D C. Modeling of the magnetomechanical effect:application of the Rayleigh law to the stress domain. J Appl Phys,2003,93(10):8480 -8482.

[7 -20] DUBOV A A. A study of metal properties using the method of magnetic memory. Met Sci Heat Treat,1997,39(9):401 -405.

[7 -21] HUANG H,JIANG S,LIU R,et al. Investigation of magnetic memory signals induced by dynamic bending load in fatigue crack propagation process of structural steel. J Nondestruct Eval,2014,33(3):407 -412.

[7 -22] LI C C,DONG L H,WANG H D,et al. Metal magnetic memory technique used to predict the fatigue crack propagation behavior of 0.45% C steel. J Magn Magn Mater,2016,405:150 -157.

[7 -23] SABLIK M J,JILES D C. Coupled magnetoelastic theory of magnetic and magnetostrictive hysteresis. IEEE T Magn,1993,29(4):2113 -2123.

[7 -24] CRAIK D J,WOOD M J. Magnetization changes induced by stress in a constant applied field. J Phys D:Appl Phys,1970,3(7):1009.

[7 -25] LI J,XU M,LENG J,et al. Modeling plastic deformation effect on magnetization in ferromagnetic materials. J Appl Phys,2012,111(6):063909.

[7 -26] WANG Z,DENG B,YAO K. Physical model of plastic deformation on magnetization in ferromagnetic materials. J Phys D:Appl Phys,2011,109(8):1 -6.

[7 -27] MAKAR J M,TANNER B K. The effect of plastic deformation and residual stress on

the permeability and magnetostriction of steels. J Magn Magn Mater, 2000, 222(3): 291 - 304.

[7 - 28] ZHANG J, JIN W L, MAO J H, et al. Determining the fatigue process in ribbed steel bars using piezomagnetism. Constr Build Mater, 2020, 239: 117885.

[7 - 29] ZHANG D, HUANG W, ZHANG J, et al. Theoretical and experimental investigation on the magnetomechanical effect of steel bars subjected to cyclic load. J Magn Magn Mater, 2020, 514: 167129.

[7 - 30] EDWARDS C, PALMER S B. The magnetic leakage field of surface - breaking cracks. J Phys D: Appl Phys, 1986, 19(4): 657 - 673.

[7 - 31] HAN G, HUANG H. A dual - dipole model for stress concentration evaluation based on magnetic scalar potential analysis. NDT E Int, 2021, 118: 102394.

[7 - 32] MISRA A. Theoretical study of the fracture - induced magnetic effect in ferromagnetic materials. Phys Lett A, 1977, 62(4): 234 - 236.

[7 - 33] DONG L, XU B, DONG S, et al. Variation of stress - induced magnetic signals during tensile testing of ferromagnetic steels. NDT E Int, 2008, 41(3): 184 - 189.

第 8 章　混凝土结构疲劳设计新方法

8.1　引　言

混凝土结构长期性能的劣化是一个物理、化学和力学等多方面作用效应繁杂叠加的过程,单一因素对混凝土长期性能影响的研究很难全面反映服役环境中混凝土性能的退化本质,但是由于耦合作用下混凝土结构长期性能研究太过复杂,还没有指导设计和施工的统一标准和规范。需要在当前的概率极限状态设计法的基础上考虑荷载和抗力的时变效应,建立时变疲劳可靠度的演化规律。但是,多因素共同作用下构件疲劳性能的研究主要集中在室内疲劳试验和现场疲劳荷载谱的统计。然而,实际情况下环境条件和荷载作用状况的复杂多变导致实验室模拟和实际工程环境有一定的差异性,尚需观测实际荷载作用下的腐蚀状况,得到真实的多因素耦合作用下的性能劣化模型。结构(构件)层次的研究是多因素耦合作用下混凝土结构的耐久性与服役寿命及其评估和预测。目前的研究大多未考虑实验室模拟和真实现场的差异,因此需要监控实际结构在疲劳作用下的性能衰减与劣化规律,取得真实数据,提高寿命预测的可靠性与安全性[8-1]。

浙江大学金伟良课题组首次提出 METS 理论[8-2],并建立了室内耐久性试验结果和现场检测结果之间的相似性,通过耐久性极限状态方程计算耐久性时变可靠度,成功地将其应用于杭州湾跨海大桥的耐久性寿命预测,为通过室内试验评估实际混凝土结构的耐久性提供了可靠的桥梁。沿用这种思路和方法,可同样对经受腐蚀和疲劳荷载的混凝土结构在室内试验结果的基础上进行长期疲劳性能的评估与剩余疲劳寿命的预测。

8.2　基本原理

选取与研究对象具有相同或相似环境且具有一定使用年限的参照物,而参照物和研究对象的环境条件具有相似性,进而研究对象和参照物的性能劣化亦具有相似性;通过对参照物进行现场检测试验以及与参照物对应的模型进行加速试验研究,建立参照物在现场与室内加速环境劣化的时间相似关系;利用该时间相似关系与研究对象模型的室内加速试验结果便可得到研究对象在现场实际环境中各劣化参数的时变规律,进而对研究对象进行性能的预测。这就是 METS 理论对结构进行性能预测的基本原理,如图 8-1 所示。

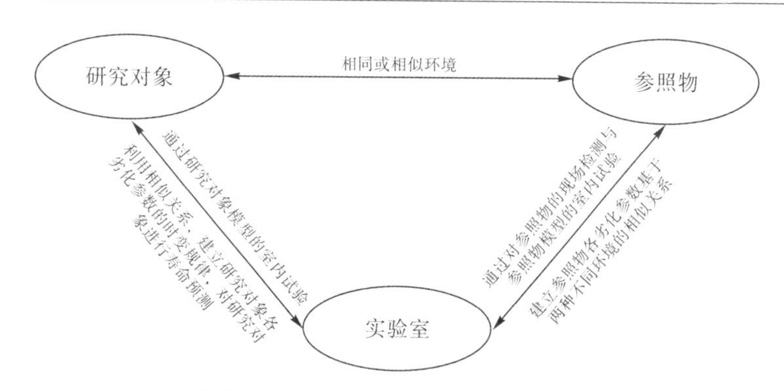

图 8 - 1　多重环境时间相似理论原理图

对于承受腐蚀和疲劳共同作用的混凝土结构来说，不仅要考虑室内和现场环境中构件的耐久性相似，而且要考虑疲劳性能演化的相似性，为此，首先需要分析影响腐蚀作用下疲劳性能劣化参数的主要影响因素，即影响疲劳性能极限状态方程中各参数的影响参数。本文的研究对象为腐蚀后的钢筋混凝土梁的疲劳性能，而腐蚀混凝土梁的疲劳失效形式主要为底部受拉纵筋的疲劳断裂。因此，通过断裂力学来研究锈蚀钢筋的疲劳裂纹扩展进而评估整体构件疲劳性能的时变演特性是合理的。而且，本文通过建立弱磁信号演化与钢筋疲劳裂纹扩展之间的联系，可通过无损检测的方法掌握钢筋的疲劳裂纹扩展过程，从而对受弯混凝土梁的疲劳性能评估和剩余寿命预测提供依据。类比于 METS 理论中基于 Fick 第二定律的耐久性极限状态方程，以钢筋表面的氯离子浓度作为关键参数，对于基于断裂力学的钢筋疲劳裂纹扩展而言，可以钢筋裂纹长度作为极限状态方程关键参数，当钢筋裂纹长度 a 达到临界裂纹长度 a_c 时（图 8 - 2），即可认为到达钢筋的疲劳寿命，即梁的疲劳寿命，此处忽略对疲劳寿命影响较小的第三阶段的失稳扩展疲劳寿命。基于纵筋疲劳裂纹长度所建立的钢筋混凝土梁的极限状态方程见式（8 - 1）。

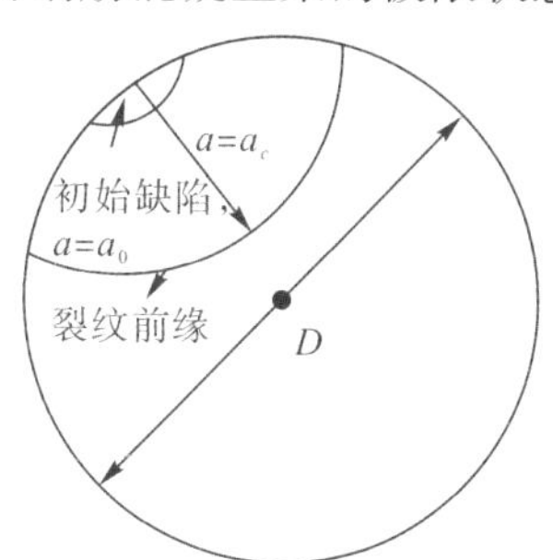

图 8 - 2　坑蚀钢筋裂纹扩展示意图

$$Z = a_c - a\ (\sigma, R, f, Y, C, m, N, \cdots) \tag{8-1}$$

式中，Z 为腐蚀后混凝土梁的疲劳极限状态功能函数；a_c 为临界裂纹尺寸；a 为疲劳循环次数 N 对应的钢筋裂纹长度，和疲劳荷载参数应力 σ、应力比 R 和频率 f、材料与裂纹体形状因子 Y、Paris 材料常数 C 及 m 等有关；当 $Z>0$ 时，为可靠状态；当 $Z\leqslant 0$ 时，为失效状态。

由于实际混凝土结构在遭受腐蚀和疲劳共同作用下的内部钢筋的疲劳裂纹扩展过程

中难以用传统的断裂力学方法直接评估，而借助本文提出的弱磁方法则可基于无损检测获取的弱磁场信号对钢筋的疲劳裂纹扩展过程进行定量表征，再结合断裂力学方法便可对混凝土结构的疲劳寿命进行评估。根据前述分析，若要将室内环境下弱磁信号和疲劳裂纹扩展之间的联系应用与现场环境的研究对象的疲劳裂纹扩展评估，则需要借助 METS 理论的指导思想研究室内和现场之间构件疲劳裂纹扩展的相似性，进而通过室内试验结果和参照物现场实时监/检测数据综合掌握研究对象的疲劳裂纹扩展过程。

基于上述分析，利用 METS 方法对腐蚀混凝土结构进行疲劳寿命预测研究的应用流程如下：

（1）选取与研究对象现场具有相同或相似环境条件的已服役多年的混凝土桥梁作为第三方参照物，收集影响研究对象与第三方参照物疲劳性能的各影响因素的相关参数资料（钢筋强度等级和直径、钢筋布置、混凝土材料组分和强度、保护层厚度等）。

（2）确定疲劳劣化最为严重的部位（或疲劳热点），收集该区域的现场环境、气象资料、水文统计资料，并运用数学统计方法对现场自然环境条件进行数值模拟，计算现场实际环境的温度、湿度、环境氯离子浓度的平均值与不同高程处的海水浸润时间比例等，根据氯离子的侵蚀机理与人工气候模拟方法[8-3]，对现场该部位的自然环境条件进行人工气候环境加速模拟，确定该结构典型疲劳部位对应的人工气候加速模拟试验室的控制参数。

（3）根据工程调研获取该部位（即疲劳热点）在车辆荷载作用下的荷载谱，通过雨流计数法获取不同应力幅和应力循环次数，根据式（8-2）将变幅应力转换为等效常幅应力 $\Delta\sigma_e$，将之应用于后续断裂力学计算疲劳裂纹扩展过程当中。

$$\Delta\sigma_e = \left[\frac{\sum n_i(\Delta\sigma_i)^m}{\sum n_i}\right]^{1/m} \tag{8-2}$$

式中，n_i 为第 i 个应力幅 $\Delta\sigma_i$ 对应的循环次数。

（4）设计并制作与研究对象、第三方参照物对应疲劳关键部位混凝土相同配合比组成和钢筋类型及强度的混凝土梁，并置于人工气候模拟实验室进行室内加速试验。同时，施加上述计算的等效常幅疲劳应力，进行室内耦合加速试验，同时测量疲劳过程中的压磁信号和剩余磁场分布，基于试验结果，对第 7 章钢筋混凝土梁疲劳裂纹扩展参数和弱磁信号特征参数关系中的系数进行适当修正。

$$\Delta B = f(b, k; \Delta K),\ G_{\max} = g(p, q; a) \tag{8-3}$$

式中，$f(\cdot)$、$g(\cdot)$ 为待定函数；b、k、p 和 q 为函数中的待定系数，均由室内试验结果决定。

（5）定期对第三方参照物的混凝土结构/构件进行现场的弱磁信号的监测和数据分析，得到弱磁信号的变化规律，基于断裂力学分析构件中钢筋的裂纹扩展过程，对室内弱磁特征参数和疲劳裂纹扩展参数间定量关系中的系数进行修正，得到符合实际环境和荷载条件的现场标定系数。

(6)结合上述,根据第三方参照物的室内耦合试验和现场检测分别拟合建立各标定方程中的系数,得到弱磁和裂纹扩展定量关系在室内和实际环境中的相似性系数 λ_R(其中:上标“R”为第三方参照物,“ ′ ”为室内加速环境)。

$$\lambda_b^R = \frac{b^R}{b^{R\prime}}, \lambda_k^R = \frac{k^R}{k^{R\prime}}, \lambda_p^R = \frac{p^R}{p^{R\prime}}, \lambda_q^R = \frac{q^R}{q^{R\prime}} \tag{8-4}$$

(7)同样,根据步骤(5)对研究对象进行基于弱磁信号的现场疲劳构件的监/检测,基于断裂力学预测的疲劳裂纹扩展过程建立研究对象的弱磁特征参数和疲劳裂纹扩展参数间定量关系,参考研究对象对应室内构件的疲劳弱磁试验结果,得到研究对象弱磁和裂纹扩展定量关系的相似性系数 λ_O(其中:上标“O”为研究对象)。

$$\lambda_b^O = \frac{b^O}{b^{O\prime}}, \lambda_k^R = \frac{k^O}{k^{O\prime}}, \lambda_p^R = \frac{p^O}{p^{O\prime}}, \lambda_q^R = \frac{q^O}{q^{O\prime}} \tag{8-5}$$

(8)用步骤(7)中计算得到的弱磁特征参数和疲劳裂纹扩展参数间函数系数的相似率对步骤(6)中计算得到的第三方参照物的弱磁特征参数和疲劳裂纹扩展参数间函数系数的相似率进行修正,得到研究对象弱磁特征参数和疲劳裂纹扩展参数不同函数系数间的相似率。

$$\lambda_b = h_1(\lambda_b^R, \lambda_b^O), \lambda_k = h_2(\lambda_k^R, \lambda_k^O), \lambda_p = h_3(\lambda_p^R, \lambda_p^O), \lambda_q = h_4(\lambda_q^R, \lambda_q^O) \tag{8-6}$$

(9)根据步骤(8)中得到的修正后的相似率,利用研究对象室内混凝土构件的疲劳弱磁试验结果获取标定系数,得到研究对象相应疲劳部位的弱磁信号特征参数和裂纹扩展参数之间的标定系数。

$$b_O = b_O' \cdot \lambda_b, k_O = k_O' \cdot \lambda_k, p_O = p_O' \cdot \lambda_p, q_O = q_O' \cdot \lambda_q \tag{8-7}$$

式中 b_O、k_O、p_O、q_O 为研究对象对应的标定系数;b_O'、k_O'、p_O'、q_O' 为研究对象对应室内构件的标定系数。在此基础上,获取研究对象对应关键疲劳部位的裂纹扩展参数和弱磁信号特征值之间的关系:

$$\Delta B = f(b_O, k_O; \Delta K), G_{\max} = g(p_O, q_O; a) \tag{8-8}$$

基于上述分析,可通过相似性方法基于研究对象疲劳过程中的弱磁信号分析对裂纹长度和扩展过程进行评估,并基于断裂力学方法对裂纹扩展寿命进行预测。

8.3 腐蚀疲劳裂纹扩展模型

对于现场服役构件来说,无法采用破损来获取内部损伤状态,而且疲劳损伤测试也无法类似耐久性采用现场暴露试验的方法,因此需要应用文献中针对腐蚀疲劳作用下混凝土结构所建立的腐蚀疲劳裂纹扩展模型。实际的腐蚀疲劳作用涉及热学、化学和力学等多场耦合,是一种包含多种变量的复杂劣化机制,不同影响变量包括应力强度因子、加载频率、材料特性和几何结构以及外界环境因素,比如氯离子含量、氧气含量和温湿度等[8-4]。很多学者从断裂力学的角度考虑，运用迭加法考虑耦合作用下疲劳裂纹的增长，假设腐蚀疲劳下裂纹增长速率是纯力学疲劳和纯环境疲劳的贡献总和。腐蚀对疲劳在化学上的影响为在新的裂纹尖端处的化学作用，比如金属阳极溶解和疲劳裂纹尖端的氢脆作用，这与纯环境疲劳相对应；力学上的影响为锈蚀导致的截面损失引起的高疲劳应力和应力范围以及疲劳细节处更高的应力强度因子，这与纯力学疲劳相对应[8-5]。腐蚀疲劳作用下混凝土结构内部钢筋表面的蚀坑和疲劳裂纹同时发展，因此，腐蚀疲劳裂纹扩展速率随着蚀坑尺寸的增加而增加，从而降低了构件的疲劳寿命。现有的研究对腐蚀疲劳裂纹扩展过程主要从蚀坑增加速率和裂纹扩展速率相互竞争的角度考虑，Kondo[8-6]首先提出蚀坑增长和疲劳裂纹的竞争模型，其认为蚀坑的体积和时间成正比，预测疲劳裂纹起始时的循环次数将点腐蚀动力学和短裂纹扩展之间的作用进行对比。Kondo 考虑半球状的蚀坑，半径为 c，得到了给定电流下的每周期平均点蚀深度增长率和与点蚀等效的裂纹扩展速率，并指出当疲劳裂纹扩展速率超过点蚀增长速率，此时能够观测到疲劳损伤。

基于前述分析，腐蚀疲劳过程涉及材料、力学和环境等因素，比如材料参数（强度、尺寸、类型和表面状态等），力学参数（应力水平、应力幅值、频率等）以及环境参数（氧气、水、氯离子等腐蚀介质、温湿度等）[8-7,8-8]，是一个极其复杂的过程[8-9]。因此，在具体研究的过程中必须要适当取舍，简化腐蚀疲劳过程，便于定量表述[8-10]。基于断裂力学[8-11]，可将腐蚀疲劳下的总寿命分为裂纹萌生、短裂纹扩展、长裂纹扩展和失稳扩展四个阶段，如图 8-3 所示。

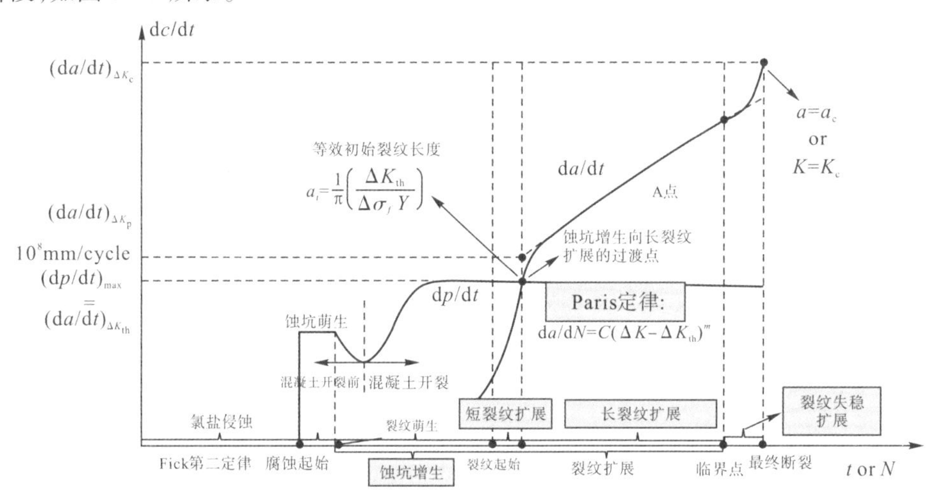

图 8-3　线弹性断裂力学腐蚀疲劳寿命分析示意图

在图 8-3 中：da/dt 和 dp/dt 分别指疲劳裂纹的扩展速率和腐蚀坑的增长速率；ΔK_{th} 为应力强度因子范围阈值，若疲劳裂纹尖端应力强度因子范围超过此阈值，对应着短裂纹和长裂纹扩展的临界点；K_C 为断裂韧度，对于Ⅰ型疲劳裂纹扩展来说为 K_{IC}。

由于裂纹一般从蚀坑根部萌生[8-12,8-13]，腐蚀疲劳作用下的蚀坑增长和循环应力作用下的裂纹增长同时存在，互相影响。因此，许多学者探究了蚀坑和裂纹的竞争关系[8-14,8-15,8-16,8-17]，当裂纹的扩展速率超过蚀坑的增长速率时，可认为裂纹进入扩展阶段[8-18]，以此来确定短裂纹和长裂纹阶段的临界点，继而根据边界条件分别计算各阶段的寿命，得到总的腐蚀疲劳寿命。因此，研究腐蚀疲劳裂纹的扩展行为是十分关键的[8-19,8-20,8-21]，而利用经典的线弹性断裂力学（LEFM）理论[8-22]，可在考虑蚀坑的基础上对疲劳裂纹的扩展速率进行定量评估[8-23]，并基于等效初始裂纹长度[8-24,8-25,8-26,8-27]对腐蚀疲劳寿命进行预测。此方法简明直接，能够表述钢筋裂纹在疲劳应力和腐蚀介质作用下的扩展行为，从而能够对腐蚀疲劳作用下的钢筋混凝土构件损伤和结构的可靠度及寿命进行定量评估和预测[8-28]。

根据前述分析，首先需要通过工程调研获取氯离子浓度、保护层厚度、应力幅值、荷载频率等环境和荷载参数，基于腐蚀坑增长理论和长裂纹扩展理论确定两者的过渡点（图 8-3 中 A 点），A 点之前由氯离子下电化学行为导致的蚀坑增加占据主导，A 点之后由交变应力下力学行为导致的疲劳裂纹扩展占据主导，此时认为蚀坑尺寸增长稳定，蚀坑深度 d 的增加会导致应力集中程度加剧，蚀坑根部应力强度因子的增加，引起裂纹扩展速率的增加速率变块，导致疲劳寿命的降低。通过上述的分析需要得到两个结果：1）A 点对应的蚀坑尺寸、裂纹尺寸，以及蚀坑和裂纹的增长速率（两者此时相等）；2）A 点对应的疲劳循环次数 N_A 或者时间 t_A（已知加载频率 f，$N = t \times f$），为判断当前腐蚀疲劳状态提供参考，比如若计算的氯离子侵蚀到钢筋脱钝再到蚀坑增长至 A 点的寿命 NA 为 5 年，评估时刻为服役 10 年，则此时疲劳长裂纹扩展时间已进行 5 年，加载频率为 2Hz，则换算为疲劳循环已有 3×10^8 次，通过迭代计算从起点 A 对应的等效初始缺陷尺寸 a_i 经过 3×10^8 次疲劳循环裂纹向前扩展的距离，最终得到评估时刻对应的裂纹长度。同样地，若需评估结构的剩余腐蚀疲劳寿命，则需要计算裂纹尺寸自 a_i 发展到临界尺寸 a_c 所历经的疲劳循环数，通过每一步的迭代更新应力强度因子和裂纹扩展速率，反算得到每一步的循环数，步步累积，最终得到 a_c 时刻对应的疲劳循环数，再根据频率换算为时间形式。

对于实际的研究对象，无法通过破损构件的方式获取内部的损伤状态，而且钢筋疲劳裂纹的扩展行为难以把握，而室内的材料和构件层面的疲劳弱磁试验则为基于无损检测方法获取的弱磁信号评估腐蚀构件的疲劳损伤过程提供了理论和试验依据。据此，可在图 8-3 中的第Ⅲ阶段利用在关键腐蚀疲劳部位或细节处定期放置磁探头实时连续监测和间断性测量磁场分布的方式综合判断疲劳最危险部位的裂纹扩展状态和裂纹尺寸信息，通过不同疲劳时刻压磁滞回曲线、磁场特征值的发展规律，可帮助判断当前的裂纹扩展状态，并结合断裂力学方法对剩余疲劳裂纹扩展寿命定量评估。

8.4　混凝土桥梁腐蚀疲劳寿命预测过程

选取某沿海桥梁进行腐蚀疲劳性能评估和疲劳裂纹扩展寿命的预测，应用断裂力学和上述通过试验建立的疲劳裂纹扩展参数与弱磁信号特征参数的关系，借助上述基于

METS 理论提出的试验方法将室内构件加速试验结果应用于实际环境构件疲劳性能的评估。

Bastidas – Arteaga[8-29]、Ma[8-30] 利用蚀坑 – 裂纹竞争理论研究了腐蚀疲劳耦合作用下混凝土桥梁的寿命预测过程,然而本文不考虑构件处于高度腐蚀性环境中,而且疲劳损伤比较明显。因此,混凝土桥梁的受弯梁失效是因为钢筋的疲劳断裂,腐蚀仅仅是减小了钢筋截面,加剧了应力集中效应,对钢筋的疲劳裂纹扩展起到加速作用,并不占据主导。同时,假设蚀坑的几何形状近似为半椭球型,在真实锈坑形态中也较为常见,而疲劳裂纹在蚀坑根部形核和萌生,并且不考虑多条疲劳裂纹,仅考虑一条主裂纹。

根据上述分析,需要首先根据 Fick 第二定律得到钢筋表面氯离子浓度达到阈值致使钢筋脱钝,其腐蚀起始时间公式为:。

$$T_i = \frac{C_0^2}{4D_c}\left[erf^{-1}\left(\frac{C_s - C_{cr}}{C_s}\right)\right]^{-2} \tag{8-9}$$

式中,T_i 为钢筋腐蚀起始时间,D_c 为氯离子扩散系数,C_s 为混凝土表面氯离子浓度,erf 为误差函数,C_0 为保护层厚度,C_{cr}为临界氯离子浓度。

由于钢筋锈蚀之后,锈胀产物体积膨胀,造成拉应力而引起混凝土开裂,开裂之后腐蚀产物更容易进入混凝土内部腐蚀钢筋,锈蚀速率加快,采用锈蚀电流密度 $i_{corr}(t)$ 表示钢筋锈蚀速率,计算混凝土保护层开裂时间 T_{cr} 和开裂至临界宽度 $w_{\lim}$ 时间 T_{cc},经 t 年后混凝土内钢筋表面的局部蚀坑深度 $p(t)$ 为:

$$p(t) = \begin{cases} 0.0116\varphi(t - T_i)\, i_{corr}(t),\ t \leq T_{sp,\lim} \\ 0.0116\varphi(T_{sp,\lim} - T_i)\, i_{corr}(T_{sp,\lim}) + 0.0116\varphi k_{ac}(t - T_{sp,\lim})\, i_{corr}(t),\ t > T_{sp,\lim} \end{cases} \tag{8-10}$$

式中,φ 为腐蚀不均匀系数,腐蚀开始 t 年后电流密度为:

$$i_{corr}(t) = 32.1(1 - w/c)^{-1.64} \cdot (t - T_i)^{-0.29}/C_0 \tag{8-11}$$

式中,w/c 为水灰比,可从设计资料中获取。

$T_{sp,\lim}$ 为锈胀开裂损伤时间,$T_{sp,\lim} = T_i + T_{cr} + T_{cc}$,其中:

$$T_{cr} = \left[\frac{7117.5(D_0 + 2d_0)(1 + \upsilon + \psi)}{i_{corr}E_{ef}}\right] \cdot \left[\frac{2C_0 f_t}{D_0} \cdot \frac{2d_0 E_{ef}}{(D_0 + 2d_0)(1 + \upsilon + \psi)}\right] \tag{8-12}$$

$$T_{cc} = 0.0167 i_{corr}^{-1.1}\left[42.9\left(\frac{w/c}{C_0}\right)^{-0.54} + \left(\frac{w_{\lim} - 0.3}{0.0062}\right)^{1.5}\right] \tag{8-13}$$

式中,d_0 为钢筋周围空隙厚度,D_0 为钢筋直径,υ 为泊松比,$\psi = (D + 2d_0)^2/[2C_0(C_0 + D + 2d_0)]$,$f_t$ 为混凝土抗拉强度,E_{ef}为混凝土有效弹性模量,$E_{ef} = E_c/(1 + \psi_{cr})$,$E_c$ 为混凝土弹性模量,ψ_{cr}为蠕变系数。

将式(8-10)对时间 t 进行求导可得钢筋表面锈坑增长速率 $\mathrm{d}p(t)/\mathrm{d}t$ 为

$$\mathrm{d}p/\mathrm{d}t = \begin{cases} 0.0116\varphi i_{corr}(t),\ t \leq T_{sp,\lim} \\ 0.0116\varphi k_{ac} i_{corr}(t),\ t > T_{sp,\lim} \end{cases} \tag{8-14}$$

A 点的等效初始疲劳裂纹尺寸 a_i 见 7.3.2 节,几何形状因子 Y 考虑了腐蚀坑作为缺

口造成的应力集中效应，锈蚀坑根部的应力强度因子可表示为

$$\Delta K_{p(t)} = Y\Delta\sigma_e \sqrt{\pi\left(a + p(t)\left\{1 - \exp\left[-\frac{a}{p(t)}(K_t^2 - 1)\right]\right\}\right)} \tag{8-15}$$

其中，Y 的表达式详见 7.3.2 节。

钢筋的疲劳裂纹扩展速率 $\mathrm{d}a/\mathrm{d}N$ 表示为

$$\mathrm{d}a/\mathrm{d}N = C(\Delta K - \Delta K_{th})^m \tag{8-16}$$

式中，材料裂纹扩展参数 C 和 m 由室内材料裂纹扩展试验绘制的裂纹扩展速率和应力强度因子曲线拟合得到；$\Delta\sigma$ 为应力幅值，$\Delta\sigma = \sigma_{max} - \sigma_{min}$，钢筋应力大小通过有限元模拟或《混凝土结构设计规范 GB 50010—2010》计算获得；应力集中因子 K_t 采用有限元方法，按实际锈坑尺寸建模计算或按下式简化计算[8-31]：

$$K_t = 3.453[p(t) + 0.0056]^{0.239} \tag{8-17}$$

采用一个塑性修正因子来反映材料的塑性变形，即

$$\rho = a\left[\sec\frac{\pi\sigma_{max}(1 - R)}{4\sigma_0} - 1\right] \tag{8-18}$$

式中，ρ 为弹性区域尺寸，σ_0 为材料静力拉伸强度。

Liu[8-32]考虑塑性修正后的应力强度因子幅值 $\Delta K = Y\Delta\sigma\sqrt{\pi a'}$，$a'$ 为考虑塑性修正的裂纹长度，$a' = a + \rho$。

结合前述分析，可得考虑锈蚀坑和疲劳裂纹相互作用的疲劳裂纹扩展速率随时间的变化：

$$\frac{\mathrm{d}a}{\mathrm{d}t} = C(\Delta K_{p(t)} - \Delta K_{th})^m f \tag{8-19}$$

式中，f 为循环荷载频率。

当裂纹扩展速率等于蚀坑增长速率时，两者竞争阶段结束：

$$\frac{\mathrm{d}a}{\mathrm{d}t} = \frac{\mathrm{d}p}{\mathrm{d}t} \tag{8-20}$$

疲劳裂纹扩展速率在混凝土保护层锈胀开裂至限值之前，即超过蚀坑的增长速率，可求得两者竞争对应的时刻 T_{tr}，则根据式(8-20)有

$$C(\Delta K_{p(T_{tr})} - \Delta K_{th})^m f = 0.0116\varphi i_{corr}(T_{tr}) \tag{8-21}$$

在经过钢筋锈坑增长控制时间 T_{tr} 之后，便进入钢筋疲劳长裂纹控制阶段，此阶段的时间 T_{cp} 如下：

$$T_{cp} = N/f = \frac{1}{f}\int_0^N \mathrm{d}N = \frac{1}{f}\int_{a_i}^{a_c}\frac{1}{C(\Delta K_{p(t)} - \Delta K_{th})^m}\mathrm{d}N \tag{8-22}$$

式中，临界裂纹尺寸 a_c 可根据 Ⅰ 型断裂韧度（基于文献中的断裂韧度试验结果总结获取）计算：

$$a_c = \frac{1}{\pi}\left(\frac{K_{\mathrm{IC}}}{Y\sigma_{max}}\right)^2 \tag{8-23}$$

综上所述,忽略第Ⅳ阶段宏观疲劳裂纹失稳扩展阶段的寿命,则混凝土桥梁的腐蚀疲劳寿命 T_{cf} 包括了钢筋锈蚀初始时间 T_i[式(8-9)]、钢筋蚀坑和裂纹竞争时间 T_{tr}[式(8-21)]和钢筋疲劳裂纹扩展控制时间 T_{cp}[式(8-22)]:

$$T_{cf} = T_i + T_{tr} + T_{cp} \tag{8-24}$$

8.5　疲劳相似性应用

在疲劳裂纹占据主导的第Ⅲ阶段过程中,通过现场调研确定疲劳检测部位和初始检测时刻 t_0,分别连续监测一定时间(比如1天、2天)的压磁场,并沿若干检测线检测磁场分布,一次检测完毕后,通过分析数据得到压磁滞回曲线和磁场分布曲线的形态特征,并总结记录此刻的压磁特征参数和磁场分布特征参数。

之后,需要经过一定的裂纹扩展长度之后再次进行测量,这是为了保证两次测量之间的磁场信号尽量有明显的差异,这可以通过式(8-22)估计实现0.25mm的裂纹增长所需要的时间 Δt_{0-1},即经过 Δt_{0-1} 之后的 t_1 时刻再次按照和 t_0 时刻相同的检测步骤,并保证每次弱磁信号的测量方式方法与周围环境均一致,这是为了避免试验因素和周围环境波动对敏感磁信号造成的扰动,可能会影响弱磁信号和裂纹扩展之间的联系。

按照相同的步骤继续进行,可以预见的是每次的间隔时间 $\Delta t_{(i-1)-i}$ 会逐渐缩短,这是因为随着疲劳裂纹扩展速率的增加,相同的裂纹长度增量所需的循环次数,即时间会缩短。经过至少5次的弱磁信号的监/检测过程之后,便可以初步按照室内梁的疲劳-弱磁的试验结果处理方式建立现场环境下研究对象和第三方参照物各自对应的疲劳裂纹扩展参数[$\Delta K_{p(t)}$ 和 a]和弱磁信号特征参数(ΔB 和 $G_{\max}$)各自之间的联系,便可以得到函数中的系数取值。

按照8.2节的步骤所述,还需要进行研究对象和第三方参照物对应室内的锈蚀和疲劳加速试验,并在此过程中测量压磁信号,首先根据上述理论分析评估检测时刻 t_i 时刻对应的蚀坑深度 $p(t)$,通过6.3节的试验方法在室内制作相同的钢筋蚀坑尺寸的混凝土梁,并在蚀坑位置处预制横向裂缝以模拟荷载裂缝。试验过程和结果分析同6.3节。需要注意的是,研究对象和第三方参照物对应的室内梁的混凝土材料配合比、钢筋类型和强度等级、保护层厚度、荷载谱、构件尺寸等资料需要通过施工和设计资料确定。根据式(8-2)施加和实际应力谱等效的等幅应力谱,保持室内的荷载加载频率一致,保证室内研究对象和参照物对应梁的劣化过程是相似的。对于钢筋笼的布置,为了保证室内所测得的磁场信号的稳定和可靠,在纯弯段可不设置箍筋。可同时设置若干根梁进行试验,减小弱磁信号对于单根梁的特殊性,使得建立的疲劳裂纹扩展和弱磁信号之间的定量关系更具有普遍性。

经过上述步骤,可将研究对象和第三方参照物以及各自对应的室内梁所得的应力强度因子和压磁滞回曲线变幅以及裂纹长度和磁场分布曲线梯度最大值之间拟合函数的系数值之间进行相互对比，经过 8.2 节中的(6)、(7)、(8)步可最终获得室内加速条件和现场条件之间的疲劳裂纹扩展与弱磁信号联系的相似性。基于此，便可通过研究对象对应室内梁的疲劳弱磁关系经过相似性系数转换为通过实际的弱磁信号评估实际的裂纹扩展过程提供桥梁。实际上，疲劳裂纹扩展的理论预测的不确定性和弱磁信号的检测结果的离散性会导致两者之间的联系有待验证，可利用贝叶斯更新的理念通过后续裂纹扩展预测和弱磁信号的特征参数的数据点作为后验信息对先前建立的函数关系进行形式或者系数取值上的修正，以使得通过弱磁信号评估的裂纹扩展参数更加接近真实情况。

基于室内－实际相似性研究得到了现场环境下疲劳部位的钢筋裂纹扩展和弱磁信号的联系之后，可以通过以下几种思路评估裂纹扩展过程和评估剩余疲劳寿命 N_{ref}：

(1)在通过前 i 次监/检测建立研究对象的疲劳弱磁关系之后，后续监/检测将相隔相同的时间 $\Delta T(\Delta N=\Delta T\cdot f)$，这是为了更加容易判断裂纹扩展速率的变化。根据磁场分布的检测结果可提取出其特征值 G_{max} 进而基于函数关系 $G_{max}=g(p,q;a)$ 反算评估第 j 次检测时的裂纹长度 a_j，从而得到裂纹扩展速率 $\left(\frac{da}{dN}\right)_j=\frac{a_j-a_{j-1}}{\Delta N}$；同样地，根据压磁场的监测结果可提取出其特征值 ΔB，进而基于函数关系 $\Delta B=f(b,k;\Delta K)$ 反算评估第 j 次检测时的应力强度因子 ΔK_j。

由于第Ⅲ阶段的疲劳长裂纹扩展过程符合 Paris 定律，即 $\log(da/dN)$ 和 $\lg\Delta K$ 呈线性关系。因此，将前述各监测时刻计算得到的 $(da/dN)_j$ 和 ΔK_j 绘制在对数坐标上，当数据点的增加趋势趋于非线性时，说明疲劳裂纹扩展逐渐偏离稳定扩展阶段。

(2)根据实时检测的弱磁信号获取的裂纹长度 a_j 和应力强度因子 ΔK_j，还可进行疲劳损伤的评估，如下式：

$$D_a=\frac{a_j-a_i}{a_c-a_i},D_{\Delta K}=\frac{\Delta K_j-\Delta K_{th}}{\Delta K_{\mathrm{IC}}-\Delta K_{th}} \tag{8-25}$$

此外，还可将临界裂纹尺寸和断裂韧度代入到研究对象的裂纹扩展和弱磁信号的定量关系中获得弱磁信号的危险特征值，如下式：

$$(G_{max})_c=g(p,q;a_c),(\Delta B)_c=f(b,k;\Delta K_{\mathrm{IC}}) \tag{8-26}$$

需要说明的是，由于弱磁信号在不同检测时刻的离散性可能较大，需要考虑系数的波动性和随机性，在适当的可靠度下采用弱磁信号特征参数的绝对值评估疲劳裂纹扩展状态是比较合理的。

(3)当不同时刻的弱磁信号的现场监/检测结果显示裂纹扩展进入危险状态时，需要对此检测部位的剩余疲劳寿命进行评估，以判断是否需要对该部位进行维修加固，而评估的关键在于知道当前的裂纹尺寸，这可以通过压磁方法或者磁场分布方法分别计算。首先通过压磁方法，假设在检测时刻 T_z 发现裂纹扩展状态有异常，需要评估剩余疲劳寿命，此时距离初始时刻 T_0 已经经过了 l 个检测间隔，$l=(T_z-T_0)\cdot f/\Delta N$，在第 j 个检测间隔 $N[j-1,j]$ 过程中，认为 ΔK 保持间隔开始时的数值 ΔK_{j-1} 不变，ΔK_{j-1} 已通过第(1)步得到，

通过 $C(\Delta K_{j-1})^m$ 得到裂纹扩展速率 $(\mathrm{d}a/\mathrm{d}N)_{j-1}$，则该循环间隔内的裂纹增量为 $\Delta a = (\mathrm{d}a/\mathrm{d}N)_{j-1} \cdot \Delta N$，$T_z$ 时刻的裂纹尺寸可表示为：

$$(a_{T_z})_{PE} = a_{T_0} + \sum_{j=1}^{l} C(\Delta K_{j-1})^m \Delta N = a_{T_0} + \sum_{j=1}^{l} C[f_{j-1}^{-1}(b_{0,j-1}, k_{0,j-1}; \Delta B_{j-1})]^m \Delta N \quad (8-27)$$

其次，通过磁场分布的方法便可以根据检测时刻 T_z 的磁场分布曲线分析得到此刻的裂纹长度：

$$(a_{T_z})_{\mathrm{MMM}} = g_j^{-1}(p_{0,j}, q_{0,j}; G_{\max,j}) \quad (8-28)$$

上述两式中的 f_{j-1}^{-1} 和 g_j^{-1} 分别为检测间隔起点和终点对应的疲劳裂纹扩展参数和弱磁信号之间的反函数，是分别由前 $j-1$ 次和前 j 次的检测结果标定出来的，每次检测完通过后验信息对各个系数的形式和取值进行更新。

为了使得预测的结果更为保守，选择较大的裂纹长度作为剩余疲劳寿命评估的起点，即：

$$a_{T_z} = \max\{(a_{T_z})_{\mathrm{PE}}, (a_{T_z})_{\mathrm{MMM}}\} \quad (8-29)$$

则剩余疲劳寿命 T_{ref} 为：

$$T_{ref} = N_{ref}/f = \frac{1}{f}\int_{a_{T_z}}^{a_c} \frac{1}{C(\Delta K_{p(t)} - \Delta K_{th})^m}\mathrm{d}N \quad (8-30)$$

假设结构自投入使用到评估时刻的历经时间为 T_{exp}，结构设计使用寿命为 T_L，则当 $T_{ref} > T_L - T_{exp}$ 时，说明以目前的疲劳裂纹扩展状态可以保证构件在结构设计使用期内不发生疲劳失效；反之，若 $T_{ref} \leqslant T_L - T_{exp}$，则构件可能在结构使用期内发生疲劳失效，此时需要根据损伤状态如混凝土表面裂缝宽度、保护层厚度剥落情况等介入碳纤维加固、表面灌浆等维修加固措施，以通过减小裂缝发展速率、降低腐蚀速度等方式减小裂纹扩展速率，并可通过后续的弱磁信号检测结果评估维修加固措施对构件疲劳性能的提升效果。

参考文献

[8-1] 孙伟. 荷载与环境因素耦合作用下结构混凝土的耐久性与服役寿命. 东南大学学报(自然科学版)，2006，36(S2)：7-14.

[8-2] 金伟良，金立兵，李志远. 多重环境时间相似理论及其应用. 北京：科学出版社，2020.

[8-3] 卢振永，金伟良，王海龙，等. 人工气候模拟加速试验的相似性设计. 浙江大学学报(工学版)，2009，43(6)：1071-1076.

[8-4] ADEDIPE O, BRENNAN F, KOLIOS A. Review of corrosion fatigue in offshore structures: present status and challenges in the offshore wind sector. Renewable and Sustainable Energy Reviews, 2016, 61: 141-154.

[8-5] HAN X, YANG D Y, FRANGOPOL D M. Probabilistic life-cycle management framework

for ship structures subjected to coupled corrosion – fatigue deterioration processes. Journal of Structural Engineering,2019,145(10):04019116.

[8 – 6] KONDO Y. Prediction of fatigue crack initiation life based on pit growth. Corrosion, 1979,45:7 – 11.

[8 – 7] FORD F P. Current understanding of the mechanisms of stress corrosion and corrosion fatigue. //Environment – sensitive fracture:evaluation and comparison of test methods. ASTM International,1984.

[8 – 8] SAINTIER N,ELMAY M,ODEMER G,et al. Corrosion and hydrogen fatigue at different scales. Mechanics – Microstructure – Corrosion Coupling,2019:385 – 411.

[8 – 9] STEPHENS R I,FATEMI A,STEPHENS R R,et al. Metal fatigue in engineering. John Wiley & Sons,2000.

[8 – 10] CHENG A,CHEN N Z. An extended engineering critical assessment for corrosion fatigue of subsea pipeline steels. Engineering Failure Analysis,2018,84:262 – 275.

[8 – 11] DAOUD O E. A fracture mechanics approach to the problem of fatigue in reinforced concrete beams. 1978.

[8 – 12] ROKHLIN S I,KIM J Y,NAGY H,et al. Effect of pitting corrosion on fatigue crack initiation and fatigue life. Engineering Fracture Mechanics,1999,62(4 – 5):425 – 444.

[8 – 13] DOLLEY E J,LEE B,WEI R P. The effect of pitting corrosion on fatigue life. Fatigue & Fracture of Engineering Materials & Structures(Print),2000,23(7):555 – 560.

[8 – 14] CHEN G S,WAN K C,GAO M,et al. Transition from pitting to fatigue crack growth – modeling of corrosion fatigue crack nucleation in a 2024 – T3 aluminum alloy. Materials Science and Engineering,1996,219(1 – 2):126 – 132.

[8 – 15] TURNBULL A,WRIGHT L,CROCKER L. New insight into the pit – to – crack transition from finite element analysis of the stress and strain distribution around a corrosion pit. Corrosion Science,2010,52(4):1492 – 1498.

[8 – 16] SCHÖNBAUER B M,PERLEGA A,KARR U P,et al. Pit – to – crack transition under cyclic loading in 12% Cr steam turbine blade steel. International Journal of Fatigue, 2015,76:19 – 32.

[8 – 17] ARUNACHALAM S,FAWAZ S. Test method for corrosion pit – to – fatigue crack transition from a corner of hole in 7075 – T651 aluminum alloy. International Journal of Fatigue, 2016,91:50 – 58.

[8 – 18] GOTO M,NISITANI H. Crack initiation and propagation behaviour of a heat – treated carbon steel in corrosion fatigue. Fatigue & Fracture of Engineering Materials & Structures,1992,15(4):353 – 363.

[8 – 19] JASKE C E,BROEK D,SLATER J E,et al. Corrosion fatigue of structural steels in seawater and for offshore applications. // Corrosion - Fatigue Technology. ASTM International,1978.

[8-20] MASAHIRO G. Corrosion fatigue behavior of a heat - treated carbon steel and its statistical characteristics. Engineering Fracture Mechanics,1992,42(6):893-909.

[8-21] GUO Z,MA Y,WANG L,et al. Corrosion fatigue crack propagation mechanism of high - strength steel bar in various environments. Journal of Materials in Civil Engineering, 2020,32(6):04020115.

[8-22] ROCHA M.,BRÜHWILER E. Prediction of fatigue life of reinforced concrete bridges using fracture mechanics. Proceedings Bridge Maintenance, Safety, Management, Resilience and Sustainability,1(CONF),2012:3755-3761.

[8-23] 孙辽. 铝合金腐蚀形貌与剩余疲劳寿命研究. 南京:南京航空航天大学,2013.

[8-24] LIU Y,MAHADEVAN S. Probabilistic fatigue life prediction using an equivalent initial flaw size distribution. International Journal of Fatigue,2009,31(3):476-487.

[8-25] XIANG Y,LU Z,LIU Y. Crack growth - based fatigue life prediction using an equivalent initial flaw model. Part I:Uniaxial loading. International Journal of Fatigue,2010,32(2):341-349.

[8-26] CORREIA J A F D O,BLASÓN S,DE JESUS A M P,et al. Fatigue life prediction based on an equivalent initial flaw size approach and a new normalized fatigue crack growth model. Engineering Failure Analysis,2016,69:15-28.

[8-27] CHEN J,DIAO B,HE J,et al. Equivalent surface defect model for fatigue life prediction of steel reinforcing bars with pitting corrosion. International Journal of Fatigue,2018, 110:153-161.

[8-28] MORI Y,ELLINGWOOD B. Reliability - based life prediction of structures degrading due to environment and repeated loading. Applications of Statistics and Probability: Civil Engineering Reliability and Risk Analysis,1995:971-976.

[8-29] BASTIDAS - ARTEAGA E,BRESSOLETTE P,CHATEAUNEUF A,et al. Probabilistic lifetime assessment of RC structures under coupled corrosion - fatigue deterioration processes. Structural Safety,2009,31(1):84-96.

[8-30] GUO Z,MA Y,WANG L,et al. Modelling guidelines for corrosion - fatigue life prediction of concrete bridges: considering corrosion pit as a notch or crack. Engineering Failure Analysis,2019,105:883-895.

[8-31] CERIT M,GENEL K,EKSI S. Numerical investigation on stress concentration of corrosion pit. Eng Fail Anal,2009,16(7):2467-2472.

[8-32] LIU Y,MAHADEVAN S. Probabilistic fatigue life prediction using an equivalent initial flaw size distribution. Int J Fatigue,2009,31(3):476-487.

符号清单

1. 罗马字符

符号	含义
A	材料磁学参数
a	疲劳裂纹长度
a'	考虑塑性修正的裂纹长度
a_i	初始裂纹长度
a_c	临界裂纹长度
B	磁感应强度
B_e	等效磁感应强度
B_n	法向磁感应强度
B_t	切向磁感应强度
B_{S}	剪切疲劳试验南侧磁探头测得的压磁信号
B_{N}	剪切疲劳试验北侧磁探头测得的压磁信号
B_{M}	剪切疲劳试验跨中磁探头测得的压磁信号
B_{n0}	法向磁场强度时变曲线中 0s 时的值
$B_{\mathrm{n0.25}}$	法向磁场强度时变曲线中 0.25s 时的值
B_{irr}	不可逆磁感应强度
b	位错的柏氏矢量幅值
C	Paris 定律材料常数
C_s	混凝土表面氯离子浓度
C_0	保护层厚度
C_{cr}	临界氯离子浓度
c	反映磁畴壁弹性程度的参数
D	疲劳损伤值
D_B	基于压磁效应特征点的变形钢筋疲劳损伤变量
D_S	基于压磁滞回曲线面积的疲劳损伤变量
D_f	纵筋疲劳断裂位置和梁纵向中心线的距离
D_{e}	弹性疲劳损伤值
D_{p}	塑性疲劳损伤值

符号	含义
D_c	氯离子扩散系数
d	蚀坑深度
E	弹性模量
E_{ef}	混凝土有效弹性模量
E_c	混凝土弹性模量
erf	误差函数
F_u	梁疲劳试验力
F_{cr}	开裂荷载
f	疲劳荷载频率
f_t	混凝土抗拉强度
G	磁场分布曲线梯度值
$G_{p,sum}$	检测路径上梯度绝对值之和
$G_{p,ave}$	检测路径上平均梯度值
G_{max}	法向磁场强度梯度值
H	磁场强度
H_x	切向磁场
H_y	法向磁场
H_0	施加的外磁场或地磁场
H_{eff}	力磁效应下的有效磁感应强度
H_σ	外加应力导致的磁场强度
$H_{p,sum}$	检测线上各点的磁场强度绝对值之和
$H_{p,ave}$	检测路径上的平均磁场强度
H_L	漏磁场
H_{total}	总磁场强度
i_{corr}	钢筋锈蚀速率
K	应力强度因子
K_t	应力集中系数
K_{IC}	I 型断裂韧度
k	畴壁钉扎系数
l	塞积位错密度
M	磁化强度
M_1	均匀磁化强度
M_2	非均匀磁化强度
M_0	磁化局部平衡状态
$\lvert M \rvert_{demag}$	最小磁化状态
M_N	应力致磁化强度
M_u	钢筋混凝土梁的极限抗弯承载力
M_{ws}	饱和壁移磁化强度

M_{an}	非滞后磁化强度
M_s	铁磁性材料的饱和磁化强度
M_k	考虑畴壁钉扎影响下的铁磁性材料所能达到的磁化状态
M_{rev}	可逆磁化强度
M_{irr}	不可逆磁化强度
m_{dom}	随机增加每个磁畴的磁矩
m	Paris 定律材料常数
m_{e}	单位体积中的磁矩
m_f	疲劳强度指数
N_f	疲劳寿命
N_p	疲劳裂纹扩展寿命
N_{c}	试件已经历的循环次数
N_1	疲劳第一阶段和第二阶段的过渡点
N_2	疲劳第二阶段和第三阶段的过渡点
N_{res}	剩余疲劳寿命
N_{d}	磁场系数
n	畴壁钉扎点密度
n_0	金属晶体初始缺陷引起的畴壁钉扎点密度
$n_{\mathrm{R},0}$	与变形钢筋初始缺陷等效的平均钉扎点密度
$p(t)$	t 年后混凝土内钢筋表面的局部蚀坑深度
$\dot{p}$	塑性应变累积率
R	应力比
R_{w}	深宽比
S	应力幅
S_{B-F}	加卸载曲线与 X 轴形成的面积差
S_{sum}	疲劳过程 S_{B-F}的总改变量
s	滑移带宽度
T	温度
T_{i}	钢筋腐蚀起始时间
T_{L}	结构设计使用寿命
T_{cr}	混凝土保护层开裂时间
T_{cc}	开裂至临界宽度 $\mathrm{w}_{\mathrm{lim}}$时间
$T_{\mathrm{sp,lim}}$	锈胀开裂损伤时间
T_{tr}	疲劳裂纹扩展速率超过蚀坑的增长速率对应时刻
T_{cf}	腐蚀疲劳寿命
T_{cp}	钢筋疲劳裂纹扩展控制时间
T_{z}	实际结构磁信号检测时刻
T_{exp}	结构自投入使用到评估时刻的历经时间

T_{ref}	自检测时刻 T_z 起结构的剩余疲劳寿命
W	材料单位体积的弹性能
w_{lim}	临界裂缝宽度
Y	形状因子
Z	腐蚀后混凝土梁的疲劳极限状态功能函数

2. 希腊字符

σ_{min}	循环最小应力
σ_{max}	循环最大应力
σ	应力
σ_n	名义应力
σ_{a}	只有应力作用下的磁致伸缩应变达到饱和值时的应力值
σ_{r}	实际应力
σ_{F}	硬化应力
σ_u	极限强度
σ_{ij}	应力张量
σ_{max}^*	一次加载循环中塑性阶段的损伤当量应力的最大值
$\sigma_{\mathrm{eq,max}}$	一次循环中 Mises 应力最大值
$\tilde{\sigma}$	有效应力
β	磁致伸缩应变形状因子
θ	阶跃函数
ε	应变
$\varepsilon_{\mathrm{ij}}$	应变张量
ε_p	轴向塑性应变
$\bar{\varepsilon}_{\mathrm{ij}}^p$	瞬时等效塑性应变
μ_0	真空磁导率
μ_{r}	相对磁导率
α	反映材料中磁矩对磁化强度 M 结合能力的参数
α_{R}	与变形钢筋有关的系数
$\Delta\sigma$	疲劳应力范围
$\Delta\sigma_{\mathrm{f}}$	坑蚀钢筋的疲劳极限
$\Delta\sigma_{\mathrm{e}}$	等效的等幅疲劳应力幅值
ΔB	应力 - 磁感应强度滞回曲线变幅
ΔK	应力强度因子变幅
ΔK_{th}	应力强度因子阈值
Δp	一次循环中塑性应变的累积值
Δx	检测间距

Δt	实际结构磁信号检测时间间隔
ΔN	疲劳循环次数的间隔
λ	磁致伸缩系数
λ_s	饱和磁致伸缩应变
ξ	材料单位体积的能量度量因子
ξ'	材料考虑畴壁钉扎作用下的单位体积的能量度量因子
δ	符号函数
δ_{ij}	Kronecker 符号
$\langle \varepsilon_{\pi} \rangle$	180°畴壁的平均钉扎能量
ρ	位错密度
ρ_{ml}	磁荷密度
$\rho_{\mathrm{d,0}}$	弹性阶段的位错密度
ρ_{m}	锈蚀率
$\bar{\lambda}$	平均位错滑移距离
γ_p	剪切塑性应变
υ	位错平均滑移速度
κ	平均攀移速度
ν	材料的泊松比
φ	腐蚀不均匀系数
ϕ_{cr}	蠕变系数

名词索引

S

T

W

X

Y

Z